数学教育现代进展丛书　　主编　范良火

张英伯文集

数学与数学英才教育

张英伯◎著

华东师范大学出版社
·上海·

图书在版编目（CIP）数据

张英伯文集：数学与数学英才教育 / 张英伯著 .—上海：华东师范大学出版社，2021
（数学教育现代进展丛书）
ISBN 978-7-5760-2015-1
Ⅰ．①张… Ⅱ．①张… Ⅲ．①数学教学—文集 Ⅳ．① O1-4
中国版本图书馆 CIP 数据核字（2021）第 148563 号

本丛书由华东师范大学亚洲数学教育中心研究和出版专项基金资助出版

张英伯文集

——数学与数学英才教育

著　　者　张英伯
策划编辑　倪　明
责任编辑　王　云
责任校对　时东明
装帧设计　卢晓红

出版发行　华东师范大学出版社
社　　址　上海市中山北路 3663 号　邮编　200062
网　　址　www.ecnupress.com.cn
电　　话　021-60821666　行政传真　021-62572105
客服电话　021-62865537　门市（邮购）电话　021-62869887
地　　址　上海市中山北路 3663 号华东师范大学校内先锋路口
网　　店　http://hdsdcbs.tmall.com

印 刷 者　浙江临安曙光印务有限公司
开　　本　700×1000　16 开
印　　张　26.75
插　　页　8
字　　数　444 千字
版　　次　2021 年 11 月第 1 版
印　　次　2021 年 11 月第 1 次
印　　数　3100
书　　号　ISBN 978-7-5760-2015-1
定　　价　92.00 元

出 版 人　王　焰

张英伯在江南荷塘(苏州,2016)

张英伯(左二)等为导师刘绍学教授(左一)庆祝60大寿(北京,1989)

师生合影。左起:王世强、孟晓青、张英伯、刘绍学(北京,1990)

参加乐珏的博士论文答辩之后。左起:乐珏、章璞、张英伯、刘石平(上海,2004)

应加拿大谢布克大学(University of Sherbrooke)数学系教授刘石平邀请进行合作研究(加拿大渥太华,2005)

参加中日韩环论会议。前排左起：卢涤明、佐腾雅九（Masahisa Sato）、张英伯、陈建龙、克劳斯·林格尔（Claus Ringel）、刘绍学、丁南庆、唐高华及吴琼；后排左起：刘贵龙、弗拉基米尔·德拉布（Vladimir Dlab）、时洪波、毛立新、王艳华、王志玺（日本箱根，2007）

参加席南华的博士生洪久族的博士论文答辩会。左起：张英伯、席南华、洪久族、徐晓平、朱彬（南京，2012）

应华东师范大学数学学院邀请参加第三届华人数学教育大会。左起：徐斌艳、张英伯、王光明、舍恩菲尔德（Alan H. Schoenfeld）、熊斌（上海，2018）

参加第十五届全国代数学学术会议，主持北京大学冯荣权教授的大会报告（南宁，2019）

参加在浙江大学召开的代数会议。左起：王建磐、张英伯、王昆扬、李方、胡骏(杭州,2016)

参加第十二届全国代数学学术会议。左起：刘仲奎、张英伯、陈建龙(兰州,2016)

与学生合影(合肥,2017)

前排左起:
曾祥勇(博士,湖北大学数学与计算机学院教授、院长),
叶彩娟(硕士,北京四中骨干教师),
陈学庆[博士,美国威斯康星大学白水分校(University of Wisconsin-Whitewater)教授],
武月琴(硕士,中国航空综合技术研究所研究员、技术总师),
赵德科(博士,北京师范大学珠海分校数学学院教授),
乐珏(博士,中国科学技术大学数学学院副教授),
魏峰(博士后,北京理工大学数学学院教授),
曹磊(博士后,总参三部退职);
后排左起:
董正林(硕士,深圳二中骨干教师),
刘根强(博士,河南大学数学学院副教授),
韩阳(博士,中国科学院数学与系统科学研究院系统工程研究所研究员、室主任),
韩德(博士,中国人民解放军炮兵学院数学系教授),
徐运阁(博士,湖北大学数学与计算机学院教授),
徐帆(博士,清华大学数学系教授)。

《数学概览》丛书编审会。左起:《中国科学》杂志社编辑、李大潜、石钟慈、王元、严士健、李忠、文兰、张英伯、方复权、《中国科学》杂志社编辑(北京,2009)

《数学文化》编委会会议。前排左起:刘建亚、项武义、张英伯;后排左起:邓明立、汤涛、罗懋康、贾朝华(秦皇岛,2010)

在西南大学。左起：张英伯、宋乃庆、李仲来（重庆，2011）

与国际知名数学教育家、巴黎第七大学米歇尔·阿蒂格（Michèle Artigue）教授讨论法国教育体系（巴黎，2012）

在乌克兰科学院院士德罗兹德(Drozd)家里作客。左起:德罗兹德教授夫人、张英伯、德罗兹德教授(乌克兰基辅,2016)

在乌克兰科学院数学研究所做学术报告(乌克兰基辅,2017)

讲授本科二年级抽象代数课程：方程根的置换群（北京师范大学，2013）

与外校同行交流若尔当标准型的讲法（华中师范大学，2016）

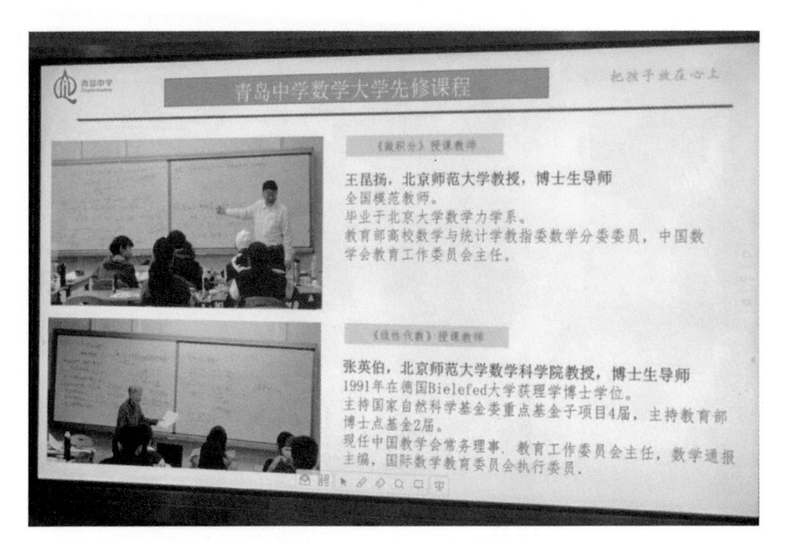

为中学生介绍大学先修课程(青岛中学,2017)

为中学生开设大学先修课程“群论初步”(青岛中学,2018)

张英伯和王昆扬(北京师范大学数学楼,2010)

总序

自20世纪70年代末我国实施改革开放政策以来，我国在经济、社会和教育等各方面迅速发展的同时，数学教育教学的改革与发展也取得了举世瞩目的成绩，数学教育质量在整体上得到了显著的提高。其中特别引人注意的是，以上海数学教育为代表的我国数学教育的实践和宝贵经验，突出地反映在数学课程、教材和教学方法、数学教师专业发展等方面，已经走出国门（如见①），受到包括英美等西方发达国家在内的世界各国前所未有的重视和认可。

与此相适应的是，我国数学教育的研究和学术理论的发展与创新也同样取得了长足的进步，研究领域不断扩大、研究问题不断深入、研究方法和水平不断提高（如见②）。整体上，华人数学教育学者及其研究成果在国际数学教育界的影响也日益增强，而代表当今国际数学教育界最高水准的第十四届国际数学教育大会则于2021年7月12日至18日在上海华东师范大学成功举行，这从很多方面看，都很好地说明了我国数学教育实践和研究在国际上的影响力。

任何一门学科的成长和发展，离不开本学科的学术交流和出版的活跃与繁荣。对像数学教育这样一门正处于迅速发展的、带有很强理论性和实践性使命的学科来说更是如此。为了进一步推动我国数学教育研究成果和学术思想的交流，促进数学教育研究人才培养和课堂数学教学实践的进步，华东师范大学亚洲数学教育中心及其首届学术委员会决定组织编写这套“数学教育现代进展丛书”。丛

---

① 董少校. 坚持20年数学教改，为世界贡献中国教育智慧——上海数学教育走向世界[N]. 中国教育报，2018-10-9.

② Fan Lianghuo, Luo Jietong, Xie Sicheng, et al. Examining the development of mathematics education research in Chinese mainland from the 1990s to the 2010s: A focused survey[J/OL]. Hiroshima Journal of Mathematics Education, 2021(14)[2021-07-20]. https://www.jasme.jp/hjme/download/ 2021/02Lianghuo_Fan.pdf

书的编委会成员主要为亚洲数学教育中心的学术委员会成员以及一些特邀的国内外著名的数学教育学者。丛书强调研究性、学术性和前瞻性。我们希望通过各册著作，从整体上及时地展示我国数学教育界对本学科的重要问题和发展方向的思考、探索与相关的成果，促进学术分享、讨论和交流，从而推动我国乃至亚洲和国际的数学教育研究与实践的进步。

华东师范大学亚洲数学教育中心由华东师范大学数学科学学院创办，在上级、各有关部门以及国内外数学教育界同行的大力支持和帮助下，于2018年10月正式成立。作为一个顺应新时代我国数学教育发展而产生的研究和发展机构，中心的目标是为中国、亚洲和世界的数学教育与教育事业的进步作出贡献，愿景是成为一个世界级的数学教育研究和发展机构。在很大意义上，中心的定位不仅是希望成为一个研究和发展中心，而且也是学术交流中心、人才培养中心和成果出版中心。中心目前已创立了由国际著名的学术出版机构——世哲(SAGE)出版公司出版的英文研究期刊《亚洲数学教育学刊》(Asian Journal for Mathematics Education)，而出版"数学教育现代进展丛书"也是中心出版工作的一个有机组成部分。

最后需要指出的是，为了反映现代数学教育研究的学术进展，尽可能地做到与时俱进，本丛书的组稿和出版采取开放的态度。出版的书稿除了由亚洲数学教育中心学术委员会和本丛书编委会推荐或邀请以外，也非常欢迎从事数学教育各领域研究的国内外数学教育界的学者投稿，所有书稿原则上将首先由编委会邀请的至少三位具有博士学位或正高级专业职称的审稿专家评审。同时，我们也欢迎读者就本丛书的出版工作提出宝贵的意见和建议。来函可寄：上海市闵行区东川路500号华东师范大学数学楼105室亚洲数学教育中心办公室转"数学教育现代进展丛书"(邮编：200241)；电邮：acme@math.ecnu.edu.cn。

范良火

2021年7月28日于上海

注：范良火，美国芝加哥大学哲学博士(数学教育)，曾在美国、新加坡和英国学习与工作多年，2018年全职回国任华东师范大学数学科学学院特聘教授、亚洲数学教育中心主任兼首届学术委员会主任。

目录

第三部分　漫谈数学与数学课程标准　/ 243

第四部分　呼吁数学英才教育　/ 299

第五部分　随想与杂感　/ 371

参考文献　/ 399

附录　/ 402

前言

得知华东师范大学亚洲数学教育中心准备为张英伯教授出版数学教育方面的文集，作为她的老伴和北京师范大学数学科学学院的同事，我感到极其荣幸。

同为师范院校，北京师范大学与华东师范大学来往密切。华东师范大学非常重视数学教育，数学学院拥有不少全国知名，甚至世界知名的数学教育家。比如最近去世的中国数学教育界学术带头人、才华出众、能力超群的张奠宙先生；英国南安普顿大学终身教授，华东师大特聘教授范良火先生；现任国际数学教育委员会执委会委员的徐斌艳教授；数学史和数学教育家汪晓勤教授；数学教育家鲍建生教授；著名的国际数学奥林匹克竞赛中国队领队、主教练熊斌教授。特别是代数学家王建磐教授，他曾任华东师大校长，长期在数学教育领域培养博士研究生，即将担任2020年第14届国际数学教育大会(ICME-14)主席。他们出色的工作，深刻地影响了国内数学教育界的走向，并为中国赢得了国际声誉。张英伯在该领域的工作，也得到了他们的有力支持。

张英伯接受过良好的基础教育，曾经在读高一时参加1964年北京市中学生数学竞赛，获得高二组一等奖第二名。本文集有一篇文章《半个世纪前的数学竞赛》记录了这件事情的始末，其中引述了华罗庚先生一段话："如果有一个学校的教师，错误地理解了数学竞赛的要求，给同学出了很多难题，以'培养'数学竞赛的优胜者，我们必须反对，因为这是贻误青年的有害的做法，很明显，从做难题入手，是不会收到好的效果的，纵使学生做了一个类型的难题，而对另一类型，却依然是生疏，并且难题是很多的，层出不穷的，又哪里做得完呢？……我希望老师们和同学们能够从基本概念上去教和学，不要站在劳而无功的难题上。"张英伯作为竞赛的获奖者，对于华老的这段话深信不疑。

1968年，张英伯作为"知识青年"到北大荒的农场当"农工"。1975年，她回到北京，成为"工农兵学员"，1978年毕业时，分配到北京通县第二中学教书。持续三年的初中数学教学，给她留下了深刻的印象，也为她日后坚持孔子的教育观点“有教无类，因材施教”提供了直接的依据。

1978 年，张英伯以“工农兵学员”的资历，考入北京师范大学数学系攻读硕士研究生，师从著名代数学家刘绍学教授，1981 年毕业留校工作。1988 年底，她赴德国参加中德联合培养项目，在著名代数表示论专家克劳斯·米切尔·林格尔(Claus Michael Ringel)教授指导下攻读博士学位。1990 年初以优等成绩完成博士论文。1994 年被授予博士生导师资格。

张英伯先后发表代数学学术论文 43 篇，指导代数学博士、硕士研究生及博士后 32 人。在做代数学研究和指导研究生的同时，张英伯一直承担本科生的高等代数、近世代数和硕士研究生的近世代数、交换代数等科目的教学工作，深得学生爱戴。几十年的教学经验是她进行教学探讨的坚实基础。

张英伯涉足数学教育领域是在 2004—2011 年担任中国数学会教育工作委员会(现名基础教育委员会)主任期间。在 20 世纪与 21 世纪之交，中国教育打开国门，开始学习欧美各国的教育理念和经验，重新编写数学课程标准。与此同时，美国发生了数学家与教育家之间的所谓“数学战争”，前者侧重数学，后者着眼普及，各有道理。在这种形势下，张英伯和几位数学家、中学特级教师参加了课标的编写。

在 2010 年前后，张英伯开始思考一个问题：美国的中小学数学课程标准非常浅显，为什么能培养出世界一流的数学家和理工科专家呢？于是她开始从网上查阅资料，不断地向在美国工作的同学和同事请教，才知道那里的“课标”是最低标准。美国的私立中学和公立理科高中的数学教学是非常理性而深刻的，学生除了学习已经普及全国的大学先修课程，优质高中甚至将大学的近世代数、复变函数、实分析、常微偏微、理论概率作为选修课提供给喜欢数学的中学生。因而这部分学生进入常春藤大学伊始就已经达到了中国大学数学系的大三水平，一两年后便可以跟随教授进入研究领域了。张英伯非常震惊，写了文章向国内数学教育界介绍这些情况，并到师范院校和各个中学去做报告。

在中国数学会任职期间，张英伯曾担任过国际数学教育委员会执委，结识了一些著名的教育专家。如法国巴黎第七大学的米歇尔·阿蒂格(Michèle Artigue)教授，中国香港大学的梁冠成教授，以色列巴伊兰大学的米娜·泰彻(Mina

Teicher)教授。2012 年，她向三位教授表达了组织英才教育考察团的愿望，得到了大力支持和盛情接待。参加者有首都师范大学李克正、李庆忠教授，北京师范大学附属实验中学和附属第二中学的数学教研组组长姚玉平、金宝铮老师和我们夫妇二人。教育考察收获颇丰，考察团被安排进入课堂听课，造访法国教育部，多次与大学和中学老师座谈。法国优质中学里的大学预科班，以色列的民间数学英才课堂给大家留下了极为深刻的印象。欧洲毕竟历史悠久，在英才教育之外，他们完整、严谨、面向大众的职业技术教育亦令人感佩。回国后，张英伯把考察情况写成文章向数学教育界做了尽可能详尽的介绍，并通过报告和演讲向中学老师和师范院校师生传播。多年来，她撰写了相关文章 33 篇，做过的各类相关报告百余次。

全国政协委员、中国联通研究院院长张云勇教授在 2018 年第十三届全国政协委员会第一次会议递交了一份关于加强数学教育、分类数学竞赛，筑牢科技创新之基的提案，他在提案中写道："我国数学全民普及好但顶尖人才少、工程应用成果多但关键基础成果少、工业制造产业规模大但实力不强，正是由于数学水平的落后，才使得我国科技水平还落后于美国，关键核心技术还受制于人。当前，数学英才教育的缺失，是我国数学教育的重大隐忧。北京师范大学张英伯教授为数学英才培养曾大声疾呼：与发达国家相比，我国约 95％的学生取得了举世公认的数学好成绩，但在约 5％的数学顶尖人才的培养上，已经远远落后于发达国家。"

自 1998 年至 2012 年，张英伯先后担任了《数学通报》杂志副主编 4 年、主编 11 年。2010 年她成为《数学文化》编委，写过四位数学家的传记，其中与解析数论专家刘建亚合作的《闵嗣鹤传》被译成英文在《数学传播》杂志发表，《王梓坤传》作为单行本在哈工大出版。

目前，我和张英伯为青岛中学中学生讲授数学分析和高等代数，希望在暮年能够为中国英才教育的探索尽最后的绵薄之力。

王昆扬

2019 年 2 月

第一部分

求学之路

1－1 女校名师

2017年9月，我的母校北京师范大学附属女子中学百年校庆，校庆办公室组织征文集《远去的女附中》，本文便是为文集而作。

在我刚上小学的时候，母亲把我送给了我的三姨张玉寿。20世纪30年代三姨在北京师范大学数学系读书，班上有位同学叫王明夏，沉默寡言，不善交际，每天埋头读书，学习非常出色。她的年龄比同班同学大四五岁，因父母双亡早年失学，靠自己做家教辛苦积攒了一些钱，辗转赴京考入大学。班上的同学或多或少都会得到家里的资助，至少一日三餐是有保证的。而王明夏必须极其俭省地花自己攒下的钱，时常一个人吃煮挂面拌酱油充饥。三姨性格外向，为人热情，并且心地善良，乐于助人。她看到这种情况很不落忍，有时就叫上王明夏一起到街边便宜的小馆子里去吃饭。大学毕业后，同学们都找到了教职，只有王明夏很久没有找到，吃住都成了问题。三姨就请她到自己租的小屋里去住，后来还介绍她去北师大女附中代课。她们两人在40年代末50年代初已经成为京城里小有名气的中学数学老师。在这期间，我的母亲和大姨不遗余力地为三姨介绍男朋友，每次均因她们两人同去约会而告吹。为此大姨和母亲颇为愤怒却又无可奈何，最后的解决办法是把我送过去给三姨作养女了。

我和三姨张玉寿

在我被送到女附中宿舍跟随三姨和王姨一起生活后不久，她们就被评为"特级教师"，一直负责数学教研组的工作。"师大女附中数学教研组"这一名称在北

三姨(左)和王姨王明夏的合影

京乃至全国的中等教育界都挺响亮,在“文革”前寥寥无几的中学特级教师中,女附中数学组就有两名。

我们家里最常见的来客分为两类:一是女附中的年轻教师来和她们共同备课,无论是刚从大学毕业的,还是女附中本校的高材生,因成分不好大学没能录取而留校教书的,都在她们的指导下备过课;二是毕业的学生来探望她们,往往提着两斤水果或一盒点心,进门就亲热地叫着“张先生,王先生,我回来了”,然后坐下,絮絮地向老师讲述她们的工作、婚姻,或是孩子。如果是几个同学一起来的,房间里立刻荡漾起她们的欢声笑语,她们仿佛又回到了中学时代,兴奋得不能自已,叽叽喳喳地抢着说话。女附中当年高三有六个班,大约相当于五个班人数的学生能够考进北大、清华和北医,考上“八大学院”算是差的。来我家的多数毕业生是比较偏重理科、中学时代成绩比较好的,她们毕业后大多在研究所搞科研,在大学里任教,或在医院里当大夫。

学生当中有不少高干子弟,但也有一些“出身不好”可学习成绩很好的生活非常困难。三姨和王姨从来不会因为学生的家庭背景而另眼相待。北京师范大学物理系迟无量教授在回忆母校的文章中提到过一件小事:在一个滴水成冰的冬天,家里已经败落到无法搞到一双棉鞋给她御寒,脚趾、脚后跟都冻肿了,张先生看到后,不声不响地买了一双新棉鞋让她穿上,这件小事她记了一辈子。

三姨经常会为学习困难或因病缺课的学生补习,有时还把她们带到家里。谁来问问题她都百答不厌,包教包会。如果学生一时绕不过弯来,她就会不断地、耐心地启发,直到明白为止。

三姨在给学生上课

我在女附中上学时,三姨没有教过我们班的课,但高三的解析几何是王姨教的,我至今记得她上课时的样子。因为少年和青年时代困苦的生活，王姨身体很差，她有时坐在讲台后面上课，声调平稳，不时地站起来回头写板书。板书从来都很工整，不会有一个字的涂改，也不用擦黑板，下课铃响之前，黑板上一定满是文字和图形，如果把每堂课都复制下来，就是数学课本了。她在课堂上好像有一种与生俱来的威严，没有一句废话，既不用维持秩序，也不提任何与本节课程无关的话题，但是没有一个学生不认真听讲。王姨讲数学概念之清晰，逻辑思维之缜密，是很少有人能够超越的。我当老师以后，也想学学王姨的风格，但是很难。我上了讲台就容易激动，特别是讲到一些漂亮的定理，忍不住会赞美几句。板书也不能保证全对，好像没有一节课不擦黑板。

在 20 世纪初，王姨的父亲是湖南第一师范的数学教员，曾经当过青年毛泽东的老师。后因家中变故，兄弟姐妹四散分离，各谋生路，不满 12 岁的小妹妹王人美被送到明月歌舞团，以图有饭吃，有人管。说来也怪，在那样艰难的条件下，所有的兄妹竟然都奋斗成才。他们当中有第一机械工业部的总工程师，有小提琴家、插画家、电影明星。

我国著名的教育家梅贻琦先生有一句名言："所谓大学，非谓大楼之谓也，有大师之谓也。"女附中的老师不是学术意义上的大师，但是他们当中的很多人都在本专业领域内具备相当高的学术素养，所以讲课有底气；他们当中的很多人都拥有高尚的职业道德，所以得到学生由衷的爱戴。其实优秀的教师有一个很简单的评价标准——懂专业，懂学生。

在女附中，这样的老师颇有几位。比如物理组的特级教师张继恒，辅仁大学物理系研究生毕业，是一位正直谦和、从不说假话的学者型老师。在 1985—1986 年，片面追求升学率的倾向开始显现的时候，她很焦虑地找到教导主任提出不同意见："咱们学校办学太注重升学率了。"主任问："张老师，你有什么想法和看法？"她动情地说："我觉得对于有些孩子，如果非要让他上大学，逼着他考高分，等于把这些孩子往火坑里推。"对于 90 年代兴起的各种学科竞赛，她也很不看好，并曾极力劝阻物理组的老师别专门去搞竞赛。

张继恒老师

徐恩庆老师

张老师没有给我们班上过课。在我们班的任课老师中，历史老师徐恩庆是全班同学都不会忘记的。他毕业于北京师范大学历史系，上课超级生动，从来不看讲稿，而是一个故事接着一个故事，口若悬河、一泻千里地讲下去。有一次在世界史的课上讲到英国工业革命，徐老师随手摘下头上的帽子说："工业时代之前，帽子是由小作坊单个生产的。在工业时代，就会建立生产帽子的流水线，分为帽片、帽圈、帽檐几个部分，再统一用缝纫机组装起来。你们想想，这不是要比手工缝一顶帽子快几十倍吗?"徐老师从不要求我们背年代和人名地名，但奇妙的是，每当考试时出现这类题目，我们也都答对了。大概随着帽子的生产线，我们就自然而然地记住了英国工业革命的年代。

教我们俄文的王文老师曾经是广播电台的俄语播音员，因为出身不好被"贬"到女附中来。王老师高高瘦瘦，帅气而洋派，他的发音极其纯正动听，富有磁性。遗憾的是，后来我们的第一外语又从俄文转回了英文，几十年没有机会去碰，俄文都忘光了。当我为高等教育出版社翻译一本莫斯科大学的教材《代数学基础》时，不得不频频地查阅字典。

正是这些优秀的教师，奠定了女附中的学术基础，铸就了女附中的道德规范。他们的潜移默化，为学生日后的成长提供了优良的保证。

我们高一时的代数老师是王本中先生，当时他刚刚从北京师范大学数学系毕业，被分配到女附中。开学头一天他站在讲台上作自我介绍的时候，学生们的第一印象是这个老师眉目清癯，略显文弱，戴着一副当时流行的白塑料框眼镜，颇具学者风度。尽管王老师是第一次走上讲台，谈不上任何教学经验，但他的代数课条理特别清楚，在讲台上娓娓道来，每一个概念和定理都分析得十分透彻。直到现在我还记得高中代数的第一章——函数，记得他在黑板上画二次函数的图象，讲定义域、值域和函数的对应关系。他上

王本中老师

课从不拖堂，也不留很多作业，但每周一定会在某天的下课之前在黑板的左端写两三道题目，让学生自愿去做。这些题目有的跟课程的内容相关，有的关系不大。有些题目来源于一部俄文原版的《从高等数学看初等数学》，或者是根据高等数学中的习题改编而成。我那时候放了学没事可干，倒是每题都做，随当天的作业交上去，王老师总是很仔细地批改。

王老师无疑是当年北京师范大学数学系他们那个年级最优秀的学生之一。他说他 1958 年入学来到北京觉得挺新鲜的，1959 年到了困难时期，直到 1961 年都经常吃不饱、心慌，而且从南方到北方感觉很冷，于是在宿舍里围着被子自己念书。到 1963 年能吃饱饭了，就开始理论联系实际，学生们分成小组跟着老师到工厂去帮助工人解决实际问题。他们这个组由中科院计算所和北师大的老师带领到东郊热电厂运用常微分方程计算顶梁的应力。学生们负责摇计算机，解一个含有 32 个未知数的线性方程组。要知道那个年代还没有现在这么普及而方便的个人计算机，大型的计算机很笨重，小型的要用手摇。

很多年过去了，我和同学们都以为王老师是因为出身不好而未能留大学任教，但是谁都不敢当面去问，直到前几年我才请他谈谈自己的经历。他说那时候还没有严重到出身不好就一定不能留校的程度，重点留工农子弟是肯定的，但出身不好、表现好的也不是绝对不能留。王老师当时已经确定要留在北师大数学系搞教学和科研了，不料有一位分配到女附中的上海籍毕业生坚决要求回上海工作，王老师就被安排顶上。1962 至 1964 年连续三年从北师大数学系陆续分配到北师大女附中的五六名数学老师都是系里的优秀生。1977 年后，他们无一例外都被评为特级教师，成为学校数学组的台柱子。

王老师就这样被顶到了女附中。到来伊始，女附中的胡志涛校长与他“约法三章”：第一，我知道你的志愿是成为一名数学家，现在来到中学，数学家做不成了，但你仍然应该胸怀大志；第二，你在中学工作，可以为祖国培养数学家；第三，我们是女校，你要注意仪表，夏天也必须穿长裤，不能与女学生单独谈话。

1978 年女附中开始招收男生，更名为北京师范大学附属实验中学。王本中老师担任实验中学的校长多年，成为全国的“十佳校长”之一。

1966 年，原本准备上北大数学系的我，上山下乡奔赴了北大荒。1978 年，凭着在女附中打下的扎实功底，我考上了北京师范大学数学系攻读研究生。获得博士学位以后，我也像女附中的老师们一样，走上了神圣的讲台。

致谢

感谢王本中老师接受采访。感谢刘美美、李宜、徐乐同同学提供素材，以及对全文事实的核对。

1-2 半个世纪前的数学竞赛*

我曾经在1964年参加过“文革”前的最后一届数学竞赛，文章记录了参加竞赛的过程，以及被称为“奥数纯真年代”的人和事。华罗庚学习苏联在中国创立中学生数学竞赛，仅在1956—1957年举办过两届，1962—1964年三届，1958—1961年、1965年及以后停办。

1964年的春天，我在北京师范大学女附中读高一。开学不久，我们的数学老师王本中问我想不想去参加北京市中学生数学竞赛。我那时候只知道有体育比赛，没听说过数学还有比赛，王老师介绍说竞赛是针对高三和高二学生的，你可以参加高二组。我吓了一跳，说那怎么行，我高二的功课都没学过呀。王老师说不要紧，不是还有一个月嘛，我们来补一补。高一已经学了代数和三角，尽管没有学完，完全欠缺的是高二的立体几何。

王老师给我找来高二的课本，课余我恶补立体几何，书上的习题来不及全做，但也做了主要的部分。四月份的一天，我跟着王老师乘公共汽车辗转来到位于东城区的考场，好像一点也不紧张，心想反正是来凑热闹的，考好考不好关系不大。也许正是这种无所谓的心态，使我能够在考试中充分发挥，竟然获得了高二组的一等奖。

我永远忘不了发奖大会那天，第一次见到那么多的数学家，第一次见到大学生和中学生心目中的偶像——数学大师华罗庚。清楚地记得领到奖品之后，获奖的学生们站在台上与数学家合影，我站在当年的北京大学数学系主任段学复教授身边，高高瘦瘦的段先生低头轻声问我，“你愿意上北大吗?”“当然愿意。”“那你可

---

* 原载:《数学与人文》首卷本，丘成桐等主编，高等教育出版社，2010年，175-180。

以直接进数力系，不用通过高考。”“真的呀！”我太高兴了，北大数学系是我心仪已久的数学的殿堂。颁奖过后，华老接见了获得一等奖的学生，跟我们谈了很久，我至今记得他那江浙口音的普通话，记得他对我们说“读书要从薄到厚，从厚到薄”。华老解释，当你拿到一本书，还不了解书中的知识时，关于这部分知识你只知道很薄的一层。开始读书以后，你逐步了解了这些知识，知识的积累越来越厚。但是知识不能就这样堆在你的脑子里，要经过大脑的思考，逐步消化吸收，提炼出它的精华，这就叫做从厚到薄。从那以后，我每学完一章书都自己做一下总结，看看学到的知识“薄”了没有。

竞赛的奖品有一张奖状、一支金笔和一套“数学小丛书”，颁给我的金笔上刻着“一等奖第二名”，那个年代的中学生有一支金笔还是很宝贵的哟。最让人高兴的是那套数学小丛书，在这之前我只看小说，从小学刚认字就没有节制地看小说。小学和初中功课不多，下午三四点钟上完自习就没事了，课余干什么呢？除了和同学在操场上疯跑疯玩，就是有时溜达到西单商场。那时候商场书店书架高，下层刚好能坐进一个小孩，坐在商场书店大书架的最下层看书，可以不被外面的大人发现。到了高小和初中，书架最下层坐不进去了，就站在书店里看，或跟同学借书看。记得囫囵吞枣地读了《沫若文集》《莎士比亚全集》《契诃夫短篇小说选》、托尔斯泰的《战争与和平》《安娜·卡列尼娜》、司汤达的《红与黑》、狄更斯的《双城记》、雨果的《悲惨世界》、曹雪芹的《红楼梦》等，只要书店有的，我都拿来翻一翻，直到把自己的眼睛看近视了，不得不配了一副眼镜。可惜古文底子不行，三国红楼、附现代汉语注释的唐诗宋词还能看，而《史记》《资治通鉴》这些经典作品都看不懂。“数学小丛书”中有华老的《从杨辉三角谈起》《从祖冲之的圆周率谈起》《数学归纳法》、段学复的《对称》、姜伯驹的《一笔画和邮递路线问题》、史济怀的《平均》、龚升的《从刘徽割圆谈起》、闵嗣鹤的《格点和面积》、江泽涵的《多面形的欧拉定理和闭曲面的拓扑分类》等，共 16 本。记得我当时如获至宝，觉得这些书写得太好了，数学太奇妙了，从哥尼斯堡七桥问题竟然能引出那么深奥的数学，数学当中竟然还有一个分支叫作我从来都没听说过的拓扑学。到底是数学家写的书，字里行间体现着数学的严谨和深刻，流露着数学家本人对数学的挚爱。

“数学小丛书”基于 20 世纪 50 年代到 60 年代初数学家们为参加竞赛的北京市中学生所做的演讲，之后整理成书。可惜我当时不知道有这些演讲，否则说什么也要去听一听。这套“数学小丛书”成为那个时代喜欢数学的中学生们必读的一套书，不光在北京流行，在全国各地都很流行。有些家庭境况不是很好的中学生自己勤工俭学挣钱买书，或者把家里给的乘公共汽车的钱省下来，天天走路上学，攒够钱就买一本。好在当年这套丛书中的每本只卖一两角钱，几个月下来，也能陆续把全套书凑齐。

在写这篇文章时，我突然想到要调查一下“文革”前数学竞赛的宗旨、影响，以及竞赛的优胜者现在在做什么，就上网进行了查询。与现在的数学竞赛对比，网上给半个世纪前的竞赛起了一个颇为响亮而又前卫的名字，叫做“奥数的纯真年代”。

半个世纪前的数学竞赛是华老受到苏联的启发而倡导和组织的，由于华老在数学界有巨大的影响力，国内几乎所有的数学家都积极投入进来。在1956年第一届数学竞赛举办之前，华老曾经写过一篇文章《在我国就要创办数学竞赛会了》发表在当年的《数学通报》第一期上。华老谈到了举办竞赛的目的是“选拔有数学才能的青年”，“鼓舞青少年们学习数学的兴趣”；参与竞赛的范围是“竞赛会并不要学生普遍参加，只是给一些有数学才能，在功课以外有余力的学生更多的锻炼机会”；举办竞赛的方法是“由著名数学家利用星期天给可能参加的中学生们做一些通俗演讲，演讲的内容与竞赛考试的内容无关，其目的是给青少年们深入浅出地介绍一些高等数学中的知识”。在同年的《数学通报》第六期上，华老又有一篇文章《写在1956年数学竞赛结束之后》，对首届竞赛进行了总结，文中写道：“有人说，试题太难了，尤其是第二场的试题，在学校的习题里找不到和它们性质相同的。首先需要说明，数学竞赛的性质和学校中的考试是不同的，和大学的入学考试也是不同的，我们的要求是，参加竞赛的同学不但会代公式，会用公式，而且更重要的是能够灵活地掌握已知的原则和利用这些原则去解决问题的能力，甚至于创造新的办法、新的原则去解决问题，这样的要求可以很正确地考验和锻炼同学们的数学才能。”特别有趣的是，华老在半个世纪前竟然颇有先见之明地发表了一段关于数学“难题”的议论。在同一篇文章中华老说：“另一方面，这种‘难’也只是限于对数学的高度锻炼，而不是出什么复杂的奇奇怪怪的题目。如果有一个学校的教师，错误地理解了数学竞赛的要求，给同学出了很多难题，以‘培养’数学竞赛的优胜者，我们必须反对，因为这是贻误青年的有害的做法。很明显，从做难题入手，是不会收到好的效果的，纵使学生做了一个类型的难题，而对另一类型，却依然是生疏，并且难题是很多的，层出不穷的，又哪里做得完呢？单靠做这些奇奇怪怪的难题是锻炼不出很多的才能来的……我希望老师们和同学们能够从基本概念上去教和学，不要站在劳而无功的难题上。当然，适度的难题锻炼还是有必要的。”

20 世纪五六十年代是一个提倡“集体主义”反对“个人成名成家”的年代，我查遍了当年的图书报纸杂志，历届竞赛的获奖名单几乎都没有收录，仅仅在任南衡和张友余编纂的《中国数学会史料》里查到了 1956 年北京、天津、上海、武汉四个城市一等奖的名单(每个城市 3 人，按名次排列)，并从网络上查到了其中 10 人现在的情况，他们都在从事与数学有关的教学和科研工作，其中 5 人是纯数学方面的教授。另外两位中一人未能确认，一人早逝。

城市	姓名	大学教育	工作地点	职称	研究领域
北京	孟强	北京大学数力系	早逝		
	石赫	北京大学数力系	中科院系统所	研究员	数学机械化
	左再思	北京大学数力系	华南师大数学系	教授	经济拓扑学
天津	阎铸	北京大学物理系	不确定		
	李慧陵	北京大学数力系	浙江大学数学系	教授	代数学
	杨同立	北京大学物理系	北京大学无线电系	副教授	通信卫星
上海	汪嘉冈	复旦大学数学系	复旦大学数学系	教授	概率统计
	盛沛栋	复旦大学数学系	衡阳医学院	副教授	医学数学
	孙曾标	北京大学数力系	北京大学附属中学	中教特级	数学教育
武汉	曾宪武	北京大学数力系	武汉大学数学系	教授	微分方程
	王碧泉		国家地震局地球物理所	研究员	计算机模式识别
	程久恒	北京大学物理系	北京大学地球物理学系	副教授	天体物理

在这个表格中，特别值得一提的是天津市竞赛的第三名，北京大学无线电系副教授杨同立。他是一位为我国通信卫星事业作出了杰出贡献的科学家，他有着卓越的才能、朴实无华的作风，在十分困难的条件下，取得了多项研究成果，曾获国防科工委科技二等奖以及国家教委科技进步一等奖，并在国际学术活动中，为我国赢得了荣誉。他是一位被学生们爱戴的优秀的老师，20 世纪 80 年代中期，他

倒在讲台上，再也没有起来，时年48岁。他的妻子说："同立是活活累死的。他像一部不停飞转的机器，一直超负荷地运转。"他生活贫困，到医院看病甚至舍不得挂一个两元钱的专家门诊。他的全部心血，都洒在我国的科技、教育事业之中。他的猝然辞世从一个侧面反映了我们国家改革开放之初知识分子的坚韧、自强和不息的奋斗精神。

正如苏联数学大师柯尔莫格洛夫(Kolmogorov)所指出的："在(数学)竞赛中获胜，自然会感到高兴或自豪，但在竞赛中受挫，却不需要过分悲伤，也不必对自己的数学能力感到失望。因为在竞赛中获胜，是需要凭借一些专门的天赋的，但这些天赋对卓有成效的研究工作却完全不是必要的。"历届菲尔兹奖得主有一些获得过奥数金牌，比如米尔诺(Milnor)、芒福德(Mumford)、佩雷尔曼(Perelman)、陶哲轩(Terence Chi-Shen Tao)，但更多的人没有拿到过奥数金牌，或没有参加过数学竞赛。证明了费马大定理的数学家怀尔斯(Wiles)不但没有拿到过金牌，也没有得到菲尔兹奖，但他得到了沃尔夫奖。因而奥数不是万能的，即便在"奥数的纯真年代"也是如此。

根据《中国数学会史料》记载，1956年仅在北京、天津、上海、武汉举办了高三年级数学竞赛，1957年除了上述四座城市外，南京也举办了高三年级数学竞赛，北京、上海在高二学生中试办竞赛。到了1957年夏，大规模"反右派斗争"开始，竞赛基本停办(个别城市如武汉、扬州、上海分别陆续举办过)。直到1962—1964年，政治气氛有所松动，北京又举办了三届数学竞赛，有高三和高二的学生参加，这期间，成都、上海、武汉、南京、西安等市也举办过竞赛。每个城市的竞赛基本上在同一年级中决出3个一等奖，7～8个二等奖，20～30个三等奖。

由于北京市数学竞赛的优胜者大多进入北京大学数力系深造，我从老北大的毕业生中问到了部分优胜者的下落。

1962年高三第一名是65中的学生唐守文，毕业的前一年遭遇"文革"下放农村，12年后才考回北京大学数力系师从段学复先生学习群论。他在入学考试时发现数学分析试题中的一道题目有瑕疵，于是就举了一个反例，并对题目的条件进行了修正，然后给出正确解答，因而成为1978年北大数学系研究生入学考试第一名。唐守文在硕士毕业后改行计算机理论，不久之后赴美，曾在微软等公司任职。

1963年高二第二名是56中的学生文兰，他在1964年进入北京大学，只上到大二“文革”就开始了，被分配到河北农村，1978 年考回北京大学读研，师从廖山涛院士，现任北京大学数学学院教授，从事动力系统的研究，1999 年当选为中国科学院院士。我在数学界不同的会议上见到过文兰老师，他是一位沉静寡言、谦和内秀的学者。

1964 年高三第一名吴可，与文老师一样也是 56 中的学生，在 1964 年一同进入北大，“文革”中分配到陕西农村，他在 1978 年考入中国科学院理论物理研究所读研，师从陆启铿院士学习数学物理，毕业后留所工作。2002 年初来到首都师范大学数学系，为这个系的崛起并进入国内先进数学系的行列发挥了关键性作用。与“奥数的纯真年代” 相对应，他也是一位“纯真”的学者。

在数学竞赛的“纯真年代”获奖的学生当中，我的学历大概是最低的了，在我中学毕业的 1966 年夏天高考取消，大学停办，我没能进入北大，而是多了一个字，来到了祖国东北边陲的“北大荒”。直到 12 年后的 1978 年，我才考入北京师范大学数学系读研，跟随我的恩师、代数学家刘绍学教授学习环论和代数表示论，毕业后留校从事教学和科研。

因为从事数学工作，我与少年时代心目中的偶像——那套“数学小丛书”的作者有了一些近距离的交往。我读研究生时，北大经常从国外邀请专家来作报告。只要是段学复先生请专家来做学术报告，且与我们的研究方向相关，我们都跟着刘先生一起骑自行车到北大去听。那时候代数界的几位老先生关系非常融洽，不但学术报告互听，就连研究生的课都在一起上。每个学校的教授各讲一门课，代数课就开齐了。记得我们的域论是万哲先院士讲的，交换代数是丁石孙教授讲的，环论是刘绍学教授讲的。那时候北大数学系的办公室在距北大西门不远的一个院子中的二层小楼里，小楼是青砖的，已经很旧，报告厅在二层，地板开裂了，椅子有些摇晃，但大家听报告都听得聚精会神。20 世纪 80 年代初中期，改革开放伊始，百废待兴，数学界的教授们，十几年未能读书的已经不算年轻的研究生们，恨不得把一天当两天用，拼命想把荒废的时间夺回来，把落下的知识补回来，尽快地跟上国际数学研究的步伐。

20 世纪 90 年代初我刚从德国获得博士学位回来不久，与系里的一位同事申请教育部的科技进步奖，刘先生建议我去找段先生写一份推荐意见。这十来年虽然常见段先生，却都是他主持报告会，我在下面听，从来没有单独谈过话。我忐忑不安地来到北大燕东园，敲响了段先生家的房门。高高瘦瘦、深度近视的段先生依然亲切和善，当即答应为我们推荐，直到今天，我还保存着推荐信的复印件。90年代初学术界的浮夸风已初见端倪，段先生对此非常不满，和我谈到有些年轻人刚刚进入研究领域，就把自己的工作说得很了不起，其实了得起了不起应该由别人来说，怎么能自己说呢？我没敢跟着议论，因为自知数学功底不够深厚，虽然在数学上做了一些工作，却离"了不起"差得很远。我也没敢对段先生提起数学竞赛，总觉得老一辈数学家辛辛苦苦搞起来的数学竞赛，获奖的学生却荒废了十几年的学业，甚至连进入数学领域的机会都没有，段先生听了会失望的。段先生平实谦和的学者风范，是我终生的榜样。

21世纪之初，北师大数学系让我去中国数学会教育工作委员会(现改为基础教育委员会)工作，使我同少年时代留下了深刻印象的《一笔画和邮递路线问题》一书的作者姜伯驹先生有了交往。查阅《数学通报》，才知道1964年数学竞赛的标准答案竟然是他与闵嗣鹤先生写的。姜先生对国家的基础教育十分关注，曾经直言不讳地对教育部基础教育司制定的中小学课程标准提出过不同意见。这些年来，他在很多有关中小学数学教育的会议上发言，甚至在2005年的全国政协会议上一个人走到主管教育的国家领导人面前直接陈述自己的意见。记得2005年夏秋有人在某地组织写匿名信四处散发，说我和北师大的另一位教授挑动基层老师，散布对"教育革命"不利的言论。信也寄到了姜先生那里，姜先生把我们叫到他的办公室看了信，然后说："连名字都不敢署，还想搞'文革'的那一套整人。"后来我以中国数学会基础教育委员会的名义组织相关的会议，或起草有关基础教育的文章，总是先征求姜先生的意见，姜先生总是十分认真地倾听，十分仔细地修改。其实这些事情与姜先生本人一点关系都没有，姜先生这样做，完全是出于一位真正的数学家对祖国数学事业高度的责任感。这也许就是百年北大的风骨吧。

数学竞赛的"纯真年代"已经过去了半个世纪，我们的国家已经在改革开放的道路上走过了三十个年头，我们也从远离国际数学界变成了数学大国。

拉拉杂杂回忆一些过去的事情，但愿对今天有些许启迪，把我们的数学和数学教育办得更好，早日实现陈省身先生"在21世纪中国从数学大国变成数学强国"的美好愿望。

致谢

感谢北京师范大学附属实验中学王本中老师、北京大学数学科学学院赵春来教授、浙江大学数学系李慧陵教授、北京师范大学数学科学学院王昆扬教授、首都师范大学数学科学学院吴可教授、清华大学数学系华苏教授。他们提供了宝贵的资料，并对本文部分事实进行了订正。

参考文献

[1] 任南衡，张友余. 中国数学会史料[M]. 南京：江苏教育出版社，1995.

1－3 我们这一届研究生*

1978年，是中国的大学教授和失学12年之久的大学生、中学生永远不会忘记的一年。那一年随着高考的恢复，也恢复了研究生招生制度。文章回忆了北京师范大学数学系1978年入学的11名研究生的学习生涯，以及研究生导师的悉心教导。

前排左起：刘绍学，孙永生，张禾瑞，王世强，严士健；中排左起：陈木法，罗里波，罗承忠，李英民，张英伯，罗俊波；后排左起：唐守正，王成德，郑小谷，孙晓岚，王昆扬，程汉生，沈复兴。

---

* 原载：《北京师范大学数学学科创建百年纪念文集》，北京师范大学出版社，2015年，169－172。

随着1977年恢复高考，1978年研究生的入学考试也恢复了。我报考了北京师范大学数学系刘绍学教授的研究生，专业为环与代数。

那还是在“文革”期间的1974年前后，刘先生到北京师范学院（现首都师范大学）去了一段时间。刚好我从北大荒农场返京在北师院做工农兵学员，有时候在图书馆里用大衣蒙着头看书。上面盖一本《毛泽东选集》，下面放着《数学分析》或《高等代数》之类的书，看几页，做几道题，也没怎么学通。那时在教室里这样做风险太大，通常是不敢的。有一天在教室看书，刘先生突然走到我座位旁边，问道：“你喜欢数学？”我吓一跳，赶忙站起来回答：“挺喜欢的。”刘先生说我可以去他家里聊聊，并可以借几本书。

我很高兴。过了些日子，便按照刘先生写的地址找到了北师大。那时他家住在教工宿舍3号楼，一套两间的单元，略显拥挤。家中有他的太太，两个十来岁的女儿，还有一只白猫。刘先生给我找了一本贾克伯逊（Jacobson）写的《环的结构》，一本他50年代留苏时的导师库洛什（A. G. Kurosh）著、他本人翻译的《群论》。我兴奋地拿回来，可惜没有看懂。

1978年春天，我参加了北京师范大学研究生的入学考试。数学考两门，有数学分析和高等代数，不算太难。其他还有外语和政治。那个年代大部分学生都学俄语，学英语的不多，我考了俄语。不久接到了复试通知书，复试的科目是近世代数，时间在9月份。

我第一次听到近世代数这个词，才懂得代数分成经典和近世两种。后来才知道，刘先生借给我的那两本书，都是在近世代数基础上的深一层研究。近世代数我没有学过，用了3个月时间拼命去啃。复试的时候，竟然也答对了。现在回想，八成是刘先生心里清楚我们的水平，没出难题。

当我作为一名研究生走进北京师范大学数学楼的大门时，心中满怀敬意和憧憬。这就是数学的殿堂了。时隔12年之久，我有幸再一次走进课堂，接受正规教育，真是说不出的喜悦。

在改革开放之初的20世纪80年代，全国从上到下，都沉浸在一种崇尚知识、尊重知识分子的氛围当中。那时的人们并不认为当官很光荣，而是认为有知识有学问的人才是最牛的。民间流传着一种说法，1977年和1978年的大学生，集中了12年间积累的精华，同一个班学生的年龄可以相差十几岁。

那个年代的研究生很少，民间没有一个整体的概括，但是细想起来，恐怕用“精华”之说亦不为过。北京师范大学数学系1978级研究生共有11名，分为数理逻辑(4名)、代数(2名)、函数论(2名)、概率论(3名)4个专业。这4个专业的导师分别是王世强、刘绍学、孙永生、严士健。王先生生于1927年，其余三人均生于1929年。他们四位是1981年国务院评定的第一批博士生导师，被称为北师大数学系的“四大金刚”。

我是1966届的高中毕业生，而同专业的同学王成德那时才上小学四年级，我俩相差8岁。小王毕业后去北理工教书，几年后移居美国，我们一直通信并在他回国时见面叙叙旧。

中国的大学经过12年的折腾，师资奇缺。于是中国科学院数学所、北大、北师大的3位代数学家决定联合授课。我们听数学所万哲先研究员讲“域论”；在北大上丁石孙教授的“交换代数”；在北师大上刘绍学教授的“环与代数”。那时代数方向还有来自全国各地的10位进修教师，课堂里有近20人。刘先生讲课太精彩了，不但准确严谨，而且生动幽默。丁先生高大魁梧，气度不凡，不知为什么我老觉得他像一位指挥千军万马的将军。他讲课特清楚，板书很独特，经常从黑板的左上角滑到右下角。万先生的课用英文版的教材，课上用英文讲解。我那时连26个英文字母都没认全，第一次课就像陷入了无底深渊。怎么办呢？我只好一下课就骑车飞快地赶到北京铁道学院(现称北京交通大学)，请住在那里留美归国的姨父帮我翻译一遍当天讲过的几页书。然后再飞车赶回北师大图书馆，抱着一本数学词典一字字地啃。就这样连滚带爬，期末考试竟也得了5分。

当时的中国数学界和国际数学界隔绝了12年，当务之急是了解数学研究的动向，尽快跟上国际水平。因此，当我们学了几门专业基础课后，就有机会跟着刘先生去听发达国家代数学家的讲座。有一次华老请了贾克伯逊演讲，成德和我跟着刘先生骑车到位于中关村的数学所，从大钟寺的农田抄小路过去。华先生拄着拐杖作了介绍。贾克伯逊的皮带系在肚皮下面，那时中国还没有这么大肚皮的人。

到了第三年，刘先生得到宝贵的机会去美国进修一年，出访前还为我们讲了一门课，是他苏联师兄写的非结合代数。刘先生把我和成德二人托付给了数理逻辑专业的研究生罗里波。罗里波是我们当中最年长、最富传奇色彩的一个人物。

他16岁考进北师大，因为数学天赋颇高而有些骄傲。1956年本科毕业后他读王世强教授的研究生，1957年被划为右派。在“发配”内蒙的牧场改造后，他仍然偷偷地搞数学，曾经写过一篇群论的文章投到《数学学报》，因右派身份被拒绝发表。王先生没有办法，只好对问题作了进一步研究，以自己的名义写了一篇文章，在文章的注记中声明哪些结果是罗里波的，于1964年发表在《数学进展》上。罗里波“文革”后将证明整理出来，文章最终还是发表了。罗里波再次考研时42岁，超过了国家规定的招生年龄范围。王先生写信给时任教育部副部长的李昌，力荐罗里波的才华，请求破例准考。当成德和我跟随大师兄罗里波做论文的时候，他非常谦和。我们两人上课时喜欢坐在他的左右两边，看他在一本400页规格的厚厚的稿纸簿上修改投往《数学学报》的数理逻辑论文。文章的符号和内容我们看不懂，但在那个阶段，《数学学报》四个字足以使我们敬佩和震撼。大师兄毕业后曾任北师大计算机中心主任，后来还在美国、日本的大学里教过书，在模型论及其在计算机科学中的应用，以及计算复杂性方面做过不少工作。他指导我做的群论方面的文章竟然也发表在了《数学学报》上。

王世强先生在中国的数理逻辑界是名列前茅的人物。他是一位纯粹的数学家，也是一位纯粹的好人。大概因为代数与数理逻辑关系较近，我们时常去他家做客。在读博期间，刘先生推荐我到德国的一所大学联合培养。那时换外汇手续复杂，王先生从德国访问回来，有一天把我叫去，递给我200马克。我很不好意思，说可以开证明去银行换。他说不用了，这些钱反正他暂时不会用，拿去应急吧。结果我在法兰克福机场买火车票，到大学后德国奖学金没到位的前几个星期，都是用的这笔钱。从德国回来，我做的第一件事是去王先生家还钱，王先生说“不用还了”，我说“那怎么行”，就把钱放在桌上赶紧跑了。听系里的老师们说，王先生根本不管钱，发了工资往书里一夹，有时就忘记了。王先生年轻时得过肺病，一直没有结婚。他瘦高的身躯，有些驼背，平时不修边幅，穿着一件旧的蓝制服，已经洗成了灰色。“文革”中他从劳动锻炼的农村只身去广州串联，在火车站听收音机，因为穿着破旧，警察怀疑他的收音机是偷来的，把他抓到车站派出所去了。他怎么解释自己是北师大的教师也没人相信，最后不得不说出学校的电话号码，请警察同志打过去询问，才放行了。

数理逻辑专业的程汉生“文革”开始时在北京四中读高三，老辈子的北京人都知道那时的四中是北京排名第一的学校。“文革”期间，包括程汉生在内的五名四中高三学生跟随韩复渠搞天文学的一位孙辈学习数学，成为京城学界著名的五人小组，还在官方报纸上做过报道。程汉生后来去美国发展。王先生的另一位学生沈复兴“文革”前在北师大三年级读书。虽然个子不高，但双目炯炯有神。他后来一直在北师大工作，并走上仕途，做到校人事处处长、教务长和信息学院院长。而“文革”时读小学三年级的孙晓岚是我们当中年龄最小的一个。他后来去美国读书，获得杜克大学(Duke University)的博士学位，因为身体问题回国了。

函数论专业的导师是孙永生先生，在北师大数学系有“圣人”之称。他在1947年被保送到北师大，1948年1月，作为一名追求民主自由的热血青年奔赴解放区参加革命，1949年10月返校学习，1953年留校工作，1958年毕业于莫斯科大学数学系，获副博士学位。我在读研的第二年听过孙先生为本科生开设的“泛函分析”，他上课不带讲稿，如行云流水般娓娓道来，字字珠玑。他的板书在每节下课铃响时刚好写满一黑板，如果拍照连在一起，就是一部教科书了。孙先生课前经常在数学楼外的草坪周围散步15至20分钟，低头思索，不看周围，想必是在默默地梳理课程内容吧。孙先生的博闻强记是出了名的。一次系里去十三陵春游，参观完陵墓坐车返程时，他竟然将十三陵入口处的导引一字不落地背了下来。那个年代，在函数论界谈起学术，是绕不过孙永生的。他一生坚持苏联学派的硬分析，作了几十篇深刻而基础的论文，并引导他的学生进入了实函数逼近论和球调和领域，在后一领域内走向了世界前沿。他对学生的影响是潜移默化的，后来的研究生不懂俄文，他竟然将长篇俄文文献一字一句地翻译出来交到学生手中。学校希望孙先生申请院士，他坚辞，说自己老了，还是让别人去申请吧。孙先生担任过系里的副主任，按照他一贯的风格极其认真负责，并将所有的好处，比如出国进修、到国务院评议组任职等都谦让给其他教授。有关方面曾一度有过让他做副校长的动议，他也坚辞了。他把自己的全部精力，用在了教学、培养学生和函数论的科研上。

孙先生1978年招收的研究生是王昆扬和罗俊波，两人分别是北大1966届和北师大1967届数学系毕业生。他们对孙先生万分地敬佩和感念。王昆扬在北大数学系读书时成绩名列前茅，1968年至1970年北大学生到部队劳动两年，王昆扬与历史系的胡德平住在同一个大房间，相处和睦。从部队返校分配工作，有关领导认为王昆扬这样的人是不适合做教师的，把他分配到河北省邢台地区朱庄水库工程指挥部去了。王昆扬博士毕业后曾去澳大利亚访问，新南威尔士大学（The University of New South Wales）数学系因为他科研搞得不错，打算跟他签一份三年的工作合同，并致函北师大。孙先生得知后急了，写来一封四页的长信，痛陈祖国数学科研的需求，力劝王昆扬回国效力。王昆扬看到恩师这封长信，放弃了与澳大利亚校方签订合同，毅然返国了。孙先生的信他至今仍珍藏着。他后来也学到了一些乃师的风范，对科研、教学、学生极其负责，被评为全国教学名师。而罗俊波研究生毕业后分配到辽宁大学数学系工作，很快晋升为教授。

在我们那一届研究生中，最成功的数学界人士当属概率专业的陈木法。陈木法"文革"前是北师大数学系一年级的学生，被他的老师严士健看中，在"文革"期间鼓励他读书、做科研。陈木法也很争气，无论在贵阳市的中学或贵州师范大学教书，他从来都把学数学做数学放在第一位。而不像我们大多数人那样在"文革"中或多或少地"沉沦"了。"文革"后期，他竟然在湖南找到了侯振挺、杨向群等志同道合的学术伙伴，经常在一起讨论概率论问题。曾在农村猪场劳动过多年的杨向群甚至帮他买了半扇猪，让他乘火车翻山越岭带回贵阳家中改善生活。陈木法来到北师大读研以后，也是我们 11 个人当中的佼佼者。我们那时每天下午 4 点钟去操场上锻炼，跑步、打球、拔杠子等。陈木法通常和几个人一起托排球或打网球。一个夏天的锻炼时间，记不得为了借球还是别的什么事情，我去了一趟概率和函数论专业 5 位男士的宿舍。刚进门就吃了一惊：他们个个的床单和被子竟然都跟宿舍的水泥地面一个颜色，地上东一只、西一只地扔着散发脚汗气的球鞋，我赶紧退了出来。专一的理想和不懈的奋斗，使陈木法走到了数学前沿，他在 2002 年北京举办的世界数学家大会（International Congress of Mathematics）上作过 45 分钟报告，不久当选为中国科学院院士。

概率专业另一位出色的人才是 1963 年毕业于北京林业大学的唐守正。他从小学习拔尖，高考成绩特好。但因为家庭原因，清华北大这些顶尖院校不敢录取他。他的弟弟唐守文曾在北京市数学竞赛中拿过第一名，倒是被北大数学系破例录取了。唐守正或许因祸得福，他在得到概率论博士学位后返回林业界，成为我国数学与林业交叉学科的带头人，当选为中国科学院院士。概率专业最年轻的郑小谷则是"文革"前的中学生，博士毕业后留校工作，后来到新西兰，在新西兰国家水与大气研究所(National Institute of Water & Atmosphere)任资深研究员。还受聘为北师大全球变化与地球系统科学研究院首席科学家。他们的导师严士健每当谈到学生的成就时,总是满意地眯着眼睛,脸上浮现出他那招牌式的笑容。

80 年代科学的春天已经过去 30 多年了,我们这一届研究生也大都退休。中华民族年轻的科技队伍已经成长起来,我们国家也成为数学大国。看着学生们的科研和教学一代更比一代强,我们的心中充满了欣慰。

致谢

感谢罗里波、沈复兴、王昆扬、王成德、李仲来核对并补充事实。

1－4 图书馆和我们*

2002年是北京师范大学图书馆百年馆庆，为此出版了文集《百年情结》，本文是其中一篇。文中记述了数学系研究生对北师大图书馆的深情，回忆了我个人从小学直到研究生阶段对图书馆和书店的眷恋。

学校的新图书馆是我留校任教后才完工的，高大气派的藏书楼使教学区面目一新。馆前美丽的花坛边、竹林畔，常有孩子们嬉戏、情侣们流连。漫步在馆前的草坪小径上，使人感到温馨、宁静、祥和、平安。

新馆后面的旧图书馆楼已被网络中心和档案馆占用，只有楼上还可以借阅旧版书籍，旧楼的墙壁亦已斑驳，只有墙外的爬山虎依然充满生机。对于数学系78届的老研究生来说，正是这小小的旧馆，给我们留下了永生的记忆。

1978年2月，我们数学系的11名同学，通过了"文革"后北师大的第一次研究生入学考试，进校学习。这11个人来自全国各地，年龄从20出头到40多岁；从"文革"造成的文化荒漠，走进了心中神圣的科学殿堂，当时的心情真是激动不已。我们大部分人的青春岁月在动乱中过去了，没想到终于等来了国家科学的复苏，等来了改革开放，国家有希望了，我们也有希望了。

研究生的生活空间可以用三点一线概括：宿舍，食堂，图书馆。还记得10名男生分两间宿舍，睡上下铺，一个女生住进修女教师宿舍。同学们经常在下午4点多钟一起去操场跑步或打排球、羽毛球。中午和晚上大家在课后或从图书馆出来一起去食堂吃饭，每人拿两个大搪瓷碗，买上1毛钱一大勺熬白菜或3毛钱一大勺炒菜，有时添1分钱一小碟腌辣椒，再买四两或六两米饭，吃得津津有味。

---

* 原载：《百年情结》，北京师范大学出版社，2002年，153－155。

那时系里的教学和科研条件没有现在这样好，也没有计算机。数学楼的房间基本都用作教室，老师们十几个人共用一间教研室。教室每天都被恢复高考后走进校门的77、78级大学生占满了，我们几个研究生有图书馆的借书证，可以自由地出入那里的理科阅览室。因此，每周除导师为我们上课或约我们谈话外，几乎所有的学习时间都是在图书馆度过的。我至今还清楚地记得，位于图书馆二楼东头的理科阅览室很大，一进门摆着几排书架，放满了字典和大学数理化教材。书架后面是几排大书桌，桌子特大，每张都可以供十几个人围坐在一起读书。

我们11个研究生分属4位导师，数学系半玩笑半认真地称他们为"四大金刚"，他们因品德好、学问高而受到系里老师、研究生、本科生的敬重，是"文革"后数学系科学研究的奠基人。他们是数理逻辑专家王世强，他1978年招了罗里波、沈复兴、程汉生、孙晓岚4个学生；代数学家刘绍学，学生为王成德和我；逼近论专家孙永生，他的学生是王昆扬和罗俊波，概率论专家严士健，他的学生有陈木法、唐守正和郑小谷。

因为同专业，我和成德经常坐在阅览室的同一张书桌上学习，成德很聪明，他没进过大学，"文革"开始时才上小学三年级，大学课程和英语都是自学的。研究生的课程不容易，他却学得轻松、自信。罗里波在入学前20年就已经是北师大的研究生了，我们都叫他大师兄。当我们还在拼命读书的时候，大师兄已经坐在图书馆趴在一叠厚厚的稿纸上撰写论文了。我记得他当时在数理逻辑、群论、组合论等许多领域写过文章，并把稿件投往当时我们觉得高不可攀的《中国科学》和《数学学报》杂志社。陈木法、沈复兴、唐守正、王昆扬他们"文革"前就读过大学，分别是当年北师大、北林大和北大的高材生，数学功底很深厚。他们的用功也是没人比得了的，除了在图书馆读书、在系里上课、在操场锻炼，从没见他们闲过，甚至连去理科阅览室楼上的期刊阅览室翻翻闲书都很少有。相比之下，我只是工农兵学员，就显得吃力多了。当时北师大刘绍学，北大丁石孙，中科院万哲先三位代数方向的导师联合为学生上课，资源共享，课讲得真是精彩。刘先生的环与代数，丁先生的交换代数，我还能跟得上，万先生的课却无论如何听不懂了。万先生用朗(S. Long)的书为我们讲域论，英文板书英文讲解。第一节课就把我打懵了，我中学学的是俄语，走进北师大26个英文字母还没来得及念会。自从上小学，我的成绩始终名列前茅，现在才第一次明白了什么叫"听天书"，记得万先生的课是周三下午，一下课我就从中科院直奔铁道学院（现北京交通大学）我的大姨父家，他曾留学美国，可以帮我把课文翻译一遍，傍晚回到北师大图书馆，从书架上取来英汉、汉英、数学三种词典，开始一个字一个字地啃朗的厚书。这样苦苦熬了半年，域论考试竟然得了五分。英文也从当初的看图识字到初步掌握了英语的基本词汇和表述。现在，每当我在国际会议上用英文作报告时，在系里为研究生们用英文讲课时，常常不由自主地想起我第一次听英文课程的情景。

我在阅览室经常用衣服蒙着头看书。同学们跟我开玩笑，突然把衣服扯下来，我就吓一跳。他们说你干什么，我说"文革"期间看书时，在《毛泽东选集》下放一本小说或课本，落下毛病了。

就这样，我们在北师大图书馆度过了 3 年难忘的研究生生涯。现在我们这 11 个同学早就毕业了，罗里波担任过计算中心主任，做过全国人大代表，陈木法成为我国著名的概率论专家，并由国际数学联盟（IMU）推选在 2002 年的世界数学家大会上做 45 分钟报告，为北师大、为数学系赢得了很大的荣誉，唐守正已经成为中国科学院院士，沈复兴担任了北师大信息学院常务副院长，罗俊波担任了辽宁大学数学系主任，成德和程汉生去了美国，小谷在新西兰国家气象局，但是无论我们走到哪里，北师大图书馆，永远珍藏在我们心中最神圣的地方。

1－5　克劳斯和我们*

克劳斯·米切尔·林格尔是北师大数学系代数表示论专业不同时期15位博士生的共同导师。克劳斯是德国教授，也是该专业的创始人之一。他神采奕奕，精力充沛，既能够通宵达旦地研究学问，也能够骑自行车走遍世界，欣赏中国的京剧和越剧，他对中国古迹名胜的了解，甚至胜于我们。

从左至右，第一排：刘绍学；第二排：张英伯，郭晋云，肖杰；第三排：惠昌常，彭联刚，章璞，邓邱明；第四排：林亚南，王志玺，杜先能，姚海楼，张顺华，张跃辉，黄兆泳，朱彬，韩阳。

* 原载：《数学与人文》第20辑，高等教育出版社，2016年，99－115。

引子

在20世纪70年代末，我们的国家终于度过了“文革”的浩劫，摆脱了与世隔绝的封闭状态，开始打开国门看世界了。这时世界已经从工业时代进入了信息时代，而国际数学研究，也在20世纪60、70年代有了长足的进展。

中国数学界需要做的第一件事情，就是学习新的数学知识，尽快地走向前沿领域。于是各个大学的数学教授纷纷邀请美、法、英、德等发达国家的一流数学家来中国讲学，而许多外国数学家也给予了我们真诚的帮助。

下面的故事讲述了北京师范大学数学系刘绍学教授是怎样在国外代数学家的帮助之下建设了中国的代数表示论专业。在那个年代，中国的大学以各自不同的方式走向各个学科的前沿，发生在德国数学家克劳斯与我们之间的事情，是其中的一个片段。

寻求外援

刘绍学教授曾在1953年被选送去苏联莫斯科大学留学，师从世界知名的代数学家库洛什攻读环论，并于1956年取得副博士学位回到北师大数学系任教。改革开放以后，刘先生升任教授和博士生导师。当时的北师大数学系有“四大金刚”，即函数论、数理逻辑、代数学、概率论方向的四位学术带头人，刘绍学先生位列其中。

在《培养博士生工作体会》和《刘绍学文集》的自序中，刘先生写道：

“1978年开始招收研究生，当时正值‘文革’刚刚结束，教育界被破坏得满目疮痍。第一、第二批研究生进校后，按照我50年代在苏联时所熟悉的领域，开始了环的结构研究。

“1978年开始指导第一位博士生罗运纶，使我在教书生涯中第一次感到不能愉快胜任了。这得从我的科研领域谈起。我搞代数三起三落，再加上我的闲散和满足，使得在1978年重新搞代数时基本上还是从1956年我当时的那个水平出发。环的经典结构理论的基本框架就是韦德伯恩定理及其各式各样的推广。我的副博士论文就是对结合代数、李代数、若尔当代数以及交错代数的韦德伯恩-马尔茨夫型定理的推广，因而我对它们是熟悉的。然而我对1958年出现的戈尔迪定理、森田对偶、等价理论以及后来的环(模)论中的同调方法就不熟悉了。

“我深知科研领域对博士生的重要性，我深知我熟悉的科研领域既纯又窄，像在沙漠中流淌的小河，对有漫长前途的年轻人不是一个好的科研方向。为学生选择一个和我不太远又是好的领域，这使我真的怕数学了：数学是简单而确切的，弄懂它不太困难，但数学的单纯和精确使它比任何其他学科都走得更深更远，因而理解它，特别是能在数学世界中具有洞察力和想象力，对我是高不可攀的事，选择领域谈何容易。在学习一些PI-代数和挠理论，仍觉不合适而放弃后，我接触了一点代数表示论，又想起段学复先生的话(大意)：‘只搞结构不搞表示，不够全面。’在没有太多可选择的情况下，便贸然选定代数表示论。当时我对此领域的前途是没有把握的，但对搞懂它是有信心的。

“1985年，我对欧洲的访问对于我和我的学生进入国际代数俱乐部非常关键。今日回想起来是一个稍纵即逝的难得机遇。我收到两封邀请信，一是比利时教授范·奥斯泰恩(F. Van Oystaeyen)第二次邀我去比利时访问三个月，……一是姆利茨(R. Mlitz)邀我参加在奥地利召开的国际根论会议[他是查《数学评论》(Math. Review)，看到许永华和我的名字，向编辑部了解到我们的地址后向我们发出邀请的]。……这次访问使我和奥斯泰恩、姆利茨、克劳斯，建立了联系和友谊(当时在德国的陈家鼐安排我对慕尼黑大学卡切(F. Kasch)的访问，还替我和克劳斯取得了联系，克劳斯邀请我去比勒菲尔德大学访问)。

“克劳斯可以说是上帝在我转变科研方向的困难时期给我送来的‘援助’朋友。我六次去德，他六次来华，虽相隔万里，但1985至1999年我们几乎每年都见面。克劳斯热情、勤奋、正义、善解人意，对中国有一种特殊的感情。

“我有三名博士生在他的指导下获德国博士学位，有四名学生在他的接受下成为洪堡基金获得者，他还经常邀请我的学生们去访问或参加国际会议。自1990年以来每年都有我的两三名学生在他那里。……中国代数表示论小组的所有文章都和克劳斯的工作有关，他所引入的林格尔-霍尔代数和倡导的拟遗传代数在中国得到充分的发展。”

刘先生具有深厚的数学修养，为人风趣幽默，在国际代数学界赢得了不少朋友。在《刘绍学文集》的序言中，克劳斯这样评价当年刘先生在比勒菲尔德的访问：

“那是在 1985 年的 8 月，德国传统的假期，没有多少数学家在学校里，也没有安排学术报告。我觉得还是应该问一问刘教授是否愿意在我们的讨论班上讲讲研究成果，并且向他说明讨论班的听众不多。他说他非常高兴能够在这里做报告，他甚至可以就四个不同的方向讲四个专题，每个 15 分钟。当时我不太确定这样安排是不是能行，但也没说什么。他的报告实在令人惊讶，安排得竟然如此出色：准确的描述，完美的表达，令人信服的起因，给我们留下了深刻的印象。在四个报告中的每一部分，他都先列出详细内容，包括所有必要的定义，然后集中到一个问题，最终给出由他和他的学生在过去几年给出的解答（或部分解答）。用这种方式，我们对他的科研兴趣以及他所领导的科研小组的研究能力有了深刻的印象。报告涉及的领域之广值得注意：包括 T-理想，根的幂零性，有限表示型代数，以及非结合环（若尔当代数）。当时斯克朗斯基（Skowronski，来自波兰托伦）也在比勒菲尔德，他和我最感兴趣的是第三部分，有限表示型代数的研究（肖杰证明了这种代数的模范畴是完备的）。我还记得报告之后曾就可能的推广工作以及相关问题进行了长时间的（并且有成效的）讨论，例如纯半单猜测。如此看来，刘的报告应该是我们长时期合作的开端。

“他的计划是：将学生送到世界各地所有的相关大学去得到该校的博士学位，反之，邀请一些有关专家到北京师范大学访问为学生们开设系列课程。”

克劳斯有一个深刻的印象是，北京师范大学的刘绍学教授和华东师范大学的曹锡华教授“似乎感到自己有责任去关照中国所有的青年代数学子，至少是在师范院校读书的那些代数学子（这种学校的目的是培养未来的教师）”。

这句话准确地道出了那个时代中国知识分子的心态，他们从心底里认为自己对于祖国科学技术的复兴担负着不可推卸的责任。他们是这样想的，也是这样做的，正是由于老一代数学家二十余年对年轻一代不遗余力地培养，我们才有了今天数学大国的地位。

授课北京

1987 年的 3—4 月，克劳斯应刘绍学和曹锡华两位教授的邀请第一次来到中国。在抵达北京的第二天早晨 8 点钟，克劳斯在刘先生的陪同下伴随着上课的铃声走进了课堂。克劳斯那年 40 岁出头，他个子不高，身段灵活，双目炯炯，笑容可掬。在逐渐熟悉起来之后，我们知道他不仅是一位优秀的数学家，而且对一切未知的事物都抱有强烈的好奇心。用现代的网络语言，可以叫作“活力四射”吧。

在北京师范大学的课程持续了三个星期。克劳斯在刘绍学先生《走向代数表示论》一书的序言中写道：

> “我的课程安排在上午，通常是三至四个小时。工作三天休息一天。听课的有四位博士生：郭晋云、肖杰、张英伯、唐爱萍，两男两女，还有大约十名硕士生，女学生的比例很高。这件事情令我惊讶，因为在德国数学被公众认为是属于男性的训练，女学生通常退避三舍。但晚些年后，类似的趋势似乎也在中国出现了——一个相当不幸的发展。所有的学生都非常活跃，有些人下午甚至晚上来问问题，跟我讨论他们作业的部分结果。他们对课程准备得十分充分，甚至把与课程内容相关的我的原始文章的复印件拿来展示给我。他们已经看了相当多的定义、定理和证明。但是，他们不曾掌握一批例子，这使他们对相关结果的理解产生了严重的困难。”

自 1977 年恢复高考，我们国家在 20 世纪 80 年代中期已经培养出了八九届本科毕业生，有些已经获得硕士学位进入博士阶段。虽然我们的大学教育与发达国家相比还有相当大的差距，但是那批研究生奋发上进的精神是非常突出的。针对学生们的困难，克劳斯调整了讲授的重点。

> “我所用的讲义与曾经在安特卫普做系列报告时的讲稿类似，但是听众的反应截然不同：北师大的气氛特别热烈，只是当处理一些特殊的应用时，我不得不在细节方面花费更多的时间。因而在接下来的课程中，我改变了授课方式，将全部注意力放在如何更好地理解相关例子上面。对于中国学生来说，得到一些个人的指导显然比只得到一批书去读更重要。

“大多数中国学生都有解决问题的强烈欲望，要是可能，最好每月解决一个新的问题。这种倾向不利于给出精细的证明，不是写出结果的最好途径。我想刘本人是不乐于这样做的，他的文章总是非常精细。”

当年上过克劳斯课的学生都不会忘记他在讲台上的风采，他语速平稳，一气呵成的英文板书与黑板的上下边缘平行，字体不大但非常清楚，使得没怎么听过英文授课的学生都能看懂。他通常的姿势是捏着一根粉笔，从讲台的左边走到右边，又从右边走到左边，不时地停下来，飞快地在黑板上画出一个图形，有时画奥斯兰德-赖顿箭图（AR箭图），有时是投射分解，每张图都整洁漂亮，一蹴而就。现在回想起来，当年的课程安排确乎相当紧凑，而且条件非常艰苦。所幸那时克劳斯正当壮年，一切尚能承受得住。他回忆道：“我还应该回顾一下当年条件的艰苦：天气非常寒冷，学生们穿着厚重的大衣以求保暖。在课堂上，我很幸运地得以来回走动，非常担心坐在那里三四个小时会是什么情形。（另外，作为授课教师，我荣幸地可以随时得到一杯热茶，那是一种善意的表示。）当时正值三月下旬，官方约定的冬季已经过去（但是天气不在乎这种规定），所以到处都没有暖气。”万幸的是，克劳斯当时居住的专家楼仍然供暖。

在那几年，刘绍学先生还邀请过代数表示论的几位奠基人——美国数学家奥斯兰德（M. Auslander）、挪威数学家赖顿（I. Reiten）、加拿大数学家德拉布（V. Dlab），他们都对中国十分友好，给数学系代数表示论专业的研究生讲课，对学生的论文进行指导，并邀请学生去他们的国家攻读学位。但是访华次数最多，邀请中国学生最多，与北师大代数表示论专业关系最密切的，还是克劳斯。

紧张的工作之余，克劳斯对中国的历史文化表现出了浓厚的兴趣，并特别愿意了解中国菜。他在序言中写道：

“我访问的头几天是吃小灶的，为我一个人准备某种西餐，但是我想吃中餐。于是几天之后，我鼓起勇气，从我的旅游指南上抄下来一些中国字，声明明天不会来吃小灶了。这以后，我知道了留学生食堂，在那里可以享受到各种各样的中国食品。我惊讶地发现在那个阶段，中国学生和外国学生之间存在着严格的界限，无论外国学生来自欧洲、美洲还是亚洲其他国家。饭菜当然很好，但是仍然不能跟饺子相比，我到刘教授家里做客时品尝过这种食品：饺子是由刘太太做的，确实美味。还有一次张英伯邀请我做客并自己下厨：

我被允许在旁边观看并了解每一个步骤。显然，中国厨艺本身就是一门艺术。并且有很多特殊的品种，譬如吃海参、稻田里的蛇；并且对经典西方食品的处理做了种种出人意料的改变(譬如把土豆切成细丝)。

“刘绍学还邀请我去看京戏。那时(相对于各种其他的剧院演出)，我不怎么欣赏欧洲的歌剧：他们看起来太假，离现实太远(设想一个人站着不动但是唱道：‘我跑开，我跑开！’他为什么不按照他声称的去做呢?)，而京剧在这方面显然更甚。我看过的第一个京剧是《白蛇传》，它使我极其震撼。我用了好一会儿工夫去领悟这种戏剧的本质：呈现形式和表演技巧的完美性，象征性的隐喻，风格的细腻，音乐和剧情精巧地配合。但是京剧仅仅在老年人中流行。事实上，当我对一些学生讲述我的兴趣时，他们惊讶地问：你很年轻，为什么会关注这些事情呢？那时已经有一些关于抢救传统剧目的思考，郭晋云陪我参加过一个这样的会议。回到德国，我试着去了解戏剧，西方的和中国的戏剧。必须承认，我对欧洲戏剧的理解源于京剧。”

我们白天上课，晚上有时安排一些娱乐活动。除了看京剧之外，我还陪他到北京音乐厅看过民族歌曲演唱会。因为克劳斯喜欢自己出去到处转转看看，我们为他找了一辆旧自行车当坐驾。我也有一辆老旧的自行车，晚饭后我们骑车从新街口外的北师大出发赶往位于市中心六部口的音乐厅。克劳斯的自行车慢撒气，车胎有些瘪了，我问他要不要找个车铺补一补，他说不用，登上车飞快地跑了。我用尽全力跟着，他回头看我拉得太远就放慢速度等一下，刚刚追上就打声招呼，又飞快地跑到前面去了。那时的北京还没有交通拥堵，西单北大街和六部口路灯昏黄，车辆行人不多。我们终于按时到达，在大约十五六排比较靠边的位置坐了下来，记得那天彭丽媛唱了一首《在希望的田野上》。

克劳斯每讲三天课休息一天，在其中的一个休息日，我陪他去山西旅游观光。那个年代还没有旅游团一说，我们买了晚班的火车票自己找过去了，此行的目的地是大同的云冈石窟和朔州的应县木塔(释迦塔)。

我们在清晨走出大同火车站，一群不到10岁的小男孩呼啦一下围了过来，兴高采烈地又蹦又跳，跟在克劳斯后面喊着：“看外国人呐，看外国人呐！”我有点尴尬，问克劳斯要不要到车站的贵宾室坐一会儿再走。他惊讶地问：“为什么？他们愿意跟着就跟着好了，多有趣啊。”他转身冲孩子们友好地挥手致意，一群人就浩浩荡荡地向大同市内走去。克劳斯背了一个摄像机，那个年代的摄像机不像现在这样袖珍，用起来还得扛在肩上，那是我第一次见到这种能够自己拍电影的设备。克劳斯专门找小胡同走，不断地拍摄胡同里油漆斑驳的黑色中式木质大门、门楣、门槛，还有立在门两边的小小的石狮。孩子们大约看惯了这些景致，不一会儿就散去了。

那个年代的云冈石窟尚未修缮，几乎没有游人。洞外的山路荒凉，路边是沙石和枯草，石窟里的佛像相当残破，但是看得出来，佛像的雕刻技艺高超，有些面部尚属完整的石雕表情祥和，栩栩如生。克劳斯兴致勃勃，一个石洞接一个石洞地跑着，不断地摄像。

释迦木塔亦年久失修，但全塔未曾嵌入一根铁钉的木质结构使克劳斯兴味盎然。看完木塔，我们再次乘晚班的列车返回北京，在早晨 8 点钟上课之前赶到了北师大数学楼。

克劳斯的第二次访华原定于 1989 年的秋天。他准备先去苏联新西伯利亚的一个城市参加学术会议，从那里乘火车赴京。大约是 1989 年夏日的一天，已在德国读书的我问克劳斯是不是取消对中国的访问，克劳斯坚定地说："不，我会去的。"但访华计划还是取消了。

克劳斯的第二次访华推迟到了 1991 年，他写道：

"我兴奋地得知中日环论会议将在 1991 年召开。我很欣赏这个主意，因为这两个国家都有环论研究的传统，而且我感到，排除政治上的考虑，科学家永远都应该合作。那时我与日本和中国都有紧密的联系，所以我（作为极少数几个被邀请的西方数学家之一）应邀出席在桂林召开的这次会议。会议的发言表明，在经历了'文革'的完全孤立，没有任何文章在书和杂志上发表的境况之后，中国的代数学得以幸存下来（甚至开始繁荣起来了）。"

克劳斯接下来的访华是在南开的非交换代数年。他写道：

"天津的南开数学研究所在 1993/1994 学年举办了关于表示理论的专题研究，我很高兴有机会在那里逗留了几个星期。与此同时，奥斯兰德和赖顿也被邀请了，稍晚一些，普伊格(Puig)到来了。与会者的讨论硕果累累。我提出了一个想法，将无限维不可分解模（来自于有限维不可分解模）添加到 AR 箭图中去，以便同时观察不同的分支。

"我再次得到了一辆属于自己的自行车,在休息时间经常骑着它到处看看。有一次奥斯兰德问我都到过哪里。我给他描述了我访问过的寺庙,古老的传统民居,等等。他惊讶于我讲的这些寺庙和宝塔——他曾经问郭晋云这座城里有什么可看的地方,但被告知没有什么吸引人的东西。所以当他再次对郭谈起这件事时,郭回答说:'这座城跟一般的中国城市一样,没有什么特别的。'由此看来,当地人认为平淡无奇的事情,有时外国人会觉得特别有趣,甚至感到惊讶。"

克劳斯对于中国的事情也有不理解的地方,比如他发现大学校园皆被围墙环绕,各处大门夜晚关闭。他写道:

"在中国,一所大学不仅是读书和做研究的地方。教授、学生以及教辅人员不仅在一起工作,而且实际上在一个围墙环绕的确定区域一起生活。从某种意义上说,这样的大学类似于一个屏蔽于外界的庙宇,带有可爱的花园,没有太多的干扰。这些单位(可能是大学,或工厂,或政府机构……)有他们自己的学校、医院、商店和餐馆,他们几乎能够自给自足,就像一个小镇。一座城市譬如北京分成数千个独立的单位——而大门则标志着单位的重要性。"

勤奋的数学家

在清华三亚国际数学论坛举办的第16届国际代数表示论会议期间,我请克劳斯谈谈他的经历。我的第一个问题是:"你为什么选择学数学?"原以为他会说他从小就喜欢数学,不料得到的回答却是:"我没有选择数学,当我进入法兰克福歌德大学的时候,希望学习哲学。过去的一位老师劝我报名参加一些另外的课程,比如数学或物理学(而不仅仅是社会科学,这种方式在当时的法兰克福是很普遍的)。"我有点吃惊,听说过一些数学家出自物理专业,出自哲学专业的还是第一次听到。他继续说:"在大学二年级结束时,我通过了代数、分析和应用数学的考试,得到了数学的前阶学位(vordiplom),也通过了物理考试,考完之后我就把数学书通通卖掉了,以便集中精力专攻哲学。"

"可是仅仅过了半年,我决定转到数学专业。"我试探着问:"哲学是 nonsense(无意义)?"他说:"现在的许多哲学家经常胡说八道。但是有一个例外,我到比勒菲尔德大学多年后遇到了一位哲学家，他的讨论班上正在研究一本渊博而深刻的哲学著作。书中有一章用到了一些数学，我曾经参与将其译成德文。因此他问我有没有兴趣跟他合作，我同意了。我们的合作非常愉快，一直持续到他离开人世。”

德国是一个崇尚哲学的国家，康德、尼采、黑格尔、费尔巴哈这些名字世人皆知。我问克劳斯是不是在科学技术尚未充分发达的工业革命时代前期，哲学是重要的，那时候的哲学甚至囊括了部分自然科学；但是到了工业时代后期直至信息时代，自然科学已经充分发展起来，分科很细，哲学就很难渗透进去了。克劳斯仍然坚持哲学作为一般体系的必要性。他认为，有关数学基础的哲学论战已不复存在，柏拉图的观点已经被普遍接受，甚至连集合论的问题也早已不再困扰数学家了。但是哲学对于数学和人们在日常生活中的修养都是有益的，这个问题不能在数学内部讨论，而必须看作真正的哲学课题。因而克劳斯本人很喜欢哲学。

克劳斯从 1964 至 1969 年在法兰克福歌德大学学习了 5 年，从本科直到获得博士学位。我再次有点吃惊，我说中国的学生从大学到博士需要大学 4 年，硕士和博士阶段各 3 年，一共 10 年，西方国家一般要快两三年，但是仅仅 5 年，中间还转了一次专业，是不是太快了？他说那个年代德国的大学没有规定严格的学制，视学生的情况而定。我问："那你是特别优秀的学生了？"他笑了："当然不是。"

克劳斯在法兰克福读书时认识了一些代数学家，比如拜尔（Reinhold Baer）的学生，曾致力于有限群模表示理论的埃森大学的米克勒（Michler）教授。由于他们的介绍，克劳斯来到图宾根大学，在著名群论专家威兰特（Wielandt）教授的指导下担任助教。图宾根是一座小城，主要部分是一所大学。克劳斯在那里的工作是负责群论讨论班，选择题目，比如有限 p -群的结构理论，等等。还有一项工作是管理威兰特教授工作的小楼。克劳斯说："这件事情我没有做好，最大的问题是晚上熬夜读书，早晨起不来。威兰特教授生气了，说你早点起来可以多干些工作，我说我要是起早了，就什么都干不了了。就这样，我们相遇的机会很少。他只好留条子告诉我应该做什么。留条子用的纸都是裁下来的报纸边，虽然战争已经结束二十多年了，但是很多人仍然保持着战后贫穷时期勤俭节约的习惯。威兰特教授需要留条子时，如果秘书递过来一整张纸，他会拒绝，宁肯花费很长时间找到一张小纸边。”

“我名义上在图宾根大学工作了五年，但实际上只有一年半。70年代初我就到加拿大渥太华去了。在那里工作了一年以后，我得到莱恩(Mac Lane)的资助可以去美国芝加哥大学一年研究拓扑学。原因是我的博士论文讨论了一个拓扑问题‘纤维化和上纤维化(fibrations and cofibrations)’。但是我决定留在渥太华，因为在那里与德拉布的合作非常成功。”我问：“你喜欢代数？”“不知道，我喜欢很多事情，比如代数与拓扑的联系。”

“从1973到1974年我在波恩大学的数学研究所访问，并于1974年得到了副教授职位，然后在1978年来到比勒菲尔德大学担任正教授。”

我问：“记得我们随你乘火车去波恩附近的巴德霍内夫开会，你在车上看一本很厚的《代数几何》，专心致志地读了两个多小时。我还听过你给大三本科生上李代数。我们觉得你知识面很宽，懂得很多。”

“因为懂得不多，才要读很厚的书呀。”克劳斯回答，“我们需要代数几何、组合理论去理解代数。代数与几何的联系特别有趣，比如19世纪研究的三次、四次代数曲线，可以联系到邓肯图 E_6 和 E_8 的根系。”

我说：“我们中国人在比勒菲尔德留学和访问期间，有时碰见你在汽车站等车时一边读书，一边在小纸条上记笔记。”

克劳斯回答：“那有可能，我经常带着一些小纸片，随时随地记下数学思考的结果。当然有时也记点日常生活的事情。我的一个小外孙曾问我：‘爷爷，你怎么老是在小纸条上写字呀？’”

从网上查到，克劳斯自1970至2014年共发表了169篇数学论文，曾在1983年的华沙世界数学家大会上做过45分钟报告。克劳斯是“高引研究者”(截至2014年12月8日，他的文章有3399次引用，这在代数类论文中是极少见的)，他是挪威皇家科学院院士，美国数学会的首批会士。在2000年，他被聘为中国科学技术大学的名誉教授。

他精力充沛，反应机敏，极其用功。他熟悉的数学领域很多，像代数几何、拓扑学，甚至尝试去学习概率论，虽然没有在这些方向上做过工作，但是真的很懂，甚至在细节上都懂。他对自己的研究有十足的信心和把握。比勒菲尔德大学数学系得到了德国研究联合会(DFG)连续的、强有力的资助。特别地，合作研究中心(Sonderforschungsbereiche, SFB)DFG支持的长期基础研究项目两次在那里建立。克劳斯不局限于有限维代数的表示理论，而是掌握整体的大的表示理论，他在这个领域中名列前茅，贡献很大。

留学德国

刘绍学先生按照他“请进来，走出去”的方针，将北师大和其他师范院校的研究生送往欧美国家攻读博士学位。比如北师大的邓邦明去瑞士加布里埃尔（Gabriel）工作的苏黎世大学，湖南师大的刘石平去英国布伦纳（Brenner）和巴特勒（Butler）所在的利物浦大学，陕师大的惠昌常则到德国比勒菲尔德大学。在那个时期，他们大多是由中国政府提供资助的“公费留学生”。

刘先生打算以同样的方式送我去德国，克劳斯爽快地同意了。不料这时出国的学生越来越多，公费开始紧张，国家不能给我提供经费了。刘先生很不好意思地把这件事情告诉了克劳斯，克劳斯说他可以试试从德国方面找些资助。最终我用德国国际学术交流学者奖学金（DAAD）于1988年10月来到了德国。

从法兰克福机场乘火车前往比勒菲尔德的沿途，我第一个强烈的印象是德国像童话般美丽。莱茵河如同飘逸的银带镶嵌在覆盖着农田的大地上，排列整齐的农舍干净漂亮，尖顶的哥特式教堂不时从车窗外闪过。

傍晚过后，克劳斯把我从火车站接到学生宿舍，并交给我一张小卡片，上面有他家里和办公室的地址电话，关照说如果迷了路可以打电话给他。因为方向感差，我从不一个人外出，也就没有打电话去麻烦他。

那时候惠昌常（现任首都师范大学教授）已经在比勒菲尔德大学学习一年多了，他给我介绍了学校的大楼和楼里的各项设施。这是一座巨大而奇特的大楼，在长方形楼体的两个长边各设计了四和五条垂直外延的配楼，因而两个长边皆被分成五段，除两条短边外，长方形内部还排列着三条平行于短边的内楼。这些区间分别用前23个英文字母A—W命名。整所学校的各个院系以及管理机构都在楼里，数学系的办公室和讨论班教室位于V区的2～6层。大楼底层（德国习惯不称其为一层）的中央是一个大厅，周遭排列着延伸至配楼的大教室；食堂、游泳池分别位于两条短边；大教室之间分布着小咖啡店、小超市、小银行等，而一层全部是图书馆。

第二次世界大战期间，德国的男人在战场上死伤殆尽，只剩下了老弱妇孺，国土几乎被夷为平地。当时口粮奇缺，人们到树林里采野果充饥。即便如此，饥饿的人们仍然在周末参加义务劳动修复铁路和公路。

德国毕竟是一个崇尚理性、敢于直面历史的国家。知耻近乎勇，他们在战后的反省，比如勃兰特总理在华沙犹太隔离区起义纪念碑前那惊世骇俗的一跪，使德国一步步地走出了第二次世界大战的阴影。

战后短短十几年的时间，德国就从废墟上站了起来，再次成为欧洲的工业强国。记得在巴德霍内夫开会时，我随杜塞尔多夫大学的克纳(Otto Kerner)教授去参观位于那里的阿登纳故居。感动之余，我问了他一个问题："阿登纳是使德国经济复苏的伟大领袖吗?"他很惊讶："当然不是，德国的经济复苏是全体德国人民奋斗的结果。阿登纳是一个好总理，但是德国的复苏不是他一个人能办到的。"

德国人的严谨和纪律是世界有名的。记得那时我每天清晨来到数学系，系里各位教授的秘书们一定在差 5 分到 8 点之前打开各自办公室的大门，坐在电脑前面开始工作。我有时在学校吃晚餐，10 点半左右从学校走回住处，穿过大学和对面山坡之间的一条小马路，两边行人极少，马路上几乎没有车辆驶过。我从不关注路口的红绿灯，直接走过去了。有一次遇到一对站在路口的老夫妇，当时正值红灯，路上没有车子，他们却一直站着等待绿灯亮了方才通过。我也不好意思直接穿过马路了，站在他们旁边规规矩矩地等着，从那以后，我再没有闯过红灯，哪怕路上没车，路边没人。

在德国的学习相当紧张，克劳斯经常跟他的学生们讨论数学，他能够抓住讨论中的每一个想法，指导学生去解决每一个问题。那时塔梅表示型代数的稳定 AR 分支的结构已经确定了，野表示型代数被认为是最为复杂的一大类代数，它的稳定 AR 分支结构应该是什么样呢? 克劳斯说虽然没有做出来的把握，但是可以试试，于是我的博士论文题目就定为正则分支的结构(The structure of regular components)。这一试就试了 10 个多月，当时克劳斯的学生还没有后来那么多，他可以对昌常和我进行单独辅导。只要他不外出开会或讲学，我就按照和他的约定一周或隔周去一趟他的办公室，汇报问题的进展，或者遇到沟沟坎坎过不去了向他请教，往往在黑板上写写画画一两个小时，有时甚至更多，终于把这个问题给试出来了。我在 1989 年 10 月比勒菲尔德召开的一个代数学国际会议上报告了这个结果。第一次用英文做大会报告，我紧张得要命，像连珠炮一样把讲稿念完了，估计大家都没有听清我说了些什么。会议之后，我费尽全力整理好论文，忐忑不安地交给了克劳斯。但终因书写太差，克劳斯不得不从头到尾，一字一句地做了修改。

郭晋云(现任湖南师范大学教授)是第一个得到德国洪堡基金资助于 1989 至 1991 年访问德国的，当年在德国的往事他至今还历历在目。他回忆说："1990 年春节的时候，中国学生在学校的访问学者招待所 IBZ 举行联欢会，请克劳斯及其夫人参加，克劳斯还和我太太一起跳了舞。记得吧，克劳斯经常请我们到比勒菲尔德市中心的剧院观剧，比如芭蕾舞'灰姑娘'，音乐剧'尼克松在中国'，歌剧'罗密欧与朱丽叶'等。每次出席，克劳斯一定是西装领带，演出结束时全场观众一定会站起来长时间地鼓掌，表示对演员、对艺术的尊重。咱们还常到克劳斯家里聚会，圣诞节、复活节是一定要去的，如果赶上有小型的会议，常常是十几、二十位与会者一起到他家里，他太太在餐厅里的小桌上摆满面包、沙拉、起司、肉肠等食品，人们自己去取，边吃边听音乐，聊天，大家都很高兴。我们还一起随克劳斯去参观过科隆大教堂，克劳斯介绍说这是第二次世界大战开始后唯一没有被破坏的建筑，盟军手下留情，保住了这所著名的教堂。教堂内部的雄伟和富丽堂皇着实令我们震惊。"郭晋云在德国时做了霍尔代数的中心和同构问题，并在黑森林的表示论会议上做了报告。在文章投稿之前，克劳斯安排一位同事帮助他修改。

林亚南(现任厦门大学教授)是作为欧共体大学委员会资助的联合培养博士生，于 1992 至 1994 年在德国学习的。他说："克劳斯培养学生的方法很独特。我到比勒菲尔德后，克劳斯让我考虑写出所有三个单模的拟遗传代数，但是没告诉我具体的问题。然后是四个的，五个的。后来理解，他是让我通过计算具体例子来寻找和提炼数学问题，着眼于在学习过程中能力的训练和培养。"亚南的博士论文是关于哈莫克分解的，这是克劳斯提出的一个概念，有助于计算代数的 AR 箭图，论文指出了哈莫克分解与一些已知算法的联系。德国的论文答辩和我们不同，需要签字声明这篇论文是在导师的指导下完成的，以前发表的文章都不在考察之列。克劳斯是一位智力玩具收藏家和研究者。我们每次去克劳斯家聚会，他总要搬出一箱箱如魔方、九连环之类的智力玩具，与大家共享。克劳斯自己还设计了一个智力玩具，参加国际智力玩具年度聚会，和与会者进行交换。他研究智力玩具中的数学，经常在比勒菲尔德市的有关讲座中作专题报告。有关克劳斯的网页上有不少他在这方面的文章和讲稿。林亚南将其中的一篇译成中文《可能与不可能——一些智力玩具》，发表在丘成桐等主编的“数学与人文”系列丛书《数学无处不在》一辑中。在克劳斯的影响下，亚南也成为一位智力玩具收藏者。

肖杰（现任清华大学教授）对于克劳斯第一次访华的情景记忆犹新：“1987 年克劳斯访华之前，我们进行了充分的准备，读了奥斯兰德关于几乎可裂序列的文章，陈治中翻译的日本数学家立川（Tachikawa）的文章，以及克劳斯的书 LNM1099，可是几乎都没有读懂。克劳斯来了以后，出了一道习题，写出四点和五点直向代数的分类，用单点扩张的办法一步步归纳地去写，我写了好几页纸，完成了四个点的情况。那时我们晚上还有讨论班，克劳斯也参加过几次。忽然有一天我就明白直向代数是怎么回事儿了，就能读懂 LNM1099 了。记得克劳斯临走之前，刘先生请他给我们提一点建议，克劳斯说‘Look at examples.（看例子。）’。”肖杰认为：“在克劳斯的心目中，数学永远是第一位的。但他不是书呆子，他完全了解社会的复杂程度。他是一个聪明绝顶的人，与人相处时，只要一个眼色，他就知道你在想什么。”肖杰得到博士学位后，在 1991 至 1993 年去比利时范·奥斯泰恩那里做访问学者。这期间有两个月，克劳斯邀请他到德国访问，他很高兴地从安特卫普乘火车到比勒菲尔德去了。在那里，肖杰给出了 SL(2) 量子群上一般模的构造，构造的关键是克劳斯关于塔梅遗传代数上一般模的理论。当时肖杰有许多地方不懂，时间紧迫，克劳斯用了两天，上下午连续几个小时和肖杰讨论，解决了这个最大的困难。肖杰在文章初稿中把克劳斯列为合作者，克劳斯不同意，很认真地谈了自己对于合作者在文章上署名的看法。肖杰后来回忆，这次谈话对他教育极深，至今难忘。

彭联刚（现任四川大学教授）是由洪堡基金资助于 1993 年到德国的，研究霍尔代数及其相关问题。联刚记得为了计算的需要，他试图将克劳斯定义的霍尔代数改写成有限域上的版本，写出公式后请克劳斯看，克劳斯眨眨眼睛诡秘地一笑，不置可否。联刚马上悟出了公式不对，这才修改过来。稍后肖杰到比勒菲尔德进行第二次访问，两人将克劳斯在表示范畴上霍尔代数的工作发展到三角范畴上，给出了卡茨-穆迪李代数的整体实现。关于霍尔代数的名称，克劳斯表现得非常谦逊。霍尔（Hall）最初在有限 p -群的基础上建立了交换霍尔代数，克劳斯将其移植到有限域上的表示范畴,一般非交换并且可实现卡茨-穆迪李代数及其量子包络代数的正部分。我们认为这是本质和开创性的,并将其写成林格尔-霍尔代数。克劳斯知道后说不要把他的名字写进去,仍叫霍尔代数为好,还举了一堆例子说明如果这样做,很多数学公式就会冠以太多人的名字,但我们还是坚持使用了这个名称。联刚的英语听力不行,有一次到比勒菲尔德时,克劳斯的秘书曾向他交代从洪堡基金取钱的手续,他没听懂,以为秘书会把钱打到他的账户上,但直到快回国时都没有见到账上有钱,只得去找克劳斯。克劳斯二话没说,马上到相关的办公室跑来跑去,替他把钱领了出来。当时克劳斯正患痛风,腿有点瘸,弄得联刚挺不好意思,至今想起来都觉得汗颜,但也有一份感动。

章璞(现任上海交通大学教授)申请洪堡基金时,克劳斯亲自邀请了赖顿。米歇尔做推荐人,还安排他到米歇尔所在的埃森大学访问。无论哪里有相关的会议,他都从 SFB 出资支持,章璞就曾经用这笔钱去过黑森林和挪威。

邓邦明(现任清华大学教授)在克劳斯第一次访华时还是一名硕士生,年龄最小。在老一辈的表示论群体当中,邦明的语言能力最强,他于 1990 年硕士毕业后来到瑞士,在苦读数学之外,竟然自学了德语。在南开非交换代数年期间,克劳斯建议他申请洪堡基金,他于 1997 年来到比勒菲尔德,又在学校里学了一段德语。因而他的英语、德语都十分流利,文章也写得非常漂亮。

景乃桓(现在美国任教授)也得到过洪堡基金资助在比勒菲尔德做研究。跟随克劳斯做洪堡学者的最后一位中国人是徐帆(现任清华大学副教授),他在那里心情平静,专注于研究一年,发表了三篇论文。

团队合作

在 20 世纪 90 年代中期,中国的代数表示论研究队伍已经初具规模,中德之间在该方向上的合作扩展到了两国之间的众多研究小组。克劳斯写道:

> "惠昌常在比勒菲尔德期间,与凯尼格(Steffen Koenig)进行学术合作。为了继续研究双方共同感兴趣的问题,凯尼格联系了大众汽车基金,试图得到互访的路费、计算机和图书设备方面的资助。"

项目批下来后,还可以资助中国的博士研究生到德国学习一年。项目的主持人中方是刘绍学，德方是克劳斯，涵盖了北京、长沙、成都、合肥、厦门的几所大学以及中国科学院，而德国的大学有比勒菲尔德、开姆尼斯、杜塞尔多夫和帕德博恩，从 1997 至 1999 年历时三年。

在大众汽车基金和其他多种项目的支持下，1998 年第 8.5 届代数表示论国际会议（International Conference on Representations of Algebras，简称 ICRA）在德国的比勒菲尔德召开，这是介于第八、九两届大会的一次中间会议。14 位中国数学家来到比勒菲尔德，报告了他们最新的研究成果，肖杰做了大会报告。克劳斯写道：

> "我们非常高兴，刘教授本人也出席了，这是他第二次访问比勒菲尔德。
>
> "会议期间安排了到古城吕贝克的游览，并且一起去听了马勒第二交响乐的演奏会。演奏会后，刘开始探讨曲调的内涵，即由各种声响和音节传递的意义。对于他来说，艺术的涵义是重要的，对于内部结构和隐藏画面的理解是必需的。"

朱彬（现任清华大学教授）、韩阳（现任中国科学院系统科学研究所研究员）和杨士林（现任北京工业大学教授）分别在大众汽车基金的资助下于 1997、1998、1999 年来到德国。

克劳斯原打算让朱彬做三点拟遗传代数的分类，看朱彬有些犹豫，就说再给一个题目，于是下次见面时给了两篇关于多卷（Multicoil）的文章。朱彬是个谨慎的人，担心以前没学过这方面的知识，克劳斯说没关系，你现在学就可以。朱彬的论文给出了线圈一个简洁的组合刻画，并且在向量空间范畴（vector space categories）中引入并研究了线圈。

克劳斯研究兴趣广泛且非常注重研究课题的理论意义，韩阳到了那里，克劳斯就让他谈谈自己正在考虑的问题。韩阳谈了一点表示论的几何，因为意义不大，克劳斯建议他考虑控制野猜测，这后来成为他博士论文的研究主题。

中华民族具有吃苦耐劳的钻研精神，使得在那里拿到学位的人几乎都获得了德国博士论文的最高等级"mit Auszeichnung"（特别优秀）。

杨士林在克劳斯的指导下研读了预投射代数，回国获得博士学位。克劳斯临别时送给他的两份纪念品：一本德国画册和一张交响乐光盘，至今被他珍藏在身边。

阿布都(现任新疆大学教授)是一位维吾尔族学者,他于2002年12月到比勒菲尔德进修时恰逢圣诞节期间,德国的超市都关门了。他来到住处,冰箱里放着克劳斯买好的食物。克劳斯经常鼓励阿布都多多接触德国社会,不要局限于中国学生的小圈子。2011年克劳斯访问上海交大期间,专门为他讲了三天霍尔多项式的算法。

杨东(现任南京大学副教授)曾到比勒菲尔德短期访问,有一件小事使他记忆深刻:"那个时候同事们一起吃午饭,经常是我吃了不到一半,其他人就已经吃完了。后来一次闲聊,克劳斯问我在比勒菲尔德习不习惯,我说挺好,就是大家吃饭太快了。他笑着安慰我说,吃饭是应该细嚼慢咽,只不过他本人在食堂吃的次数多了,养成了不好的习惯,结果回家吃饭也控制不住速度,以至于太太经常提醒他,这不是在学校!"

到过比勒菲尔德的中国学者都不会忘记,那里的同事和访问学者经常在讨论班后AA制共进晚餐,对于经济上不太宽裕的人,克劳斯总是不动声色地替他们付账,或者事先拿给他们足够付账的钱。

到过那里的代数表示论方向的学者还有现任南京大学教授的黄兆泳,山东大学教授张顺华,安徽大学教授杜先能,北京工业大学教授姚海楼,四川大学教授谭友军,上海大学副教授高楠,英国巴斯大学讲师苏秀萍,在德国得到博士学位并留在那里的陈波。除了表示论专业之外,克劳斯还邀请过环论、李代数、代数群方向的下述中国学者:扬州大学教授李立斌,东南大学讲师姚玲玲,浙江大学教授李方,湖州师范学院教授刘东,华东师范大学教授叶家琛,中国科学院数学研究所研究员席南华。

克劳斯共为中国培养了6名博士,8位中国学者得到洪堡基金资助与他合作研究,16名学者在他的邀请下到德国进行学术访问或参加会议。

李立斌2000年在大众汽车基金资助下到比勒菲尔德学习一年,在德国期间的第一篇论文是在克劳斯和克劳泽(Henning Krause)组织的讨论班上完成的。之后几年的工作均与克劳斯的启发相关。两个人几乎每年都在国内或国外见面,克劳斯曾多次应邀访问扬州大学,对扬州大学代数方向的科研工作影响深远。

刘东的专业方向是李代数,他于2003年到比勒菲尔德之后,克劳斯专门请人为4名研究生开了李代数的课程,讨论班上也经常有李代数方面的学术报告,他最好的学术成果都是在那里做的。

姚玲玲是2007年公派留学的，克劳斯曾到她所在的东南大学讲学。她说有一次他们几个学生陪克劳斯郊游，准备乘缆车上山。克劳斯说他不乘缆车，要自己爬山，学生们不放心，跟在后面。结果克劳斯噌噌噌飞快地爬上去了，大家都跟不上，只好回头去坐缆车。

李方也与克劳斯有过互访，他回忆道："克劳斯的夫人是比勒菲尔德一个合唱团的成员。有一次他们夫妇请中国同事去欣赏合唱演出，我和另一位同事没有赶上计划中的地铁而迟到了。令我吃惊的是，我们赶到以后，演出还没有开始，可能在等待我们的到来，因为音乐开始以后不应该被打扰。这使我深切地感受到音乐在德国人心目中的地位，以及德意志民族尊重文化的传统。"

席南华曾于1997年作为SFB的访问学者在比勒菲尔德工作了6个月，虽然与克劳斯没有合作文章，但是在他的讨论班上做过报告。他曾与克劳斯聊数学，聊政治，他的印象是："克劳斯学术水平很高，有正义感，人特别机智。"席南华是华东师范大学曹锡华先生的研究生，曹先生对研究生的指导方针是，将学生送到国外，在代数群、代数几何、代数数论等几个方向跟随顶尖的数学家学习。在今天中国的代数界，这几个方向的学术带头人几乎都是华东师大当年的研究生。席南华读博时，曹先生最早的研究生已经学成回国挑大梁了。席南华的论文题目是向刚从英国归来的时俭益教授要的，在华东师大拿到博士学位。代数学界的卢斯蒂格(Lusztig)等人看到他的文章之后，推荐他到美国等地的一流研究所进行学术访问。

尾声

第9届代数表示论国际会议原定在波兰的托伦召开，但是1996年在挪威举行的第8届会议上，人们认为在中国召开也是有可能的。克劳斯写道：

> "学术委员会一致通过会议在中国举行(城市待定)，刘教授被邀请为委员会成员。
>
> "我在大众汽车项目的资助下于1999年访问北京，并决定将ICRA 9作为合作项目的组成部分。我特别希望会议的开幕式在古老的国子监(注：古代中国的最高学府)举行：它在北京的东北边，与孔庙相邻。中国同事曾试图

获得许可，但是最终没有办成。

“在 ICRA 9 的研讨会上，中国表示论团队做了两个系列报告，表述了他们对这个领域的贡献。彭联刚和章璞谈了霍尔代数的进展，题目是扭霍普夫代数、林格尔-霍尔代数和 IM-李代数，同时，邓邦明和惠昌常报告了拟遗传代数和 Δ-good 模。另一方面，应刘的要求，我做了一个综述，题目是‘组合表示理论——历史和未来’，列出了公开问题以及未来的研究方向。

“会议显然是非常成功的。研讨班和会议的报告收录在两本论文集中[张英伯和哈佩尔(Dieter Happel)编辑，北京师范大学出版社出版]，记录了表示论的主要进展。”

这次会议标志着，无论从队伍的规模，还是发表论文的数量与质量，中国已经成为名副其实的代数表示论大国。

在 21 世纪，中国实现了经济起飞。在国际会议上，中国不再被列为需要减免注册费和食宿费的发展中国家，中国学者来到欧美发达国家，也不再感到对比的强烈和差距的巨大。

继大众汽车之后，又有一个欧盟亚洲合作项目(Asia-link)，但这时的主持人已经换成了中方的邓邦明和欧方的凯尼格，还有一个由邓邦明和克劳泽主持的研究生联合培养项目。十几位年轻的中国学者到英国、德国等地与凯尼格(当时在英国莱斯特任教)、克劳泽等新一代的表示论专家合作研究。稍后，北京师范大学的刘玉明、胡维、陈红星，中国科技大学的陈小伍、叶郁获得洪堡基金。清华大学周宇、中国科学院章超、华东师范大学周国栋、中国科技大学乐珏、南京师范大学刘群华等得到助教或博士后职位在德国短期工作。南京师范大学魏加群、上海交通大学李志伟和张跃辉、河南大学韩喆等在那里公费访问或攻读博士。

上海交通大学与克劳斯教授签订了从 2010 年至 2016 年的合同，每年来校工作访问至少 2 个月。克劳斯说他喜欢中国，中国就像他的第二故乡。

刘绍学教授与克劳斯教授 20 年的辛勤耕耘，结出了累累硕果。

参考文献

[1] 刘绍学. 走向代数表示论　刘绍学文集[M]. 北京：北京师范大学出版社，2005.

第二部分

纪念数学人

2-1　您在我们的心中永生*

孙永生教授被北师大数学系师生尊为“圣人”。他上课循循善诱，一丝不苟，每当下课铃声响起，满满一黑板整齐的板书便可作为课本。他潜心学问，精心指导本专业研究生走向学术前沿，甚至能够一字一句地翻译整整一厚本俄文原著供他们学习研究。他刚正不阿，淡泊名利，就连学校请他申报院士、竞选校长都断然拒绝。

2006年3月22日深夜，同事们心中最敬重的朋友，学生们心中最敬爱的导师，孙永生先生永远地离开了我们。

先生是我国著名的函数论专家，在函数逼近论的许多方面都有精湛的工作。他一生发表论文近80篇，出版专著1部，教科书和译著7种。他用自己对数学执着的追求，对学生无私的热爱，用他那不为名利所动的高洁深深地感动着我们，鞭策着我们。

1980年初至1981年初，先生为数学系77级和78级学生主讲泛函分析，每周一个下午，连讲三个小时。容纳160人的大教室里坐满了本科生、进修生和没有读过这门课的研究生，有时两把课椅要挤三个人。随着上课铃声响起，先生从容不迫地在讲台中央站定，清癯的面庞上略带笑意，坚定的目光炯炯有神。先生讲课声音洪亮，并时时伴以有力的手势。三个小时下来，先生从不看一眼讲稿，就像泛函分析印到了他的脑子里。他的讲解字斟句酌，没有一句话是多余的，也没有一句话是不准确的。他的板书总是从黑板的左上角写到右下角，一般写三大版，如尺线画过一样的整齐，上面的话没有一个字是多余的，也没有一个字是不准确

---

* 原载：《数学通报》，2006年第4期，2-3。

的。如果将每堂课的板书全部复制下来，就是一部完整的泛函分析教程。一些抽象的定理在他的讲解下变得非常生动，一些费解的地方他总是作出强调并且将问题化解得易于接受。我们常常觉得奇怪，先生怎么会知道我们哪些地方不懂呢？由于北京大学数学系在1978年3月没有招生，“文革”中积淀了12年的爱好数学的学生不少来到了北师大77级，很是牛气。先生的第一次课就把他们镇住了，惊呼数学系还有讲课这样牛的老师，以前从来没听说过。

先生的讲课可以说是炉火纯青了。我们最初以为，能做到这一步，是由于先生的知识渊博，记忆力过人。先生过目不忘的本领在数学系是出了名的，据说很多年前系里组织去“十三陵”参观，在回程的车上，先生给大家背诵“十三陵”入口处的说明词。后来当我们也陆续走上讲台，才从先生那里得知他每堂课都有详尽的备课笔记，每堂课他都提前半小时来到教学楼外，边往返踱步，边将要讲的内容再一次从头到尾细细默诵一遍。他在讲课上花费的时间，付出的精力，也许要比其他老师都多。

先生一生中共培养过15名博士生，18名硕士生，指导过34名进修教师。先生主持的科研方向与苏联学者闻名于数学界的“硬分析”密切相关，因此需要阅读大量的俄文文献，可是现在的研究生大多数没学过俄文，先生就为他的学生们一字一句地翻译，有时一篇译文就长达70多页。很多研究生手中，至今保存着先生亲笔书写的上百页的文稿。手捧浸透着先生心血的译文，学生们的心情怎能平静，又怎能不认真地阅读、努力地钻研呢？先生走了，先生的手稿成为我们永久的纪念。

学生们的论文都是在先生的指导下完成的，他给具体的题目，有时还给思路，并在写作过程中不断地与学生进行讨论。他熟知当今函数论的每一个重要分支，能够非常准确地说出逼近论中很多定理的出处甚至证明的细节。直到他病重期间，仍通过电话与远在国外的学生探讨论文，提出建议。但当学生的论文发表时，从来都是独立署名。他们非常希望把先生的名字一起署上，但先生总是拒绝，淡淡地说：“做科学要实事求是，结果是谁的就是谁的。”除非论文中确有一半的研究工作是他亲自做的，才会联合署名。有一篇文章是先生用手敲打字机一字字敲出来的，文章发表后，先生只要了一些预印本，让学生取走稿费。

永远忘不了1996年的秋天，突然听说先生患了癌症，我们的心猛然沉了下去，急急赶到先生家中。客厅里已坐满了先生的学生。先生一个字都没有提到自己的病，却在一字一句地布置着下一阶段的科研方向，阐述着讨论班必须读的文献。仍然双目有神，仍然声音洪亮，仍然伴以有力的手势，令人几乎泪下。

20多年来，北师大数学系一直把为系里的学科建设作出过重大贡献的王世强、孙永生、严士健、刘绍学先生戏称为"四大金刚"。在先生第一次住院期间，王世强和刘绍学先生去医院探望。先生深情地注视着这两位与自己并肩走过半个世纪人生旅程的老友，反复不断地叮咛"你们一定要好好保重身体"。先生就是这样，以非常难得的平静的心态，顽强地与癌症抗争；以非常难得的平静的心态，永远地关心着别人。

先生患病需要用大量的自费药品，每当问及经济上有什么困难时，他总是说："我有三千多元退休金，已经很不少了，治病也足够了。"苍天可鉴，当时的大学教师，包括我们在内，工资早已超过了三千元，更不要提社会上各类精英，收入应以上十万、上百万计，可我们为中国函数逼近论的发展、为北京师范大学作出过杰出贡献的先生，却在重病之中非常平静地对我们说，他的收入已经很不少了。先生对名利的淡薄，先生的高风亮节，一向令人敬佩。20世纪80年代初先生做系副主任，主持系里日常工作的时候，数学系的教授们很有一些出头露面的机会。一是有一个去美国做半年学术访问的名额，另一个是国务院数学学科评审组的位置。这些也是先生本人完全符合条件、完全能够胜任的工作。然而作为系领导，他把出国的"甜活"派给了刘绍学，把评委的"甜活"派给了严士健。先生做得是那样自然，那样好，不是每个人都能做得像先生这样公正与无私。

除了"四大金刚"的美誉之外，数学系很多人都知道先生有一个绰号"圣人"，那是他青少年时代在河北高中读书的时候同学们奉送的，可见先生品德的高洁是从小养成的。在我们的心目中，先生近乎完美，但并非不食人间烟火。先生也是一个普通的人，他经历过追随革命，批判纯数学，大搞理论联系实际，最后回归学术研究的全过程。曾作为一位热血青年，先生在19岁时就与几位同学悄悄离开学校，奔赴华北解放区参加革命，将近两年之后才重返校园。但另一方面，先生从小喜欢数学，他于1954年赴莫斯科大学数学力学系学习，师从著名函数论专家斯捷契金(Stechkin)，1958年回国。先生的副博士论文是相当有份量的，在莫斯科大学四年的寒窗苦读，是先生人生的第二次拼搏，奠定了他一生事业的基础。1981

年数学系的“四大金刚”被国务院批准为首批博士生导师，促使先生担起了时代赋予他的使命与责任。经历十年“文革”的荒废，当这一批博士生导师在 80 年代重新起步时，他们拥有的还是 50 年代的基础，但人已年近五旬。在这种形势之下，先生以义无反顾的勇气和魄力，开始了他人生的第二次攀登。他坚辞了一切行政职务，全身心地投入到数学研究。先生边学习，边科研，边开拓，查阅了大量的现代文献，终于掌握了现代数学，特别是函数论的最新发展情况，结合自己的基础在原来的基础上与新兴学科相结合，为北师大数学系选择、开创了函数论的若干个深刻的、有持久生命力的科研方向，他在科研上的执着和开拓精神令人钦佩，他是一位真正的数学家。

先生与人交往诚恳、谦和、正直，很有些“君子之交淡若水”的味道。先生患病十年，每当学生前去探望，他都表现出由衷的喜悦。先生清癯的面庞日渐消瘦，谈话越来越少，也不再伴以有力的手势。但每当他听到他的学生，或学生的研究生在科研上做出成果时，眼睛就会忽然一亮，再一次闪现出我们非常熟悉的炯炯有神的目光。每当我们怕他太累起身告辞时，他都会久久地与每一个人握手，那双手已经绵软，却饱含着先生的温情，饱含着对人生的眷恋。

2006 年的 1 月 17 日，数学科学学院的领导和先生的老朋友最后一次去医院探望，先生已经十分虚弱，一直闭目躺着。当他们起身告辞时，先生强撑病体，对校、院领导和同事们的关怀表示了感谢，之后断断续续，不时地停下来积蓄力量，再继续说：“……数学很重要，基础数学是数学的……（几次用手指着自己的头，最后才说）……脑子，……作为一个老兵，做了一些微小的事情，对我的评价是很高的，……我很感谢大家，……在我即将离开这个世界的时候，……有一个愿望，……北师大要把基础数学重点学科拿回来，……学院要搞好团结，……一代更比一代强……”一个从小喜欢数学并终生与数学相伴的人，一个不到 20 岁就投身北师大数学系怀抱，再也没有离开，在这里学习、工作、退休、终此一生的人，临终时念念不忘的仍然是数学系的学术建设。

先生永远地离开了我们，带着朋友们的敬重，带着学生们无限的留恋，先生永远地离开了我们，给我们留下了他对数学执着的追求，对学生无私的热爱和不为名利所动的高洁。先生在我们的心中永生。

2-2 傅种孙——中国现代数学教育的先驱*

傅种孙是中国数学教育界永远不应该忘记的名字。他于20世纪20年代研究数理逻辑和几何基础，同时在北师大附中任教，编写了逻辑性极强的中学课本。解放前后他一直主持教育部数学课程大纲的制定，至今仍不过时。他担任过北师大副校长和数学系主任，是引导数学系走上学术研究领域的关键人物。

一、引子

傅种孙

很高兴来到澳门，与澳门大学教育学院的学生——未来的中学数学教师们见面。邀请人黄博士拟定的题目——“北京师范大学与中学数学教育”太大，我有些不敢讲。另一方面，我是个数学老师，没读过太多教育学和心理学的理论，也不大敢在诸位数学教育家面前班门弄斧，所以，就决定给同学们讲几件事，介绍一个人。作为未来的中学数学教师，我觉得同学们了解这个人是有益处的。他的名字叫傅种孙。

最初使我对这个名字感到震撼是去年秋天在上海同济大学，由高等教育出版社组织的大学数学课程报告论坛上。那天我做了一个报告，题目是“欧氏几何的公理体系和我国平面几何

* 原载：《中国数学会通讯》，2007年第1期，后《数学通报》和《数学教育学报》转载。

课本的历史演变”。报告之后，北京大学的数学文化专家张顺燕教授和我一起散步。他半开玩笑地说，我要对你提出严重抗议，你讲我国的几何教学，怎么可以不提傅种孙先生呢，亏你还是北师大的。

我没有见过傅种孙先生，我来到北京师范大学读研究生的时候，傅先生仙逝已有16年之久。但是我的老师们都很尊重傅先生，比如我的导师刘绍学教授，代数教研室经常与我们见面的王世强教授，他们无论是做学问还是做人，常常把傅先生当作楷模。回到学校后，我马上找到傅先生的著作来读，同时咨询了系里熟悉傅先生的每一位前辈，并浏览了所能找到的数学家传记、数学史、数学教育史和系史。展现在我面前的，是一位博学多才、刚正不阿，接受过西方科学民主思想熏陶的儒家学者，是率先将数理逻辑和数学基础的研究引入中国的数学家，是为中国的数学教育和普及奉献了一生的才智与心血的伟大的数学教育家。

在大学数学课程论坛的报告发表时，特别补充了傅先生为中国几何基础研究的引进与发展所做出的杰出贡献。我很感谢张顺燕教授的“当头棒喝”，纠正了我的无知与浅薄。

二、 中国数理逻辑与数学基础研究的先驱

1. 生平　傅种孙先生1898年生于江西农村，左腿因童年生疮微残。他身材瘦小，有几分文弱，但双目炯炯，语音洪亮，出口成章，气度不凡。其父为晚清秀才，教他不少古籍。12岁时父亲去世，遗嘱万般困难也不能让傅种孙辍学。傅先生在南昌读中学时特别喜欢几何，写过一篇关于轨迹的论文。1916年中学毕业，因家贫无力升入大学，刚好公费读书的北京高等师范学校（1923年，北京高等师范学校更名为北京师范大学）在南昌招生，傅先生考取进入数理学部。他在大学期间十分活跃，曾任学校数理学会的会长，并在数理杂志上发表过多篇文章。

1920年傅先生毕业，留在北京高等师范学校附属中学（现在的北师大一附中）任教。一年之后，北京高等师范学校聘请他担任数理学部讲师，同时在附中兼课至1926年。1927至1928年，傅先生曾因北洋政府长期拖欠教师工资，生活无以为继，回到家乡南昌任教。1928年冬，北京师范大学当局采纳学生意见，请他回到母校，担任数学系教授。1937至1945年抗日战争期间，傅先生随北师大西迁来到

西北。1945年由国民政府选派赴英国牛津大学考察，1946到剑桥大学。1947年回国，历任北京师范大学数学系主任、教务长、副校长。1957年，他被错划为右派，撤销一级教授，解除一切职务。1962年初逝世。

2. 引进数理逻辑 1920年傅种孙先生刚刚毕业，英国哲学家罗素(Russell)赴北京大学讲授数理逻辑。傅先生在罗素到来之前就写了介绍文章《算理哲学入门》，然后又与人合作将罗素的作品《数理哲学引论》(Introduction to Mathematical Philosophy)译成中文。傅先生是第一个将数理逻辑引入中国的数学家。

3. 引进几何基础 在20世纪初叶，世界上许多一流数学家致力于为欧几里得几何建立完备的公理体系。20年代初，傅先生翻译了韦伯伦(O. Veblen)的《几何学的基础》。1924年，傅先生又与人合作，翻译了希尔伯特(Hilbert)的《几何原理》(现在译为《几何基础》)。傅先生是第一个将西方的数学基础研究引入中国的数学家。

此后，先生对这两个方向均有文章深入研究，并于1930年写成专著《初等数学研究》，2001年以《几何基础研究》为书名在北京师范大学出版社重新出版。在20世纪二三十年代我国的数学研究尚未真正展开的情况下，老一辈数学家傅种孙先生堪称是将西方先进数学基础引入中国的先驱。

三、中国现代数学教育的先驱

对于中国现代数学教育的引进和完善，傅种孙先生可谓呕心沥血，鞠躬尽瘁。

1. 编写课本 傅种孙先生在北京高等师范学校附属中学任教六年，第二年便回到母校执教。在这期间和离开附中之后，他与人合作编写了下述课本：

《初级混合数学(六册)》，中华书局，1923—1925；

《高中平面几何教科书》，北京师范大学附属中学算学丛刻社，1933—1937，1948；

《高中平面三角法教科书》，北京师范大学附属中学算学丛刻社，1933；

《高中立体几何学教科书》，北京师范大学附属中学算学丛刻社，1933—1936；

《初中算术教科书》(两册)，北京师范大学附属中学算学丛刻社，1933；

《初等数学研究》，北京师范大学附属中学算学丛刻社，1933—1937；

《汉译范氏大代数》(三册),华北科学社,1935;

《汉译范氏大代数》(两册),华北科学社,1946;

《初中几何教科书》(两册),北京师范大学附属中学算学丛刻社,1937。

傅先生创建了北京师范大学附属中学算学丛刻社。当时只要国外有好的教材出版,算学丛刻社即可在三个月内引进,并用于北师大附中的课堂教学。北师大附中自1922年试办633制,即我们现在小学6年、初高中各3年的学制,旧课本不适用了,几乎全部课本都要重新写过。

傅先生编写的课本,论证清晰,深入浅出,代表了那个时代初等数学最先进的水平。傅先生深谙儒家学说,写得一手桐城派古文,他所编写的教材,现在读来仍感兴味无穷。20世纪末,北京师范大学将其中一些课本译成白话文再版。

2. **参与课程标准设计** 1932年,民国政府教育部颁布了各科课程标准,以北京师大附中作为蓝本,拟成制度,颁行全国。当时设计新中学课程的主要是北京师大附中,而兼任附中教职的傅种孙先生,是数学课程的主要策划人。

1949年以后,我国开始全面学习苏联,傅先生时任数学系主任和北师大副校长,虽然政务繁忙,但他仍多次为中小学教学改革提供意见,并受教育部委托,组织人力精简中学数学教材。他力主在北师大数学系成立初等数学教研室,自50年代到80年代,这个室的钟善基、丁尔陞、曹才翰教授始终参与我国中小学数学课程大纲的制定,为我国数学教育的稳步发展做出了重大贡献。

3. **致力教师教育** 提高教学水平,关键是提高教师的水平。这不是一句空话能够做得到的,需要扎扎实实地工作。傅先生曾于1934年到1944年间在北京师大、西北师院和陕西省举办过5次中学理科教员暑期讲习会,先生一直是数学课的主讲,每次总有五六讲之多,内容都是中学教师容易忽略或不易正确讲授的问题。比如:自然数与遗传性,零之特性及其所引起的纠纷,比例与相似形,无穷小与无穷大,作图漫谈,释数学(即什么是数学)等。1951年和1954年,在北京市中学教员讲习会上,傅先生分别做了从五角星谈起以及几何公理体系的报告。

4. **最出色的数学老师** 傅先生上课前,总要将有关的参考书籍全部拿来进行比较,从不会只看课本。他对课程内容剖析深刻,比喻生动清楚,常能给人留下很深的印象。他上课从不照本宣科,而是提问很多,这对学生来说是一个很好的启发。他当年在师大附中的学生有后来我国的两弹元勋钱学森,中国科学院院士、北京大学数学系主任段学复，数论专家闵嗣鹤，代数学家熊全淹。钱学森曾深情地回忆道：“听傅老师讲几何课，使我第一次懂得了什么是严谨科学。”

5.《数学通报》总编　傅先生毕生致力于中国数学的普及，他积极参与了中国数学会的各项工作。在数学会成立的第二年，1936年8月1日，学会的期刊《数学杂志》正式出版，傅先生担任编辑，直到1939年因抗日战争被迫停刊。1951年，在中国数学会的第一次代表大会后杂志复刊，更名为《中国数学杂志》，华罗庚与傅种孙任总编辑。1952年《数学学报》发行，华老转到学报，杂志改称现名《数学通报》，傅先生任总编辑直到1957年。他在通报上发表了16篇文章，去世后还有3篇遗作发表。这些文章生动有趣，现在翻阅仍感兴味无穷。

四、傅先生的数学教育思想长存

1957年，傅先生作为北师大仅有的六位一级教授之一被错划为右派，被迫离开他站了一辈子、为之倾注了毕生心血的讲台。他平时待人忠厚，被罚扫马路时，数学系一位工友每天悄悄给他端杯开水，替他扫一会儿。他被调去做资料员，将资料室的图书整理得井井有条，并且在休息时间到书店去转，遇有系里未藏的书，自己垫款将书买回，还担负一些资料翻译工作。

1962年初，傅先生突发脑溢血逝世。

在1998年北京师范大学数学系纪念傅种孙先生诞辰100周年的座谈会上，主持人刘绍学教授在致辞中，曾举国际著名的数学家兼数学教育家克莱因(F. Klein)和波利亚(G. Polya)与傅先生作了恰当的对照，他说：“中国的傅种孙，德国的克莱因，美国的波利亚都同样令我们敬仰和热爱。”

傅种孙先生的数学教育思想将在中国永存。

五、结语

黄博士让我谈谈数学家对数学教育的看法，我觉得有一句话是很多人都想说的，也是傅先生一生都在做的，这就是数学教育不能离开对先进数学思想的了解和掌握。

在座的各位将来是要教数学的。今天的数学比起傅先生那个时代已经有了长足的进步。在20世纪二三十年代，掌握微积分和高等代数就是中学教师中学问很深的了，到了五六十年代，中学教师懂得实变函数、抽象代数就很不简单了，而到了八九十年代，上述课程已经在大学数学系普及，微积分和向量放到了中学课本中。在这种情况下，做一个好的中学教师，只懂得微积分和高等代数似乎已经不大够了。

比如，给孩子们讲整数、分数，老师要清楚实数的引入；讲平面几何，老师要了解欧几里得的工作和希尔伯特等人对几何公理体系的完善；讲数列极限，老师要掌握 $\varepsilon-\delta$ 语言。给学生一杯水，老师要有一桶水。这虽是老生常谈，但永远都不会过时。

一个好的数学老师，要爱学生，懂数学。我们也许达不到傅先生那样的学术成就，但我们应该学习傅先生的教育思想，做一个学生们喜欢的数学老师。

参考文献

[1] 傅种孙.傅仲孙数学教育文选[M].北京:人民教育出版社,2005.

[2] 程民德.中国现代数学家传第一卷[M].南京:江苏教育出版社,1994.

[3] 程民德.中国现代数学家传第四卷[M].南京:江苏教育出版社,2000.

[4] 李仲来.北京师范大学数学系史(1915—2002)[M].北京:北京师范大学出版社,2002.

[5] 魏庚人.中国中学数学教育史[M].北京:人民教育出版社,1987.

2-3 渊沉而静，流深而远

——纪念中国解析数论先驱闵嗣鹤先生*

闵嗣鹤先生是潘承彪、潘承洞的研究生导师，因而是张益唐、刘建亚等当代中国解析数论教授的祖师爷。他出身世家，留学英国，曾在清华、西南联大和北大任教，教学成果卓著。他为人谦和质朴，还是陈景润研究哥德巴赫猜想的支持人和审稿人。

100年前的1913年3月8日，一个婴儿降生在北京城南的奉新会馆。这个孩子从少儿时代起就显露出与众不同的数学才华，在大学读书时，受到恩师的栽培与提携。之后到西南联大任教，担任陈省身和华罗庚的助手，1945年起赴欧美深造，成为卓有建树的数学家。1948年回到祖国，继续研究工作并着力培养学生。七八年后，正值壮年的他不得不停下他视之为生命的纯数学研究，转入应用数学领域。他积忧积劳成疾，仍然一如既往地工作着、努力着。1973年10月10日，前一天还在为数字地震勘探解决数学问题的他于清晨溘然长逝，享年六十岁。他是闵嗣鹤，字彦群；他为我国解析数论的发展做出了重大贡献。

100年后的今天，已经很少有人听说过这个名字：他走得太早，甚至没能看到纯学研究重新回归社会的那一天。他们那一代数学家，已经随着逝去的时代渐行渐远。

我们写下这篇文字，只是为了纪念那些不应该被忘怀的人们，为了还原那段不应该被忘记的历史。

一、书香世家

闵家世居江西奉新，那是一个文化底蕴深厚的地方。奉新地界内的书院多达

* 作者：张英伯、刘建亚。原载：《数学文化》，2013年第4期，3-15；2014年第1期，3-21。

五十余所，这些书院始于南唐，终于清末；奉新因而教育发达，人才兴盛。几百年间，这个约占江西省面积百分之一的小县，涌现出160多名进士，几百名举人。宋徽宗曾经专门赋诗，称赞胡氏兴办的华林书院："一门三刺史，四代五尚书。他族未闻有，朕今止见胡。"这些官员在晚年回到故乡，故乡的人们世世代代延续着耕读传家的生活。

闵家的祖上亦颇有一些书生通过科举考试走上仕途，官至节度使、尚书、员外郎等职。闵嗣鹤的祖父闵少窗20岁时加入了求取功名的行列，经过乡试、会试、殿试的层层筛选，于光绪二年(1876)被录取为恩科三甲进士。几位考官对他试卷的批语是"吐属不凡，气清笔健，语义精琢，简洁名贵"，这位24岁年轻人的命运从此改变。只是未曾料到，他走进去的是一座大厦将倾的晚清朝廷。闵荷生官及四品，曾任大名府知府，为人慷慨好义。在十九世纪末年，他响应康有为等人发起的戊戌维新运动，作为江西的两名代表之一，在"国会代表请愿书"上签字，"冒死奏闻"朝廷颁布议院法和选举法，召集国会实行"立宪"。他在1909年被选为江西咨议局议员，后入选中央咨议院，为江西六名议员之首。1912年，严复、闵荷生等七人在陈宝琛起草的《中华帝国宪法草案》上签名，出台了中国的第一部、但是从来未曾实施过的宪法。为了抵制日本攫取江西的南浔铁路，闵荷生曾倾囊投资，不料卷进了股东会复杂的纷争，一箱股票顷刻成为废纸，家道从此中落。闵荷生晚景萧索，隐居于北京宣武门外果子巷羊肉胡同的江西奉新会馆北馆。

闵嗣鹤的父亲闵持正体弱多病，在京师警察厅任职员。母亲郑锦棠出身于江西上饶的一个进士之家，知书达理，对于子女的教育乃至科学实业救国自有一番理解。虽然家境拮据，不免靠典当和亲友接济维持，但世代书香门第，对孩子的教育从来不敢有丝毫松懈。

在闵嗣鹤四五岁时，祖父刚过七十，尚有精力教他读书识字。小孙子也不辜负祖父的辛苦，由此渐通古籍，打下了深厚的文学功底。这个孩子眉清目秀，聪颖好学，恭顺知礼，天性仁厚，深得祖父疼爱；以至祖父不让他进小学读书，只在家中自学。而对于孙子的谦和、退让，祖父甚为嘉许。

奉新会馆南馆的甘仲陶夫妇没有子女，但是特别喜欢孩子，会馆里东西南北中馆的儿童都是他家常客。民国初年，已经终止了以四书五经为内容、以科举考试为目的的私塾；欧美的新式教育随着西学东渐而日益兴盛，各类学校蓬蓬勃勃地开办起来。有一天，闵嗣鹤在甘先生家里和上小学的孩子们一起玩耍，为他们解答了一道算术难题。甘先生见后大为惊奇和赞赏，他是会馆的理事兼会计，长于计算，便断定这个孩子是闵家的希望。邻居中的小学生们很快拜服了这位从未进过校门的小老师，常拿课本给闵嗣鹤看，所以他虽然身在校外，却能够了解学校的课程。有一位萧姓表兄在北京读书，见他自学勤奋，也时常相帮。就这样，他渐渐地爱上了数学。他每天一个人悄悄地来到甘先生家中，自己读课本，做习题。这一片小小的自学园地，既使他心无旁骛，又使他愉快自如。闵嗣鹤于1925年12岁时考入北京师范大学附属中学，进入了他的少年时代。

坐落在城南和平门外的北师大附中是当年北京城里最出色的中学，能够考进这所学校的学生或多或少有些功底。因为家境清贫，闵嗣鹤生活十分简朴，一年四季穿着母亲手制的布鞋。他的言谈举止颇有几分书卷气，加上古籍知识丰富，这个眉清目秀的少年被同学们戏称为“老夫子”。他喜欢素描，轻妙的小手画出的禽鱼虫草，栩栩如生。他也喜欢排球，课后常和同学去操场玩上两局。他每天总是天傍黑才回家，到家就匆匆吃饭，紧接着誊写笔记，赶做繁多的作业。这样的日子过得紧张，生活也充满趣味。他是师长们称赞的好学生，学校的各门课程他都学得很好，语文和英语尤其突出。但是在这三年当中，他的兴趣却逐渐地转向了数学。祖父依照自己读书的观点，殷切地希望他读中国文学。故而1928年升高中时，他考入了北师大附中的文科班。

闵嗣鹤虽然孝顺，但骨子里是一个执着的少年，心中的爱好和追求不曾动摇。由于学非所愿，他在高中一年级的暑假对祖父托称要上大学读书，同时考取了北京大学的文预科和北京师范大学的理预科。继而他以用度较少、离家较近为理由，选择了和平门外的北京师范大学。过了很久，当祖父发现他竟然专攻数学，十分不以为然，他对孙儿说：“你们也想懂数学，你看看中国的《周髀算经》是何等深奥！”

二、 恩师挚友

1929年，北师大预科生闵嗣鹤向他的数学老师傅种孙请教一个组合问题：“五对夫妇围坐一圆桌，要男女相间而夫妇不邻，问有多少种坐法？”因为问题不在老师的授课范围之内，傅先生过了几天才给他解答。但是通过这件事情，先生已经发觉闵嗣鹤用心精细。

从预科到大学，傅种孙为闵嗣鹤所在的班级任课五年，深知他是一个不可多得的数学人才。

正当闵嗣鹤锐意进取之际，1930 年祖母与父亲相继去世，家庭断了经济来源，到了难以为继的地步。八十三岁的祖父要赡养，三个妹妹要读书，眼看母亲以一介妇人之力，冒着风雨寒暑，奔走柴米油盐，尚未成年的闵嗣鹤心事沉重。仁孝之心不许他再像以往那样，毫不记挂家事。为了节省开支，他每天走读，即便是冰天雪地，也要回家吃午饭，往返学校两次。闵嗣鹤在 1931 年升入北师大本科。为了缓解家庭的窘境，他从本科三年级开始在市内私立中学和北师大学生主办的一个预备学校兼课，作为家中刚刚成年的男子汉，和母亲一起挑起了六口之家的生活重担。

闵嗣鹤在大学时代

在 20 世纪 30 年代，民国的大学颇为活跃。凡国家大事，学校存亡，校长更迭，都会在血气方刚的大学生中引起轩然大波。尤其对校长人选，学生间好恶不一，结派互相攻击。身在这喧哗浮躁的局势之中，闵嗣鹤选择了认真读书，科学报国。

同班二十余人，闵嗣鹤年龄最小，个头最矮，且面庞清秀，是同学们喜爱的小弟弟。这个小弟弟学业出众，聪颖过人，加之天性谦和，平实温良，大家都与他谈笑无忌。学习中有了疑问，便不约而同地找他求解。若是他正在研究的问题，三言两语便能点出要害，不是他正在研究的问题，也能给出满意的答复，所以全班人人佩服。甚至他读过的数学课本上对较难问题的批注和证明，都成为班里同学的借鉴。闵嗣鹤不仅读书用心，对周围事物亦独立思考，从不麻烦别人。他不像一般学生那样过多地依赖老师，也从不议论老师的短长，对每位老师都很尊重。他特别积极地参加系里的学术活动，那时北师大数学系发行《数学季刊》，他不仅努力撰稿，还主动组稿，直至排版校对、封面设计，他都格外用心。

闵嗣鹤读大二时，就在傅种孙、范会国老师的指导下撰写了《根式与代数数及代数函数》的论文，毕业前又完成了一篇 98 页的论文《函数方程式之解法和应用》，发表在《数学季刊》上，他在该文的致谢中写道："本篇之作，是由于傅先生那个题目的刺激，所以首先当感谢傅先生。"同学们料定他是未来的教授，便给他取外号为"教授"。在大学的这几年里，他既要钻研自己酷爱的数学，又要兼顾工作赚钱养家，无暇料理生活。他常常凝神书案，或读书，或演算，直至深夜，致使家人不能理解。三个妹妹看到他这种样子，就借当时的一部电影片名戏称他为"科学怪人"。一次同学来家，指着满案狼藉的数学算草，开玩笑说："有纸皆算草，无瓷不江西。"他最要好的同学，也是他终生的挚友赵慈庚写过一篇《数学系班史》，给每个同学做了一两句话的评价，谈及闵嗣鹤时是这样说的："超逸绝尘者，闵教授也，所识独多，名曰字典；见闻出众，号称博士。"

赵慈庚

1935 年，闵嗣鹤毕业于北师大数学系。以他的家庭状况，无疑不能离京别去。但是在北京谋得一个合适的职位极其不易。这时，惜才如命、急公好义的傅先生挺身而出，为闵嗣鹤留京工作四处奔走。北师大附中作为全国最好的中学之一，教师都从北师大最优秀的毕业生中挑选。但年年遴选，未免人满为患，因而进入附中难而又难。傅先生亲自邀请北师大教务长、数学系主任、附中教务主任一起去见校长，他动情地说："从我教书以来，没见过闵嗣鹤这样的好学生。请求学校给他一条进修的道路，无论如何要把他留在附中。这也是鼓励学生读书，振作校风的机会。"傅先生还对校长说："附中教务主任韩桂丛先生慨然让出四节课时，希望学校批准，请闵君担任。"傅先生的请求得到了认可，这四节课的教职，成为闵嗣鹤一生立业的基础。为了养家糊口，他有一年接替赵慈庚在傅先生家做些抄写工作，每月可得 20 元润笔费。他还担任附中《算学丛刊》的编辑，并到私立中学兼课，成为家庭的顶梁柱。

清华大学杨武之教授是我国第一位在解析数论领域获得博士学位的学者。他在清华任教的二十年，是清华数学系人才辈出的二十年。杨先生在识别人才方面有过人的眼力，选才、育才堪称大家。华罗庚、陈省身都曾得益于杨先生的相

北京师范大学数学系 1935 届毕业生合影
傅种孙(前排左二)、赵慈庚(后排左四)、闵嗣鹤(第三排左四)

知、相助和举荐、提携。闵嗣鹤是杨先生在北师大兼课时的学生,杨先生发现了他的才华,与傅先生一起鼎力推荐他去清华工作。在大学毕业两年之后的 1937 年夏天,闵嗣鹤接到了清华大学请他担任数学系助教的聘书,一时喜出望外。这一聘任成为他走上数学研究之路的起点。

闵嗣鹤在接到聘书前后还写了一篇《相合式解数之渐进公式及应用此理以讨论奇异级数》的应征论文,在高君伟女士纪念奖金评选中获得第一名。他用奖金购买了许多书籍,后来又不远千里将这些书籍带到了西南联大,在资料匮乏的年代,对学校的教学与研究颇有助力。

非常不幸的是,聘书到手未满一个月,震惊世界的卢沟桥事件爆发了。霎时间,偌大的北京变成了混沌世界,人们纷纷向日军尚未占领的后方逃离。赵慈庚与同班同学赵文敏决定在八月初启程,行前他们对闵嗣鹤放心不下:闵嗣鹤一人支撑着母亲和三个妹妹的五口之家,没有任何积蓄;前不久钟爱他的祖父去世,入殓后与祖母和父亲的灵柩一起停放在法源寺内,兵荒马乱之中,尚未营葬。当他们找到闵嗣鹤说明去向时,闵嗣鹤难过地说:“你们走吧!该走。我怎办呢?有家呀！刚刚接到清华的聘书，未曾一登校门，就来了这样大的变乱，清华将往何处去？……”话语间凄然欲泪。赵慈庚说：“清华大学无论走到哪里，聘约不能失效，向着清华奔过去，应该不会落空。还有那三口灵柩，自然是件大事，但是在这非常时期，也不能过于执旧理了。”赵慈庚保管着行知社的一个存折，折上有活期存款220元，这是当年住校的几位同学每月凑一些钱，准备毕业后在京置房以便同学聚会的公款。这时赵慈庚把存折交到闵嗣鹤手中，诚恳地说：“这钱你尽管用，由我完全负责。”三位同窗便依依不舍地告别了。

同窗走后，闵嗣鹤将灵柩埋葬在北京城外的江西义地，与恩师傅种孙一起带着两家人返回故乡江西。然后，傅先生随北京师范大学撤往西北，闵嗣鹤偕全家历尽艰辛从长沙乘火车到广州，再到九龙，经香港乘船到越南，辗转来到昆明。

三、 联大八年

1938年，闵嗣鹤终于在西南联合大学开始工作了。这是在抗日战争的非常时期由清华、北大、南开三所学校合成的大学，聚集了那个年代知识阶层的精英，曾经在我国的教育史上谱写过惊天地、泣鬼神的不朽篇章。

闵嗣鹤于西南联大

闵嗣鹤以助教微薄的薪水供养母亲和三位妹妹。他一到昆明就托亲友从银行给赵慈庚汇去220元欠款；可叹的是又过了四五年以后，这笔当时可以买到三四头牛的款项只够买三四个烧饼了。战时物价飞涨，生活艰难。

尽管如此，闵嗣鹤在这里却如鱼得水。西南联大数学系是藏龙卧虎之地，为我国现代数学研究做出过奠基性贡献的华罗庚、陈省身、许宝騄都在这里工作，号称数学系“三杰”；清华、北大、南开三个数学系的系主任杨武之、江泽涵、姜立夫也在这里，联大数学系则先由江泽涵，后由杨武之负责。闵嗣鹤置身于一个前沿、开放的学术氛围之中。他为陈省身讲授的黎曼几何担任助教，与陈先生结下了终生的友谊，陈先生晚年在给他的题词中写到:“1938 年在昆明西南联大,我们曾对几何学有过共研之雅。”他为华罗庚组织讨论班,当年的学生徐利治晚年回忆:“有闵先生做他的助教,给他帮了不少忙。”华罗庚的“堆垒素数论”开讲时,慕名而来的学生很多,以至满堂座无虚席。之后听众一天天减少,减到最后只剩下四人听讲。又过了一个礼拜,四人减为两人,教室中剩下了师生三人上课。在昆明天天有日本飞机空袭的日子,这两个学生索性搬到华家附近,租屋而居,以便就近到他家里上课。这两个人就是闵嗣鹤与钟开莱。他们认真阅读了华罗庚的手稿,并帮他做了一些修正与改进。华罗庚的名著《堆垒素数论》原拟 1941 年在苏联出版,后因第二次世界大战搁置,直到 1947 年俄文版才得以面世,其中收录了华先生为 1941 年版所作的原序,写有感谢这两位数学家“对于本文手稿和准备都曾给予了帮助”的语句。

有一天空袭警报响过之后,日本飞机许久未到,华罗庚对家人说:“我到闵嗣鹤的防空洞去一下,跟他谈个问题,一会儿就回来。”不料华罗庚刚到闵家的防空洞里,日本飞机就过来了,向山谷间倾泻了一串串炸弹,刹那间黄土飞溅,震耳轰鸣,大树被炸倒了一片。有一颗炸弹刚好在防空洞的洞口附近炸开,黄土向着洞里铺天盖地飞来,将洞口淹没。幸亏洞里有一个人听到爆炸巨响后伸手抱住了头,这样他的头和手才没有被黄土埋住。于是他将每个人的脑袋先扒拉出来,但黄土把几个人的下半身压得紧紧的。赶来救援的华罗庚家人怕伤着他们,用手慢慢地刨,花了两三个小时,才把他们从土里刨出来了。闵嗣鹤被刨出来时,长袍变成了短衫,正襟全被撕掉;华罗庚的耳朵震出了血,大家挨了一次活埋,总算死里逃生了。

闵嗣鹤对解析数论表现出浓厚的兴趣,迅速地进入了现代科研领域。尽管战火连天,空袭不断;尽管与世隔绝,资料奇缺,他仍然发表了 7 篇论文,除了 1940 年的第一篇是组合问题之外,后面 6 篇皆为数论,其中 1941—1944 年与华罗庚合作 4 篇,1944—1945 年独立完成 2 篇。华罗庚在 On the number of solutions of certain congruences 一文底稿的扉页上写道:“闵君之工作,占异常重要之地位。”

华罗庚与闵嗣鹤年龄相仿,他们亦师亦友,相得益彰。但两人合作多年,难免有些摩擦。华罗庚是一位数学天才,他刚强果断,说一不二,有时不大顾及他人的感受。闵嗣鹤兢兢业业,凭着深厚的数学功底,着力于解决合作文章的关键证明。尽管闵嗣鹤温文尔雅,但是骨子里却不失倔强,有时隐忍不住,几次撂挑子不干了。每当二人失和，杨武之便赶来调解，工作于是重新开始。几十年下来，两人分分合合，竟结下了生死相依、患难与共的情谊。在闵嗣鹤的追悼会上，华罗庚悲伤垂泪。

1944 年夏天，西南联大数学系主任杨武之致信理学院院长吴有训（字正之）：“正之吾兄大鉴：敬启者，算学系教员闵嗣鹤先生到校迄今夏已过七年，服务忠勤，研究有得，先后著成论文十余篇（目录及稿件附呈）。弟意欲请兄向校长提出，自今夏起，聘闵先生为专任讲师，是否有意，更新裁酌，顺颂时绥。弟杨武之。”

由于美国空军对日军飞机的歼击，昆明的空袭有所缓解，迁往外地的昆明中学得以恢复。随着大批学生到昆明求学，自 1942 年以来，昆明新成立了公立和私立中学 30 余所。其中的龙渊中学是北师大毕业生创办的，学生在黄土坡的土坯房中上课，在黄尘漫卷中晨读。很多联大师生风尘仆仆前来助学，一时间龙渊中学名师济济。闵嗣鹤住处距此不远，便联络几位青年教师课余义务为学生上课，开设数学讲座。他讲得次数最多，颇受学生欢迎。一位学生在很多年后回忆：“闵嗣鹤在龙渊教平面几何与高等代数，教学语言精练、准确、严密，概念讲解明白，推理层层分明。许多数学难点能一语点化，使学生思路豁然开朗。”正如好友赵慈庚所言，闵嗣鹤有“乐育为怀”的胸襟，他不大计较物质的报酬与别人的称赞，而是欣慰于少年的成长。不然的话，这种无名无利的义务劳动，大多数人是不会争先去做的。

在母亲和兄长的抚育下，闵嗣鹤的三个妹妹在西南联大长大了。四兄妹按照数理化生进行学科分布，闵嗣鹤在数学系任教，大妹闵嗣桂 1938 年入西南联大化学系学习，后任助教。二妹闵嗣云聪慧异常，1936 年考入北京大学物理系，在人才济济的同班同学中成绩优秀，颇有巾帼不让须眉之势，1943 年毕业后在联大担任助教。三妹闵嗣霓先在联大化学系就读，后考入清华大学生物系。当时有人开玩笑说：“联大理学院让你们闵家包了”。四个儿女的不凡表现，成为含辛茹苦的母亲最大的安慰与自豪。

陈省身早在 1934 年赴德留学，1936 年 25 岁时获德国理学博士学位后，到法国师从数学大师嘉当（Élie Cartan）研究微分几何，再赴美于普林斯顿高等研究院从事数学研究，在欧美游学五年。在 1938 年抗日战争的烽火硝烟中，陈省身毅然归国，应聘清华大学教授，来到西南联大。1943 至 1945 年陈先生应韦伯伦（O.

Veblen)之邀再访普林斯顿,完成了他关于示性类的巅峰之作,成为国际数学界的学术翘楚。陈先生为人宽厚大度,颇有长者风范。他鼓励闵嗣鹤出国留学以开阔眼界,求得学术上的发展,闵嗣鹤深以为然。

随着妹妹们长大成年,家庭生活的重担不再由闵嗣鹤一个人承担。他在1944年初参加了第八届庚款留英考试,成为被录取的30名留学生之一。1945年10月,闵嗣鹤乘船前往英国。20世纪40年代中叶,第二次世界大战的硝烟刚刚散去,海上行船仍然颇有风险。一群怀抱科技救国梦想的留学生们坐在三等舱内,途经印度洋、大西洋,在时有季风、惊涛骇浪的海上颠簸,耗时月余方才抵达。闵嗣鹤来到牛津大学,师从梯其马希(E. C. Titchmarsh)研究解析数论,进入了国际上这一方向的学术中心。

四、学术家谱

1930年代,华罗庚曾在剑桥访问,研究工作受到哈代学派的影响,回国后培养出了王元、陈景润等新一代数学家。王元著《华罗庚传》对此有详尽的介绍。

如果编纂一个学术家谱,我国在解析数论领域师承哈代(G. H. Hardy)与梯其马希的一支可以这样排列:

——哈代

——梯其马希

——闵嗣鹤

——迟宗陶、尹文霖、邵品琮、潘承洞、潘承彪

——张益唐……

闵嗣鹤受哈代学派嫡传,学术猛进,回国后又努力提携后学,可谓"裕后光前"。为了讲清闵嗣鹤的学术渊源与学术贡献,我们选择了家谱式的叙述方法。

哈代(左)与李特尔伍德于剑桥

1. 第一代:哈代。在数论历史上,哈代堪称为一位领袖数学家。他与李特尔伍德

(J. E. Littlewood)合作，在许多数论问题的研究中做出了开创性的贡献，而且二人的合作也被称为科学合作的典范。在此，仅举与本文内容相关的两个贡献。

哈代的第一个贡献事关黎曼 ζ 函数。众所周知，黎曼 ζ 函数是打开素数宝藏大门的钥匙，ζ 函数的零点分布对素数分布有着决定性的影响。黎曼(Riemann)已经知道，ζ 函数有无穷多个非显然零点，这些零点散布于临界带形之内；这里的临界带形是指复平面上实部介于 0 与 1 之间的竖直带形。著名的黎曼猜想是说，ζ 函数的所有非显然零点都应该落在临界直线上，即临界带形的中轴线上。黎曼手算了 3 个零点，其实部都等于$\frac{1}{2}$。哈代第一次证明了，黎曼 ζ 函数有无穷多个零点落在临界直线上。他又与李特尔伍德合作，推进了落在临界直线上的零点的密度。

哈代与本文有关的第二个贡献，是关于哥德巴赫猜想的研究，这是与李特尔伍德合作完成的。在他们系列文章的序言中，哈代与李特尔伍德自豪地宣称，这是历史上关于哥德巴赫猜想的第一次严肃研究；言下之意，此前虽然有很多名家致力于这个猜想，但都是不严肃的。在文章中，他们不但提出并发展了著名的圆法，还提出了许多著名的猜想。例如 k 生素数猜想：若非负整数 $a_1, a_2, \cdots, a_k$ 满足明显的必要条件，则多项式

$$x+a_1, x+a_2, \cdots, x+a_k$$

同时表示素数无穷多次。注意，若取 $k=2$, $a_1=0$, $a_2=2$，就是孪生素数猜想。

2. 第二代：梯其马希。梯其马希是哈代的入室弟子，致力于解析数论的研究。1931 年起，梯其马希任牛津大学萨维尔几何学教授(Savilian Professor of Geometry，牛津大学特设的教授职位，仅一席)。能够担任这个职位的人尽皆英才，例如，梯其马希的前任是哈代，而继任者则是赫赫有名的阿提亚(M. Atiyah)。

梯其马希

梯其马希是黎曼 ζ 函数研究领域举足轻重

的权威,他的专著《黎曼ζ函数论》(The Theory of the Riemann Zeta-Function)初版刊印于1951年,后来几经再版,至今仍是本领域排名第一的重要著作。关于这本经典著作,萨纳克(P. Sarnak)曾经评价说:"如果我被流放到孤岛上,而且只允许我带一本关于ζ函数的书,那么无疑我会带梯其马希这本。"

3. 第三代:闵嗣鹤。庚款考试后,闵嗣鹤被牛津大学艾克赛特学院(Exeter College)录取,师从梯其马希。闵嗣鹤于1945年底到达,1947年获得博士学位,其博士论文将近200页,主要研究黎曼ζ函数,特别是ζ函数在临界直线上阶的增长,即所谓的林德洛夫猜想。

1947年牛津大学毕业合影,第三排左一为闵嗣鹤

1947年,经梯其马希推荐,闵嗣鹤接受齐格尔(C. L. Siegel)邀请,赴美国普林斯顿高等研究院从事学术研究,为时一年。普林斯顿高等研究院始建于1930年,数学所是该院首个成立的研究所,以爱因斯坦(A. Einstein)的加入为标志,数学所满编制教授人数为8人。闵嗣鹤在高等研究院工作期间,数学所教授除爱因斯坦、齐格尔之外,还有外尔(H. Weyl)、哥德尔(K. Godel)、冯·诺依曼(J. von Neumann)。这几位全是领袖科学家。高等研究院尤其重视数论研究,其数学所一直是世界数论研究的中心。数学所的8位教授中,经常有两三位是数论专家。

当然，高等研究院的访问学者之中也不乏大家，下文将提到的塞尔伯格（A. Selberg）也于1947年到达数学所，而且也是受到齐格尔的邀请。

在普林斯顿，闵嗣鹤参加了外尔的讨论班，取得了丰富的研究成果。外尔真诚地挽留他继续在美工作，梯其马希则热情邀请他重返英国。但是，报效祖国、思念慈母的赤子之心促使他决定立即回国。1948年秋，他回到清华大学数学系执教，初任副教授，翌年晋升为教授。1952年院系调整，闵嗣鹤调任北京大学数学力学系教授。

1947—1948年，闵嗣鹤在普林斯顿高等研究院工作

3.1 闵嗣鹤与林德洛夫猜想。林德洛夫猜想是说，对任意的 $\varepsilon>0$，估计式

$$\zeta\left(\frac{1}{2}+\mathrm{i}t\right)=O(|t|^{\varepsilon})$$

对所有 $|t|>2$ 成立。这是一个极其困难的猜想，特别地，它是黎曼猜想的推论。利用函数论的一般方法可以证明，对任意的 $\varepsilon>0$，估计式

$$\zeta\left(\frac{1}{2}+\mathrm{i}t\right)=O(|t|^{\frac{1}{4}+\varepsilon})$$

对所有 $|t|>2$ 成立。这里的 $\frac{1}{4}$ 被称为凸性上界，或者平凡上界。将 $\frac{1}{4}$ 用更小的常数替代，所得结果叫做亚凸性上界。亚凸性上界在数论中有众多重要的应用，因此一直是数论研究的热点。黎曼 ζ 函数的第一个亚凸性上界，由外尔于1921年得到。外尔所用的方法，在指数和理论中是一个比较自然的方法。因此超越外尔，将有重要意义，当然也需要有哲学上的观察以及方法论上的创新。

闵嗣鹤在博士学位论文中，将 ζ 函数的凸性上界 $\frac{1}{4}$ 削减为亚凸性上界 $\frac{15}{92}$，其中 $\frac{1}{7}<\frac{15}{92}<\frac{1}{6}$。1949年这篇论文刊于《美国数学会汇刊》（Tran. Amer. Math. Soc.）。这个亚凸性上界，源于闵嗣鹤在二维指数和 $\sum_{m,n}\mathrm{e}^{2\pi\mathrm{i}f(m,n)}$ 估计方面的创

新，而这个创新在别的场合也有深刻的应用。值得指出的是，经过众多数学家的努力，闵嗣鹤的亚凸性上界不断被改进，但是现在的世界纪录仍然大于$\frac{1}{7}$。

1950 年代，闵嗣鹤(左一)与华罗庚(左四)等合影

3.2　闵嗣鹤与黎曼猜想。二战期间，塞尔伯格蜷缩在挪威的一角，艰难从事着数学研究，并且得到了震惊世界的定理：黎曼 ζ 函数落在临界直线上的零点具有正密度。设 $N(T)$表示临界带形之内虚部不超过 T 的零点总数，而 $N_0(T)$表示落在临界直线上虚部不超过 T 的零点总数，则黎曼猜想就是说，对所有的 T 都有 $N_0(T)=N(T)$。使用这些记号，塞尔伯格定理可以更加精确地叙述为：存在一个正常数 c，使得对所有的 T 都有 $N_0(T)>cN(T)$。这大大推进了哈代与李特尔伍德的前述结果。第二次世界大战一结束，塞尔伯格的成果迅速传播开来，得到了国际同行的重视；这也是塞尔伯格获得菲尔兹奖的两个重要结果之一。但是，塞尔伯格并没有给出这个常数 c 的具体数值。

闵嗣鹤第一个定出了塞尔伯格定理中 c 的可允许数值。闵嗣鹤证明了 $c=\frac{1}{60\,000}$是可以允许的。不要小看这个常数，从闵嗣鹤的这个常数开始，人类开始准确地知道，我们距离黎曼猜想到底有多远。这项工作，是闵嗣鹤在普林斯顿时期就开始研究的，最后在国内完成，论文刊于《北京大学学报》。

1980 年代，康瑞(B. Conrey)证明了 $c > 0.4$，从而 ζ 函数 40%以上的零点落在临界直线上。现在最好的纪录是冯绍继的 $c > 0.41$。

1970 年代以来轰轰烈烈发展的朗兰兹纲领，其研究基石是各种各样推广了的 ζ 函数，即自守 L 函数。对这些丰富多彩的 L 函数来说，都有广义黎曼猜想与广义林德洛夫猜想。遗憾的是，关于黎曼 ζ 函数的塞尔伯格定理，只被成功推广到了一些相对简单的 $GL(2)$ 自守 L 函数；而对绝大多数自守 L 函数而言，根本就没能证明相应的哈代定理，即无限多个零点落在临界直线之上。关于自守 L 函数的林德洛夫猜想，结果也是寥若晨星。到目前为止，只得到了某些 $GL(2)$、$GL(3)$ 以及 $GL(4)$ 的自守 L 函数的外尔型亚凸性上界。闵嗣鹤形式的精确上界，则完全没有得到。

4. 第四代以及第五代：闵嗣鹤的弟子与再传弟子。在清华大学，闵嗣鹤指导迟宗陶研究解析数论。利用闵嗣鹤关于 ζ 函数亚凸性上界的思想，迟宗陶改进了经典的狄利克雷除数问题的余项，所得到的新指数小于 $\frac{1}{3}$。在北京大学，闵嗣鹤的研究生有尹文霖、邵品琮、潘承洞。潘承洞的胞弟潘承彪，年级稍低，但也得到了闵嗣鹤的指导。尹文霖、邵品琮从北京大学毕业后，分别到四川大学、曲阜师范大学任教。潘承洞从北京大学研究生毕业以后，到山东大学任教；而潘承彪则从北京大学到北京农机学院（现中国农业大学）任教，后兼任北京大学数学系教授、博士生导师，指导数论方向的研究生。

在闵嗣鹤指导下，潘承洞本科时期就研究了著名难题——算术级数中的最小素数。经典的狄利克雷(P. G. L. Dirichlet)定理是说，若 $(a, q) = 1$，则在算术级数 $a + q$，$a + 2q$，$a + 3q$，… 中有无穷多个素数。一个自然的问题：该级数中的第一个素数 $P(a, q)$ 出现在什么位置？苏联的领袖数学家林尼克（Yu. V. Linnik）证明了，存在一个常数 L，使得 $P(a, q) =$

1995 年潘承洞（左）与潘承彪合影（展涛摄）

$O(q^L)$。这个常数 L 被称为林尼克常数。林尼克并没有给出这个常数的具体数值;确定林尼克常数 L 的具体数值,是一件困难的工作,因为 L 依赖于推广了的 ζ 函数的零点分布结果。在闵嗣鹤指导下,潘承洞得到了林尼克常数的第一个可允许的数值 $L=5448$。经过许多数学家承前启后的工作,1992 年英国数学家希斯-布朗(D. R. Heath-Brown)得到了 $L=5.5$;到本世纪,这个结果又稍有改进,现在最好的纪录是 $L=5.18$。从这个工作中,以及从潘承洞后来关于哥德巴赫猜想(1+5)的工作中,都不难看到闵嗣鹤的哲学与精神。这就是传承的力量。

张益唐(叶扬波摄)

闵嗣鹤的再传弟子,大多出自潘氏兄弟门下。潘氏兄弟倾其心力,培养的硕士、博士计有 30 余人,其中的大多数仍在从事数论及其应用领域的研究。

张益唐早年师从潘承彪,是闵嗣鹤再传弟子的杰出代表。2013 年他证明了,存在无穷多对相邻素数,其间隔不超过 7 千万。关于张益唐生平与工作的全面介绍,请参看汤涛《张益唐与北大数学 78 级》,刊于《数学文化》2013 年第 3 期。把张益唐定理中的 7 千万换成 2,就得到孪生素数猜想的证明。7 千万这个数字,貌似巨大,但是它只是一个固定的常数,因此与 2 并无哲学上的差别。况且,张益唐的论文公布之后,这个数字不断被削减。

张英伯、刘建亚采访闵乐泉(闵嗣鹤之子)(中)

张英伯采访赵藉丰(赵慈庚之女)(左)

克隆尼克(L. Kronecker)说:“自然数是上帝给的,而其他全是人造的。”如此说来,孪生素数猜想无疑是“上帝的猜想”。张益唐的结果,是对孪生素数猜想的决定性贡献。闵嗣鹤乃至哈代,若于仙界有知,必大感欣慰! 为人师者,有一二徒子徒孙如此,夫复何求?

五、故土亲情

1. 回归

闵嗣鹤在国外的日子是惬意的。他读书的牛津大学埃克塞特学院(Exeter College)成立于1314年,绿草茵茵的校园,精致优雅的教堂,古朴端庄的图书馆令人流连忘返。他每周一次前往牛津教授欣谢尔伍德(Cyril Norman Hinshelwood)家中讲授中文,而对方则训练他的英文口语,并以一部原版的《莎士比亚十四行诗》相赠。闵嗣鹤因而英文口语进步神速,令周围的人们为之惊讶。才华横溢的欣谢尔伍德若干年后获得了诺贝尔化学奖,他通晓七国文字,喜欢用中文谈论红楼梦,甚至评价说:“贾母晚年对宝玉的管教似乎宽松了。”

闵嗣鹤在美国做研究的普林斯顿高等研究院素有“学者的天堂”之称,宽松的学术环境,充裕的时间与空间,使各个领域中的一流科学家们在此云集。令闵嗣

闵嗣鹤于 1950 年代

鹤深感遗憾的一件事是他有一次与爱因斯坦在研究院的楼梯上相遇，出于对大师的仰慕和胆怯，他未能上前问候，结果擦肩而过。就连在爱因斯坦身边工作过的中国学者周培源，也只是有机会为大师拍过一张小照，却觉得自己"没有资格和他一起照相"。

在欧美学习三年，他专注于他挚爱的数学，游走于数学大师之间，收获颇丰。尽管英国和美国研究环境一流，生活待遇优越，闵嗣鹤还是婉言谢绝了梯其马希和外尔的工作邀请，在接到清华大学数学系的聘书之后，于 1948 年夏末秋初毫不犹豫地踏上了归途。

民国时期庚款赴欧美留学的年轻的中国知识分子，百分之八十从事理工科，特别是与实业相关的工科研究，只有百分之二十学习文科。他们大多才华出众，在少年时代受到过儒家道德文化的熏陶，在青年时代得到过西方科学民主的启蒙。他们在学成之后几乎全部回归祖国。他们的回归出于传统的孝道，出于对慈母和故土的牵挂，出于科学救国的真诚的愿望。在他们的心目当中，回归是天经地义的事情，因而不会有丝毫的犹豫和动摇。

1948 年秋，闵嗣鹤回国后在清华西院安顿下来，当年十月开始为二年级学生讲授必修课"高等数学"和"数学分析"，职称是副教授。清华西院在中国的学术史上时有提及，国学家王国维、陈寅恪，物理学家周培源、吴有训，数学家郑桐荪、杨武之都在这里住过。

2. 喜欢那个弹钢琴的

闵嗣鹤从刚刚成年起就成为家庭的经济支柱，始终无暇顾及自己的终身大事，以至三十多岁早已过了谈婚论嫁的年龄，才有了第一次感情波澜：在英国即将获得博士学位之际，他陷入了一场单相思的爱恋。来自江西南昌的熊式一是我国中英文化交流的先驱，曾因一本英文版《王宝钏》广受英伦各界赞誉，并被搬上了英国舞台，一时间观众如潮，熊先生因而一剧成名。闵嗣鹤以同乡之谊常去熊家拜访，熊先生希望闵嗣鹤搬到他家去住，为他的儿女补习中文，讲授《大学》和《中庸》。闵嗣鹤虽然没有去住，讲授儒家经典的任务却应承下来。熊家的女儿小他十岁，正在牛津大学读英国文学。闵嗣鹤为她授课一段时间，颇有好感，听一位熟人讲熊家女儿对他有意，便心旌摇曳，给姑娘写了情书。不料姑娘对他虽有好感，却并无恋爱之心。

归国之后，闵嗣鹤的婚姻大事提到日程上来。愿意通过媒人和他见面的姑娘不少，而他自己则在教堂的唱诗会上结识了一位娇小玲珑、会弹钢琴的女子，好感顿生。这位来自山东济南的女子名叫朱敬一，是北京师范大学的学生。她的父亲做过小学教员、学监和校长，她虽算不上大家闺秀，但也称得上小家碧玉，不仅学习成绩优秀，还写得一手好字，弹得一手好琴。她在济南女子师范学校读书时曾应山东广播电台之邀演奏过一曲《少女的祈祷》，十七岁毕业即被保送到北京师范大学音乐系深造。后来因为适应不了北京冬天的寒冷，在琴房练琴时冻伤了手脚不得不转到教育系。1949 年前后的北京师范大学仍在和平门外最初的校址，闵嗣鹤在母校的数学系兼课。他在琴房窗外听过她练琴，她也在教室窗外看过他上课。他们认识了很长一段时间，朱敬一都不知道闵嗣鹤是清华的教授。有一次朱敬一和同伴散步时偶然走到数学系的告示栏边，从课表上看到他的名字，经过追问，才得知他是来北师大兼课的清华教授。1950 年，两位有情人的婚礼在北京西四缸瓦市教堂举行，介绍人是燕京大学音乐系主任许勇三教授。从这个神圣的时刻起，身着西服领带的闵嗣鹤与一袭洁白婚纱的朱敬一在人生的道路上携手同行，不离不弃。

1950 年代，闵嗣鹤夫妇合影

六、 悲悯情怀

1. 四个带“泉”的孩子

1950 年代末,闵嗣鹤全家福

1952 年夏天,中国的高等院校进行了动彻筋骨的院系大调整。作为中国数学前沿的清华大学数学系被一分为三:华罗庚筹建了中国科学院数学研究所,并作为第一任所长带着他的研究生去那里工作;许宝騄、段学复、闵嗣鹤等大部分教授被分配到北京大学;因为工科还要上高等数学,极少数教授如赵仿熊留在了清华。

1952 年的六七月,已升任正教授的闵嗣鹤携老母妻儿从清华西院搬到作为北大教工宿舍的成府路书铺胡同二号。成府村始成于元代,因明成王墓、清成亲王府建于此地而得名。它的北面是圆明园,东邻清华,西邻北大,南面是中观园。书铺胡同则得名于三百年前开办于清咸丰年间的李姓书铺。胡同全长不过百米,宽两米,直到 60 年代还是高低不平的小土路。一条渠水从北大朗润园流出横穿小路,水上有一座小石桥。20 世纪五六十年代,水流清浅,时见鱼虾,夏日蛙声一片。

书铺胡同二号小巧精致,用一道屏门隔成前后套院,进入屏门之后,北房和东西厢房窗前皆有游廊,环绕整个院落。院中有两棵大柳树,只要屏门一关,就是一处宁静的世外桃源。闵家的孩子在 50 年代接连诞生,闵嗣鹤没有按照家谱中的振字排行为孩子起名,他们分别叫乐泉、惠泉、爱泉和苏泉。孩子们为闵家带来了欢乐,也增添了家室之累。闵家初来时住东厢房,第三个孩子出生后移至北房。

北房中堂当作客厅,闵嗣鹤夫妇和小女儿住在西间,闵嗣鹤的母亲携她带大的长孙住在东间,北房东西两侧有向内缩进的两个小耳房,与东西厢房之间形成两个小小的院落,院内栽有花草翠竹。次子惠泉出生后一直由保姆吴嫂照料,他们住在西耳房，吴嫂读书的女儿一起同住。1957年吴嫂因病离开，惠泉搬到奶奶和哥哥房里，西耳房遂成为书房。为了给孩子们补充营养，也为了增添生活的情趣，闵家在西小院养了一只羊、几只兔子和鸡。

在20世纪的五六十年代，物资匮乏，全家的生活相当节俭，衣服破了一补再补，锅碗裂了，要找师傅锔上。那时的孩子们十分盼望过年，可以穿上父母买来的新衣，可以吃到猪肉、年糕和水饺。过年时，闵嗣鹤总要给孩子们量身高，他顺手从书架上拿过一本硬皮的精装书，放在孩子的头上，然后让孩子低头走开，他用书当尺划线标注。于是书房的门背后就成了每年记录孩子们成长变化的展示板。闵嗣鹤还常常拿出民国初年发行的袁大头银元作为新年礼物，几个孩子高高兴兴地跑到北大财务室去兑换现金当零花钱。最让孩子们激动的是燃放礼花，当他们的父亲用一把烧红的火钳杵开封口，美丽的焰火霎时间冲上院子的夜空。

2. 乐善好施的教授夫妇

在那个贫困的年代，书铺胡同二号的住户显得有些鹤立鸡群。在人们用灯泡、煤油灯和蜡烛照明的岁月，闵嗣鹤"赶时髦"买了一支日光灯装在客厅，招来左邻右舍好一阵探头张望。由于贫困，登门乞讨者络绎不绝，乐善好施的闵家夫妇，总是解囊相助。

闵嗣鹤看到吴嫂的女儿淑玲喜欢读书，就慷慨地资助她上学，夫妇二人对淑玲视如己出，每逢考试成绩优秀，还要买些铅笔、橡皮或者小衣物以资鼓励。当时从延安迁京的干部子弟学校101中学刚刚对市民开放，淑玲经过一番努力竟然考进去了。101中学的学生是住校的，闵家的孩子与她亲如姐弟，经常到学校看她，对她深蓝色的水兵校服艳羡不已。

迟树檀先生是山东纺织工学院数学教研室的教师（后并入青岛大学数学学院），早年曾在闵嗣鹤家里住过两个月。迟树檀于1953年毕业于南京大学数学系，同年被分配到天津造纸工业学校（现天津科技大学）做数学教师。1954年的4月中旬，迟树檀经学校、轻工业部和教育部层层审批后获准到北京大学数学系旁听程民德教授的傅立叶分析。当年北大宿舍紧缺，不能为外来学习的教师安排住处。迟树檀早就看到过闵嗣鹤的文章，对这位著名的数学家仰慕已久，这次赴京，经山东老乡介绍见到了闵嗣鹤。他原本不想住在闵家，怕给人家添麻烦，但是很多人都对他说："闵先生为人忠厚实在，他邀请你住，就住在那里无妨。"他这才住了下来，从此与闵嗣鹤成为终生的朋友。他于1958年调到北京轻工业学院(现北京工商大学)，常去闵家看望，因孤身在外，生活所需不多，有时就将自己的油票送给他们。闵嗣鹤也在业务上指点他，给他寄去为研究生上课的数论讲稿。闵嗣鹤1973年去世后，闵家失去了经济来源，闵太太和孩子们靠国家抚恤金生活。迟树檀听说后，每逢年底都给闵太太寄一些钱，数目随他本人的工资增长逐年上升，直到2008年闵太太过世。三十余年的惦念与牵挂，见证了人与人之间与功利无关的诚挚的友情。

3. 郑桐荪的晚年

住在后套院西厢房的是郑桐荪教授。他在清末考取公费留美，1911年学成归国，成为清华大学算学系的创始人、系主任，并担任过清华的教务长，亦曾在西南联大执教。他在1952年退休，与闵嗣鹤一起从清华西院搬到书铺胡同二号，从此相邻相伴十余年，直到1963年去世。郑桐荪晚年长须飘飘，身穿马褂或中山装，套一件黑色背心，鼻梁上架一副眼镜，气度不凡，颇有名士风范。郑桐荪的妹妹嫁给了诗人柳亚子，内兄之谊使两人经常诗词往来，柳亚子曾在一首赠诗中写道："只信少时贤数理，谁知晚年究词章。"郑桐荪"文史诗词无所不窥"，人称通儒，他与妻子感情笃深，尽管妻子去世时他还不到五十岁，却始终没有续弦。他的大儿子郑师拙1947年赴美留学；女儿郑士宁博士的丈夫陈省身应普林斯顿高等研究院的邀请，于1948年举家赴美；次子郑志清在1950年去美国读生物化学。年逾花甲的郑桐荪将他最小的孩子送至前门火车站，列车开动良久仍痴痴立于站台，不知道亲人之间是不是真的有心灵感应，使郑桐荪预感到这最后一次的送别将会成为永别。不到三年时间，他送别了三个儿女，他的儿女重返祖国，已经是他过世的十几年之后了。

郑桐荪在清华和西南联大一直是闵嗣鹤的师长和同事，这时他们成为忘年挚友，闵嗣鹤下班后常常径直到郑家小坐，二人交谈甚欢。孑然一身的郑桐荪没有独立开伙，有时在闵家进餐，有时闵嗣鹤的母亲做一份他爱吃的江南菜，支使保姆或者某一个孩子用托盘端过去。闵家的孩子是郑桐荪的座上宾，孩子们亲热地喊他"郑公公"。他写毛笔字时，孩子们学着研磨；他出门时，孩子们欢呼雀跃地充当拐杖。郑桐荪也特别喜欢孩子，允许他们赖着不回家，并偷吃他们奶奶送过来的美食。他有胃病，常常在炉火上烤馒头片儿吃，于是和公公分享烤馒头片儿也就成了孩子们的最爱。

1963 年的一天,郑桐荪感到胃部不适,就叫正准备去上学的乐泉赶快到住在附近、为他们两家洗衣做饭的杨嫂家里喊人,说话时已经气喘吁吁。闵嗣鹤闻讯赶到,马上联系小车将郑桐荪送往协和医院,及时做了手术。住院期间,闵家老小辗转几趟公共汽车,从西郊的北大赶到东城的协和医院探望。在做第二次手术时,年逾古稀的郑桐荪没能扛得过去,在手术台上停止了呼吸,享年 76 岁。他的一应后事直至火化安葬,闵嗣鹤与郑家的亲戚一起认真地操办。虽然郑桐荪去世时自己的儿女不在身边,所幸与仁慈善良的闵家为邻,晚景不算凄凉。

闵嗣鹤为郑桐荪所做的一切,未曾向任何同事或朋友提及。1960 年毕业于北大数学系的青年教师李忠根据系里的分配,由闵嗣鹤进行业务上的培养,与闵老师过从甚密。他在闵家见到过年迈的郑桐荪教授,但从来不知道两家竟有这等亲密的关系。中美关系破冰以后,陈省身先生获准回国进行学术交流,他前后几次到北大讲学,每次皆执意请求去闵家探望。直至陈先生说明了个中原委,李忠才对当年发生的事情恍然大悟。享誉世界的数学大师,为岳父重新修整了墓地,对闵家替自己岳父养老送终的恩德没齿不忘。

七、甘为人梯

1. 闵嗣鹤与研究生和青年教师们

老一代的北大数学人都说,作为一位数学家,闵嗣鹤对名利看得很淡。他为人谨小慎微,学术上却非常大气。不管谁来问问题,他都耐心仔细地回答,无论对方是数学家、学生,还是业余数学爱好者。

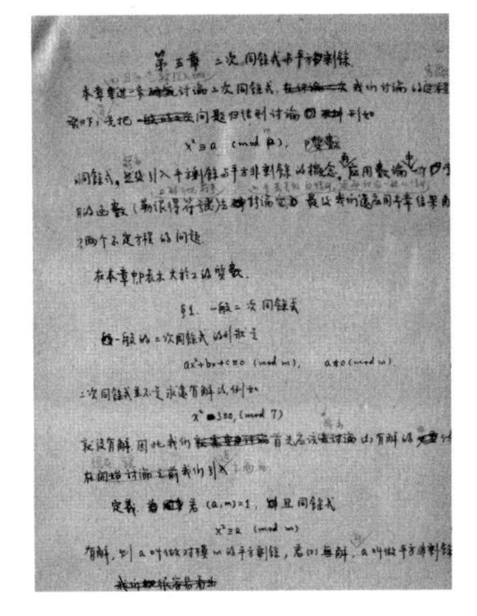
第五章 二次同余式与平方剩余

在本章中 p 表示大于 2 的素数.

§1. 一般二次同余式

$ax^2+bx+c\equiv 0 \pmod m$, $a\not\equiv 0 \pmod m$.

二次同余式并不是永远有解的,例如

定义 若 $(a,m)=1$, 且同余式

$x^2\equiv a \pmod m$

闵嗣鹤、严士健《初等数论》手稿

闵嗣鹤回国后受恩师傅种孙邀请,一直在母校的数学系兼课。1952 年,傅先生将毕业留系工作的青年教师严士健介绍给他,做他主讲的课程"初等数论"的助教。傅先生嘱咐严士健说:"要规规矩矩地向闵老师学习,学好了再考

虑创造。一旦闵先生不能来兼数论课了，你就把课接过来。”严士健不负重托，一方面承担两个班的辅导工作，一方面认真整理闵嗣鹤课上的讲稿，编写“初等数论”讲义。两年之后，闵嗣鹤宣布“严士健可以教初等数论课了”。严士健接过了这门课，并在讲义的基础上与闵嗣鹤一起完成了《初等数论》的书稿，在1957年由人民教育出版社出版，1982年后多次再版，至今仍然是一本实用的好教材。严士健一直珍藏着当年的手稿，手稿上有闵嗣鹤的多处批注。

李忠一毕业就跟着闵嗣鹤读书，开始时学习数论。由于数论被批判为脱离实际的典型，从1959年至1962年，闵嗣鹤为函数论方向的学生开设广义解析函数专门化课程，指导他们做毕业论文，同时主持“广义解析函数及其在薄壳理论上的应用”讨论班。闵嗣鹤不愧为功底深厚的数学家，他迅速进入了函数论领域。在很短的时间内，研究这个方向的青年教师和学生发表了八九篇论文，为北大数学系函数论方向的发展奠定了良好的基础。李忠也沿着这个方向一直走下去了。

北京大学数学系及闵嗣鹤本人曾希望将他的研究生、后来在解析数论方向做出重大贡献的潘承洞留校工作，终因“白专”和“出身不好”未能成功。华罗庚十分器重潘承洞，欲将他留到数学所，甚至为此专程去找过科学院的领导。但数学家的一切努力均敌不过一纸“政治表现”，潘承洞被分配到山东去了。数学所要了邵品琮，不久后邵品琮被打成右派，黯然离京，有很长一段时间生活困难。而尹文霖“本人历史不清楚”，就更不可能留校了。现在的年轻人已经很难理解什么叫“白专”，什么叫“又红又专”，但是在那个年代，“白专”的结论足以使一个年轻的学者背上沉重的政治包袱。从那以后，北大的解析数论方向只剩下闵嗣鹤孤身一人，在他去世之后，就一个人都没有了。

1960年秋，潘承洞的弟弟潘承彪从北大数学系毕业，成绩名列前茅。数学系希望能允许他考研，甚至留他工作了半年，继续参加闵嗣鹤教授广义解析函数的讨论班。不幸的是，那时候谁有资格考研并不由系里决定，而是由学校政审决定。潘承彪当然和哥哥一样出身不好且“白专”，最终被分配到贵州去了。不料潘承彪生病了，他回到苏州老家休养，返京后重新分配到北京农业机械化学院(即现在的中国农业大学)。他受哥哥之托，逢年过节提些水果糕点去探望哥哥的恩师闵嗣鹤。潘承彪不是一个随波逐流的人，他有自己的见解，受哥哥的影响开始钻研解析数论。

“文革”浩劫之后的1977年，北大数学系系主任程民德打算重振数论专业，请潘承洞回来做教授。潘承洞此时已经在山东干出了一番事业，就推荐了弟弟潘承彪，说弟弟比自己聪明。经过与农机学院反复磋商，虽然万般不舍，学院还是同意放人，没想到潘承彪是性情中人，他要报答当年农机学院的知遇之恩，只同意去北大上课，而不愿意调过去。就这样，北大78级本科生张益唐在1982年毕业时作为北京大学的硕士研究生跟着潘承彪读了三年解析数论。当张益唐关于孪生素数猜想的突破性工作震惊数学界的时候，他由衷地表达了对导师潘承彪的感谢。人们纷纷向潘承彪表示祝贺，潘承彪淡淡地说：“张益唐的成就是他自己奋斗出来的，和我没有什么关系。”他已经参透世事，荣辱不惊。

1963年下半年，闵嗣鹤全家从成府路书铺胡同搬到北大的另一所教工宿舍中关园。中关园是为了顺应高校的院系调整，由北京大学从沙滩红楼迁往燕京大学的原校址而设计的。在一片占地16万平方米的三角地上，一排排红砖灰瓦的联排平房，错落有致地分布着。院内杨柳成行，家家的篱笆院中栽满了花草。闵家住在中关园20号，75平方米的三室一厅，房前屋后住着的，都是北大著名的专家教授。

从潘承洞那一届开始，闵嗣鹤就经常让自己的研究生去科学院数学所参加华罗庚的数论讨论班，华罗庚在数论方向的学生陈景润、王元也经常到闵嗣鹤家中请教问题，学术交流频繁。青年一代不负众望。1962年，潘承洞在哥德巴赫猜想的研究中取得突破，将任义(A. Renyi)证明的命题$(1+c)$——这里的c是一个没有定出来的天文数字——推进到了$(1+5)$。稍后，王元与潘承洞又先后独立证明了$(1+4)$①。

2. 闵嗣鹤与陈景润

闵嗣鹤与陈景润的交往始于20世纪50年代末，数论成为连接两位数学家的学术之桥和友谊之桥。陈景润是闵嗣鹤家的常客，从书铺胡同到中关园，都留下过他登门造访的足迹。他为人谦和，尊敬师长，对与华罗庚同辈的闵嗣鹤始终持弟子礼。逢年过节更是必来问候，每次见到闵家的孩子，也总是“小弟弟”“小妹妹”地叫个不停。

---

① 贾朝华著《从哥德巴赫猜想说开去》对此有全面的介绍，文章刊于《数学文化》，2010年第1卷第4期。

陈景润

陈景润是一位表面木讷、心明如镜的人，他深深地了解闵嗣鹤的人品与学问。他时常身穿褪色的蓝制服，肩跨破旧的小书包，里面装着厚厚的一沓数学稿纸走进闵家，操着浓重的福建口音说："闵先生，请您看看。"不要小看这短短的四个字，其中包含着一个数学家对另一个数学家绝对的信任。在学术界，将未完成的手稿拿给同行看是犯大忌的，极易引起发明权之争。但是陈景润深信，闵嗣鹤不会这样做，将手稿给闵嗣鹤看，丝毫不用担心被剽窃的问题。

1966 年 5 月 15 日，中国科学院的刊物《科学通报》在首页发表了一篇学术简报："表大偶数为一个素数和不超过两个素数的乘积之和。"这就是陈景润关于哥德巴赫猜想(1＋2)的结果宣布，尚未公布证明。陈景润马上将一份刊物送给闵嗣鹤，他在扉页上写道："敬爱的闵老师，非常感谢您对学生的长期指导，特别是对本文的详细指导。学生陈景润敬礼，1966 年 5 月 19 日。"

陈景润写了厚 200 多页的长篇论文证明这个命题。闵嗣鹤是学术简报的审稿人，而简报能否发表，取决于证明是否成立。在徐迟著名的报告文学《哥德巴赫猜想》中，作家动情地描述：

> 闵嗣鹤老师给他细心地阅读了论文原稿。检查了又检查，核对了又核对。肯定了，他的证明是正确的，靠得住的。他(闵嗣鹤)给陈景润说："去年人家证明(1＋3)使用了大型的、高速的电子计算机，而你证明(1＋2)却完全靠你自己运算，难怪论文写得长了，太长了。"建议他加以简化。

徐迟没有提到的是，闵嗣鹤此时已患心脏病，200 多页的手稿一字一句地检查核对，需要多么繁重的劳动，多么艰深的思考。闵嗣鹤曾对人戏言："为陈景润论文审稿，折寿三年。"

7 年之后的 1973 年，陈景润的证明正式发表前后，闵嗣鹤曾与潘承洞频繁通信，讨论推进陈景润(1＋2)工作的可能性。这一对心心相印的师生之间似乎有心灵感应，潘承洞对闵先生的身体万分担心。在每封写满了数学算式的信前信后，他总是写"你要注意休息""你一定要注意休息"。潘承洞在信中提道："我搞了半个月的数论，结果是生了三天病。”万万没有料到的是，潘承洞的担心竟成事实，闵嗣鹤不久便去世了。

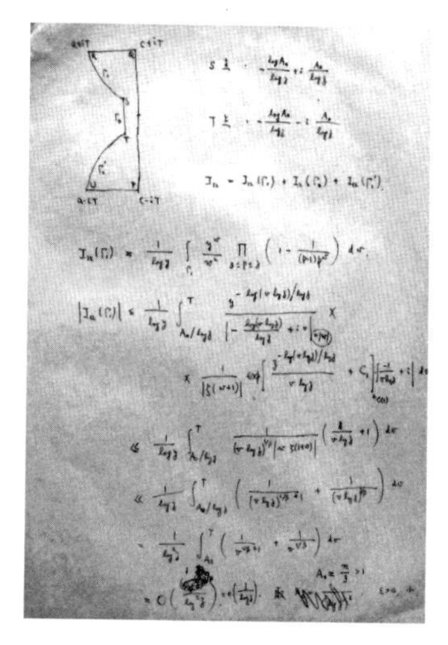

闵嗣鹤 1973 年手稿

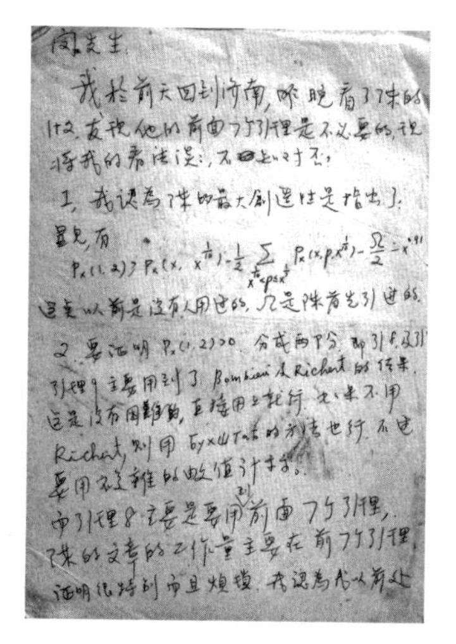

闵先生：

我於前天回到济南，昨晚看了陈的文，发现他的前面7个引理是不必要的，现将我的看法谈谈，不知对否？

1. 我认为陈的最大创造性是指出了：

显见，有

$P_x(1,2) > P_x(x, x^{\frac{1}{10}}) - \frac{1}{2}\sum_{x^{\frac{1}{10}}<p\le x^{\frac{1}{3}}} P_x(x,p,x^{\frac{1}{10}}) - \frac{\Omega}{2} - x^{0.91}$

这是以前是没有人用过的，乃是陈首先引进的。

2. 要证明 $P_x(1,2)>0$，分成两部分，即引理8及引理9，主要用到了 Bombieri 及 Richert 的结果，这是没有困难的，直接用上就行，也可以不用 Richert，利用 [illegible] 的方法也行，不过要用较复杂的数值计算。

而引理8主要是要用到前面7个引理，陈的文章的工作量主要在前7个引理，证明很[illegible]而且烦琐，我认为尤以前处

1973 年 6 月 7 日，潘承洞给闵嗣鹤的信

1966 年 4 月，经过长时间的反复推敲，闵嗣鹤郑重地写下了对陈景润学术简报的审查意见“命题的证明是正确的，论文篇幅过长，建议加以简化”。在陈景润这份 200 多页的手稿上，多处可见闵嗣鹤的批注。手稿一直存放在闵家的大衣柜顶上，直到 1973 年闵嗣鹤去世，陈景润才将它取走。

就在陈景润开始修改他的长篇论文的当口，一场横扫一切文化的革命突如其来。徐迟统计了戴在陈景润头上的帽子：“修正主义苗子，安钻迷，白专道路典型，白痴，寄生虫，剥削者。让哥德巴赫见鬼去吧！(1+2)有什么了不起，(1+2)不是等于 3 吗？”

所幸陈景润不是随大流的“革命群众”，他是另类。他小心地躲开轰轰烈烈的革命，不顾一切地钻研自己的问题。为了避人耳目，他先是一个人搬到一间三平方米的废旧厕所，后来又移到一间不满六平米缺了一只角的刀把形小屋，没有桌子，没有电灯，他点着煤油灯在床板上演算。最绝望的时候，他曾经跳楼自杀，所幸上天眷顾这位尚未完成使命的数学家，他被大树挡了一下，从三楼落地后，只受

了些皮外伤。整整七年时间啊，陈景润在用生命拼搏，终于到达了哥德巴赫猜想的制高点。

陈景润把修改后的论文拿给闵嗣鹤看。闵嗣鹤赞赏地对人说："陈景润的工作，最近好极了。他已经把哥德巴赫猜想的那篇论文写出来了。我已经看到了，写得极好。"1973年春节刚过，陈景润将最终的手稿交给了他极其信赖的研究室李书记。李书记轻声问道"这就是那个(1+2)?""是的，闵老师已经看过，不会有错误的。"上面这两段话是徐迟对论文面世过程的描述。陈景润的论文3月13日投稿，4月在《中国科学》上发表，全文精简为20页，审稿人是闵嗣鹤与王元。

闵嗣鹤去世时，陈景润的身体已十分虚弱，在1973年10月中旬的追悼会上，陈景润穿着厚厚的棉大衣，在东郊殡仪馆外痛哭不已。他后来说："闵先生是我的恩师，十年来给我巨大的帮助、指导，使我终生不忘。"以后每逢年节，他仍然到中关园探望师母。1980年他与由昆结婚，新婚夫妇第一个拜访的是早已没有了闵先生的闵家，并送上了整包的喜糖。陈景润去世以后，他的妻子由昆曾专程去看望闵太太，送上她签写赠言的《陈景润传》。

八、鞠躬尽瘁

1. 在史无前例的"文化大革命"中

闵嗣鹤因常年超负荷地工作，过早地患上了高血压和心脏病。生活的艰辛造就了他顽强的毅力，一天没有知识上的收获，他就好像缺了这天的生命。20世纪60年代后期，他朦胧地预见到日本的科学将要在世界上活跃起来，虽然年过半百，仍迅速地学会了日文，紧接着就订阅日文学术期刊，这已经是他的第五种外国语。多年来他身处群儿熙攘的家庭，酷似陷入了德彪西乐曲的"快乐岛"，噪音随时袭来。但他还在有效地运用时间，顽强地思考着、写作着、工作着。

1966年中，史无前例的文化大革命席卷中国大地，这次不但"资产阶级"知识分子，连延安来的革命知识分子，甚至一生从事革命工作的高级干部通通卷了进去。具有五四传统的北京大学再一次充当了运动的先锋，贴出了全国第一张"马列主义大字报"。紧随校领导之后，各系的领导和教授纷纷成为"牛鬼蛇神"。

北大数力系29楼的墙上，贴出了"打倒资产阶级反动学术权威闵嗣鹤"的大标语，闵嗣鹤站在凳子上被红卫兵批斗。批斗过后，闵嗣鹤的脸色十分难看，他阴沉着脸问自己的孩子："你们是不是也要和我划清界限？"几个正上小学，还不懂事的孩子未置可否。最淘气的老二动议，孩子们在后屋窗外挖了个坑，将父亲中文版的《圣经》等一些他们认为是四旧的东西点火烧掉了。闵嗣鹤在旁边看着家中"造反派们"点燃的火光，心中百味陈杂，无可奈何。红卫兵几次到闵家抄家，衣柜、箱子上贴满了封条。有一次李忠去探望老师，刚好赶上抄家，红卫兵把闵嗣鹤的书籍，手稿都抄走了，闵嗣鹤追上去，费尽口舌要回了一本英文的《圣经》，他对红卫兵说："这本书我每天都要看的，你们不能拿走。"

1968 年军宣队进驻北大后，"有问题"的教师们被集中住宿管制，交代问题。数力系的教师被关在南门附近的一座灰楼，男女分开，6 至 8 人一间。同住的冷生明先生经常看到闵嗣鹤晚上在被窝里祷告。经过一个月的禁闭，由于不能洗澡，闵嗣鹤身上生了虱子，放回家后孩子们替父亲捉了好一阵子。在半军事化的管理之下，清晨出操跑步也是改造资产阶级知识分子的一个组成部分。当闵嗣鹤犯心脏病，告诉监管人员他心绞痛时，被厉声呵斥道："你是心痛还是脚痛？"

1968 年，北大的很多教师被发配到江西鄱阳湖畔的鲤鱼洲"五七干校"去接受改造，这是一个被当地农民废弃的血吸虫猖獗的地方。到 1971 年，鲤鱼洲 89%的教工患上了血吸虫病。闵嗣鹤则因为心脏病严重，侥幸留在了北京。

"文革"中的 1969 年，闵家中关园的房子被隔成两半，一家人挤在 35 平米的狭小空间，厕所公用，没有厨房。闵嗣鹤的书桌摆在床边，人一进门就堵在书桌前，连转身的地方都没有。

在那个混乱的年代，各地"革命群众"纷纷想出奇招整治"牛鬼蛇神"。中关园一带粮店的招数是"地富反坏右"不许买细粮。单纯的闵太太在粮店看到通知，诚实地问售货员："我爱人是反动学术权威，算五种人吗？"售货员告诉她当然要算，并在购粮本上做了记号。于是闵家有很长一段时间天天吃粗粮，孩子们没学会煮饭，但是会攒棒子面蒸窝窝头。

闵嗣鹤的母亲晚年不慎摔断了腿，为了尽早扔掉拐杖下地行走，石膏一拆她就开始躺在床上锻炼腿力，一上一下地做屈伸，举腿运动。这位坚强的旧式中国妇女，一能下地就出去买菜，做些力所能及的家务，为她劳累的儿子分忧。1971 年，母亲因直肠癌去世，闵嗣鹤遭受了沉重的打击。大爱无言的他，哀心甚重。未出三年，他随母驾鹤西去。闵太太不止一次地对孩子们感叹：你们的父亲是孝子之命。

1972年，陈省身回到阔别23年的祖国，来北大访问，他当年西南联大的同事们大部分在这里工作。他为每一位同事准备了一份小礼物，送给闵嗣鹤的是一块瑞士手表，价值不菲。陈省身在京期间，与闵嗣鹤多有交谈，但是由于"内外有别"，仍处在"文革"的阴影中而心有余悸的闵嗣鹤未敢畅所欲言。当陈省身问他在做哪方面研究时，他当着众人的面只用英文轻轻说了句 Geology（地质学）。虽然事后非常后悔，但是想想"外事纪律"，也没有别的法子。由于35平米的蜗居不宜展示给"国际友人"，陈省身夫妇与哲学系王宪均夫妇及闵嗣鹤的合影，选在了北大燕东园的一座小楼前。那时国内的私人相机很少，更没有见过彩照，这张照片从美国寄来以后，全家人围在一起欣赏良久，照片的背后有陈先生的几个字：请交嗣鹤兄。

闵嗣鹤、北大哲学系王宪均教授夫妇（右一、右三）与陈省身夫妇及其女儿陈璞（右四、右五、左一）合影

与陈省身见面时的谈话，陈先生送的礼物，每一位教授事后都按照要求向党组织汇报了。陈省身准备离开北大时，系里组织欢送，忘记通知闵嗣鹤。闵嗣鹤得到消息，赶到荣宝斋打算买一幅字画作为对陈先生厚礼的回赠。也许是上天眷顾这两位互相敬重的数学家，陈先生也在那个时候来到这里，他们在荣宝斋不期而遇了。

陈省身再次来到北大时，闵嗣鹤已经不在人世。陈先生每次皆请求去闵家探望，校领导不允，理由是闵家房子太小，闵太太精神不大好。闵家的孩子们多年来为房子问题想尽办法，四处奔波；直到1996年，李忠一再到学校行政部门坚决要求为闵家解决房子问题，几经周折，最后由后勤主持工作的领导以危房的理由准迁。闵太太随儿女于1997年搬出斗室，移到北大蔚秀园的单元楼中。直到这个时候，郑桐荪的女儿郑士宁和女婿陈省身才得以获准前去闵家探望，圆了他们二十几年的这份心愿。

闵嗣鹤先生为人正直，学风严谨。平易近人，不分亲疏。我每次去他家请教，他都亲切接待，帮助解释疑难，给予关心和指点。闵先生在三角和理论、黎曼(Riemann)ζ函数理论以及二次代数整数环理论等方面都有重要贡献。

非常感谢闵嗣鹤先生对我的培养和教育。我的论文很多都是闵先生审的，特别是对我做出的《大偶数表为一个素数及一个不超过二个素数乘积之和》那篇重要文章的写作和审阅一直倾注了极大的心血。在十年动乱中，闵先生尽管身体很不好，已经病卧在床，还是千方百计为我审核定稿，我真是铭刻肺腑，对他这种精神我无比钦佩。

闵先生惨遭“文革”之一场浩劫，不幸于1973年10月过早地离开人世。当时我怀着沉痛的心情赶去向闵先生遗体告别。我太伤心了。闵先生对我帮助太大了。

敬爱的闵先生离开我们已经十五年了。今天我们大家纪念闵嗣鹤先生，一是要回忆闵先

1988年9月21日，陈景润致信祝贺山东大学举办纪念闵嗣鹤学术会议

1988年闵嗣鹤逝世15周年之际，他的高足潘承洞在山东大学召开“闵嗣鹤先生学术纪念会”，陈省身发来贺信，谈到他重读闵嗣鹤在1947年发表的几何论文，“意见新颖，不袭前人，至为赞佩”。闵嗣鹤的大儿子乐泉1999年在美国研修时，专程到陈省身的办公室拜望，不巧先生不在。几天后，80多岁、高度近视的陈夫人亲自驾车与陈先生到乐泉住处接他到餐厅共进晚餐。得知乐泉从事计算机方面的研究工作，陈先生由衷地替老友高兴，并赠书两本，热情地鼓励乐泉向科学高峰攀登。

1988年纪念闵嗣鹤学术会议期间合影，左起：潘承彪、王元、朱敬一(闵嗣鹤夫人)、潘承洞

闵嗣鹤在文革中反复地写交代材料，摞起来有两寸高，可惜都没有保留下来。诸如“中国古代数学(如九章算术)都是比较结合实际的，但由于过分结合实际，反而不能发展出像欧几里得那样的几何”……凡此种种，都是闵嗣鹤的“错误思想”。

经隔离审查、内查外调将闵嗣鹤的“问题”基本搞清楚之后，系里在文革后期开始给他安排点事做并介入教学科研，他终于可以摆脱无休止的人格侮辱，堂堂正正地抬起头来了。古文功底深厚的闵嗣鹤一时兴起，在一张演算数学公式的草稿纸背面写下了于谦的诗：“粉身碎骨浑不怕，要留清白在人间。”清白二字，也是闵嗣鹤一生的写照吧。

2. 转向应用数学

文革期间，许多从事纯粹数学研究的数学家，都转向了应用数学的研究，闵嗣鹤也不例外。究其原因，部分是被迫，因为形而上学受到了彻底批判，而理论联系实际是绝对的主流；也有部分原因是数学家自愿，因为应用数学毕竟还是数学，而且一般的工人农民对知识分子怀有基本的尊重。

1969 年，闵嗣鹤被派到北京地质仪器厂接受工人阶级再教育，当时正值该厂攻关制造海洋重力仪；这种关键仪器当时只有少数西方国家能够制造，属于对中国禁运物资。闵嗣鹤提出了一种“车贝谢夫权系数”[①]的数字滤波方法，使所设计的海洋重力仪能成功地从五万倍强噪声背景中提取出有用的微弱信号。仪器造成后取名 ZY-1 型海洋重力仪。经过 5 年海上实际勘探的实验，在 1975 年通过国家鉴定，其性能远优于日本制造的同类仪器。

1971 年 10 月，闵嗣鹤被派到燃料化学工业部石油地球物理勘探局，在 646 厂从事石油地震勘探工作。所谓的石油地震勘探是指，首先以人工方法在地表激发地震波，而地震波在向地下传播时，遇有介质性质不同的岩层分界面，将发生反射与折射，最后用检波器接收这种地震波。通过对地震波记录进行处理和解释，可以推断地下岩层的性态。地震勘探在分层的详细程度和勘查的精度上，都优于其他地球物理勘探方法，重要的油田都是用这种方法发现的。20 世纪五六

① 车贝谢夫是当时闵嗣鹤论文里的译名 Chebyshev，多数译为切比雪夫，他是俄国著名的数论、计算数学、概率论学者。

十年代，国际上使用模拟磁带记录地震波。闵嗣鹤1971年进入这一领域时，模拟磁带记录正在被数字磁带记录所取代，各国正在研发以高速数字计算机为基础的数字记录、多次覆盖技术、地震数据处理技术相互结合的完整技术系统，以图大大提高记录精度。

《地震勘探数字技术》初版封面

20世纪70年代初，周恩来总理亲自批示建设“150工程”。历经三年多的时间，“150工程”完成了150计算机的研制，从集成电路到计算机硬件系统，从软件系统到应用软件，一概齐备。这是我国第一台百万次计算机，这项成果由北京大学、燃料化学工业部和电子工业部合作完成。闵嗣鹤所在的646厂在150计算机上开发了3套软件，其中程序C即是中国第一套地震数字处理程序系统，包含了18种地震数据处理方法。

在此期间，一个困扰所有人的问题是，数字地震仪在记录来自地下地层的有效波的同时，也记录了来自地上和地下的各种干扰波；这不仅增加了识别有效波的困难，噪声严重时还容易造成错误解释。数字滤波技术是压制噪声、突出有效波的必要手段，也是当时我国石油地震勘探急需提高的关键技术之一。闵嗣鹤先后深入研究了一维数字滤波、二维数字滤波、偏移叠加、全息地震等难题。与北大同事合作的研究成果，以舒立华为笔名发表于《数学学报》；与物探局同事合作的研究成果，以宏油兵为笔名发表于《数学学报》。闵嗣鹤还主持编写了《地震勘探数字技术》第1、2卷，由科学出版社出版。这套书共出版了4卷，但是他没能看到最后两卷的出版。这套著作当时培养了一代专家，至今仍然是该领域的经典。

1974年4月2日，用程序C处理的我国第一条数字地震剖面，被誉为“争气剖面”。“150工程”促进了中国地震勘探数字化，地震数据解释也开始向自动化迈进，为我国石油勘探做出了重要贡献。“150工程”被镌刻在北京中华世纪坛上，成为从人类出现直至公元2000年之间，中华文明的一个里程碑。这里凝固着闵嗣鹤以及那一代众多科学家的心血。[①]

顶着“臭老九”帽子的闵嗣鹤，在生产第一线找到了自己一身数学功夫的用武之地，心情舒缓，也激发了人文情怀的数学家的诗情。他去渤海勘探基地讲授地震勘探数字技术，得见海洋石油勘探开发的壮观景象，兴高采烈，遂以《出海》为题赋诗一首：

轻舟出海浪滔滔，听炮观涛兴致高。

鱼嫩菜香都味美，风和雨细胜篮摇。

东洋技术为我用，渤海方船更自豪。

一日往还学大庆，算法如今要赶超。

虽然闵嗣鹤最后的研究工作是应用数学，但心思很重的他多次对李忠说过：“我迟早还是要转回解析数论的。”

3. 渐行渐远

1973 年，闵嗣鹤的长子从钻井工地被推荐上西南石油学院，次子从内蒙兵团被推荐上北大哲学系，这让闵嗣鹤舒了一口长气，孩子们终于可以读书了。在他去世多年之后，乐泉成为北京科技大学小有成就的教授、博士生导师；惠泉做了传媒大学的教授；爱泉则于 1970 年起一直在北大仪器厂有稳定的工作；苏泉于“文革”后考上大学，成为计算机工程师；送给三妹的老五走得最远，于八十年代后期全家定居美国。妻子随女儿苏泉生活，在儿女们的精心照料下以 82 岁高龄辞世。

闵嗣鹤在临终前修改《地震勘探数字技术》一书时，已经身心疲惫。太太劝他休息，他说：“不要干扰我，只要任务不完，我就心不安宁。”紧接着他又深入研究国际上新出现的波动方程偏移问题，赶写培训材料，经常工作到深夜一两点钟。他明知心力难支，还忍着疼痛，召来技术人员，反复讨论，解决问题。直到去世前三四天，还在卧床查看数学资料，同石油地球物理勘探局的技术人员讨论这个问题。

1973 年 10 月 9 日上午，闵嗣鹤病情加重，血压升到 200 左右，脸涨得通红，胸口像刀割一样疼痛。家人催促他去医院，他无力地摆手说：“没用，没用。”只靠服硝酸甘油暂时缓解。直到晚上 10 点左右，他在又一次剧痛发作后终于答应去医

---

① 关于“150 工程”以及进一步的发展，请参看王宏琳、罗国安合著的综述文章《国产地震处理解释软件的发展》，刊于《石油地球物理勘探》杂志，2013 年第 48 卷，325 - 331。

院了。两个儿子住在各自的学校，19 岁的女儿爱泉深更半夜跑到北大车队叫车，与 17 岁的苏泉一起把父亲送到了北大校医院。就诊时刚好碰到闵嗣鹤的两个学生，父亲担心女儿的安全，住进病房后执意让学生将她们护送回家。

闵嗣鹤在第二天早晨心脏病突发去世，发病时没有一个亲人，也没有一名医护人员守在身边。他没有留下一句话，至死都没有闭上双眼。他还有那么多研究工作没有完成，他还没有来得及回到他一生钟爱的解析数论，就这样突然地走了，他一定是心有不甘。

副校长周培源闻讯赶来，对校医院的渎职十分愤怒，他说："你们知道这个人的价值吗？""这样的病情，换任何一家医院都会尽力抢救。"他的女儿悔恨终生，为什么没有坚持陪在父亲身边。

在燃料化学工业部的坚持下，闵嗣鹤的追悼会高规格举行。

在中国百余年振兴科技，自强自立的奋斗史中，曾经有过一群才华出众的知识分子，他们少年时代受到过儒家道德学问的熏陶，青年时代得到过西方科学的启蒙。回归祖国之后，他们在各自的学术、技术领域中兢兢业业、呕心沥血地工作，忍辱负重、艰苦卓绝地拼搏，始终充当着祖国科技振兴的中坚力量。他们，是中华民族的脊梁。

闵嗣鹤，他们当中的一员，在 1973 年 10 月 10 日走完了他艰难坎坷的一生。他们那一代数学家，已经随着逝去的时代渐行渐远。

陈景润夫人由昆(左)接受张英伯采访(戴山摄)

迟树檀(左)接受徐克舰采访(徐克舰摄于 2014 年 1 月)

致谢

本文写作素材取自作者对李英民、赵藉丰、闵惠泉、闵乐泉、潘承彪、严士健、李忠、李孝贵、张恭庆、由昆、刘应明、许忠勤、闵苏泉、范贞祥、王元等诸位老师的依次采访;徐克舰代我们采访了迟树檀,鲁统超提供了关于石油地震勘探的很多学术资料。文章参考了闵惠泉、赵慈庚关于闵嗣鹤先生的文章,以及王元著述的相关情节。此外,本刊编委罗懋康、贾朝华对本文的命题及部分细节提出了中肯的建议,在此一并致谢。

2-4 天道维艰，我心毅然——记数学家王梓坤*

王梓坤江西吉安人，高小时父亲去世，家境急转直下，贫寒异常。王梓坤依靠宗族的支持、附近乡绅的资助，艰辛地读完了中学。他考入武汉大学，毕业后在南开大学和北京师范大学工作多年，曾任北京师范大学校长，在校长任上提出了建立教师节的倡议。他骑着矮小的自行车，行驶在师大林荫道上的形象永远定格在当年师大人的心中。

一、童年趣事

江西吉安是数学家王梓坤的故乡和长大成人的地方。

20世纪初，战乱连年，使赣中百姓死伤无数，田地荒芜。与此同时，连接北京与汉口的平汉铁路于清末通车，连接广州与汉口的粤汉铁路在民国建成，铁路线上的长沙逐渐成为贯穿大江南北的交通重镇之一。于是吉安的殷实人家多有子弟赴湖南开店经商，不少贫寒人家的子弟则做店员谋生。在那个年月，店员是一份令人羡慕的工作，不但避开了繁重的田间劳作之苦，还可以得到较高的收入。但是做店员也有一个起码的条件，就是需要读过一点书，能记账会打算盘。

王肇基的陶瓷画像（罗丹摄）

吉安县枫墅村的王肇基，读过几年私塾，写得一

* 原载：《数学文化》，2015年第6卷第2期，3-51。

手好字，打得一手好算盘，因而在20世纪20年代被同村老乡在湖南零陵（现永州市）开设的"恒和商号"聘为会计。王肇基为人沉静，话语不多，做事勤勉踏实，待人诚恳谦和，深得老板器重。王肇基很喜欢读书，爱听京剧，还会下棋、钓鱼。得益于庐陵（吉安古称庐陵）传统文化的熏陶，他克己忍让，宁肯人负我，不可我负人，从不占别人的便宜，从不与人争执，也从不讲别人的坏话。他的妻子郭香娥是一位不识字的农家妇女，为人诚实，吃苦耐劳，但个性强，脾气躁，每当她在家里使性子时，王肇基总是不做声。到1929年，他们夫妇的大儿子森材（学名梓青）已经16岁了。在森材之后还曾有过几个孩子，均因当时的医疗条件太差，夭折了。

1929年4月30日，他们的另一个儿子在零陵诞生，王肇基为他取名森福，学名梓坤。在湖南江西一带，这个孩子小名叫做"福伢子"或者"福毛"。

家乡枫墅村的另一位老乡在湖南衡阳开了一个"德成和绸缎庄"，资产和门面都比"恒和商号"要大得多。在福毛两岁左右时，王肇基受雇于德成和，待遇提高了不少，生活也有所改善。那时他们全家租住在衡阳盐仓巷的一个大院子里。福毛在那里有自己的朋友圈，经常跟德成和老板的儿子王培生及他的妹妹一起玩耍。有一次他们学大人玩结婚，要福毛扮新郎，妹妹扮新娘。第一次福毛不肯，第二次福毛同意了，那妹妹又不肯了，结果没有玩成。福毛是个普通的孩子，但时不时会表现出一些小小的智慧。在他三岁时的一天，母亲买了鸭梨回家，喊福毛过来分梨吃。第一次给他一个梨，他拿到左手里，第二次给他一个，他拿到右手里，在给到第三个时，大人们围在旁边看福毛怎么办。结果他把左手中的梨夹到右肋下，接过了第三只梨。

福毛一家与一位李姓妇女一家相处和睦，福毛称她为"李妈妈"。李妈的丈夫是个和蔼可亲的大胡子，两人只有一个叫做"桂伢子"的女儿。美丽温柔的李妈非常喜欢福毛，每次见到都把他揽进怀里，给他拿饼干、糖果来吃，还留他在家里吃饭、睡觉。李妈炒的菜很香，福毛总要多吃些干饭。李妈每天早晨吃一碗开水冲的鲜鸡蛋，福毛来了就匀出一些给他。福毛经常在李妈家里一住几天，不愿离开。李妈家在离盐仓不远的谢家巷，巷口有一家电影院，福毛在她家留宿时常常溜到电影院门口去玩。在那个年代，电影还是一件稀罕的事物。福毛五六岁，看到人们热热闹闹地涌进去看电影，也很想跟进去看看。可是小孩子没钱买票，怎么办呢？突然，他发现一个小孩牵着大人的衣角走到门边，守门人并没有问孩子要票就让他们进去了。这时一位中年妇女正要进门，福毛灵机一动，牵着她的衣角混进了电影院。父亲到戏园子里看京戏时常常带上福毛，福毛也爱上了京戏。

福毛六岁的时候，被父母送到附近的“豫立小学”读书。他在那里成绩平平。班上的老师总是奖励作业做得好的孩子一张红纸，福毛只得到过一次。李妈有个邻居的小孩也刚读书，一次大人在纸上写了一个“曰”字考考两个孩子，福毛说念“日”，邻家的孩子却读对了。

让福毛高兴的是，有时上学带五分钱，可以在街上买一碗鱼粉，味道好极了。福毛度过了幸福的幼年时光，那时他的家境尚可，丰衣足食，父慈母爱，自由自在。

在20世纪30年代的抗日战争前夕，中华民族陷入了外族侵略、国破家亡的巨大危机之中。灾难降临了，物价开始上涨，生意很不景气，店员们的工资随之下跌，有些人被辞退了。福毛的哥哥已经成家，他在湖南读过几年书，原本也在衡阳做事，失业后只身回乡种田。不久母亲怀抱周岁的弟弟，和嫂嫂一起尾随而去。福毛留在父亲身边，暂由李妈照管。这个唯一的弟弟五岁时在乡间池塘边玩耍，不幸落水身亡了。

父亲是非常喜爱福毛的，他觉得这个儿子的长相和性格都像自己，天分不错，将来会有出息。作为一名店员，他没有将福毛培养成大才的非分之想，只是希望福毛多读点书，有能力找个好一点的差事干干。但是孩子离开母亲终非长久之计，过了一段时间，母亲到衡阳来接他。李妈实在舍不得福毛离开，大哭一场。

母子二人乘汽车辗转回到枫墅村的老家。枫墅村是一个清雅秀丽的江南村落，有一百多户人家，六百多口人。村后生长着一片繁茂的山林，村边有一条清澈的小溪环绕。村里的房屋造型统一：淡灰色青砖垒墙，深黑色青瓦铺顶；屋顶中央镶嵌着采光用的玻璃天窗，两侧均为马头屋檐，墙壁上设有32开书本大小的孔洞通气；房屋建筑面积大约150平方米，中间是一个两层高的厅堂，两边的下层有四间卧室，后面是一间厨房，上层的阁楼堆放草料。村中的房屋排列整齐，每排之间用青石板铺路，同排相邻的房屋仅有一米间隔。富裕些的人家墙壁是一水的青砖，贫穷些的只在墙体外侧砌一层青砖，福毛家属于后者。

福毛和弟弟跟着母亲与兄嫂一家住在家乡的老屋。屋里老鼠很多，夏天夜晚蚊虫轰鸣，不得不点一把稻草来熏，蚊子散了才得以入睡。家家户户的房子一模一样，福毛几次出门玩耍后找不到自己的家。好在乡亲们淳朴善良，每次都热情地把他送回去了。

枫墅村家家姓王，分成上、下、前、后四房，四房的总祠堂叫做敬爱堂。上、下房共用宾公祠；前房有政公祠、葆元堂；福毛家所在的后房香火旺盛，读书人最多，建立了三多堂、立本堂、世美堂。清代的政府机构到县，民国时期到乡，乡村社会的细胞是宗族。由族长管理祭奠祖先、婚丧嫁娶、调解纠纷等族中诸项事务。祠堂有土地供族人租种，并有些资产用以救灾、帮学。世美堂在清朝曾经资助族中两兄弟考中了举人，立有碑文。

在那生产力低下的年代，土地十分贫瘠。大多数人家或耕种自己的少许薄田，或租种富户和宗族的土地。每年初春，赣江水尚未转暖，他们已经在料峭的春寒中赶着水牛下田犁地了，赤脚蹚在泥水中，身子被冷雨淋湿；夏天顶着烈日，低头用双手锄草，背脊晒得像要冒火；秋天割完稻子，围着木桶打禾，禾芒从衣缝中落到身上，痛如针扎。艰辛的劳作，困苦的生活，使得世代受到庐陵文化熏陶的枫墅村人大都有和王肇基相同的心愿：让孩子读一点书，将来走出大山谋生。各族的乡亲们商量着办一所村学，请了本村品学兼优的老知识分子王少诚先生当教员，村里的各家各户就是再穷再苦都要把孩子送去读书。

学校办在村东头的政公祠里，开学那天春光融融，风和日丽，7 岁的福毛由兄长带领到祠堂报名。从那天开始，福毛就以他的学名王梓坤正式面对这个世界了。乡下人把"老师"叫做"师老"，少诚师老喜欢这个宽额头、高鼻梁、大耳朵、眉清目秀，略显单薄的孩子，夸他的名字起得好。王梓坤问："怎么好啊?"师老说："梓，家乡也；坤，大地也。"

师老一个人管着三十多名学生，他的工资是每个学生每年交一担谷(约合 50 千克)，村里各家杀猪，做红白喜事时都请他吃饭。师老戴副眼镜，中等偏胖身材，不苟言笑，在村民们当中颇受敬重。他教书很负责任，每天捧着茶壶烟袋到祠堂上课，如果有学生淘气或者背不出书，则打手板或打屁股。

村学不久后移至三多堂，堂中的地面内高外低，低处有一个长方形的水池。孩子们课间嬉戏打闹时常常从高处跌进池里，引起阵阵开心地大笑。

村学头一年的形式是私塾，读的第一本书是《论语》。师老手执书本和一支红笔将王梓坤喊到跟前，他念一句，王梓坤重复一句，然后他在句末画一个小红圆圈，表示教过了。每日教大半页，而且与日俱增。第二天再轮到王梓坤时，先把书交给师老，转过身去，背诵昨日的课文。背得好，再往下教，背得不好就打手心。王梓坤背书很快很熟，从来没有被打过手心。一年下来，他已经背完了记录孔子及其弟子言行的《论语》、曾子谈古代教育的《大学》以及谈儒家道德标准的《中庸》，这三部书连同谈仁政治国的《孟子》被宋代的程朱理学统称为《四书》。此外，师老还让王梓坤背过《古文观止》中的一些文章，如出自《春秋左氏传》的故事《郑伯克段于鄢》，就是师老点的。尽管七八岁的孩子对文章的内容不甚了了，但是文章中的一些句子像“己所不欲，勿施于人”“吾日三省吾身”“有朋自远方来，不亦乐乎”，还是懂的。而“仁义礼智信，温良恭俭让”，待人接物“调和折中，不偏不倚，不走极端”等做人的道理，更是一点一滴地在他幼小的心灵中扎下根来。

师老接受过正规的新式师范教育，喜欢到县城走走，会会朋友，见识广，思想新。在村学开办的第二年，他就为孩子们买来了新编的小学教材，开设了国文、算术、常识三门主课，还开设了音乐、美术、体育三门副课，村学变成了“现代化”的小学。祠堂里没有隔间，师老把学生分成三个年级，一起上课。他先教一年级，再教二年级，然后三年级。师老是多面手，主副科六门功课都是他一个人教。

从文言文改白话文后，课程容易多了，比如“北风呼呼，雪花飞舞，笃、笃、笃，打更的更夫真辛苦”“蚂蚁姑娘迷了路”，都是一看就懂的句子。到了初小二三年级，八九岁的王梓坤智力突然爆发出来，成绩突飞猛进。在一次算术课上，师老把王梓坤叫到身边，出了一道题目：“蚂蚁爬树，白天爬上两尺，夜晚掉下一尺，树高两丈。问：什么时候能够爬到树梢？”王梓坤脱口而出：“第十九天。”师老眯缝着眼睛，抚摸着他的头，亲切地笑了，笑得那么纯真和满足。

师老在常识课上讲“驻英大使邵力子”“驻美大使顾维钧”“英国的史蒂芬森发明火车”“离我们很远的美洲有尼加拉瓜、危地马拉”等，学生们一律当作大学问来听。美术课上用小刀将白纸刻成条条而不断，再用红纸条穿成各种图案。而体育课则玩“丢手绢”“老鹰捉小鸡”之类的游戏。抗战期间日本军队占领了南昌，但尚未深入吉安。为了躲避日本飞机的轰炸，师老领着学生到一公里外的小村“沙里”去上课，其实那里靠河很近，更加危险。

孩子们年龄尚小，淘气是难免的。他们在地里捡了豆子，用瓦片烤着吃；还收集了一点药和香炉灰，开一家“小医院”；有一次竟偷来一只鸡烤着吃了，至于爬树偷柿子、偷橘子更是常事儿。师老也有做错事的时候，一次别人家的牛啃了他家地里的菜，他把牛筋挑断了。

二、 少年立志

王梓坤太喜欢读书了，他读的第一本书《论语》是哥哥给他买的，蜡光纸，大字，直到现在，王梓坤看到这种书，都会引发“思古之幽情”。

有一天母亲打发八岁的王梓坤去清扫谷仓，希望扫出一点稻谷，度过饥荒。让王梓坤喜出望外的是，他在阴暗的谷仓角落里发现了一本书，封面没有了，扉页也已脱落，但仍可看到书名《薛仁贵征东》。开头有一首诗：“日出遥遥一点红（喻他出身山东），飘飘四海影无踪（形容雪，谐薛音），三岁孩童千两价（暗指人贵，谐仁贵），保主跨海去征东。”王梓坤如获至宝，看得如醉如痴。尽管有些字还不认识，但是故事可以看懂，他一连看了几遍。自此以后，王梓坤对小说产生了极大的兴趣，到处搜书来看，先后读了《罗通扫北》《三国演义》《聊斋志异》《忠义岳飞传》《杨家将》《说唐》《西游记》《水浒传》《清平山堂话本》等中国古典小说，八九岁就成了“书痴”。他还把《薛仁贵征东》借给自己要好的同学王寄萍。王寄萍比王梓坤大几岁，两家相邻而住，在同一年级读书，他也一口气看完了。他俩有时一起向村子里的兄弟叔伯们借书，互相传阅，越看越上瘾。王梓坤开始给小伙伴们讲故事了，比如《草船借箭》《荆轲刺秦王》《薛丁山征西》等，孩子们听得津津有味。大人们路过这样的“故事会”，常常驻足片刻，向他投来惊奇和赞许的目光。童年的王梓坤俨然成为乡间的“知识分子”。

仍然在衡阳做店员的父亲在王梓坤读初小期间两次回乡探亲。抗战时期工资微薄，养家糊口尚属不易，探亲是件大事情。

父亲第一次回家是在王梓坤八岁那年的腊月廿四下午，正逢小年，在家里住了十几天。父亲带回来一叠一角一张的新钞票，每天要王梓坤去村里唯一的小商店买一角钱肉，大约四两。他爱抽烟，总要带些圆筒装的哈德门香烟。父亲慈祥可亲，不仅从来没有打过王梓坤，连责骂都没有过。王梓坤觉得他在家里的日子就像过节，幸福极了。父亲专门为他编了一本字典，是按照读音排列的，比如“一”“衣”“依”“医”“伊”“夷”“椅”“益”“意”排在一起，“王”“汪”“往”“枉”“罔”“旺”“望”“忘”排在一起，看到第一个字就可以知道后面各字的读音。这种排法在当时也算得上一项创举。我国第一部按读音排列的字典《新华字典》，在十几年后的1954年才由人民教育出版社正式出版。父亲编的字典后面还附有谜语、对联。谜语如：

两人两土两张口，普天之下处处有，

如是有人猜得出，半斤精肉一壶酒。

（打一字：墙）

对联如：

绿水本无忧，因风皱面

青山原不老，为雪白头

王肇基将这本为儿子编撰的手写小书取名为《开卷有益》，可谓用心良苦。父亲见王梓坤认识了一些字，开始看小说了，便在离家返城不久寄回来《西游记》《民国通俗演义》等书，还买了王羲之的《兰亭序》让王梓坤练习写字。

父亲第二次回家时，王梓坤十岁了。这次父亲主要是教王梓坤打算盘，作为珠算能手，他可以双手同时开打。父亲教了乘除法，斤两（旧制一斤等于十六两）换算，甚至飞归（珠算中被除数是两位数的一种除法口诀），王梓坤学得很快。可惜父亲走后没有机会去用算盘，不久也就忘了。父亲喜欢挖了蚯蚓去河边钓鱼，王梓坤跟着一起去，也学会了。

农家的孩子放学之后，常常要跟着大人下田。或浇菜、摘菜，或拔草、割禾，或放牛、砍柴，农活多得很，做也做不完。无论做什么活，王梓坤总是带着书去。他不跟孩子们玩耍，做完事就看书或游泳。有一次上山放牛，他看书入了迷，忘记管牛，牛偷吃了人家田里的秧苗。王梓坤闯了祸，不敢告诉母亲，只好求嫂嫂去向人家赔礼道歉。还有一次，王梓坤弄来一本《杨家将演义》，白天没有看完，晚上家里又没有多余的灯油用来看书。于是他在第二天一早天才麻麻亮时起床，来到村头的大樟树下，借着微熹的晨光专心致志地看了起来。

王梓坤读书越多，就越觉得自己懂得少。他读书很认真，遇到书上不认识的字就抄下来，集中在一起去问师老。师老真是厉害，不但所有的字都认识，还能讲出每个字的含义。有一次去问字时师老不在，王梓坤扫兴而归。两天后师老回来了，告诉他凡是不认识的字都可以查字典找到，并教他查阅《康熙字典》的方法。但是王梓坤家买不起大部头的字典，于是他就鼓动王寄萍去买。可王家也嫌这部字典太贵，要付半担谷的价格。王梓坤四处打听，得知一位远房叔叔家里存有一部，就想借来看看。人家对这部字典非常珍爱，说是欢迎去家里查阅，借走则不行。于是王梓坤就到他家里用毛笔抄书，还有一些更小的孩子跟着替他研墨。

按照枫墅村的习俗，孩子读过三四年书就可以了，王梓坤的母亲也是这样想的。初小四年读完以后，继读上高小就要到固江镇上的“吉安县立第三中心小学”。那里离家八里远，需要在学校住宿，加之每个学期的学费家里负担不起。一心求学的王梓坤再三请求，母亲总是不肯。于是师老几次来到他家，反复劝说他的母亲。师老说像王梓坤这样既聪明又勤奋的学生，不继续读书太可惜了，还说他多读一些书，将来可能谋到一份公事，家里的经济状况就会好转。母亲终于松口答应他到固江镇去考高小了。考试对于王梓坤来说是驾轻就熟的事情，他顺利地进入了这所寄宿学校，学习更加努力，每次考试成绩都是全班第一。上算术课时，老师把坐在同一排的学生编成一组，在黑板上写一两道题，每组推举一人上去演算竞赛，只要王梓坤上，该组必胜。

王梓坤在第三中心小学住读了半年多，五年级第二学期开学不久，大祸临头了。那是1940年，他十一岁。一天，突然有人到学校里告诉他：“你爸生病回来了，在镇上的‘918’商店。”王梓坤赶忙跑过去看，只见父亲坐在一张凳子上，消瘦异常。王梓坤替他打扇，他闭着眼睛，坐着坐着，突然身子一歪，摔倒在地，王梓坤扶也扶不住。这时兄嫂闻讯从枫墅村赶了过来，几个人一起把他抬回家去。父亲的症状是完全不能进食。请了中医来看，也说不清是什么病，自然是不管用的。一天父亲躺在床上吃力地对王梓坤说：“要埋头苦干，埋头苦干。”他说过不多日子就去世了，终年不到五十岁。“埋头苦干”这四个字被王梓坤牢牢地记在心里，他用了一生的奋斗去实践父亲的遗言。

父亲去世，家中的经济支柱轰然倒塌。王梓坤的兄嫂前后生了六个孩子，四个女孩活了下来，两个男孩却夭折了。他们母子和兄嫂一家靠租种祠堂的几亩薄田度日，生活陷入了赤贫。

家里实在负担不起王梓坤的住宿费和伙食费了。但是小小的他求学的意志却十分坚定，说住不起学校，就走通学。走通学谈何容易，十一岁的孩子每天往返十六七里的丘陵，要走两个多钟头，村里没有人这样干过。每天清晨天还不亮，嫂嫂就起床煮饭，煮好后喊王梓坤起来吃早餐，并用一个竹筒装了饭菜给他做中餐。天麻麻亮王梓坤就出发了，嫂嫂送他一程。他摸索出一套一边走在田间小路上一边读书的办法。他每天到校最早，学校没开门就在校门外的樟树下读书。最难的是有几次下大雨，水深齐腰，衣服全湿透了，从不向困难低头的王梓坤咬着牙关一口气走到学校。同学们关心他，借衣服给他换上，老师还为他把湿衣服烤干了。有时放学晚了，天已擦黑，回家的路上要经过一座小山，山上有一丛丛的小松树，王梓坤走到小山上天就全黑了，小松树在风中一摇一摆，就像一只只豺狼，传说中这一带虎狼多。小山下是一片坟地，荒凉凄惨，搞得王梓坤心惊胆战。母亲不放心，就到山坡上等他，倚树而望。

王梓坤走通学的事在枫墅村传开了，升入六年级时，同村的王顺纪、王崑山和王楚真同学也开始走通学。四个人结伴，路上有说有笑，不再觉得辛苦。王梓坤的点子多，大风大雨时，雨点斜着飞来，他让大家排成一行，头顶撑两把伞，冲着雨来的方向横打两把伞，雨就淋不到身上了。有一次，他们走公路回家，半路到旁边的小店休息，有几个士兵也在休息。王梓坤端起一支枪，对着一位同学的胸口把手指放在扳机上吓唬他玩，不料那士兵说："枪里上了子弹。"王梓坤吓得直冒冷汗，万幸没有扣动扳机。

王梓坤家的后墙外是一条公路，有一次日本鬼子的飞机追击一辆汽车，把它炸翻了。车是运货商高三元的，他与王梓坤的父亲相识，便到王家来借住，并给了一个银元作见面礼。王梓坤用银元请他三个走通学的朋友各吃了一碗米粉，剩下的钱买了松紧带，沿路拉着带子飞跑，四个孩子兴高采烈。不料母亲得知后特别生气，罚王梓坤跪了很长时间，然后一顿痛打。这个"节目"上演了好多天，母亲一想起来就生气，就打他。在一次挨打时，嫂嫂从旁提醒道："还不快跑。"这次事件给了王梓坤终生的教训，母亲的脾气是暴躁些，可是家中异常贫困，确实不应该浪费这一个银元。母亲虽不识字，但人很精明，她常说："吃不穷，用不穷，不会打算一世穷。"脾气好时，母亲对王梓坤也很和蔼，冬天她在屋后做鞋，儿子坐在她脚前晒太阳，舒适而温馨。她对大儿媳也好，两人关系和谐，从不吵架。

高小每天都有朝会，由老师轮流训话。有一天的朝会上，刘郁文老师说："我们学校已经规定不许喊同学的浑名(外号)，现在又有人喊，而且还写在纸上。"原来是王梓坤跟一个长得胖胖的同学开玩笑，写了"胖冬瓜"三个字放在他的课桌上。刘老师不由分说把王梓坤叫上来，让他伸出左手，用竹板狠狠地打了十几下，打得手肿。这是他求学生涯中唯一的一次挨打，因而印象深刻。

那时母亲烧饭、织布、养牛、喂鸡，主持家务，田里的壮劳力是他的哥哥，要干犁地挑粪等最重的体力活，其他杂活儿力气活儿全归了嫂嫂。每隔二十来天，家里需要碾谷成米，都是嫂嫂推磨，辛苦异常；天不下雨，需要给田里车水，嫂嫂也是主力。王梓坤放了学跟去帮忙，边车水边读书，水板时常打脚。年长他十五岁的嫂嫂看着他，从不做声。这个贤良宽厚的农家女子，愿意承担更多的劳动，成全聪慧的弟弟读书。平日家中没有一分钱，每当要买油盐或遇到非用钱不可的事情，王梓坤就跟着嫂嫂挑谷到固江镇去卖，再买油盐回来，王梓坤还小，只能挑二三十斤，主要的分量都在嫂嫂肩上。

王梓坤的学习成绩始终遥遥领先。有一次，吉安县为了检查高小教学质量进行统考，王梓坤在全县总分第一，数学120分，他得满分，语文也是全县最高分。这件事在县里传开了，固安镇和枫墅村的人们都把王梓坤当作神童，使得他的启蒙老师王少诚颇为自豪。但是老师和同学们都知道，他除了天分之外还有勤奋，他的成绩是辛苦换来的。

王梓坤所在的第三中心小学的校歌是：

固水砥中流，侯城宛在，朝晖当头，

文山读书曾此游，手植双柏何壮哉。

文章气节炳耀千秋！

愿我齐努力，德行进修，学问追求。

时间去难留。

由于家境贫苦，王梓坤从小就立志离开家乡。乡里的孩子没见过世面，不知道大理想是何物，唯一的办法就是好好读书。王梓坤上高小时的目标是读到高中毕业，上高中时的目标是大学毕业，就这样一步一步地走上来了。王梓坤上到高小，看到学校环境良好，老师清高又有学问，于是这个12岁少年立下了终生的志向：做一名教师。这个志向在他的一生当中从来不曾动摇。少年王梓坤人穷志不穷，没有傲气却有傲骨，他认为真才实学才是根本。

三、寒窗苦读

1942年夏天，王梓坤从吉安第三中心小学毕业了。家里租种的几亩薄田，交完租子所剩无几，持家的母亲不能让他继续读书了。每当同学们谈论考初中的事情时，王梓坤就站在一旁默默无语，情绪低落。兄嫂多方借贷不成，人家觉得他们还不起；打算卖点稻谷，母亲顾及全家一年的生计，不忍放手。王梓坤兄弟两人寻到一只水壶和父亲留下的旧毛毯，起大早走了四十里地来到吉安城的闹市叫卖。水壶卖得还算顺利，可商店里有毛毯出售，旧毛毯卖不出价来。两人一直等到午后，突然遇到了父亲的朋友，住在距枫墅村十里外另一个村上的欧阳伯康大伯。得知他们正在筹钱读书，欧阳大伯马上从口袋里掏出八个银元，让他们先拿去用。大伯说："你们父亲去世了，我应该帮忙的。福伢子是个好学生，我早就听说了，有困难再来找我。"说着又拿出几块纸币，让兄弟俩去吃顿饭。

钱筹到了，王梓坤跟着年长的同学，步行到吉安去考中学。那年招生的有省立吉安中学（现称白鹭洲中学），还有县立的赣省中学、扶园中学等。因为省立中学收费最低，王梓坤报了最为难考的吉安中学，并考中了。

王梓坤入学时正值抗战中期，为了躲避日本飞机的轰炸，校址早已从吉安市搬到遂川县的草林镇。交通不便，又没旅费，13 岁的少年自己背着行李，翻山越岭一百多里地，历经四五天才来到了群山深处的草林。草林是一个安宁、祥和、古朴的小镇，每三天有一个集市，乡间的农民来出售土特产，平时少有行人。学校周遭围着一条小河，河上有浮船连成的小桥，随波沉浮，甚是有趣。王梓坤远离家乡后的第一个中秋之夜，便是在这浮桥上度过的。

学校要求讲究卫生，王梓坤去买了一包牙粉，平生第一次尝到了牙粉刷牙的清爽，才知道天下竟有这么好的东西。天气炎热，换下的衣服如何洗呢？王梓坤想起村里的妇女们用扁木槌衣服，也学着拣起一块扁石头去槌，不料只几下就打出了好几个大洞。换洗的衣服没有了，怎么办呢？他想起还有一块包行李的白布，何不拿来做件衬衫？没钱请裁缝，就自己动手吧。王梓坤把这块布对折，成一个长方形，在折缝一边剪出半圆形的洞当作领口，将两个邻边分别缝上，留出袖口，世上最凉快的衣服就做好了。

学校开饭时，孩子们像一群饿狼般扑过去，八个人抢着围成一桌，桌上只有一大盆白菜或者萝卜，自然不够吃，饭倒是够的。学校门口常有许多农民，提着几碟小菜，私下里卖给学生。有钱的学生靠这个补充营养，穷学生只好望梅止渴了。

吉安中学的校长顾祖荫先生毕业于河南大学，亲自教王梓坤所在班的英语和地理。开始的两三节英语课王梓坤完全摸不着头脑，实在急了，只好用中文注音。“What's your name”注的是“袜子油惹母”，居然有效，这样应付一阵才上了正轨。顾校长是地理学家，各国地形和风土人情全都烂熟于心，随手画来，便是相当准确的地图。

王梓坤所在班的班主任是顾校长的妻子高克正老师，教国文。她很严肃，难得一笑，但对学生十分爱护。战时的学校因陋就简，教室是临时搭的，用泥巴糊成竹片墙，道路泥泞，雨夜尤其难行。高老师每晚必提着灯笼，到教室检查自习，默默地走到每个同学身旁，关切地看着他们做作业。教室里没安电灯，每个学生自备小竹筒，里面装油，上面放一只小碟，碟子里有一两根灯捻，点燃后灯光如豆，就这样上晚自习。王梓坤没钱买油，只好坐在同学旁边借光读书。同学们也愿意让他借光，他可以在学习上帮助人家。这些事情都被高老师看在眼里，王梓坤多次碰上她那慈祥、宁静、似乎含有深意的目光。

学校要求宿舍整洁，学生们将洗脸毛巾折好，挂在绳子上，牙刷牙缸放在毛巾下面，整整齐齐地排成一行。这件事情在王梓坤那里成了难题，他的毛巾是母亲织布的布头，即开织时的前两三尺，非常粗糙，线头很多，他觉得挂出去不雅。结果同学误当成抹布用了。

王梓坤在第二学期无论如何也缴不起学费了。他白天愁眉苦脸，夜间做梦失学，几次从梦中惊醒。怎么办呢，免缴是不可能的，不如写个报告给高老师，请求缓缴学费吧。高老师毫不犹豫地同意了，并争取到学校的支持，以后四个学期均照此办理。

战时有童子军训练，高老师领着一班13岁上下的顽童，步行几十里到丛林深处野营。第二年学校迁到平湖村，政府号召学生参加青年军抗日。顾校长、高老师的儿子顾端在本校上高中，才17岁。顾校长毫不犹豫，立即动员儿子参军，令全校师生人人敬佩。王梓坤毕业之后的1946年，学校闹学潮，一些学生被捕引起了学生围攻警察局，局长下令开枪。为了保护学生，顾祖荫校长挺身而出，高呼不准开枪。开枪被制止了，学生也得到释放，顾校长却头部受伤。

1944年秋，抗战胜利在望，学校迁回了吉安市白鹭洲原址。白鹭洲坐落在赣江之中，是白鹭洲书院的所在地。学校诗情画意般的学习环境，在全国亦不多见。教室里都有电灯，伙食大大改善，还有一个图书室，可以自由自在地借书，王梓坤仿佛进了天堂。

抗战胜利的1945年,王梓坤初中毕业。学校没有催促他交学费,因为战时物价飞涨,开学时的100元学费,到期末只够吃两餐便饭。但是他的毕业文凭被学校扣下了。

回到家里,母亲和兄长对王梓坤说,你看,我们家穷成这个样子,上高中是绝对不可能了。他自己也觉得亏欠亲人们太多,遂死了求学的念头,每天从早到晚去田里帮工,把功课丢到了九霄云外。一天晚上,王梓坤收工回来,脚还没洗,遇到隔壁的王寄萍兄,问他愿不愿意去考高中。他说当然愿意,只是身无分文,没有去吉安的旅费,王寄萍说我帮你。他又说初中文凭还扣在吉安中学,没钱去取,王寄萍说我帮你取。这真是喜从天降,但是怎么跟家人交待呢?王梓坤只得编了一个谎话,说是去报考银行。那时银行和邮局是铁饭碗,母亲和兄长当然同意,于是允许他免去田间劳作,专心复习功课。王梓坤跑进山上的树林,复习了大约十天,便跟着王寄萍去应考了。

王梓坤报考的是国立十三中。抗战初期,国民政府采取紧急措施,由教育部长陈立夫主持,为战争孤儿和难民的孩子设立国立中学,陆续建成22所。国立十三中于1940年创办于江西吉安青原山,高中部设在山中静居寺的阳明书院。该校是当时江西省教学质量最好、升学率最高的中学。校长陈颖春先生是国民党中央委员,学校的老师都是从内地逃难过来的优秀教师。这样的学校自然特别难考,况且江西本地只有极少的名额。

两天考试完毕,王梓坤继续下田。一天晚上从田里回来,在房门前摆上小桌子刚要吃饭,突然有人举着一张红纸,边放爆竹边喊:“恭喜,恭喜,考中了!”原来是国立十三中的录取通知书到了。可是王梓坤却心中打鼓,不知如何向家里交代。幸亏他考取了公费,又经家乡父老多方劝说,家里终于卖掉一条小牛,让他上了高中。好长时间,王梓坤都为小牛因他丧命而忐忑不安。

在国立十三中的众多老师当中,对王梓坤影响最大的有三位。漆裕元先生教英语,通堂没有一句中文。他有时讲点时事,还介绍学生看英文报纸《密勒氏评论报》,甚至挑着粪担穿过校门前的小街,令学生们颇为惊讶。

传说黄贤汶老师是江西省数学界的四大金刚之一,王梓坤的班级特别幸运,高中三年的数学都是黄老师教的。黄老师上课不带讲稿,板书漂亮,语言风趣。

晚年的黄贤汶

他在黑板上作图时不用圆规直尺，而是徒手画圆；画三角形的重心、垂心，特别标准。学生们的注意力高度集中，不知不觉下课铃声就响了。有时临时问黄老师一道代数题，他都不假思索地立刻在黑板上演算，令学生们心服口服。黄先生教书极其负责任，时常在晚饭后还把黑板搬到教室外面为学生补课。

级任老师邓志瑗先生教国文。他平易近人，谦和得像学生的大师兄，同学们常到他的办公室兼卧室里去玩。邓老师古书读得多，能背的也多，往往会情不自禁地背诵古诗古文，自然而然地引起了大家的学习兴趣。俗话说，名师出高徒，王梓坤那时最喜欢的三门课，就是语文、数学和英文。可惜战时条件太差，学校没有实验设备，物理、化学、生物这些实验科学教学效果较差，甚至连水分解都没有学到。

抗战胜利后的1946年，国立高中的公费停止了。王梓坤的高中生活陷入了极其贫困的境地。那年秋季学校改名为省立天祥中学，学生五人一间寝室。一天傍晚，王梓坤和室友都在，其中一位同乡刚从家中返校，拿出一叠钞票递给他说："令堂大人嘱我带来。"王梓坤大喜，问多少钱，答曰："二千。"室友皆为富家子弟，闻此数目无不失笑，王梓坤红着脸敷衍道："区区者何济于事。"他心中无比疼楚，年过半百的老母亲，不知要付出多少艰辛才能筹到这一点钱啊，世上除慈母之外，谁还能更关爱他呢？

王梓坤在国立十三中（1947年）

1947年春季开学，王梓坤家无分文，为筹学费大费周折。他向堂兄借洋万元，向立本堂借谷两担，售得五万元，沿途耗金两万，到校后只剩下四万。不料校方要求将十万元学费一次交齐，王梓坤听闻如雷轰顶。同班好友万家珍也无力凑齐学费，他索性把四万元给了家珍先去交费。幸亏家珍带来了一些私菜，他才算没饿肚子。这时校方又通知7天后停止注册，王梓坤大难临头。但天不绝人，幸遇君子，他向一位同学借款两万，老师四万，同窗好友吕润林三万，家珍还款一万，总算凑足十万把学费缴了。他对王寄萍说："贫困子弟，滔滔皆是，然若余之自筹学费，恐不多也。"

王梓坤平日不回家，怕给家中增添饭食负担。母亲为他做的一双鞋，雨天或跑步时从来不穿，总打赤脚。他衣衫破旧单薄，同学欲送他一件棉袄，他不愿接受，怕无以报答，感到寒冷时，就跑步暖暖身子。

那时学校里图书很少，王梓坤也从不买参考书，他借书和抄书。他把一本很厚的英文书《英语语法大全》(Complete English Grammar)抄了一大半；林语堂的《高级英文法》基本上全抄了。他的英文语法底子就是那时候打下的。因为抄的时候每个字都看了，所以记得特别清楚。他还抄过《孙子兵法》，从头到尾工工整整写了两遍，其中一本毕业时作为礼物送给了要好的同学。

学校最后迁至泰和县，改称泰和中学。直到现在，学校里还保留着王梓坤那个年级毕业考试的成绩册，他在全年级两个班中总分第一，数学和英文单科第一。

1948 年，王梓坤高中毕业了，决定去考大学。母亲没有反对，多年来，她深知这个儿子的求学上进之心，是九头牛都拉不回来的。正愁没钱上路的时候，同班好友吕润林慷慨地答应供给他到长沙去考大学的旅费。吕润林的家在湖南安仁县，父亲在县城开了一家中药店，一楼店铺，二楼住人，十分安静。他们打算先到润林家小住，复习功课，然后赴长沙"赶考"。六月份离开学校，两人来到王梓坤的家乡。家里觉得这次恐怕是远行久别，就烧纸敬神敬祖，王梓坤拜别了母亲，由哥哥送了一程。

两个朋友背着行李，沿着崎岖的山路动身了。第一天行程较慢，走了大约 70 里地就在吉安的洲头住下了；第二天走了 100 多里，到达永新县的澧田；第三天到了与江西交界的湖南攸县；第四天来到茶陵。茶陵县是一个丘陵地带，路上行人很少，偶尔有几只乌鸦飞过。黄昏时，王梓坤肚疼腹泻。于是对润林说，你先走一步，我来追你好了。不料他起身去追赶时，润林却不见了影踪，原来两人没有走在一条路上。王梓坤心慌意乱，拼命前行，结果越离越远。一路无人，直到天黑，他才隐约发现前面孤零零地有一户人家，无可奈何之际，只得壮着胆子前去借宿。昏暗的油灯下走出一个男人，他说他家里不能住，再过去一里地有座古庙，到那里待一个晚上吧。王梓坤摸进庙里，黑洞洞的空无一人，只有一条长凳，勉强可以休息。第一次出远门，王梓坤毫无经验，他刚刚在长凳上坐下，心中顿生恐惧，脑海里突然闪过《水浒传》母夜叉开黑店卖人肉的故事，不禁毛骨悚然。他急忙搬起长凳，堵在门口，又捡了几块砖头放在身边，整夜没有合眼。直到天蒙蒙亮，才明白平安无事了，原来给他指路的是一位好人。由于身无分文，他在那家人门前留下一方小手帕作为酬谢，不辞而别了。他继续赶路，走了大约两个小时，来到一条河边的渡口。想不到奇迹出现了，润林竟然在河边向他招手。第五天，他们终于走到了安仁。

在吕家住了一个来月，两个朋友乘船奔赴长沙。在船上除了复习功课，他们也不时地下河游泳。有一次跟船顺水而下，游出好几里地才爬上船来。到了长沙，离大学招考的时间还有三个月。吕润林住在他的老同学家，王梓坤则去了长沙的江西同乡会。欧阳伯康先生替他在江西人办的庐陵小学谋到一个临时的教师职位。他在小学里有房间住宿，有食堂吃饭，还生平第一次领到了工资。他的学识终于能够养活自己，而不必四处借贷了，他觉得那里的饭菜特别好吃。

王梓坤先后在长沙招生的五所公立大学湖南大学、湘雅医学院、武汉大学、克强理工学院和武汉水利学院报了名。公立大学收费低廉，并且有奖学金，王梓坤是冲着考奖学金的目标去的。那时没有统考，而是各大学自主招生，考试的时间错开，王梓坤半个多月参加了五次考试。学校发榜时，也不会往家里寄通知书，而是将录取名单刊登在报纸上，自己去看。那个阶段王梓坤每天都去看报，发现五所大学都录取他了，其中武汉大学还给了他奖学金，而武大数学系只有两个奖学金名额。至于选择学数学，则有对毕业后找工作的考虑。王梓坤的强项是国文、英语和数学，他觉得国文很多人都可以教，而且自学并不困难；英语也可以自学，教师的饭碗容易丢掉；只有数学，没有老师讲，仅仅依靠自学基本是不可能的。因而数学老师虽不会飞黄腾达，但“饭碗”总是有保障的。

四、 求学武大

武汉大学是中国近现代教育中历史最长、质量最高的几所大学之一。1893 年湖广总督张之洞创办自强学堂，1913 年改名为国立武昌高等师范学校，1928 年定名为武汉大学。学校地处文化名城武昌，坐拥珞珈山，环绕东湖水。山上植被丰富，有樱园、梅园、桂园、枫园等植物专类园区；建筑风格古朴，图书馆、校舍楼、各个学院的大楼皆为淡灰色砖墙，绿色琉璃瓦大屋顶，与湖光山色浑然一体。

1948年秋季开学，武汉大学共有1100名学生。数学、物理、化学、生物四个系组成理学院。当年数学系有新生7名，贫寒的农家子弟王梓坤作为其中之一，走进了神圣的数学殿堂。在王梓坤的求学生涯中，除了进村学是奉父母之命，读高小、上初中、考高中、进大学，都是他自己决策以及老师、同学和乡亲们相帮得来的。令人称奇的是，凭着雄厚的实力，他考进的每一所学校，都是全县、全省，甚至全国最拔尖的学校，他接受了现代中国所能提供的最优秀的教育。

王梓坤一如既往，全身心地投入学习，很快进入了现代数学领域。他们在一年级读范因(Henry Fine)的《初等微积分》，二年级是古尔萨特(Edouard Goursat)的《高等微积分》，由李国平等先生讲授；张远达先生教《高等代数》，主要是矩阵论，群论也讲了一些；后来曾昭安先生讲《复变函数》；余家荣先生讲《实变函数》，用梯其马希《函数论》一书的前半部分；路见可先生教《常微分方程》和《拓扑学》；叶志老师教了一点艾森哈特(Luther Eisenhart)用张量方法写的《微分几何》。老师讲课多数用中文，有时也用英文，学生在课堂上记笔记。课本要到图书馆去借，但也只有很少几本，同学们互相传看，有时没有课本，完全靠课上的笔记。一二年级除数学外，还有国文、第二外语、物理与实验等，三四年级就只有数学了。

张远达先生讲授的高等代数令王梓坤终生难忘。张先生身穿长衫，挽起袖口，露出白色的衬里，他不带课本，只拿着一支粉笔，便滔滔不绝地开讲了。他的第一节课讲行列式展开，顷刻间，只见一连串的Σ符号滚滚而来，王梓坤心中暗暗吃惊。张先生讲课严谨细致，情绪热烈，学生不知不觉地跟着他进入了“角色”，共同陶醉在代数学优美的逻辑之中。他还不辞辛苦，深入学生宿舍答疑并当面批改作业。王梓坤对代数很感兴趣，只是留学苏联后专攻概率，没有继续钻研下去。

王梓坤喜欢到图书馆浏览群书，并借数学方面的参考书看。比如霍布森(Ernest Hobson)的《函数论》，虽是大部头书，看不懂多少，却开了眼界。王梓坤读数学的特点是深入细致，稳扎稳打。他们班同学在大四时感到自己的数学基础没打扎实，就请李国平先生给大家补补数学分析。有一天在课堂上，王梓坤突然站起来问：“什么叫微分？”李先生愣了一下，站在黑板前面思索良久，未能想出有说

张远达先生

李国平先生

服力的答案，只好下课了。

入学时王梓坤是背着一张席子、一床旧被子第一个来学校报到的。武大的学生宿舍楼位于半山腰上的樱园，楼有四层，分为四个门洞，共16斋，分别以“千字文”中的前16个字“天地玄黄，宇宙洪荒。日月盈昃，辰宿列张”命名，王梓坤住在“宙斋”。冬天很快来了，处于中华大地南北之间的武汉冬天是不供暖的，宿舍里既潮又冷，毛巾挂在外面马上就冻成冰条。王梓坤有一件蓝布衣和一件毛线衣，是父亲的遗物。他总是穿着一条宽大的农家裤子，就靠毛线衣过冬。他还是用以前的老办法，冷了出去跑步，或者在床上披着被子看书做题。他的手脚经常是冰凉冰凉的，生了冻疮，直到现在手上还有一个印子。尽管如此，有吃有住有书读的生活仍然令他十分满足。一位同学介绍他周日去图书馆帮忙，每月所得报酬够买一联肥皂，解决了洗衣服的问题。一联肥皂一个月用不完，剩下的钱积累起来可以买牙刷牙膏，时间久了，还可以买条毛巾。

王梓坤在大学时代学习很棒。班里有一位四川同学齐民友，学习也很棒，很聪明。大一时两人住上下铺，虽然后来调过好几次斋，但他们两个始终住在一起。在20世纪上半叶，很多知识分子怀着“救国救民”的满腔热血，投身于“无产阶级革命”事业。当时，武汉有十几名地下党员，武大的教师学生竟占了一多半，齐民友便是一名地下党员，他1949年3月加入共产党。

王梓坤贫寒的家境，使他对贫富差距有着极度的敏感，很容易接受共产主义理论。他在高中时就读过列宁的一些小册子和左派的英文报纸，到武大后又看了《新民主主义论》《通俗〈资本论〉》《李有才板话》《小二黑结婚》一类当时的“禁书”。在齐民友的影响下，王梓坤参加了“青年学习社”，后来直接转为“新民主主义青年团”。

王梓坤根据国外的一篇马克思主义经济学论文写了文章《论奢侈品》，说的是有钱人家用奢侈品，穷人却没有饭吃。还写了一篇小说，名叫《堆在下层的落叶》，都发表在《大刚报》上。为了防止国民党溃逃时破坏学校，地下党领导学生组织了保卫学校的“联防应变”，王梓坤参加了夜间巡逻，还写过一篇稿子《联防应变在武大》，发表在《新世纪》上。有一次“武汉通讯社”征文，题目是《对 1949 年的展望》，王梓坤写了一篇说共产党好话的文章寄出去了。不久得到通知，说文章被选中了，还得了二等奖。去领奖时才知道，通讯社是官方机构，获一等奖的文章是说国民党好话的。回学校的路上他有点害怕，担心国民党搞暗杀，结果平安无事。奖品是一个挺漂亮的锦旗，王梓坤一直保存着。后来抗美援朝需要捐献，他实在没什么值钱的东西，就把锦旗捐出去了。

王梓坤是在 1950 年 7 月由齐民友介绍加入共产党的，并担任了理学院的党支部委员和数学系的团支部书记，负责青年工作。他是一个认真负责的人，凡是党组织交给他的任务一定按时完成。解放初期各种运动接连不断，学生们读书的时间就减少了。王梓坤对于读书学习这件事情始终保持着清醒的头脑，他需要参加的会议很多，通常都是带着书去，利用会前等人、会间休息的时候读书。两次到农村参加土改，他也利用一切可能的时间看书。

解放后大学改设助学金，武汉大学的资助指标是 25%。贫困生很多，僧多粥少。数学系党支部做出决定，党员应该吃苦在前，享乐在后，尽量放弃，不与群众争利。王梓坤也表态放弃助学金，但是他流泪了。他是班里最困难的学生，毫无经济来源，同学们和党支部的成员都十分清楚。经过反复讨论，党支部认为王梓坤的助学金应该保留下来。对于这件事情，王梓坤始终心存感激。

1951 年春天，学校动员学生参加志愿军抗美援朝，王梓坤真心诚意地响应党的号召。全班同学几乎都报名了。当时在中国高校工作的苏联专家向教育部门提议，鉴于中国经济落后，理工科学生应减少征兵，以保证国家建设人才的需求。

数学系党支部劝王梓坤留下，但他态度坚决，情绪激昂。参军体检时，王梓坤前面样样都达标了，最后医生拿出一张彩纸，问他中间的数字是多少。他怎么也看不出来中间还有数字，原来他是色弱。只不过从小在农村长大，人们都不知道罢了。参军未成，王梓坤非常失望。事后得知，根据校党委的决定，数学系根本就没有参军的任务，即便不是色弱，也不会让他去的。

1952 年 7 月，王梓坤从武大毕业，被分配到中国科学院读研究生。他带队与武大的三十名同学一起动身去北京报到。火车风驰电掣般地向前飞奔，意气风发的热血青年们高唱："我们的祖国多么辽阔广大。"

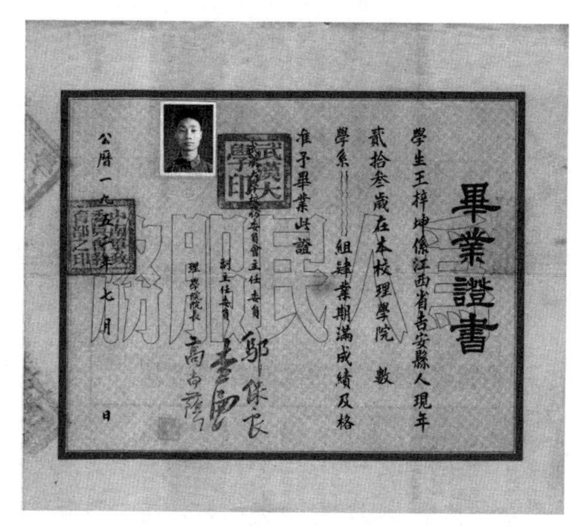
畢業證書
學生王梓坤係江西省吉安縣人現年
貳拾叁歲在本校理學院　數
學系——組肄業期滿成績及格
准予畢業此證
武漢大學校務委員會主任委員
副主任委員
理學院院長
公曆一九五[illegible]年七月　日

武汉大学毕业证书

到了教育部，接待他们的中年妇女也是武大校友，戴副眼镜。她说："你们的分配方案全变了。现在学校里缺人，你们到学校去工作吧。"王梓坤没有去读研究生，被派到南开大学做助教，其他同学也改派了，有的人还去了东北。王梓坤在回忆录中写道："这种临时改变是不慎重的。但当时大家都自觉服从分配，没有一个人提出异议。"

王梓坤赴南开报到。1952 年正值院系调整，北洋大学数学系并到了南开，系里的教授有曾鼎鉌、吴大任、严志达、杨宗磐、陈鹀等 7 人；副教授 2 人，讲师 4 人，助教 6 人；招收本科生 52 名，数学专修班学生 43 名。全校新来的助教集中住在胜利楼的一间大教室里。胜利楼原是一座四层的教学楼，抗战时日本飞机将顶层炸毁，战后修复为三层，因而得名。

数学系副教授邓汉英和讲师胡国定主管系中诸多事务，热情地迎接了新来的助教王梓坤。王梓坤为陈鹨教授的《解析几何》做辅导老师，同时被抽调到教务处工作。那时的校长是化学家杨石先，教务长是数学家吴大任。第二年学校招进了一个干部补习班，在三个半月内补习完高中的主要课程，王梓坤参与筹办。学员大约有 50 人，年龄都比高中生大。其中一位女同学劳安，成绩在班上数一数二。1995 年王梓坤偶然从广播里听到国务院副总理朱镕基出访，夫人劳安陪同。由于这个名字比较特别，难以雷同，王梓坤留心看了一下电视，果然是当年补习班上的劳安。

王梓坤五十年代在南开

南开大学是中国近现代教育史上的一所名校。王梓坤成为南开教师之后，深感自己对数学所知不足，因而课余从图书馆借了数学书来看。那时没有明确的目标，抓到什么就看什么。系主任曾鼎鉌见他好学上进，邀请他与自己一起翻译苏联两位院士合著的《变分学教程》。王梓坤从未接触过变分学，于是边学边译。这是第一本讲变分学的中文教材，译后请邓汉英做文字校对。过了两年曾鼎鉌通知他说书在高等教育出版社出版了，并给了他 300 元稿费。在五十年代，300 元可不是个小数目。王梓坤暑假回乡探亲期间，为家里买了一头耕牛。他还与吴大任一起翻译了希洛夫（Георгий Шилов）的《线性空间引论》，仍由高教社出版。

自从 1952 年 8 月开始领工资，王梓坤每月给家里寄钱。当时全国大学毕业生的工资是 56 元，他每月寄 15～20 元；在苏联留学期间，则由学校每月代寄 18 元。他的母亲在 1958 年过世后，他仍然寄钱给兄嫂，表达对他们的感激之情。改革开放后随着物价和工资的增长，钱数逐渐增加。每月发了工资，他总是在一两天内将钱寄出，月月如此，直到兄嫂过世，前后近 50 年。如果把他的汇款单装订起来，相当于一本字典的厚度。

五、留学苏联

1954 年，学校推荐王梓坤为留苏研究生，先要去考俄语。王梓坤着实紧张了一阵子，考完后自己都没有把握。不料一天在胜利楼，胡国定下楼时与正在上楼的王梓坤迎面相遇，高兴地告诉他："你考上了！"5 月 29 日，南开大学致函北京俄文专修学校（简称"俄专"）留苏预备部，将选派 3 名研究生、24 名本科生赴京报到。王梓坤来到位于北京石驸马大街（现在西城区的新文化街）的学校，在第 19 班补习俄文。同班同学 30 余人，后来出了三位中国科学院和中国工程院的院士。

俄专统一从字母教起，王梓坤并不感到困难。他面临的问题是：到苏联去学哪一门数学。数学中的分支甚多，学什么最适合自己呢？有人建议他咨询一下中科院数学所关肇直研究员。王梓坤找到关肇直在中关村的家，他家里堆了很多书，书架搁不下，便放在地上。关先生对后辈很是和善，建议王梓坤学习概率论，并介绍说国内搞这个方向的人很少，而概率论的应用十分广泛。他还提到了费勒（William Feller）的书《概率论及其应用》，可惜国内没有。后来王梓坤听说，国家急需发展、力量又比较薄弱的数学分支有偏微分方程、计算数学、概率论，而前两个分支已经有人选了，从而更加坚定了他学习概率论的决心。在那个年代，人们的个人想法较少，首先考虑的是国家需要。

方向定下来了，可什么是概率论呢？王梓坤一无所知，甚至连这个名称都是第一次听说。机缘凑巧，爱泡书店的王梓坤有一次无意中发现了一本《概率论教程》，作者是苏联的格涅坚科（Борис Гнеденко），译者是中国的丁寿田。王梓坤如获至宝，赶快买了回来。但是俄专规定学员只准读俄语，看任何业务书籍都是严格禁止的。所幸当年北京城区不大，从石驸马大街往西北走三四里地就是农田。王梓坤每天下了课就跑到田野里读《概率论教程》，星期天和仅有的几天假日更是他学习的黄金时段。他读得非常仔细，书中密密麻麻记下了心得和问题。这本教科书成为王梓坤学术生涯的起点。他一直珍藏在身边，甚至准备当面去感谢丁寿田先生，可惜没有机会。

一年后，俄专第 19 班的学生通过俄语考试，准备出发了。临行前，每人领到了两口皮箱，内装西服两套，大衣薄厚两件，皮鞋两双，衬衫若干，一切日用品俱全，连皮鞋油都发了。衣服是在北京最好的服装店之一百货大楼量身定做的。王梓坤上学时是农家打扮，到南开挣工资后也只穿过一般卡其布的中山装，还是平生第一次穿上这么高级的服装。

1955年8月28日，一群西装革履、年轻帅气的留苏学生从北京出发了。他们乘火车自前门站离京，在东北满洲里出关进入苏联国境，途经辽阔的西伯利亚大森林，行程十一天，于9月8日到达莫斯科。王梓坤来到莫斯科大学数学力学系报到。

右起：王梓坤、胡国定、江泽培在傍晚的莫斯科大学喷水池边，池对面有三座科学家的雕像(1958年)

莫斯科大学是当时苏联最大的高等学府和学术中心，也是全世界最著名的大学之一，云集了苏联一流的科学院院士、教授和博士。莫斯科大学于1755年由俄国科学家、教育家罗蒙诺索夫(M. Ломоносов)倡议并创办。1953年9月，学校从红场边的旧址搬迁，新校址在莫斯科西南的列宁山(又称麻雀山)上。新校舍的主楼共32层，楼顶正中矗立着55米高的尖塔，塔顶镶嵌着一颗红星，总高240米。主楼是教学楼，里面有教室、实验室、图书馆、体育馆、会议室和礼堂，地下还有食堂、游泳池和商店，应有尽有。主楼两侧是18层的副楼，有四个翼，翼的上部各装有直径9米的大钟。副楼用作本科生、研究生以及青年教师的宿舍。整座大楼正面宽450米，在莫斯科市7个斯大林式建筑中规模最大，气势恢宏。大楼前有一个长方形喷水池，池的长边与主楼垂直，长边两岸屹立着化学家门捷列夫(Дмитрий Иваноbич Менделеев)、生物学家巴甫洛夫(Иван Петрович Павлов)、无线电发明家波波夫(Александр Степанович Попов)等十二位俄国科学家的雕像,在人类科学技术的发展进程中,他们是里程碑式的人物。

数学力学系的研究生住在B区14层,两人一个套房,内有两个单间,厕所和淋浴公用,暖气嵌在墙里。莫斯科冬天的平均气温是零下二十度,但人在室内睡觉时只需要盖一条毯子。王梓坤住在1464房间,楼里电梯常开。中国政府发给研究生每人每月700卢布,节俭惯了的王梓坤生活够用,还可以买一些参考书,他从没买过电器,回国时余下两千多卢布,都交还中国大使馆了。

当年的莫斯科大学数学力学系集中了苏联享誉世界的顶级数学家。他们当中有建立了概率论公理结构、涉猎数学诸多领域的柯尔莫格洛夫;有对代数学和偏微分方程理论均做过重大贡献的泛函分析大师盖尔范德(Израилъ Гельфанд),他们两位与斯捷克洛夫研究所的代数几何大家沙法列维奇(Игорь Шафалевич)并称为苏联数学界的三大巨头。他们当中还有众多在五六十年代的中国数学界耳熟能详的人物:长期与盖尔范德合作的函数论专家希洛夫;提出索伯列夫空间的偏微分方程专家索伯列夫(Сергей Соболев);《连续群》一书的作者、代数学家庞德列雅金(Лев Понтриягин);实变函数论专家闵朔夫(Дмитрий Менъшов);发现邓肯图、苏联解体后赴美任教、享誉世界的概率论专家邓肯(Евгений Дынкин)等。在莫斯科大学数学力学系浓厚的学术氛围中,王梓坤开始了他的学术生涯。

柯尔莫格洛夫

王梓坤的导师是柯尔莫格洛夫,但实际担任指导工作的是他的研究生杜布鲁申(Роланд Добрушин)。杜布鲁申那年三十出头,聪明能干,业务出色。他在1955年9月19日与王梓坤第一次会面,帮助王梓坤制定学习计划。杜布鲁申首先问他学过概率论没有。王梓坤毫不犹豫地回答"学过",否则就很可能需要在苏联重修本科或送回国内。杜布鲁申又问用的是哪本书,当听说是莫斯科大学教授格涅坚科的《概率论教程》时,他点头表示满意。王梓坤坦诚地向他说明自己并没有在大学的课堂上学过概率论,这本书是用了三个月时间自学的。于是杜布鲁申布置王梓坤读费勒的《概率论及其应用》,刚好是当年关肇直推荐而国内没有的那本；然后读哈尔莫斯（Paul Halmos）的《测度论》、杜布（Joseph Doob）的《随机过程》。需要通过考试的专业课是概率论；非专业课有泛函分析与测度论、积分方程与偏微分方程，还有俄语、哲学。杜布鲁申与王梓坤约定每周见一次面，要求他把读了哪些书、做了什么题都告诉自己。王梓坤起初想赶进度，被他问了一次问题之后，才知道许多地方没有读懂，从此注意细细读，慢慢啃。杜布鲁申认真地检查了几次王梓坤的读书笔记和习题，觉得还不错，就放心了。做毕业论文时，他们也是每周见一次面。王梓坤遇到问题，总是向他请教，从他那里得到许多具体的帮助，对他感恩终生。

右起：王梓坤、杜布鲁申、谭得伶在北师大专家楼（1988年）

王梓坤在国内读书时一直是毫无争议的学习尖子，到莫大读研，他却感受到了巨大的压力。他的苏联同学在大学三年级就系统地学习过概率论，后两年又接着学（莫大实行五年学制），甚至还做过一些论文，然后再来读三年研究生。而他从未经过这样全面深入的学术训练。由于起点低，基础差，加之俄文不是母语，有时交流不畅，要想赶上前去，就必须在三年内做成别人五年要做的事情。王梓坤本人一贯认为自己的天赋不过中等，最多中等偏上，没有别的办法，只能拼命努力。学生时代他喜欢打球、下棋、拉胡琴，甚至曾上台为人伴奏，后来大多舍弃，“终身不复鼓琴”。中国留学生每年暑期组织起来，游览壮丽的伏尔加河，为期十天，他从来没有去过。

王梓坤为自己制定了严格的时间表，每阶段集中全力读一本书。以至于系里的图书管理员一见到他，不等开口，就把书递过来了。他在系图书室的位置是固定的，除非听课、参加讨论班或中国留学生的政治活动，王梓坤都在这里读书。他坚持“生活规律，保证睡眠”的原则：24 点睡觉，7 点 45 分起床，从不熬夜；每天清晨早操或跑步，读半小时俄文；9 点半准时到图书室，练出了一埋头三小时的静功夫；午饭后即刻回来，在座位上打瞌睡 15 分钟权当午休，然后接着读书；晚饭后在 22 点 45 分图书室关门时离开，每天工作 12 个小时。

在导师规定的书目中，最难啃的是那本大部头的《随机过程》。此前随机过程的书偏于直观，理论水平不高，杜布鲁申第一次将随机过程建立在测度论基础之上。由于是开创性工作，很难把一切表述清楚；又因为作者本人水平很高，许多他认为平凡的论断一笔带过，跳跃太多，连苏联人都认为它是一部天书。王梓坤开始读这本书时速度非常慢，需要一点点地把跳跃的地方补起来，一天能看懂一页就不错了。读了 50 页后，他自己的水平不断提高，也摸到了作者写书的脾气，就越读越快，最后拿下来了。他在书的扉页上写了两行俊秀的小字“精诚所注，石烂海枯。王梓坤，1956 年底，莫斯科大学”。高水平的书读起来虽然吃力，但读懂了则终生受益。

王梓坤在莫斯科大学修过几位著名数学家的课。柯尔莫格洛夫讲课时，听者甚众，包括诸多教授。他思维敏捷，新想法层出不穷，使人深受启发，特别适合于高水平的听众。新的想法太多，自然难以连贯，有时忽然讲不下去了，他就会问：“谁一直在听？”“救救我！”讲课最清楚的是希洛夫，他块头很大，上课不带讲稿，只有一支粉笔，不紧不慢，好像在讲故事。有时轻轻地抛起粉笔，再伸手接住，风度翩翩。索伯列夫则非常热情，一上讲台就大声喊：“同志们，你们好！”最有趣的是庞德列雅金，他自幼双目失明，自然没有讲稿，全凭记忆。他一边讲，助手一边在黑板上写。有一次，他忽然停下来说：“你这个地方写错了。”助手一看，果然错了。王梓坤甚为惊讶：他是怎么发现错误的呢？闵朔夫的实变函数论同样没有书和讲稿，他说话一板一眼，板书整齐流畅，一句不多，一句不少，直泻而下，一气呵成。

王梓坤在研一的第二学期初通过了泛函分析与测度论的考试，主考官是希洛夫、邓肯和杜布鲁申，王梓坤听过邓肯的《过程论》。考官们问了三个问题，王梓坤得到满分5分。积分方程和偏微分方程在研二的第二学期通过，成绩5分，研三通过概率论，也是5分。俄文5分，哲学4分。

一星期中，王梓坤与中国同学约定打一次篮球，有时周末看一场国产电影，这就是他的全部休闲了。莫斯科中国留学生规模最大的一次聚会是在1957年11月17日下午6点半，毛泽东访苏期间在莫斯科大学大礼堂接见他们。王梓坤对伟大领袖满怀崇敬之情，早早来到，坐在前排。毛泽东的名言"你们青年人朝气蓬勃，正在兴旺时期，好像早晨八九点钟的太阳，希望寄托在你们身上"就是在那次接见时讲的。

最为幸福的事情，是王梓坤在莫斯科遇到了他生活中的另一半。谭得伶是一位被选派留苏的本科生，1952年来到苏联萨拉多夫大学，专业为俄罗斯文学。1955年大使馆为了便于对留学生进行统一管理，将分散在苏联各地的学生集中到莫斯科，于是谭得伶在大四时转到了莫斯科大学语言文学系。语言文学系设在红场旁莫斯科大学的老校舍，系里大一至大四年级的学生住在莫斯科城内；大五的学生受到照顾，住在列宁山上条件较好的新校舍。当时王梓坤被选为莫斯科大学中国留学生的党总支副书记，书记是语言文学系的张大可。张大可住在列宁山下，山下的正书记与山上的副书记之间有时需要请人传递消息。于是住在新校舍，每天去老校舍上课，刚刚卸任语言文学系党支部书记的谭得伶，便顺理成章地担任了正副总支书记之间的义务通信员。

谭得伶的父亲谭丕模是湖南人，1928年毕业于北京师范大学国文系，20世纪50年代初任北师大中文系中国文学教研室主任。谭先生是一位中国文学史、思想史专家，早在20世纪30年代就出版了一系列著作《新兴文学概论》《文艺思潮之演进》《中国文学史纲》等，稍后又出版了《宋元明思想史纲》和《清代思想史纲》。谭得伶的母亲翟凤鸾也在北师大国文系同年毕业，是一位颇有建树的中学语文老师、大学副教授，也是一位贤妻良母。因操劳过

谭丕模先生

王梓坤与谭得伶在莫斯科大剧院前(1957 年)

度,于 1950 年去世。

出生书香门第的谭得伶端庄秀美,质朴真诚。自从谭得伶给他送了几次信后,他便盼望天天都有通知。两人认识了一段时间,王梓坤向心仪的姑娘表达了爱慕之情,他们越走越近,坠入了爱河。1957 年秋谭得伶本科毕业,分配到北京师范大学中文系工作。

王梓坤在 1957 年夏着手论文写作,导师杜布鲁申让他考虑生灭过程的分类,并建议采用简单过程来逼近。开始时他的进度很慢,连“问题的意义”“要找的是什么”“怎样才算做出来了”都不清楚。后来逐渐上了路,最后两三个月进展之快,连杜布鲁申都有些吃惊。因为用了逼近,其中从无限到有限怎样理解、如何过渡的问题困扰了他很长时间,他冥思苦想,上下求索,整个人就像着了魔一样。有一天他在睡梦中突然得到灵感,一下子想出来了,全部问题豁然开朗。

数学研究可以分为两类:一类是发掘出很深刻的问题,以及数学对象之间的深刻联系;另一类是按照严格化的要求一步一步地做逻辑证明。第一种工作固然需要刻苦地思考,但灵感与直觉似乎更起作用。就像电子处于受激状态猛然跳到能量更高的外层一样,人也会在全身心地思考某个问题时处于受激状态,猛然把自己的水平提高一截。正如《老子》篇中第一句话所谓“道可道,非常道”,这种情况是科学研究的“神来之笔”。[1]

王梓坤的论文定名为《全部生灭过程的分类》,他在文中提出了马尔科夫过程构造论中一种崭新的方法：过程轨道的极限过渡构造法，不但找出了全部的生灭过程，而且是构造性的，概率意义明确。概率论大师费勒之前也考虑过这个问题，使用的是分析方法。王梓坤的论文得到了邓肯和概率论专家尤什凯维奇（Александр Юшкевич）的引用和好评，后者说："费勒构造出了生灭过程的多种延拓，王梓坤找出了全部的延拓。"[2] 王梓坤在莫斯科数学会年会上报告了自己的结果，随后通过论文答辩，获得副博士学位。这篇文章成为他一生科研的奠基之作。

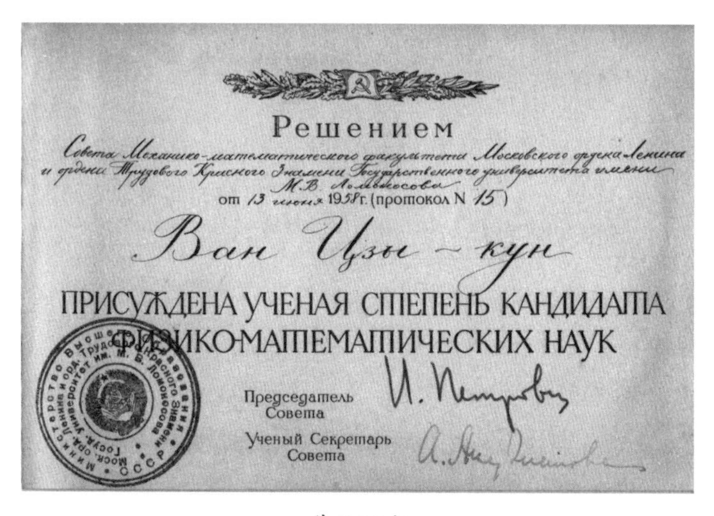

Решением

Совета Механико-математического факультета Московского ордена Ленина и ордена Трудового Красного Знамени Государственного университета имени М.В. Ломоносова

от 13 июня 1958 г. (протокол N 15)

Ван Цзы-кун

ПРИСУЖДЕНА УЧЕНАЯ СТЕПЕНЬ КАНДИДАТА ФИЗИКО-МАТЕМАТИЧЕСКИХ НАУК

Председатель Совета

Ученый Секретарь Совета

学位证书

在苏联学习三年，终于如期完成任务，王梓坤于 1958 年 7 月底启程回国。8 月初到北京后，王梓坤住在谭家。谭丕模教授极为赏识这位儒雅内敛、一心向学的女婿，11 岁失去父亲的王梓坤，感受到了慈父般的温暖。1958 年 8 月 18 日，谭父为王梓坤和谭得伶举办了婚礼，当时他 29 岁，她 26 岁。婚礼非常简单，他们花 3 角钱领了两张结婚证，家里的保姆邱云仙阿姨买来一条床单、一些西瓜和糖果，亲友们过来坐坐表达了祝福。王梓坤刚回国就去参加高教部组织的留学生政治学习，婚礼当天都没有请假。

政治学习即将结束时，王梓坤收到一份电报，告知母亲病危，他不禁大惊失色。原打算学成归国侍奉老母，回来才一个月母亲竟然就病危了。岳父刚刚得到 100 元稿费，这时全部交给他，让他去南开报到后马上赶回吉安。一进家门，看到母亲头发雪白，全身浮肿，王梓坤悲伤欲绝，立即决定将她送往吉安城里的医院。哥哥和一位乡邻用轿子抬着母亲，赶了四十里崎岖的丘陵土路到达县城，王梓坤陪同住院。一天，他拿出谭得伶的照片给母亲看，想让母亲高兴，可是母亲已经被疾病折磨得筋疲力尽，没有多少反应了。还有一次，母亲拿着医生送来的药片眼巴巴地看着王梓坤，意欲不吞，王梓坤一着急，瞪了她一眼，她勉强吞下去了。这一幕成为永远抹不去的伤痛刻在了王梓坤的心头。那是在1958年的大跃进期间，全国大炼钢铁，没有假日。王梓坤几天后依依不舍地向母亲告别，万万想不到母亲竟然在9月底就去世了。没有陪母亲走完生命的最后一程，王梓坤终生不能原谅自己。

1958年10月17日，谭丕模作为中国文化代表团的成员出访阿富汗王国和阿拉伯联合共和国，团里一行10人，由著名文学家郑振铎担任团长。临行前，王梓坤夫妇送父亲到宾馆集合。谭丕模记挂着女儿女婿，傍晚时往家里打电话问他们到家了没有，谁能料到，这竟然是他与家人的最后一次通话。两天后，对外文委来人通知，苏联部长会议公报："今年10月17日，由北京往莫斯科正常航线飞行的图-104客机一架，在楚瓦什苏维埃社会主义自治共和国的卡纳什地区上空失事。"机上人员全部遇难。谭得伶和王梓坤如五雷轰顶，有好几个月的时间都不敢相信，对工作那么投入，对他们那么慈爱的父亲怎么一下子就会没了。谭丕模是1937年加入共产党的知识分子，他与郑振铎等人集体葬于"八宝山革命公墓"。

当时谭得伶正怀头胎，巨大的悲痛彻底将她压垮。她发生了强烈的妊娠反应，躺在床上整整两个多月动弹不得。王梓坤工作繁忙，幸有邱阿姨侍奉左右，中文系的同事好友不时前来安慰，才熬过了那段最痛苦的时光。逝者已去，生活还要继续，在不到一个月内失去了两位亲人的王梓坤和谭得伶不得不强迫自己从悲痛当中走出来。

六、南开立业

回到南开大学以后，王梓坤被中国科学院数学研究所请去做俄语翻译。1958年下半年，所里请了波兰科学院院士卢卡谢维奇(Jean Lukasiewicz)讲排队论和数理统计，拟用俄语。王梓坤课前先读讲稿，课上当堂口译，与专家配合默契。有趣的是，他刚刚利用从莫斯科乘火车回国的一周时间读了排队论，就现买现卖地用上了。课程持续了四个月，期间华罗庚也来听过课。有一次华老在前门全聚德烤鸭店宴请卢卡谢维奇，叫上王梓坤作陪，几个人在席间品尝了鸭舌、鸭汤等美味佳肴。这是王梓坤生平第一次出席宴会，所以印象特别深刻。饭后华老说送他回家，吩咐司机开车途经北师大再回中关村。

1958 年底，王梓坤返回南开，分到概率论教研室。室主任是函数论专家杨宗磐教授，因工作需要转向概率。杨宗磐早年留学日本，学富五车，藏书颇丰；写书授课均细密严谨；且处世低调，乐于助人。他对王梓坤十分欣赏，多次对同事说王梓坤是“后起之秀”。

杨宗磐教授

尽管 20 世纪五六十年代苏联副博士的名头很响，但王梓坤待人总是谦恭礼让，无论教授、教师、工人、行政人员，甚至班上的学生，他都充分地尊重。他在系里人缘极好，从来都是与人为善。

王梓坤被选为系党总支委员，党总支书记是邓汉英，胡国定任副系主任兼党总支委员，系主任是党外教授曾鼎鉌。邓汉英生于 1919 年，抗战期间毕业于西南联大，从事偏微分方程的研究。胡国定生于 1923 年，40 年代在上海交通大学读书时加入共产党，开展地下工作。后因身份暴露，经陈省身介绍，通过时任教务长的几何学家吴大任介绍辗转来到南开。他于 1957 年至 1960 年赴苏联做进修教师，攻读信息论，回国后成为中国信息论研究的开拓者。从那时起，他们同心协力地合作了 26 年，从来没有因为个人私事而红过脸。邓汉英稳重，三思而行；胡国定果断，敢做敢为；王梓坤聪明，能出主意。系里的事情大多由他们三人研究决定。他们在“文革”初期被打成数学系的“三家村”。“文革”之后，三人再度携手，恢复和重建南开数学系的科研工作。每每提到这两位兄长般的同事，王梓坤的感激之情溢于言表。他曾在南开大学获得过诸多荣誉，比如三次当选为天津市劳动模范，他总认为是两位兄长对他的谦让。

在 20 世纪 50 年代和 60 年代前期，南开大学数学系是我国大学中一个相当特殊的存在。在阶级斗争的漩涡中，南开数学系始终平稳，一直注重教学和科研。这种局面取决于邓汉英、胡国定、王梓坤三人既是系里党的领导，又是各自领域的学者专家。特别是胡国定先生，过硬的革命经历使他说话算数，在系一级，甚至校一级都颇有权威。

王梓坤回到南开，便争分夺秒地开始了攀登科学高峰的奋斗。我国第一位乒乓球世界冠军容国团有一句名言："人生能有几回搏。"王梓坤说："人生总得搏几回。"[1]苏联的数学和数学家留给他的印象太深了，他希望自己能够成为一名有建树的数学家；希望在南开带出一支高水平的概率论科研队伍。几十年后，学界公认：将马尔可夫过程引入中国，他的功劳最大。王梓坤将他的副博士论文用中文整理出来，以《生灭过程构造论》为题写成一篇近 50 页的长文，1962 年发表在《数学进展》上。[2]

紧接着，他在生灭过程构造论的基础上，运用差分和递推方法，求出了生灭过程的泛函分布，并且给出了这种分布在排队论、传染病学等领域中的应用。这方面的成果写成《生灭过程的泛函分布及其在排队论中的应用》，1961 年发表在《中国科学》上。英国皇家学会会员、数学家肯德尔(David Kendall)评论说："这篇文章除了作者所提到的应用外，还有许多重要的应用……该问题是艰深的，文中所提出的技巧值得仔细学习。"在王梓坤的带动下，对构造论的研究成为我国马尔科夫过程研究的重要特色之一。[2]

1962 年，他在《数学进展》上发表了另一交叉学科的长文《随机泛函分析引论》，这是国内较系统地介绍、论述、研究随机泛函分析的第一篇论文。在论文中，王梓坤求出了广义函数空间中随机元的极限定理，引出了国内不少学者的后续工作。他还研究了马尔科夫过程的通性，如零壹律、常返性、马丁边界和过份函数的关系等。这些工作全都发表在《数学学报》上。从留学归国到"文革"之前，王梓坤共发表了 13 篇学术论文。在当年中国的学术环境中，这无疑是一个出色的数字。[2]

王梓坤留苏归来升任讲师。1964 年学校通过他升副教授时，遇到批判修正主义，连部队的军衔都取消了，大学老师的职称晋升就更谈不上了。在 1959 年他 30 岁时，以讲师的身份招收了 3 名研究生；1960 年招施仁杰，1961 年招杨向群，1964 年还招了 2 位女学生。

前排：王梓坤、杨向群，后排：施仁杰、谢吟秋夫妇（1964 年）

南开大学从 1956 年开始实行五年制，1956 级学生在三年级结束后进入不同的学科方向，称为专门化。王梓坤在 1960 年讲授“随机过程”，听课者甚众，有 1956、1957 级概率专门化方向的学生，他的研究生，本校和外校慕名而来的教师。当时五年级的杨向群和四年级的吴荣、赵昭彦都去听了。有人提醒王梓坤把讲稿整理成书，于是他边讲边写。他的文字功底好，写完后基本无需修改，交给一位学生刻蜡版印成数页的讲义，在课堂上发给大家。王梓坤每写一章之前，都要想好明确的目标，一切推理论证都围绕着最后的主定理展开，表述非常清楚。讲义中还介绍了他本人的研究成果、想法、体会，亲切易懂。他用这份讲义连续为三届学生讲课，学生们读得十分仔细。

《随机过程论》被科学出版社接受，在 1965 年 12 月出了第一版，精装印了 1400 册，平装 1200 册。1978 年第二次印刷，共 40000 册。这是我国关于随机过程理论的第一部著作，被许多大学和科研单位用作教科书或参考书，口碑很好。一本科技书印 40000 册并不多见，应该说是相当成功的。

一炮打响之后，王梓坤又一鼓作气写了《概率论基础及其应用》《生灭过程与马尔科夫链》，可惜“文革”临近，出版已经来不及了，只得把稿子交给了科学出版社。直到 1976 年，《概率论基础及其应用》才第一次印刷，在 1985 年第三次印刷时竟然印了近十万本。《生灭过程与马尔科夫链》是一部专著，包含了王梓坤的部分科研成果。专著印数较少，精装5060本，平装5680本，也超过1万。在“文革”之后，这三本书成为我国大学生和研究生学习概率论的三部曲：《概率论基础及其应用》入门，《随机过程论》专业化，《生灭过程与马尔科夫链》初入科研领域。直到半个世纪后的今天，这三部书仍有新的版本在学界流传。

从1962年至1965年的三个学年期间，王梓坤为研究生和概率专门化方向的本科生开了两个讨论班，与他讲“随机过程”时的情况类似，班上来了一些校内校外的老师。第一个讨论班先是报告邓肯的俄文原版书《马尔科夫过程论基础》，然后报告另一位概率论权威人物钟开莱的英文著作《具有平稳转移概率的马尔可夫链》。那时别人午休到两点，他只午休到一点半，每天挤出半个小时，顺手将邓肯的书译成中文，1962年由科学出版社出版。第二个讨论班则轮流报告每个人自己的科研工作。王梓坤对学生和老师、校内和校外一视同仁，只要来参加，就都有机会报告。参加者的压力还是蛮大的，特别是别人讲了研究工作，而自己没有做出来的时候，只能逼着自己去做。这么一逼，还真把大家的科研能力练出来了，尽管思想和笔法尚不成熟，讨论班成员还是提交了不少论文。

1960年10月，数学系举办了一场报告会，地点选在一个能容纳300人的小礼堂。会上由胡国定讲他在解放前进行地下斗争的事迹，王梓坤讲《关于数学自学的方法》。聆听留苏归来的学者谈人生、谈学业，大学生们纷至沓来。礼堂里座无虚席，不仅有本系的学生，外系的学生亦闻讯赶来，过道上站满了人，门口也挤得水泄不通。王梓坤再次发挥了他的文字特长和古文功底。参照国学大师王国维关于做学问的三种境界，他对学生们说读书先要立志，引用宋代文学家严羽《沧浪诗话·诗辨》中的名句：“入门须正，立志须高。”并用李白气势磅礴的诗作“大鹏一日同风起，扶摇直上九万里”来激励他们。立志之后，就要付诸行动，他借用了宋代词人柳永《蝶恋花·伫倚危楼风细细》中的一句话：“衣带渐宽终不悔，为伊消得人憔悴。”原词本是表达对爱情的执着，在这里表示对学问的求索，贴切而传神。最终找到了问题的答案：“众里寻他千百度，蓦然回首，那人却在灯火阑珊处。”半个世纪之后，他的学生杨向群和吴荣谈到南开那场轰动一时的演讲，脱口而出：“衣带渐宽终不悔。”

王梓坤是幸运的，1957年的反右派斗争时他在苏联读书，未曾参与；1958年的大跃进时他完成了副博士论文，他回国后只赶上大跃进的尾巴。到了1960至1962年的三年困难时期，人们已经饿得没有精力了，很多时间只能躺在床上睡觉。王梓坤的科研教学工作在这期间却硕果累累。1963年经济情况稍有好转，阶级斗争的弦又一次绷紧，但各大学大抵还能够正常运行。直到1965年下半年下乡搞“四清”，科研才彻底陷入了瘫痪状态。在1959年到1965年上半年这六年半的时间里，王梓坤争分夺秒地从事研究工作。他完成了13篇学术论文，写了两本专业课教材和一部专著，一部译著；每年开设一至两门本科生的课程，主持一至两个相当规模的讨论班；培养热爱数学的本科生，带研究生，组建概率论的科研队伍。王梓坤认为这六年半是他学术生涯的丰收阶段，是精力最旺盛、效率最高、创造力最活跃的阶段。

王梓坤是幸运的，他有一位志趣相投、相知相爱的妻子。出生书香门第的谭得伶本人也是一位学者。她学成归国后一直在北师大执教，对20世纪的俄苏文学进行了长期、系统、深入地研究。她发表过70篇论文，撰写和编辑过8部著作，单独或合作完成了23篇译文、译著。她在夏衍主编的20卷《高尔基文集》中执笔翻译了20篇中短篇小说，在改革开放之初深受读者欢迎。他们夫妻分居，但京津两地相距不远，即便在那个年代，坐火车也不过两个多小时，若是每周相聚并不太困难。无奈，王梓坤忙于事业，经常一个月才回家一次，有时甚至更久。谭得伶深深地理解丈夫的志向，她以中国女性特有的大气和担当，只身挑起了家庭的重任，从无怨言。

1959年，谭得伶因孕早期卧床太久，大儿子维民比预产期推迟了一个月出生。王梓坤不在身边，直到孩子出院，他才闻讯匆匆赶来。1965年小儿子维真出生时，谭得伶突然临产入院，王梓坤还是不在身边。家里的老保姆邱云仙始终留在谭家，这位勤劳善良的中国妇女，一心一意地帮扶着谭得伶，无微不至地照料着两个孩子。孩子们假期常跟着到她家去玩。直到维民、维真出国学习、工作，每逢回国探亲，必定去看望年事已高的邱阿姨。邱阿姨晚年跟女儿住在一起。但她的儿女生活并不富裕，维民、维真兄弟定期从国外给她汇款，直到老人离世。邱阿姨曾经感叹地拉着谭得伶的手说：“我生的孩子没能养我，我带的孩子反而给我养老了。”

全家福(1970 年)

王梓坤一天劳累过后，躺在床上静下心来，习惯于翻翻文史类书籍。他有时不知不觉地翻到柳永的词《八声甘州 · 对潇潇暮雨洒江天》："想佳人妆楼颙望，误几回，天际识归舟。争知我，倚栏杆处，正恁凝愁！"用白话讲出来就是："遥想心上的佳人，在华美的楼上抬头凝望，多少次误认远方驶来的船上，郎君正回家乡。她怎能知道，此时我倚着栏杆，思绪如此惆怅。"孩子上学以后，王梓坤经常给他们写信，出几道数学题，再寄回由他批改。如果分别的时间太久，谭得伶也会到天津探望。1976 年唐山大地震，天津受灾严重，惦念着丈夫安危的谭得伶带着大儿子匆匆赶到南开。这对相知相爱的伉俪，两地分居了 26 年。

王梓坤刚回国时，学校房产科将他安排在南开大学的教工宿舍楼北村 2 号楼 106 房间。房间只有 9 平方米，北面有两个很大的窗户，靠着锅炉房，光线被挡住了，白天也要开灯，但是风也被挡住了，屋里很暖和。家具只有一张单人床，一把椅子。送他来的工作人员挺不好意思，说以后再给你调吧。王梓坤却不在乎，说什么房子都可以，他在 2 号楼的这种房间里住了 19 年。

楼里各家各户都生炉子做饭，王梓坤嫌做饭浪费时间，天天去吃食堂。人们去食堂吃饭一般喜欢早点排队，可以买到可口的饭菜。但是王梓坤连这点时间都舍不得浪费，他总是最后才到食堂，有什么吃什么。或者买些咸鸭蛋、皮蛋、豆腐干、香肠之类，买一次可以吃几餐。困难时期粮食定量，经常吃不饱。白天忙起来还不觉得，晚上在房间里读书写作，实在饿得难过，只好喝一碗开水。后来市场上有高级糖了，他就托人去买一些，晚上饿了就吃几粒。再后来可以买到红薯、萝卜了，晚上削一个吃特别管用。

邻居们经常看到王梓坤骑着一辆油漆斑驳的旧自行车，车上挂着两个竹篾壳子的旧热水瓶去水房打开水。于是跟他开玩笑说："你这辆车不用评比，肯定是南开第一破车。"

在六年半的黄金时段，王梓坤初步搭起了概率论团队的架子，1962年，他的概率论专门化留下了一位颇具数学天赋的小伙子——22岁的赵昭彦，一位学习出众的女学生——23岁的吴荣。热爱数学的研究生杨向群在1964年毕业，王梓坤计划把他留下。杨向群的家土地改革时划为中农，按说没有什么问题，不料他有一个舅舅在台湾，政审无法通过。王梓坤与胡国定商量办法，决定拖一段时间等阶级斗争的弦松一松再说。无奈这时候政治气氛一天比一天浓厚，阶级斗争的弦绷得一天紧似一天。拖到1965年，看到实在没有办法，再不分配怕是连大学都去不成了，杨向群只好离开南开，到江西师范学院（现江西师范大学）报到。1968年他被下放到贵溪县的一个养猪场落户，带知青、干农活、当会计、推广糖化饲料、养猪杀猪卖猪肉，样样都干。晚上则点亮煤油马灯读书，思考概率问题。

与此同时，赵昭彦也大祸临头了。那还是在1959年"向党交心"的运动，赵昭彦正读本科二年级。不谙世事的18岁青年谈了自己的想法："大跃进、人民公社化运动是最高领导人犯了错误。"立刻引起人们的围攻，赵昭彦被内定为反革命分子。

毕业分配时，王梓坤看重他的才华，同时认为他的话不过是政治上幼稚的表现，硬着头皮提出将赵昭彦留校培养。惜才如命的胡国定当即决定将赵昭彦留下作自己的助教，意在提供保护。不料随着1964至1965年阶级斗争的风浪又起，这件事情再次发酵，成为王梓坤、胡国定包庇重用反动学生的罪证。

事已至此，数学系无能为力了，赵昭彦黯然离开南开，到唐山的一所中学教书。临行前，王梓坤安慰他，叮嘱他不要忘记学习概率。"文革"初期，赵昭彦档案里"向党交心"的材料在那所中学里被抛了出来，多次惨遭批斗。他不堪凌辱，在唐山市中心的铁道上卧轨自杀了。还没有来得及展露才华的才子，惨烈地结束了自己26岁的生命。赵昭彦曾在讨论班上报告过自己的一个结果，大家都认为水平很高，非常重要。他到唐山之后，仍然潜心数学研究，并将结果整理成文，在“文革”前投到《数学学报》。杨向群和吴荣在“文革”后打算重温这个结果。吴荣到学报编辑部寻找赵昭彦的稿件，却早已不知去向。

吴荣平时谨小慎微，在学校里从来不多说话，更不涉及与政治有关的话题，这才得以保全下来。杨向群和赵昭彦离开天津以后，王梓坤的团队只剩下了吴荣。失落而神伤的王梓坤对着吴荣一字字地说：“我搭的架子，散了！”

在1965年的下半年，南开大学师生到沧州盐山县搞“四清”，数学系在曾小营公社。师生与农民同吃同住同劳动，王梓坤和几位教师学生被分配到一对老夫妇家住宿。每顿饭都吃糠窝窝头，野菜薯片熬粥，一般没有菜，最多一小碗盐拌生白菜。

在下乡“四清”阶段，王梓坤《随机过程论》一书的校样出来了。幸亏吴荣当时在化学系教数学基础课，因而没有下乡。她替王梓坤校对以后，托人送到盐山。在那种气氛下搞业务是要挨斗的，王梓坤万般无奈，只得白天干活，夜里等别人都睡着了，蒙上被子打着手电偷偷地校对最后一遍。这件事情在“文革”初期最终被揭发出来，和赵昭彦事件一起成为批判王梓坤的靶子。

七、浩劫中的坚守

1966年5月，随着毛泽东主持起草的“五一六通知”发表，史无前例的“文化大革命”正式开始。王梓坤曾在2008年根据他当时的日记和笔录，将“文革”中经历的事情整理成一本小书，名为《南华“文革”散记》（以下简称《散记》），书中的人物皆用化名。

《散记》中写道，娄平是一位“务实肯干，吃苦耐劳的共产党人。”在批斗大会上，他胸前挂了一块大牌，上书“黑帮娄平”，“每个字上都打了红叉，被反剪双手，推到台前。会上污蔑他是暗藏的汉奸狗特务，带领群众躲飞机时，他在队伍前头，炸弹落在后头；他在队伍后头，炸弹落在前头，他不是特务是什么？”然后高喊口号：“娄平不投降，就叫他灭亡！”那娄平“毕竟是身经百战的老将，随你叫骂，只是静静地站着。他还被装进麻袋，拖走批斗”。

南开大学主楼是20世纪60年代初建成的，中间部位共十四层，楼顶正中竖着一个尖顶，上飘红旗，两边各延伸出六层和五层的长长的偏厦。在那个年代，这座楼是天津市最高的建筑。数学系的办公地点在主楼二层，楼里有系党政人员的办公室，各个教研室有一间教师公用的办公室，还有讨论班的教室、系资料室。二楼走廊两边的墙上已经被嵌上了一排排的钉子，拉上平行的绳子，绳上挂满了大字报。系里揪出了邓汉英、胡国定、王梓坤组成的“三家村”，主要罪状是破坏党的阶级路线，培养修正主义苗子。刚开始时针对王梓坤的大字报很多，还办了他的“学习班”，罚他扫地。据说一是因为他的“坏主意”多；二是因为他科研突出，是“白专典型”“人造劳模”。但王梓坤毕竟不是“当权派”，加之出身贫苦，平时谨言慎行，抓不到任何辫子，批判了两个月后，也就不了了之。

在那惶惶不可终日的日子里，人们震惊、迷茫、手足无措，王梓坤同样如此。作为一名大学教师，书不能教了，科研搞不成了，不甘心虚度光阴的王梓坤找些古书来看。1967 年初，他在读《通鉴选》时恰好翻到了《党锢篇》，读后豁然开朗。东汉末年有一位疾恶如仇的名士范滂，受到宦官集团的迫害而遭通缉。逮捕令送到吴导手中，他伏床大哭，决定抗命。范滂得知后说“必为我也”，立即投案自首。县官郭揖大惊，交出官印，欲与范滂一起逃亡。范滂不肯，说：“我死则祸止，何敢累君，又令老母流离乎？”不料母亲也是浩然正气，说：“死亦何恨？”滂受教，再拜而辞。看来这世上还是好人居多，老妈妈与范滂的对话，时时在王梓坤耳边回响。他知道该怎样做了，从此对“文革”处之泰然，冷眼旁观。

直到 1971 年，形势才稍有缓解。1972 年初，王梓坤作为南开方面的负责人，带领吴荣等四位教师，被抽调到国家地震局地质研究所，与徐道一研究员等人协作，进行中长期地震预报的研究。地震的形成机制至今尚不清楚，他们根据能够找到的历史数据进行统计分析，运用转移马尔科夫过程得出一系列公式，然后将当时的数据代入公式计算，做出预测。他们 1973 年在《地质科学》发表了《地震迁移的统计预报》，1975 年在《数学物理学报》发表了《预测大地震的一种方法》。1976 年我国云南、河北、四川连续发生三次七级以上的大地震，他们用统计和转移概率的方法准确地预报了一次。

1976 年 5 月 29 日云南龙陵发生 7.4 级地震，他们预报下一次大地震将在四川松潘地区出现，时间在 8 月 13、17、22 日前后，震级在 6 级以上，甚至 7 级。当地政府将可能出现的灾情写成大字报张贴在闹市区，并采取了人员撤离等积极的预防措施。1976年8月16日，松潘、平武地区发生了7.2级强烈地震；22日和23日，该地区又相继发生了6.7级和7.2级地震。由于震前做了预报，人员伤亡为800余名，其中轻伤600余人。伤情多数为震后泥石流、山崩、滚石等次生灾害所致。他们用自己的科研成果，为保护灾区百姓的生命财产做出了巨大的贡献。

1975年2月4日，辽宁海城发生7.3级强震以后，人们普遍担心京津一带会发生强震。当时他们预报：6.5级以上的地震如若发生，首先是在西藏，而不会在京津唐一带。不久西藏的一个地区发生了6.5级地震。地震预报有三项要素，时间、地点、震级，只报准其中一项或二项算半次。他们报准了一次半，报中率算是高的。令王梓坤深感遗憾的是，由于华北地震带相对平静，缺乏统计资料，他们的方法没能预报出1976年7月28日的唐山大地震。1978年由王梓坤和另一位搞天气预报的教授执笔，合写了专著《概率与统计预报》，参加者不少。直到现在，王梓坤他们当年的方法仍然是地震预报的途径之一。

王梓坤从小喜欢抄书，挣工资后又喜欢买书。他居住的北村挨着南开大学东门，东门外的马路对面有一家新华书店。王梓坤晚饭后常常过马路到那家书店读书。1964年有一段时间，他天天去读一套叫做《太平广记》的书，就站在那里读。离开书店时心里总是痒痒的。当时讲师的工资只有80元，王梓坤和妻子两地分居，需要抚养孩子，还要寄钱给吉安老家，经济并不宽裕。若买十多卷的《太平广记》，就得花掉近三分之一的月工资。他掂量来掂量去，迟迟下不了决心。有一天他突然咬咬牙，到了书店目不斜视，直接走到柜台交钱开票，终于把书买回来了。

在“文革”中，好心的邻居帮助王梓坤找了一张小课桌用来写作，还有一张双人床充作书架。原本堆在地上的书得以挪到双人床上，但过了不久地上又堆满了。想不到买书抄书的嗜好竟然成就了王梓坤的另一番事业。在“文革”期间图书馆关闭，资料全无的境况下，王梓坤利用自己的藏书和笔记，开始了科普创作。

“文革”伊始，北村宿舍停止供暖，锅炉房被拆掉了。于是王梓坤房间的两扇大窗直面一片荒凉的芦苇塘。窗户嵌的是单层玻璃，冬天北风肆虐，房中奇冷。洗脸毛巾冻成硬块，茶杯里的水结成冰块，早晨起来被头上面一层冰霜。王梓坤的手指、手背上长满了冻疮。就在这个房间里，春、夏、秋坐在小课桌旁，冬天披着棉被坐在床上，他日以继夜地写成了后来的科普畅销书《科学发现纵横谈》。

王梓坤的邻居，历史教师刘泽华“文革”前与王梓坤来往不多。他的妻子阎铁铮在校办工作，“文革”初期被派到数学系的“文革”小组。那时系里贴满了批判王梓坤的大字报，阎铁铮看了大字报回来对刘泽华说：“你知道我们旁边的王梓坤吗？原来他很有学问，很了不起哦。”从此刘泽华对他肃然起敬，成为要好的朋友。1977年王梓坤写完《科学发现纵横谈》后，第一位读者就是他。因为是首次写科普文章，王梓坤没有把握，就先拿出来请他提提意见。刘泽华作为文科的行家，一看就觉得文笔优美、引人入胜。他将书稿交给当时主管《南开大学学报》的娄平，娄平看了如获至宝，当即决定发表。

《科学发现纵横谈》在《南开大学学报》从1977年第4期开始分期连载。这是科学技术被禁锢了十年之后，冲出重围的第一批科普文章，它给人们带来了清新和快感，人人争相阅读。学报一时洛阳纸贵，订数竟从一万册猛增到五万册。颇具职业敏感的上海人民出版社在1978年初将全部文章编辑出版。这是一本8万8千字、138页的小书，分成49篇，每篇2千字左右，定价2角3分钱。书中以数学家严谨的逻辑思维、广博的学识修养，每篇评述一位或几位科学家、一项或几项科学发现，用来说明一个道理。全书涉及了近两百位中外科学家，百余项古今科学发现。但它不是科学家传记，也不是科学发现纪实，而是通过众多科学家创新过程中的成败得失，“纵谈”古今中外科学发现的一般规律，“横论”成功者所应具备的品质——德、识、才、学。这本书自1978年以来，多次由上海人民出版社、中国少

各种版本的《科学发现纵横谈》

年儿童出版社、北京师范大学出版社等一版再版，畅销不衰。截至2013年，已经编辑出版了14种不同的版本，并在1981年获全国新长征优秀科普作品奖，1982年被评为首届全国中学生“我最喜欢的十本书”之一，1995年列为全国中小学百种爱国主义教育图书。王梓坤还发表过大量的散文、随笔，谈成才之道，谈教育强国。他的《师恩难忘》和《林黛玉的学习方法》甚至被选入了小学课本。

成千上万封读者来信雪片般飞来，读者有中学生、大学生、大学教师、科技人员，甚至连学界名流顾颉刚先生也来信索要。南开大学陈省身数学研究所的龙以明于1972年从内蒙抽调回到天津，在天津师范学院（现天津师范大学）培训中学教师的进修班学习了一年，留校工作。他于1978年考取南开大学研究生，随邓汉英、黄玉民教授学习微分方程，1983年赴美攻读博士学位，后来成为中国科学院院士。1978年初他在师院工作时买到了这本书，读后顿觉耳目一新，深受启发。

1976年金秋，“文化大革命”终于结束了，祖国大地迎来了科学的春天。科学的春天伊始，南开大学数学系与全国其他高校一样面临着困境：人才奇缺。系里的老教授只有严志达、吴大任还能工作。百病缠身的吴大任再次担当起教务长、副校长的重任。

南开大学至今流传着一段胡国定用两袋富强粉换回沈世镒的佳话。沈世镒在1961年成为胡国定的研究生，在信息论领域有国际上认可的工作。因父亲做过民国期间的县长被政府关押，沈世镒毕业后到山西吕梁山区工作。胡国定恰好有一位老战友任山西省副省长，他就跑到太原疏通关系。不巧副省长外出，胡国定在那里等了他两天，硬是把沈世镒调回来了。

王梓坤的目标是调回从江西到湖南邵阳的杨向群，胡国定全力协助。天津市委组织部的商调函很快发到了邵阳市委组织部。不料那时各个大学之间的人才争夺相当激烈。湖南文教部门得知南开的态度，马上意识到杨向群的价值，坚决扣住不放。恰逢1958年始建的湘潭大学正缺人才，千方百计地把他截到湘潭去了。

杨向群后来的科研工作非常出色，他发表了百余篇学术论文。他的代表作《可列马尔科夫过程构造论》在王梓坤研究生灭过程构造论的基础上，系统总结了几十年来我国学者在马尔科夫过程构造方面的研究成果。该书于1981年出版，1986年再版。1990年在英国的一家出版公司出了英文版，由肯德尔作序。《概率年刊》撰文评价：“杨的英文版的出版是及时的，因为它与西方的研究者们在构造论中重新燃起的兴趣相一致。本书报告了近二十年来中华人民共和国的概率论学者做出的激动人心的成就。”杨向群在研究生毕业论文中将王梓坤的早期工作进行了推广。他们二人合作，在德国斯普林格出版社出版了一部英文专著《生灭过程和马尔科夫链》。杨向群还于1984至1990年担任过湘潭大学校长。他清楚地记得，自己读研究生时，每周一次到王梓坤的小房间里请教问题，或谈论文进展，王梓坤总是温和地鼓励。他深情地说：“我这一生最幸运的事情，就是当上了王梓坤先生的学生，奠定了一生事业的基础。”

吴荣在1979年至1981年来到美国，跟随钟开莱先生进一步深造。回到南开之后，成为数学系概率方向的带头人，在数学界相当活跃。王梓坤曾经跟她开玩笑说：“你现在怎么这样能说了？以前你从来不说话呀！”

数学系还通过天津市教委，将严志达先生的研究生侯自新从天津的中学调回南开，并按照严先生的要求，将北京大学代数方向的研究生孟道骥调来做助手。1981年，国务院学位委员会评定了中国第一批博士研究生导师，数学系有四位教授严志达、胡国定、王梓坤、周学光入选。至此，南开大学数学系的科研队伍重新建立起来。

1977年10月，王梓坤从北京返回天津，刚走进北村2号楼放下行李，好友刘泽华就过来告诉他：“你要升教授了！”自从1963年废除军衔和学衔，这是第一次进

王梓坤在讲课，南开大学(1979年)

行职称评定。11月间，天津市政府开全国风气之先，在天津体育馆召开万人大会，宣布南开大学王梓坤和天津大学贺家李升为教授。当时举国震动，连香港报纸都发布了消息。升为教授以后，王梓坤又获得了“全国科学大会奖”（1978年）、“国家自然科学奖”（1982年）、“国家教委科技进步奖”（1985年）等各类国家级、省部级、中国数学会和民间企业家针对科研工作的奖励。1991年，王梓坤当选为中国科学院学部委员（1993年改称中国科学院院士）。

20世纪80年代初，天津市委准备抽调王梓坤到市里工作，职位相当于副市长。但是王梓坤只想做一名合格的教师，在数学上做一些研究。于是他给中央组织部写了一封信，说明自己为何不能担任行政工作。又给天津市委书记写了一封信，信里说“我应该服从分配，但也有申诉权。请再给中央上报任命名单时，把我给中央组织部的信也同时报上。”领导们看到他态度坚决，只得作罢。

王梓坤升教授后，学校总务处很快为他调了房子。他说跟邻居们相处熟了，舍不得搬离，校方说什么也不肯。后来南开教授楼建成，又让王梓坤搬家。他因为一个人住，说给一间最差的就行了，于是迁往北村6号楼东头顶层两间一套的中单元。

王梓坤的名声越来越大，各种会议、评比、邀请接踵而来，反而静不下心来做事了。他心地善良，不忍驳人家的面子，几乎有求必应，有时一天要回复十几封读者来信。陈典发是他1979级的研究生，毕业后留在南开数学系工作，现任南开经济学院金融学系教授。王梓坤调离南开以后，将自己的房子交给数学学院。当陈典发帮助他整理房间中堆成小山的书籍，以及与数学家、学生、同事的上千封来往信件时，看到了一封用稚拙的铅笔体写的信：一位小学生希望王爷爷帮他制定一个学习计划，王梓坤回信提出了建议。

八、 教师万岁

自20世纪60年代初期，南开大学和北京师范大学为了解决王梓坤和谭得伶的两地分居问题，开始了旷日持久的协商。1962年，北师大数学系党总支书记王振稼与副书记一起到天津，去找曾任北师大党委书记、调任南开大学党委副书记的何锡麟。何锡麟热情地请老同事下馆子，还要了困难时期难得的肉菜。然后郑重声明：谭得伶调南开欢迎，王梓坤调北师大免谈。“文革”结束不久，南开大学拟安排谭得伶做中文系外国文学教研室主任，由数学系党总支副书记郭士桐到北师大商调。谭得伶当时担任北师大中文系苏联文学研究所副所长，不愿离开这个研究俄罗斯苏联文学的重点单位。父母与北师大的渊源，本人在北师大的工作，使她将北师大视为自己的“根”。他们的大儿子维民在1979年从部队考进陕西师大物理系，郭士桐于是到校部和天津市教委联系，将维民转学到天津师大，与父亲做伴。严士健教授是最早在北师大数学系创建概率论专业的人。胡国定升任南开大学副校长后，他专程奔赴天津，欲谈商调事宜。胡国定说：“南开和师大博导的比例是4比4，王梓坤到师大就变成了3比5，无论如何不行。”

北京师范大学的老校长，历史学家陈垣于1971年逝世，校长一职始终虚位以待。1983年秋冬，教育部的高层考虑从外面为北师大调进一位学者做校长，甚至提到过华罗庚。时任北师大党委书记的聂菊荪向部里建议了王梓坤，部领导很快做出同意的决定。1984年3月9日，教育部长何东昌在清华的家中约见王梓坤。王梓坤对于要他做校长的事情一直心神不宁。一方面，做了可以解决长期的夫妻两地分居问题；虽然他不愿当“官”，但这个“官”当在教育界，且任期有限。另一方面，他自由惯了，担心行政事务缠身，业务荒疏；也担心丢掉第二次组建的概率团队。他在南开的同事有人劝他去干一番事业，有人认为这是失策。王梓坤想请党委帮他去教育部“说情”不干了，好友胡国定跟他谈心，诚恳地告诉他鉴于组织原则，校领导已经不能出面。中科院数学所的许以超常来南开与严志达先生合作。3月下旬，许先生在饭桌上谈起他听北师大的教授说“为什么要从外面派校长来，我们自己也有人能做”。许先生只是闲聊，并不知道要派的是谁。但王梓坤听了深以为然，马上到教育部人事司反映，并与郭士桐等几人商量给何东昌和中组部各发了一份挂号信坚决请辞。教育部4月初答复“还是要准备干”。5月29日，校长任命书由国务院总理签署。在80年代科学的春天，我们的国家自上而下充满着对知识和知识分子的尊重。与王梓坤同时，由数学家担任校长的教育部直属大学竟达8所之多，如北京大学的丁石孙、吉林大学的伍卓群等。

南开大学校、系两级为王梓坤举行了隆重的欢送会。在这里工作了32年，王梓坤依依不舍地离开。一介书生，面对历史悠久的高等学府北京师范大学，眼前一片茫然。他在散文《任职期间二三事》（以下简称《二三事》）中写道，最坏的结果不过“杀头、坐牢、丢乌纱帽。只要自己‘竭尽全力，秉公办事’，相信会得到群众的支持和理解”。王梓坤带着这八字原则，踏上了他最不熟悉的领导岗位，从此揭开了后半生的人生序幕。

王梓坤的治校要领是抓大事，抓人才和钱财。第一，作为一位科学家，他对科研高度重视；作为全国师范院校的领头羊，北师大的师资培养绝不能丢。他打算双管齐下，解决纠缠了北师大多年的“研究型”和“师范性”问题。第二，尊师重教，充分发挥老教授的作用，积极选拔优秀的青年人才。第三，北师大缺钱缺房，他要争取改善。

王梓坤刚到学校，就做出了一项规定：任何行政部门要找教授开会，必须在下午四点以后，并且不能占用学者过多的时间。

王梓坤非常尊重学校的老先生。当时学校有三位中国科学院学部委员：物理学家、两弹元勋黄祖洽，生物学家汪堃仁，地理学家周廷儒。还有多位在文科任教的国宝级人物，如民间文学专家钟敬文、国学大师启功等。王梓坤经常登门拜访，听取他们对学校建设的意见。有一次经王梓坤提议，校长办公会议讨论通过，为这些老教授配备助手。差不多都配齐了，到了一贯低调做人的启功这里，他却说：自己不用配助手，“文革”后年轻人正需要努力学习，哪好意思让人家给他打杂呢？当时启功先生的社会活动最多，无奈只得让校长办公室主任侯刚将启功先生的事情先管起来。这一管就管了20年，直到先生离世。启功先生的对外联络、书画活动等各项事宜都由侯刚先生尽心尽力地处理。

北师大数学系的陈木法教授曾在2002年的世界数学家大会上作过45分钟报告，2003年当选为中国科学院院士。他在20世纪80年代中期住在学校的一个单间房。书和资料堆在床底下，年幼的女儿睡在房内过道里，洗衣机放在厨房的桌子上。那是一张老式、厚实的长方形办公桌，洗衣服时要拿条凳子站上去操作。1985年前后，王梓坤看到了这种情况，请后勤为他调成两间一套的单元。过了一阵子没有动静，他不得不写了一张条子交给后勤领导，限定问题在两周内解决，必须保证陈木法满意。

在《二三事》中，王梓坤还写道：“(刚到学校)便听到一项大新闻。说是前些日子国家决定重点投资办好六所大学，后来扩大到十所，每所投资一亿。许多学校都拿到了钱，但北师大则分文没有。为什么呢？据说教育部没钱，要国家计委拨款，而计委又让教育部出。就这样推来推去，吃亏的是学校。”于是王梓坤和其他校领导“便加紧催款，见到领导就催，明知催也白催，但还是要催，不管领导高兴还是不高兴。这样七催八催，催得多了，人非草木，也就有了印象。于是便有两位领导，见到霍英东先生，请他关心北京师范大学。霍先生很尊重领导意见，慷慨解囊，资助500万美元，这才有了北师大的英东教育楼。至于那笔重点经费，每年付给一些，算是分期付款。可见为筹资建校，万万不可客气。差不多同时，邵逸夫先生资助港币1000万，连同国家配套，建成新的图书馆。接着，化学楼落成。这三座楼对师大的教学和科研起了很大作用”。

长期以来，北师大有不少老师以为这位学者会在上班的时间读书做学问。不是的。王梓坤像以往担任学生干部和数学系的党政工作时一样，“受人之托，忠人之事”，尽心尽力地履行自己的职责。那么这位热爱学术、心系学生的数学家什么时候搞科研带学生呢？任何人都难以想象，他在上午和下午的工作时间全力以赴地处理学校各项事务，清晨和晚上在办公室读书。他每天的工作分成四个单元，清晨、上午、下午、晚上，无论平日和假期。

在20世纪80年代，北师大的主楼是一座八层的火柴盒型建筑，于1958年大跃进时建成，后来成为危楼拆掉。王梓坤当年的办公室在三层东南角的315套间。校长秘书郭小军十分敬业，每天上班提前一刻钟来办公室，经常碰到正在打扫房间的清洁工。她们两个总是看到字纸篓里有一小堆西瓜籽皮，每个皮都裂开一半，呈莲花瓣状。日子久了，她们才知道校长每天晚上都在办公桌前读书，饿了的时候边读边磕瓜籽。早在她们到来之前，清晨5点刚过，校长已经在办公桌前读书。7点半回家吃早饭，8点再来上班。她们难以理解，瘦削文弱的王校长，哪来这样的体力和精力？

刚上任时，汇报工作的、媒体采访的、请教探望的，各色人等络绎不绝。王梓坤叮嘱郭小军，只要他的研究生来，一律不得阻拦。除非有重要会议，其他事情一概暂缓。那个阶段，他名下有南开的两位博士生，以及北师大的多名硕士生，其中一些陆续升为博士生。他仍然一如既往，每周为学生举办讨论班，只要他在校内，就一定到讨论班上，或他给学生讲书讲文章，或听学生报告书和文章，从不缺席。王梓坤在《二三事》一文中感叹：“知我者，其在办公桌上乎？”

王梓坤以他一贯的谦和态度，对待北师大的教师和职工。那时他与北师大数

指导研究生，右起：陈雄、王梓坤、张新生(1988年)

学系的老师并不很熟，但数学系的春节茶话会，他必定自始至终地参加。每年春节，王梓坤都请校长办公室开列一张名单，由工作人员陪同到锅炉房、司机班、学生和教工食堂慰问。孟子曰："爱人者，人恒爱之；敬人者，人恒敬之。"多年以后，北师大的教师职工习惯于将王梓坤称为"咱们的老校长"。老校长在校园里骑着一辆旧自行车，遇到有人向他打招呼，就下车还礼。这个经典的镜头，北师大老辈的人们至今记忆犹新。

王梓坤在北师大校园(2002年)

按照学校的惯例，校级领导可以分到四室一厅的单元。王梓坤不要，就住在他们原来的房子，谭得伶早年分到的乐育7号楼的三居室中。王梓坤留苏前领到的一双皮鞋，颜色已经走样，鞋底严重磨偏。谭得伶几次把鞋清理出来准备扔掉，都被王梓坤捡了回来。郭小军曾经在百货大楼修过鞋，觉得那里手艺不错，建议由她拿去试试。修鞋师傅过眼一看就说："这鞋有年头了，还是当年在百货大楼做的，质量比现在的进口高档鞋都好。"取鞋时，郭小军比约定的日子晚去了几天，师傅埋怨她："你怎么才来呀，我那天请了电视台的人来采访，这双鞋里有故事啊。"皮鞋拿回来后，王梓坤夫妇都很满意。

在改革开放之初的80年代中期，中小学教师每月只拿三四十元。"造原子弹不如卖茶叶蛋"之类的言论流传广泛，知识分子地位低下。以教师职业为己任的王梓坤心中甚为焦虑。1984年12月9日清晨，王梓坤突然眼前一亮，脑子里闪现出一个大胆的想法："应该呼吁国家设立一个教师节，在全国开展尊师重教活动。"5点刚过，他像往常一样，离开家门向办公室走去。学校的师生尚未起床，校园里特别安静。几百米的校园小径，他边走边想，将古语中的"尊师重道"改成了"尊师重教"，他越想越兴奋。到了办公室，王梓坤马上拨通《北京晚报》记者黄天祥的电话，万分激动地谈了自己的建议。黄天祥曾做过中学语文教师，因采访与王校长相识。他一听就产生了强烈的共鸣，马上铺开稿纸写起了报导。第二天，一篇题为《王梓坤校长建议开展尊师重教月活动》的200多字简讯在晚报的头版刊发。王梓坤提出尊师重教月可定在每年二三月或八九月份，并建议将"该月的一日定为全国教师节"。

12月15日，王梓坤邀请学校的资深教授钟敬文、启功、陶大镛、朱智贤、黄济、赵擎寰开了七人座谈会，听取他们的意见。大家认为，九月是新学年的开始，新生入学伊始，进行尊师重教活动最为合适，并提出九月中的某一天为教师节。第二天，《北京日报》刊登了简讯，标题是"北师大校长王梓坤倡议每年九月为尊师重教月，建议九月的一天为全国教师节"。

在民国时代，6月6日是教师节，1949年被废除。1982年4月，教育部门高层曾写报告建议恢复教师节，提议定在马克思诞辰日。两年后，万里、习仲勋在另一份内容相近的报告上圈阅。因而王梓坤的倡议很快得到高层首肯，仅仅一个月后，在1985年1月21日，第六届全国人大常委会第九次会议通过了决议，将每年的 9 月 10 日定为“教师节”。

当王梓坤获知人大决议时，他的第一个反应是“非常非常高兴”。他一辈子都忘不了：在第一个教师节的全校师生庆祝大会上，学生们打出了一条横幅，上书“教师万岁”四个大字。多年以后，每当回忆起这一幕，王梓坤依然情绪激动：“我感动万分，也非常骄傲！”

教师万岁图（1985 年 9 月 10 日）

九、老骥伏枥

“文革”结束的时候，王梓坤年近五十，数学家搞科研的黄金时代已经过去。他迫切地感到，需要尽快地了解并跟上概率学科的最新进展，带领年轻的研究生走上数学研究的前沿。

20 世纪 70 年代，马尔科夫过程与位势理论的关系是国际概率论界的热门课题，王梓坤迅速跟了上去。他自 1978 年至 1982 年在南开招收了 7 名硕士生，包括学生和全体概率专业教师的大规模讨论班重新开始，硕士生的毕业论文大都发表在《数学学报》上。

在 80 年代中后期，王梓坤研究多参数马尔科夫过程，在国际上最早给出多参数有限维以及无穷维 OU 过程的严格数学定义并得到了系统的研究成果。王梓坤“文革”后的第一、二位博士生罗首军和杨庆季分别在1985年和1986年入学南开，这时王梓坤已担任北师大校长。罗首军清楚地记得：“每次我去见他，他都走到办公室门口来迎接。交谈时，总是用关切的语气了解我的学习与生活，提出解决问题的建议和办法。在王先生身边，感受到的永远是一种平和、安详与上进的气场。”罗首军毕业后留校，很快升为副教授，研究多参数随机过程与马尔科夫随机场。他于1991年到英属哥伦比亚大学（UBC）进修，后来任安永中国咨询公司的执行总监之一，从事金融衍生产品的估值，以及金融市场风险建模和模型验证等方面的工作。杨庆季则去美国深造，后来成为安永美国咨询公司的一位合伙人。

王梓坤在繁忙的校长任上，查阅了概率方向的大量前沿文献。他敏锐地抓住了在80年代末迅速升温的重要新兴领域——测度值马尔科夫过程（或称超过程），果断地决定让自己的研究生跟进。1988年9月至1989年2月，南开大学陈省身数学研究所举办概率论与数理统计学术年。世界各国概率统计的领军人物都受到了邀请，来到南开的有邓肯、钟开莱、杜布鲁申等。美国康奈尔大学的邓肯应邀开设了超过程方面的短课，以他的几篇文章为基础，做了十次报告，对这一领域进行了系统的介绍。当时涉足超过程研究的都是国际概率界大家，该理论抽象艰深，涉及的知识面很广。

王永进是1989年入学的南开大学博士生，他开始读超过程的长文章时相当困难：理论框架太一般，通常连个例子都不给。等到钻进去了，王永进才深深地感到：王先生具备前瞻性的学术眼光，他选择的领域，让学生受益终生。他说他后来遇到的科研问题，与超过程研究的强度相比都要弱很多，常有一种可以“居上观下”的感觉。他认为：导师为学生选择课题不外两种方式，一种是相对轻松的，一条线上去，学生能够很快地进入前沿，但是做出几篇文章之后，便有问题和思维枯竭的危险。另一种是深厚宽广的，学生入门时可能非常困难，甚至“痛不欲生”，但是一旦踏进去了，便可能闯荡出独立科研的能力。超过程的选择当属后种。王永进毕业后留在南开，长期任数学科学学院教授，2003年起担任院长。他在2008年调任商学院金融工程教授，兼数学科学学院教授。

李增沪是1987年的北师大硕士生。入学时王先生为他选择的研究方向就是超过程，因此他在讨论班上报告过邓肯这方面的文章。在南开的概率年中，李增沪参加了邓肯在南开、北师大和中科院的所有报告会。讲课期间他多次向邓肯请教，还认真研读了邓肯的手稿，指出了其中的不少笔误。邓肯在报告中提到超过程分支机制的刻画问题尚未解决，还跟李增沪聊起过这个话题。于是李增沪的硕士论文题目选择了分支机制的刻画。王先生鼓励他："尽管你不能在整体上超过邓肯，但是可以在某一个领域内超过他。"经过一番努力，李增沪把问题做出来了，并于1991年在《数学进展》上发表了一个两页的摘要。邓肯看后非常高兴，曾在1991年和1993年自己的两篇文章中引用和介绍这个结果。1992年到1994年，李增沪受日本文部省资助作为联合培养博士生赴东京工业大学留学两年，1994年10月底回到北师大做博士后。当时王先生已到汕头大学兼职。因为李增沪的家里父母年老，孩子尚幼，而博士后收入较低，王先生就嘱咐老伴每月在李增沪的信箱放入100元钱，直到他1996年正式留校任教。李增沪后来获得了国家杰出青年基金，并成为长江学者。他于2011年在斯普林格出版了英文专著《测度值分支马尔科夫过程》，在前人和自己工作的基础上，对超过程理论进行了系统的总结。美国数学评论写道："这是一部简明流畅的专著。它将为超过程和测度分支过程下一阶段的发展提供出色的平台和参考。"李增沪说："王先生很有眼光，领我们进入这个领域的时机恰到好处。"李增沪自2013年起担任了数学学院院长。

王永进(2008年)

李增沪(2001年)

1993年初，王梓坤在报亭买了一份《报刊文摘》，偶然发现了一则汕头大学招聘院士的广告。他试探性地往那里写了一封信。汕头大学的林校长见信后马上和数学系主任一起赶到北京王先生家，热情而郑重地向他提出邀请。汕头大学是1981年由教育部、广东省和李嘉诚基金会共建的公立大学，由李嘉诚基金会持续资助。校园依山傍海，四季如春。主楼形如一本打开的书，教学楼依山而建，地下一层全部连通，宿舍楼则在对面的另一座山上。

王梓坤在回忆录中写道："跨出这一步很不容易，（去汕头大学的决定）我想了半天才做出来。这等于工资一下子就涨到一万元了。当时我的工资是300多元。"这件事情在国内报道很多。工资"相差太悬殊了，人家多少会有一些看法了，说你就图钱了"。"我的工资不是很多，多点不是很好吗？另外，我相信自己开了头之后，慢慢地政府总会对知识分子比较重视，待遇会逐渐改善。"王梓坤于1993年3月到达汕头大学。他仍然恪守"受人之托，忠人之事"的古训，严格地在汕头工作十个月，只有寒暑假才回北京。

现任复旦大学管理学院统计学系教授的张新生在硕士、博士阶段都跟着王先生读书。他说王先生在讨论班上对学生十分和蔼，从来不说重话，最严厉的批评就是："你这不是在浪费大家的时间吗？"张新生在1993年5月第一次出差到汕头时，住在王先生的单元房里。他于7月初到汕头大学报到，尚未领到宿舍钥匙，准备去住酒店。王先生说："不需要，就跟我住好了。"张新生会烧几个菜，想给老师多做点好吃的，王先生不让，说是"一个礼拜吃一次好的就够了"。他喜欢吃空心菜炒辣椒，两人就经常做这道菜。谭老师后来笑着对张新生说：如果让王先生自己做，他把老的根茎切切，黄叶子也不太拣，就放进锅里去了。

王先生在汕头做的第一件事情，是筹建一个数学研究所。当时他认为有李嘉诚的资助，加之汕头大学的校舍条件良好，就可以请到一流的数学家来做研究，然后他们的研究生也可以来这里工作。王先生非常认真地写了一份报告，申请在汕头建数学研究所，之后就开始申请经费。林校长相当支持，陆续请到了中国科学院数学所、计算所的院士陆启铿、丁夏畦来汕头工作。1994年，以王梓坤为所长的汕头大学数学研究所召开会议，盛况空前。除了已有的院士之外，吴文俊、姜伯驹、马志明院士也来了。但是研究所毕竟没有独立掌管的经费，做每一件事情都需要向三方管理的董事会申请，终因经费问题无力支撑下去。王梓坤帮助数学系建立了汕头大学的第一个博士点，学术水平在他的带动下提高很快。

王梓坤仍然一如既往地泡图书馆，夜以继日地搞科研、写文章。他涉猎很广，对数学的各个方向都有相当深入的了解，甚至物理、生物学方面的文章他也很有兴致地翻阅。1994年，他应中国科学院数学物理学部之邀，撰写了《今日数学及其应用》，高屋建瓴地阐述了数学与国家富强的关系，数学在战争、天文、石油、制造业、生命遗传学以及宏观和微观经济中的作用，大声疾呼为建设数学强国而奋斗！文章在数学界、科技界影响甚广。他还与张新生合作，发表了《生命信息遗传中的若干数学问题》，并且多次在教育界的大会上做有关遗传学的科普报告。

洪文明的家乡在江西赣州，算是王先生的半个小同乡。他1985年从赣南师范学院毕业留校工作，求学之路充满了坎坷。在那个人才匮乏的年代，每所大学自然会想方设法保住自己的优秀教师。洪文明工作了4年，争取到以定向的身份去报考硕士研究生。他进入南开大学，师从吴荣教授，于1992年毕业返校，又服务了4年。校方认为有硕士学位的教师教书就足够了，但洪文明是一个热爱读书，喜欢科研的人。他再次以定向的身份，于1996年考取了北师大王先生的博士生。当时北师大数学系李占柄教授和李增沪副教授为硕士研究生开专业课，并有一个相当规模的讨论班。洪文明于博二时来到汕头大学，正在读加拿大概率学家道森的一篇70多页的超过程长文。汕头的讨论班有几位年轻的副教授，但博士生不多，洪文明几乎每周都要在讨论班上报告论文和进展，压力很大，辛苦异常。他的

三代师生，前排右起：何辉、洪文明、王梓坤、李增沪、张梅(2008年)

科研能力在辛苦中迅速得到了提高，王先生对随机过程领域深邃的见解，与李增沪等人的具体讨论，经常让他豁然开朗。

王先生的另一位博士生，1989 年入学的赵学雷当时也在汕头。他不久获得洪堡基金赴德国深造，并于 2000 年被复旦大学以教授职称引进到数学研究所工作。赵学雷的科研十分出色，不幸患脑瘤英年早逝了。王先生的女博士生张梅也很优秀，她在 2004 年毕业留校任教，2012 年晋升教授。王梓坤第三次带出了一支科研队伍，尽管他本人没有在超过程方面的文章。王梓坤于 1999 年离开汕头，完全返回了北师大。他继续主持讨论班，并从事科普工作。在本世纪第一个十年的末期，逐渐淡出了人们的视线。

王梓坤在讨论班上(2007 年)

北师大数学科学学院概率论方向的教师是一个团结的集体。他们在 2002 年由陈木法教授牵头，申请到概率论方向的自然科学基金委创新群体研究基金。这项基金非常难得，他们连续 3 次、共得到了 9 年(2002—2010 年)。接着又申请到学校的后续资助。目前团队中的成员有 12 人：陈木法、何辉、洪文明、李增沪、马宇韬、毛永华、邵景海、王凤雨、王颖喆、王梓坤、张梅、张余辉。其中部分成员同时承担着国家自然科学基金委的重点项目。

王梓坤参加工作之后，不但按月给母亲兄嫂汇款，而且开始回馈当年资助过他读书的恩人。和他一起去长沙考学的吕润林当年上了湖南大学，1952 年分配到一个县里做司法工作。50 年代末期，县里有位女干部准备和一个青年农民结婚，被副县长无端干涉，双双自杀。吕润林耿直正派，对此愤愤不平。他将事情反映到地区、省里的相关部门，直至中央组织部。副县长受到撤职处分，几年后复职，

群体在郊游。前排右起：严士健、王梓坤，中排右起：王凤雨、陈木法、张余辉，后排右起：洪文明、李增沪、毛永华、王颖哲、张梅、邵井海(2007年)

对吕润林进行报复。吕润林不堪忍受，自动离职，回老家当了一名修理工。直到1979年，他才得到平反。王梓坤经常寄钱给他，持续到他的女儿赴美定居。他的女婿在一封来信中写道："昨天我妻子打电话回家，获悉您再一次汇款给我岳父。孩提时代的帮助，时隔六十多年，您却从未忘怀。做人修养到这种份上，我们只能感叹：至善若水。"

王寄萍在湖南津市一家家具厂工作，厂子于改革开放初期倒闭。家中依靠老伴微薄的退休金度日，儿女们亦生活拮据。王梓坤按期给他汇款，他病逝后，继续汇给他的老伴。2006年元月他老伴给王梓坤来信告知自己买房的喜讯："我买的房子是套间，有厕所、厨房、阳台。地面是瓷砖，很明亮。我原先住的屋又潮湿又黑暗，现在总算重见光明了！你每年寄的钱我都储存在银行，这间房屋基本是你的钱买的。"

欧阳伯康曾经为王梓坤读书而多次借钱给他的老母和兄长。他在土地改革中被划为地主成分，家财尽失，生活困苦。"文革"前为了避开成分之嫌，王梓坤不断地通过旁人送钱给他，欧阳伯康感激不尽。兄长曾劝说，我们借他的钱都还清了，以后就算了吧。但是王梓坤认为钱虽然早还清了，可人家的恩情是永远报答不尽的。欧阳伯康当年非常喜欢王梓坤，曾提出过想把自己的女儿嫁给他。那时王梓坤一心求学，又没有见过这位姑娘，便婉言回绝了，姑娘后来嫁给了一位农民。欧阳伯康去世后，他的女儿面部烧伤，王梓坤继续寄钱资助她们一家。

王梓坤对家乡满怀深情。乡邻们只要找他，不管认识与否，他都帮忙；写信给他，必定回复。他在村里的枫江小学设立了奖学金，每年奖励品学兼优的学生；每逢教师节他都寄钱为全校老师发奖金，当年的优秀教师奖金加倍；他不断地给学校邮寄图书，设立了一个图书室；并与省、市、县、乡各出五分之一款项在校园里修建了爱乡楼。他为枫墅村七十岁以上老人连续捐款十年，每年六千。还为村子周边争取到 200 多万元设施建设费，以及固江镇修建马路的费用。

枫墅村的族亲，前排右一是王梓坤的哥哥，右三是嫂嫂（1983 年）

他的堂侄王新林是吉安市教育局电教馆馆长。王新林说叔叔从小关心他读书，参加工作后告诫他："经济上不能出问题，经济上出了问题，就谁都不能原谅你了。"王梓坤在 1979 年来到他读过高小的固江中学作报告，学校留他吃饭，他说学校经费不足，自己付了饭钱。在担任北师大校长期间，吉安的领导或同学、同乡从家乡去看望他，他画一张公交线路图让人家从火车站找到师大，自己上街买些熟食在家里招待，既不从学校派车，也不在学校请客。

王梓坤是一位数学家、教育家、科普作家，更是一位谦谦君子。他发表过 62 篇数学论文，144 篇科普文章、散文、杂文，出版和编辑过 23 部著作和 4 部译著，培养了 40 名硕士生、20 名博士生。在王梓坤的心目中，他认识的所有人都是好人，都值得尊重。即便有人曾经对他不利，他也能够理解和宽容。桃李不言，下自成蹊。王梓坤多年的埋头苦干,得到了科技界的认可、民众的欢迎、政府的奖励。

北师大人在很长一段时间可以看到,我们的老校长骑着一辆破旧的24型自行车,缓慢地行驶在校园小径,或是校门外的马路上。在王梓坤夫妇居住的乐育7号楼下,谭得伶时常双手扶着一根拐杖,殷切地望向楼前的小径。老人不愿意麻烦别人,每当王先生的学生路过询问,她总是摇摇手说:“没事儿,没事儿,他又到书店去了。”好在北师大周边的书店只有三个,学生总能很快地在其中一个找到他,帮他将新买的一摞书在自行车上捆好,推着送他回家。

全家福(1999年)

王梓坤(2006年)

王梓坤在他的散文《读书面面观》中开篇写道:

你最爱什么?书籍。

你经常去哪里?书店。

你最大的兴趣是什么?读书。

每周二下午两点半至五点,在北师大新落成的后主楼1120教室,李增沪、洪文明和张梅三位教授举办联合讨论班。在两点十五分,王梓坤来到教室,微笑着坐在第一排中间。他严肃地翻开书本,聚精会神地听着他的学生指导的研究生讲书讲文章。他时时会插一两句话,指出公式书写或其他方面的一些不足。

书籍和科研，早已融入了他的生命。

在国家走向科学和民主的坎坷历程中，在中华民族的历史画卷上，这位可敬可爱的老人用自己的人生书写着一笔温暖的色彩。色彩中蕴藏着这个民族的人性与良知，饱含着这一代知识分子的坚韧和奉献。

致谢

作者依时间顺序采访过侯自新、龙以明、田冲、陈典发、王永进、沈世镒、郭士桐、孟道骥、顾沛、齐民友、杨向群、吴荣、李仲来、李英民、侯刚、李强、王振稼、郭小军、李增沪、洪文明、罗守军、张新生、王树人、陈木法、许以超、王新林以及白鹭洲中学、枫江小学、枫墅村的乡亲、固江中学、吉安13中、泰和中学。

本刊编委罗懋康拟定了文章的题目。文章参考了中国科协委托华南师大主持的王梓坤院士学术成长资料采集工程的全部资料；陈竹如、李争光合著，《困苦玉成：王梓坤》，哈尔滨出版社，2001。文中未署名的照片来自谭得伶教授、王先生的学生和同事、北师大党委宣传部以及网络；吉安部分由饶志兴拍摄。

文章的素材很多取自王梓坤院士散落于各类报刊书籍以及未发表的回忆录、散文、随笔和日记，如《旧事偶记》，1997；《南华文革散记》，2008。感谢王先生多次接受访谈；谭得伶教授反复认真地核对事实。

参考文献

[1] 袁向东，范先信，郑玉颖. 王梓坤访问记[J]. 数学的实践与认识，1990(4)：79-89.

[2] 杨向群，吴荣，赵昊生，等. 序言[M]//王梓坤. 随机过程与今日数学 王梓坤文集. 北京：北京师范大学出版社，2005.

2－5 善良为性，元理为心——纪念中国数理逻辑先驱王世强先生*

王世强先生是北师大数学科学学院数理逻辑方向的博士生导师。他一生潜心学问，是中国数理逻辑界的元老和顶梁柱之一，具有很高的国际声望。他为人真诚善良，一生助人无数，甚至不认识的学生、文革时期的工宣队员、没见过的农村老乡，找他借钱，他都慷慨解囊。他终生未婚，去世时身无分文。

2018 年 2 月 3 日早晨，冬日美丽的玉泉山下，京城清冽的微风之中，万寿康临终关怀医院笼罩着一片静谧祥和的氛围。

在二层一间两人共用的小病房里，护工小范起身，开始了一天的劳作。这所医院的护工多来自甘肃的贫困村落，他们珍惜自己的工作机会，善待病人，具备较好的专业护理水平。医院为每位护工配备一个淡蓝色、三折叠的躺椅，平时可坐，夜间打开便是狭窄的小床，紧贴床位睡在病人脚边。

靠墙床位上的脑血栓病人顾老先生在头天晚上八点多钟离世了。小范按照每天的固定程序，为靠窗的另一位病人，差两个月年满 91 岁的王世强先生擦洗身体、整理被褥，扶他重新躺好，看似一切正常。

做完这一切，小范出门到走廊去领早餐，返回病房时发现情况不对，马上奔向办公室通知大夫。值班大夫立即赶到，经过检查，确定病人已经没有了生命体征，于清晨 7 点 10 分宣布死亡。

王世强先生自 2014 年 7 月 8 日入院，顾老先生便在这间病室，两人相处三年

* 作者：张英伯、罗里波、别荣芳。原载：《数学文化》，2018 年第 3 期，3－23；第 4 期，3－28。其中“元理”意为最根本的原理，既喻王先生学问所在的数理逻辑领域，亦喻王先生终生深研之模型论的元数学层属。

半了。王先生入院时谈吐自如，时常独自坐在床沿上，甚至有人搀扶一下还可以下楼去晒晒太阳，去世前半年才完全卧床。而住院病人大多不能自理，罹患脑血栓的顾老先生在入院前就完全丧失了意识，两人从未有过交流。大夫解释，在朝夕相处的人与人之间，心灵或许是相通的。

王世强，1980 年

大夫诊断王先生因为年迈，身体各个器官，特别是心脏衰竭，按照中国的老话，“无疾而终”了。他神态安详，面色如常，在这玉泉山麓宁静的禅修之地，离开了喧嚣的人世，灵魂悄然飘向天堂。

院方马上通知了登记在册的联系人。根据王先生生前遗嘱，丧事从简，不举行告别仪式。由于万寿康医院未设太平间，灵车直接开往昌平殡葬馆火化，并于当天下午葬入早已买好的墓地。

王先生静静地走了，就像一片绿叶，为大树和果实默默奉献了一生，然后变黄、干枯，成为落叶，融入泥土。

一、 战乱中的童年

1927 年 3 月 30 日，河北省石家庄市的王经春家诞生了一个男婴，取名世强。王经春有高中学历，在那个年代就算是有知识的人了。他毕业后考入民国时期的中国银行，从底层职员做起，30 岁后长期担任镇、县一级银行机构的负责人，位于支行经理之下。他的妻子耿月秋亦粗通文墨，相夫持家，勤俭贤惠；婴儿的外曾祖父是一位举人，外祖父是耕读传家的乡绅。他们唯一的孩子世强出生时，王经春 27 岁，耿月秋 29 岁，在那个时代称得上是少有的晚育了。

王世强从四岁开始读书认字，父母是他的启蒙老师。父亲每晚下班后就给他讲故事，有“三国”“水浒”“西游记”和“聊斋”里的段落。随着西学东渐的文化融合，父亲向上海中华书局为他订购了属于新文化的“小朋友”周刊，还有商务印书馆的《儿童世界》，让他自己认字阅读。算术呢，父亲教一些古代流传下来的算术加减乘除、鸡兔同笼等。

童年王世强，1939 年

父母还教他给祖父母写信，开头和结尾是："祖父母老大人万福金安！敬禀者：……孙世强叩上。"在张学良和冯玉祥的"直奉战争"中，全家到山西太原避难，四岁的孩子生平第一次乘坐了火车。

王世强七岁时，父亲被派往石家庄北的定县开设中国银行办事处。正值教育家晏阳初在定县试验"平民教育"，父亲给他买了新编"平民识字课本"和不少画册，画册中有"荆轲刺秦王""蔺相如完璧归赵"等。识字课本中，有讲"九·一八事变"，"一·二八淞沪抗战"的文章，启蒙了他的爱国教育。

半年多后，父亲又被派到定县以北的清风店镇开设中国银行"寄庄"。有一天，一队张学良的"东北军"高唱"东北军军歌"自北往南从街上走过，王世强记住了歌词："黄族应享黄海权，亚人应种亚洲田。青年，青年：切莫同种自相残，坐叫欧美着先鞭！不怕死，不爱钱！丈夫决不受人怜！"八岁的孩子不解其意。

王世强九岁时，父亲再次调动，被派到石家庄东面的辛集镇开设办事处。王世强在那里的一所初小插班上四年级。因为这所小学只有四年级，第二年他进入了另一所小学的五年级。在辛集他看见过一次很有趣的"求雨"的活动：一长队人，其中最前面的一个手拿一条草编长绳，一面哆嗦着回头看草绳，一面半跳跃着前进。他不知道这样求雨是否有效，想必是无效的。他还曾在一张纸上画一幅小画，然后用针沿着画的线条扎出许多小孔。再把它放在另一张纸上，用墨涂抹小孔，就把此小画"印刷"在下面的纸上了。

据王世强的姑姑回忆，家中曾请一位道士为孩子算命，道士十分肯定地说："此子必成大器。"

1937 年 7 月，发生了"七七事变"。此时王世强已读完五年级。父亲租了一辆小汽车，带着账本和钞票由辛集去石家庄中国银行交账。但日本侵略军从卢沟桥沿着铁路线很快南下，石家庄中国银行的职员就坐火车逃到郑州，随后又逃到汉口。

石家庄行是支行，归天津分行管辖，总行设在上海。他们到汉口只是临时做客。

王世强与父亲

随后不久，人们又奉命返回天津。那时天津早已沦陷，想到要去日本占领区，王世强很不愿意，哭了一夜。还好银行设在天津的法租界，日军无权进入。父亲在那里租了两间平房，因为辛集的小学五年级没开英语，王世强就到一所“广东小学”重新上五年级了。

1939年春，中国银行总行已迁至重庆，要发展西南和西北的经济。天津中国银行有许多闲人也不是长久之计，王经春被调到兰州的甘肃分行。在内地通向新疆的要道河西走廊有四个重要的城市：武威、张掖、酒泉、敦煌。不久他便被派往武威设立办事处。

听说甘肃的教育比较落后，王经春就让妻子带孩子留在天津。王世强从“广东小学”毕业，考上了法租界的“新学中学”。那年暑假，全家已经搬到英租界小白楼地区的“先农里”一座楼房的三层。

不久天津发大水，一个多月水都不退。在先农里附近，水深约一米以上，下水道的污水被冲到地面，水变得又黑又臭。人们上街购物或办事，有的坐小船，有的坐大木盆，也有的坐或站在一块大木板上。这时，住在平房或一楼的人们纷纷挤进附近的二楼以上，王家挤住了四五户人。学校也不能开学了。

读书无望，母亲决定带孩子去甘肃与丈夫会合。他们跟随中国银行第二批赴甘肃的五位职员坐上一只小汽艇，由海河开到塘沽的海边，然后登上一艘去往上海的英国海轮。

上了海轮不久，王世强忽然昏睡不醒，母亲很着急。银行的一位同人找到船长，请求船到烟台后允许这对母子下船治疗。本不计划在烟台停靠的船长非常客气地同意了，并且在母子二人的船票上签字，说明以后可凭此票乘坐本公司的任何船只前往上海。

到烟台后，王世强住进了一家"玉皇顶医院"，住院的经过他全不知晓。只知道过一会儿就有一名护士把他推醒，将一小杯红的或绿的药水灌进嘴里。过了五六天，他才清醒过来。这时母亲已经五六天昼夜未眠，脸瘦了一圈。医院的护士对母亲说："你儿子好了，你也该住院了。"母亲坚决不住，只等着乘下一艘海轮去往上海。

他们在上海与先行到达的银行职员取得联系，代买去香港的船票，当年这是去甘肃的唯一路线。半个多月后，终于登上了去香港的英国海轮。

在香港又住了半个多月，银行的人买到了去越南海防市的船票，他们就上船去海防了。王经春等人第一批去甘肃时，还可以从香港坐船到广东的一座海滨小城，然后经桂林去甘肃。他们不能，因为桂林已经沦陷了。

在海防住了几天，他们乘火车来到昆明。两星期后，天津银行的人从昆明银行拿到一大批报表和钞票，装满了两辆租来的大货车，车上有帆布顶棚。报表的前面留一小块地方坐人，母亲带着孩子坐在一辆车上；银行职员坐在另一辆车上，走了三天到达贵阳。沿途都是很陡的高山，山沟极深。半路有一处叫"二十四拐"，在那里，公路有二十四个三百多度的急转弯，每个转弯处都立有一个木牌，牌上画着一个骷髅。在下面的山沟里，有几辆摔下去的车，散落的死尸和货物，极为可怕。

从贵阳到重庆，虽然路上也有山，但比起云南，就感觉"平坦"多了。从重庆去成都的路则全是平原。途经盛产食糖的内江，还买到了一些很甜的芝麻酥糖。

从成都到西安，要经过著名的"剑门关"，白居易在《长恨歌》里说的"登剑阁"指的就是这里。从西安去兰州途经"六盘山"，山的形状就像清朝官员的顶戴，很平坦，和从云南到贵州的山以及剑门关相比就算不上是山了。

到了兰州，感觉就像到了家乡一样。住了四五天，到街上走一走，在1940年初到达武威。这个孩子，也许天生与大西北有缘。

战乱之中，母子二人从天津到武威行走了大半年时间，绕过了大半个中国。

二、 在大西北读书

到武威那年王世强 13 岁。他看到，武威只有从东城门到西城门和从南城门到北城门两条街。老百姓大都很穷，一家人只有一套衣服，谁出门谁穿。其他人就躺在炕上同盖一条被子。街上的男女小孩子，有些已经十一二岁，都赤身裸体地玩，身上很脏。

在城外东北五六里地处，有一座“新城”，是马步青的“骑五军”驻地。马被蒋介石调到青海省的柴达木盆地去屯垦后，新城就被国民党的“中央军”进驻了。当时一般人家没有电灯和电话，只有高级军政官员才有。武威街上没有汽车，自行车也很少。中国银行有一辆，王世强就在别人不用时学会了骑车。

王世强在武威没有读初一上学期，直接插班进入了“甘肃省立武威中学”初一下。学校教数理化的老师金文质是北师大化学系毕业生；校长是马步青的秘书长孟炼百；国文老师名叫汪筱泉，有一次汪老师用念古文的腔调朗读骆宾王的“讨武曌檄”，非常有趣；而英语老师赵少侯的英语发音却很差。

在武威中学时，每周一早操前举行“孙中山总理纪念周”，仪式如下：(1)全体肃立，唱国歌，即国民党党歌“三民主义，吾党所宗。以建民国，以进大同。咨尔多士，为民前锋。夙夜匪懈，主义是从。矢勤矢勇，必信必忠。一心一德，贯彻始终”。(2)背诵总理遗嘱“余致力国民革命凡四十年。积四十年之经验，深知欲达到此目的，必须唤起民众及世界上以平等待我之民族，共同奋斗。……”(3)由校长或教务长或训导长讲话。

王世强读初二时，受到高班同学薛仁义的启发，自学初三开设的平面几何，觉得书中的证明逻辑清晰，极其优美！以前在小学学算术，初一学代数，他都没有这种清晰感，只是对算术中的“鸡兔同笼”，代数中引入负数以及引进 x、y 等感到了初步的兴趣。从此他开始自学数学，到初三就自学完了高中的平面三角和解析几何。

武威有一座基督教堂，传教士的夫人开了一个英语班，王世强课外去那里学习，学生共有四人，只有他一名在校生。

王世强的自学课本之一

武威有一个县文化馆，藏有一套商务印书馆出的“万有文库”，王世强去借过几本书。当地只有一个小书店，书籍很少，但可代为去兰州购买中小学课本。

中学生们经常上街宣传抗日，贴墙报，上面有新闻、漫画和评论等。武威出版一份“河西日报”，中国银行也有一台收音机，报纸和广播的宣传都是报喜不报忧的。

1942 年夏天，王世强从武威中学初中毕业，到酒泉考入了河西中学高中部，该校是由国民党政府的“管理中英庚款委员会”办的。当时在国统区用庚款办了三所中学，另外两所是青海省的“湟川中学”和贵州省的“黔江中学”。由于经费充足，三所学校质量都比较高。

酒泉有一座“酒泉公园”，里面有一小股泉水，名曰“酒泉”，据说用此泉水酿制的酒特别好喝。该县也因泉得名。

河西中学的校长是张素，校训是“服从真理”。战时的河西中学实行军事化管理，有“军训”课，课上除了学一般的“立正”“稍息”外，还学过国民党军的作战队形“散兵半群”等；有时在半夜里紧急集合，军号声一响，大家急忙从土炕上起床，跑到操场列队，听军事教官点名。

在河西中学时，王世强有幸结识了年长他五岁的同班同学戈革，两人结为终生的好友。戈革文理俱佳，在班上总是考第一，王世强第二。戈革于 1945 年考入西南联大物理系，回京后入北大，本科毕业又考入清华大学读研究生，毕业后到石油学院任教。他专攻物理史，特别是对物理大家玻尔(N. Bohr)最有研究，曾多次去丹麦“玻尔文献馆”访问。丹麦“玻尔文献馆”编的《玻尔全集》，每出一本，他便很快中译出版，共十二集。因此，他于 2001 年荣获丹麦女王颁发的“丹麦国旗骑士勋章”。

戈革还著有《学人逸话》《尼尔斯·玻尔：他的生平、学术和思想》等，编有《宏观电磁场论》等，独自承担或参与翻译的英文著作有《海森堡传》《爱因斯坦全集》《电磁通论》等，从俄文译有《弹性动力学》《理论物理学》和《分子物理学》等。著译四十余种，总计达1500万字。

王世强在兰州的西北师院上理论力学课时，买不到影印的英文课本，写信给正读西南联大的戈革，请他代买一本。买到后若用陆地邮寄，需四五个月，赶不上用。但航空只能寄信不能寄书。戈革就把书拆成几页一份，分成几十份当作航空信寄过来了。

戈革具有深厚的国学根底，治学之余，广泛游弋于诸多领域，做了很多旧体诗词并擅长国画，参加过名家张伯驹的词社。戈革尤嗜治印，曾为钱钟书、于光远等诸多文史大家刻过印章。他特为王世强刻了藏书印章，阴文阳文都有；还送给他几幅装裱好的国画，并为他的《今生简忆》补充过若干材料。戈革于2007年86岁离世，留下了数本诗集、印谱。

在河西中学时，王世强订阅过在重庆出版的《学生之友》月刊，看到介绍华罗庚自学成才的文章，觉得数学可以自学，很好。尽管如此，他那时还是一直想考大学的物理系。当时还没有造出原子弹，可是理论物理，像原子核结构，课本杂志中也普及了。因而那个年代的学生一般都对物理比较感兴趣。

1944年，王世强在河西中学读高二时，产生了一个简单的想法：要提前考大学，这总比在高中多念一年好！当时不敢走得太远，一是交通很不方便，二是没有高中文凭。如果再走远些，就可以到西安或者重庆。到了重庆，则有机会考西南联大，或者国民党办的也很有名的中央大学，即现在的南京大学。

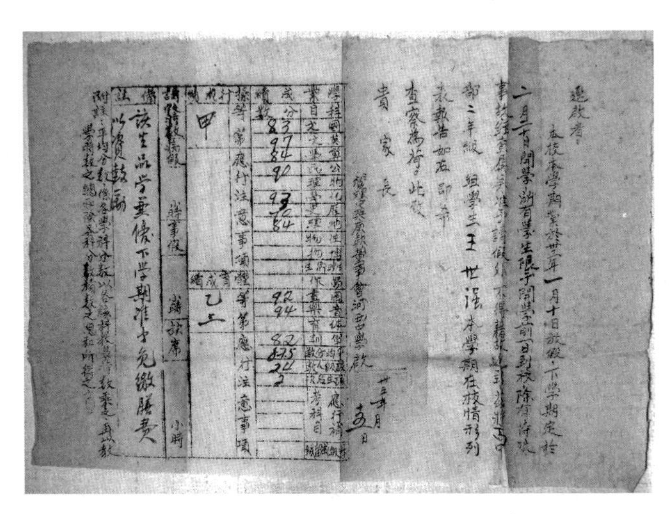

王世强在河西中学的高二成绩单

离得最近的就是兰州，王世强决定跳班以“同等学历”方式报考那里的西北师范学院。如同北大、清华、南开三校南迁昆明，浙大西迁贵州，抗战时的北平师范大学迁往兰州，改称西北师范学院，是兰州唯一的一所非专科大学。不料该校只有“理化系”，他倒也不是不喜欢化学，只是担心同时学两门课程都不会学得太精，于是就决定报考数学系了。

在报名时，不能明说高二跳班，必须说因家贫无力升学，请家庭教师在家自修。于是父亲托兰州一位亲戚找到两个北师大毕业生，以家庭教师的名义开了一张学历证明，说明无力升学，并列出各科自学分数，王世强就用假证明去报考了。

这种做法自然是公开的秘密，在开学的第一天，点名先生沈树桢私下里问他是哪个中学的？他立刻如实招供了。

1944 年秋入学时，西北师院的院长是李蒸，抗战前的北师大校长。李蒸被调到重庆任三青团总书记后，就由训导长袁敦礼任院长了。教务长先后是李建勋和黎锦熙。

西师沿用原北师大的校歌：“往者文化世所崇，将来事业更无穷。开来继往师道贯其中。师道，师道，谁与立？责无旁贷在藐躬。煌煌兮故都，巍巍兮学府，一朝相聚志相同，朝研夕讨乐融融。开我民智，昌我文化，共矢此愿务成功！”

西师在兰州市西的“十里店”，紧靠黄河北岸。王世强从师院去兰州城里时，一般步行十里多地，到城外经过一座法国人造的“镇远桥”；有时乘“羊皮筏子”。造一个“筏子”用十二只整羊皮，每张羊皮沿着活羊原来的切开处用皮绳子缝紧，然后涂上油防止漏气，再吹气使它鼓起来，将吹气口捆紧并涂油。然后把十二只吹鼓的羊皮绑在几根木棍上，就做成一只有三行四列鼓羊皮的筏子了。筏子由一个人划，可坐三四个乘客。划到对岸市区西侧的“五泉山”，就可以步行去市里了。

1945 年 8 月 15 日，日本投降，全国人民欢欣鼓舞！迁往异地办学的大学纷纷返回原址。可是当时的国民党政府教育部长朱家骅却主张取消北师大，教育部下令不准北师大复员，这引起了西北师院在校师生的强烈反对。1945 年 12 月，学校成立了“复校委员会”专门进行斡旋。1946 年 2 月，教育部终于同意学校复员北平，即现在的北京。

愿意留在兰州的师生仍在原校读书，1988 年更名为西北师范大学。

王世强暑假回到武威，跟父母商量，他很希望到北平去。当时去北平需要经过解放区，与国统区的交通、通信都很困难。家里不放心，尤其是母亲，万分不舍独子离家远行。但是由于他的坚持，父母最后还是同意了。大队出发前，同学们写信通知他，他急忙赶回兰州，不料大队已经开拔三天了。

王世强很久以后得知，当年西师不知用什么办法联系到周恩来，是他致电解放军，请他们允许大队通过解放区返回北平。

那年暑假，兰州赴京师生从郑州过了黄河，经解放区步行，或乘一种"架子车"前往北京。架子车是当年农村的一种运送粮食、肥料的工具，用木料做成，两边装有橡胶轮胎和两根平直的车把，中间一根结实的攀绳。拉车人站在车把中间，双手握把，肩上套绳，弓腰曲腿向前拉动。

未赶上大队的王世强和另外几位同学已经无法通过解放区。幸亏刚成立的联合国办了"难民救济总署"，他们通过"总署"的帮助，从郑州南下武汉，绕道当时的国统区。到了武汉，又坐一艘帮助中国运送难民的美国登陆艇到达上海，然后乘海轮到天津，再坐火车到北京。

大部队师生已经到了一个多月。1946 年 10 月，复员的学生们陆续到齐，11 月开学并正式上课了。

抗战时期的北平也有师大，国民党称之为"伪师大"，1945 年日本投降，被国民党接收，改为北平临时大学补习班第七分班。国民党政府宣布沦陷区大专院校为"伪大学"，学生为"伪学生"，需要进行"甄审"。

共产党领导了反"甄审"的运动。国民党政府在抗战胜利后歧视沦陷区人民、并借此暗中迫害进步学生的阴谋失败了。最后补习班的学生都合并到复员后的北平师范大学了。

三、聆听名师教诲

王世强进西师时，数学系主任是张德馨教授，还有两位教授李恩波和张世勋。两位张教授没教过他们班，但张德馨教授做过一次课外讲演，内容是他在日本发表的一篇数论论文。

当时的微积分课程划为初等和高等。初等微积分就是教一些计算方法，高等微积分偏重理论，像实数理论、微积分若干基本定理的证明。李恩波先生教高等微积分，他在德国莱比锡大学获得博士学位时，正值抗战期间，不得不绕过日军占领区，几经波折回到祖国。王世强二年级时，他来到了兰州。

高等微积分课本是熊庆来编著的《高等算学分析》，属于商务印书馆出版的“大学丛书”。学生们都没有书，只好靠上课边听边记。而王世强在兰州城里的书店侥幸买到了一本，还买到《群论》上下册，也属商务的“大学丛书”，日本圆正造著，萧君绛译。

王世强课外学习了吴在渊著的《数论初步》，还读了《群论》上册，虽然能看懂，但不知其意义和用途。有一次他问李恩波老师群论是否有用，答曰：“当然很有用!”虽未细讲，他也就莫名其妙地接受了。他还看了金岳霖著作《逻辑》，讲的是形式逻辑，书后有一篇较长的附录，介绍罗素的数理逻辑，但只有一条一条的式子，因而印象很浅。

李恩波见他喜欢读书，借给他一部当时最新的教材，武汉大学出版、萧君绛翻译的范德瓦尔登(van der Waerden)的《近世代数学》。刚开始理解不深，细嚼慢咽地看上册，后来连下册也借来了，那是在1945年。1946年暑假，他要去北平，李恩波先生也要离开兰州。借的书看不完，就赶紧抄。动身去北平之前，在武威家中，他没事就拼命地抄书，把上册全部抄下来，下册抄了一半，眼看时间来不及了，只得到兰州把原书还了，将手抄本放入行李。王世强晚年写了散文《我的老师李恩波》，纪念他在数学上的第一位启蒙者。

1946年的北平师范大学位于北京城南的和平门外，数学系设在得朋楼。

这年深秋，王世强进入学校读三年级。同班同学都非常珍惜这来之不易的学习机会。他们得以聆听多位名师名家的教诲，境界迅速提高。

北平师院袁敦礼院长诚聘傅种孙担纲数学系主任。当时的傅先生虽然身在英国，却已开始着手邀请一些国外的学者到北平师院数学系兼课。

群论专家段学复先生于1947年春天从美国回到清华，同时受傅先生之邀到北平师范大学讲近世代数。他的学问很广，对王世强也很欣赏。王世强在班里办了个墙报“得朋文汇”，上面有署名“王道衰”的三篇短文，被段先生看到，问是否出自他手，他回答说是的。

1948年夏天王世强毕业时，段先生邀请他去清华大学数学系做助教，清华是名校，条件比师大好。傅种孙先生不愿意放，对他说：“你若留在师大，给你讲师职

校园合影，左一为王世强，1947 年

称。”王世强答曰：“师大是我的母校，即使不当讲师，我也应该为她服务。”便留校参加工作了。但他对段先生说希望考清华的研究生，不料 1949 年形势突变，考研也就不了了之了。

傅先生是 1947 年夏天从英国回到北平的。1949 年 5 月北平师范大学校务委员会成立，傅先生做教务长。回国后，他继续聘用已在师大任教的王仁辅、张翼军、马文元，又聘请程廷熙、魏庚人、赵慈庚、韩桂丛回师大任教。还先后邀请数位国内的知名教授来师大兼课，他请杨武之讲数论，赵访熊讲运算微积，闵嗣鹤讲解析数论，张禾瑞、王湘浩讲近世代数，秦元勋讲拓扑学；并从武汉聘来汤璪真先生。傅先生曾多次说过，办好一个系的关键是提高全系的学术水平和培养后继人才。

傅种孙先生是首屈一指的数学教育家，他在王世强大学四年级上学期时为这个班讲几何基础，用自编教材。傅先生每教一门课都要看若干本书，比较其异同。他的原则是先讲清楚基本概念，定理只讲证法要点和思想来源，至于证明的细节则是学生自己的事情。他经常用形象化的比喻解释抽象的理论，或用寻常的事理模拟数学定理。这种教学艺术固然源于他知识渊博，善于类比，但他投入备课的精力也是不能用时间衡量的。在他的教学生涯中，同一个课题，今年讲的便与去年不同，第二遍备课绝不比第一遍轻松。他的课循循善诱，提问很多，学生都喜欢听。

傅先生培养学生称得上呕心沥血。王世强才智出众，毕业留校后成为数理逻辑方向的学术带头人。20世纪50年代尽管系里人手紧张，傅先生还是坚持选送刘绍学、孙永生、袁兆鼎、丁尔陞、赵桢赴苏留学深造，如今他们都成为各个学科的学术带头人。1950年严士健因家庭变故，生活困难。傅先生为了使他不致辍学，为他找到一份算术教材的校对工作，从书的稿费中按月开钱，严士健得以顺利完成学业。

北师大数学系能够有改革开放后的大格局，傅种孙先生功不可没。

王世强对恩师怀有深情。1999年，在美国数学史家道本(J. Dauben)和中科院科学史所长刘钝的提议下，他积极促成了傅先生遗作《几何基础研究》于2000年出版；他还在"北京师范大学教授文库"为恩师撰写了《傅种孙与现代数学》，总结了傅先生关于"数学基础"的一系列思想对现代数学的应用；以及先生对我国数学基础教育的伟大贡献，于2001年出版。

四年级下学期，留学德国的李代数名家张禾瑞教授从北大前来兼课，讲授"代数数论"。他讲课言简意赅，极为清楚。张先生于1952年院系调整时正式调到北师大，任代数教研组主任。在教研组会上，他特别强调备课就像演话剧背台词一样，要字斟句酌。

在大一时，王世强跟同学们学会了围棋，当时十分入迷，每晚赶快做完习题就找同学下棋，几近痴迷。有时下了自习快熄灯时还未下完，不得不半途而废，十分懊丧。后来觉得下围棋太费时间，影响学习，就痛下决心戒掉。戒棋犹如戒烟戒赌，并不容易。特别是到入迷之后，看到别人在下，会不由自主走过去看、帮忙支招。而王世强可以"忘掉它到不会下"的程度，毅力惊人。

张禾瑞(马京然提供)

有一次，他对张禾瑞先生说："我和你这样下围棋：你走一步，我在对称位置走一步，那么，我俩永远是和棋。"张先生报以"收敛的大笑"。张先生的笑很特别，微微地、轻轻地，数学语言称之为"收敛的"。这种下法当然不可能实际操作，对方叫吃，你再叫，对方已把你的子吃掉了。若对方占据了中心位置,对称点在那里?除非规定:不许提子,不能占中心位置,那么和棋便可实现。王世强只是跟老师开个玩笑。

王世强的思维的确独特,他说:"在若干亿年后,有两个同样的人,在同样的地方,说着同样的话。"猛然听到这种说法会觉得是天方夜谭,但他的话是有根据的。多年后,他在论文《一些事物的有限性》中证明了这一点。

王世强仍然喜欢自学,毕竟自学是他从中学开始养成的习惯。他去北大听胡世华讲《数理逻辑》,听江泽涵讲《拓扑学》,只听开头几次,知道了用什么教材,便回来自学。

他看过很多书。有傅种孙先生著《罗素算理哲学》,四年级自学了丘奇(A. Church)的《数理逻辑入门》(Introduction to Mathematical Logic),学会了形式化方法。这种把普通数学论证变成像下棋一样的形式推演技巧,使他感到形式化可能会对数学的深入研究有所帮助。果然,1961 年后,国外有些数学家用数理逻辑方法解决了其他数学分支的很多难题。

不久,他又读了塔尔斯基(A. Tarski)的《初等代数的决策方法》(A decision method for elementary algebra),此书起源于莱布尼茨机械化证明的思想。

先生们的言传身教对王世强影响巨大。虽然他只在北平师大读了两年书,但是那段美好的日子,却给他留下了终生难忘的珍贵回忆。

四、 潜心数学研究

王世强有良好的家教,还有一种与生俱来、发自内心的善良。他为人温润如玉,平淡如菊,从不聪明外露;他话语不多,有求必应,从不议论别人。借用一句中国的老话:忠厚老实。

他是北平师大数学系最出色的高材生,同学们,特别是当年喜欢数学的几位同学,都佩服他,也喜欢他。比他低一届的吴品三、袁兆鼎,低两届的刘绍学、更低届的严士健商量着搞个讨论班,请他做报告。王世强为他们介绍了群定义的四个条件。由于低年级学生完全没有抽象代数的基础,听众集体蒙圈。但是这几位同学从此不断地交流,逐渐成为挚友。王世强读了新的文章,经常给他们做些介绍。

1946 年底的一天,王世强突然吐了一口鲜血,经 X 光检查,说是肺病,医生劝他休养,但他觉得不疼不痒,仍然照常读书。两个月后复查,医生说病情发展很快,必须停止学习。于是他不得不向系里请假,在宿舍休息。后来经过同学帮忙联系,还去“中国红十字会防痨协会”疗养院住过一阵子。疗养院位于恭王府南端,袁兆鼎曾多次从和平门外途经北海西侧的夹道去那里探望。

1948 年夏,病中的王世强毕业留校任实习讲师。

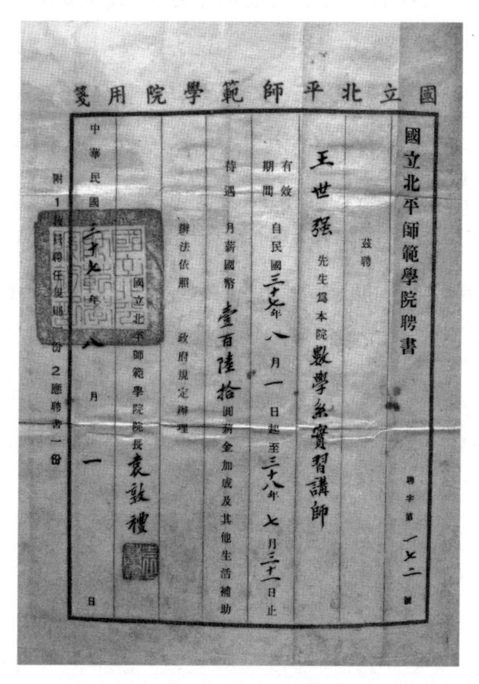

國立北平師範學院用箋

國立北平師範學院聘書

聘字第一七二號

茲聘

王世强先生為本院數學系實習講師

有效期間 自民國三十七年八月一日起至三十八年七月三十一日止

待遇 月薪國幣壹百陸拾圓薪金加成及其他生活補助

辦法依照政府規定辦理

國立北平師範學院院長袁敦禮

中華民國三十七年八月一日

附 1 教員聘任規則一份 2 應聘書一份

王世强任实习导师的聘书,1948 年

王世强开始搞科研相当偶然。北平师院数学系的图书馆订有《数学评论》,他在上面读到对瑞典数学家的文章《数理逻辑中命题演算》的一篇评论。原文提出了几条新的公理,公理是充分的,但是否具备独立性,即能不能减少或合并,作者没有解决。王世强就试着考虑证明中需要的基本符号,用其中一种符号看来比较容易,他很快给出了一个简单的证法。但问题在于这种思路不见得是人家原来的意思。原来的问题是在什么条件之下提出来的,因为看不到文章不得而知。

那时他刚刚毕业,听过汤璪真先生的课外演讲“扩大几何”,于是就去请教。汤先生说他的证法不错,只是不知道原问题是否采用了这样的基本符号,并向他建议，假设作者采用其他基本符号，试试看还能证吗？

1949年春，汤先生作为代理校长把北平师院交接给北京文管会派来接收的人员，王世强参加了接管仪式。不久学校从北平师范大学更名为“北京师范大学”。作为学校的职工，王世强于1949年4月住进了中国红十字会北京市分会医院，并在夏天转为正式讲师。汤先生曾在百忙之中去医院看他，他很感激。

当年疗养肺病的方式是整天躺在床上，不让读书看报，连吃饭也不许坐起来。不久王世强开始失眠，他觉得刚好利用这段时间考虑汤先生的建议。

一天夜里，其他病人早已入睡，但王世强的脑袋瓜却在不停地运转。突然一道灵光闪过脑际，他急忙坐起来，记下自己的想法。后来整理成他的第一篇论文《命题演算的一系公理》，用最通行的基本符号证明了瑞典人的结果。这成为北师大数学系在1949年后发表的第一篇学术论文。

汤璪真(马京然提供)

文章于1952年发表在《数学学报》上，遗憾的是汤先生已经于1951年去世了。进入新世纪后，王世强曾为汤先生的文集写序，以志纪念。

找到证明的思路之后，王世强为自己做了一首庆功的打油诗：“我解决了一个问题！这个问题属于逻辑。是问几个命题，彼此是否独立。我苦思冥想，得不到解决的踪迹。今天夜里，忽然一道灵光，闪过脑际！我急忙坐起，记录下思索的痕迹。从今以后，它不再是个问题！”

幸亏医生不知道他深夜工作，否则应该怎样处置他呢？

1950年王世强的父亲让他练气功“意守丹田”，开始效果特别好，连护士都觉得吃惊。半个月后就出了问题，忽然大口喘气，只得停止。1964年开始长白癜风。1982年冬的一个夜里，突然脊背发抖，以后便只能吃流食了。王世强一直不知道为何出现这种问题，1983年，遇到一位懂气功的中医岳大夫，才知当初练气功没有收功，长时间意守丹田，后果比刀砍斧剁还要可怕。岳大夫给先生开了自制的汤药，吃了3个月，胃口就好了，但大夫说不能根治。到1998年旧病复发，找不到岳大夫，从此只能吃流食了。失眠症一直伴随着他，睡眠依赖安眠药。

1949年的开国大典他未能参加，还住在医院。由于着急，长期失眠，所以肺病好转很慢，后来实在住不下去了，就在1951年暑假出院了。到学校半日工作，工资减半。虽然职称是讲师，但实际上没有体力讲课，只能承担一些诸如改习题之类的工作。

他返校后住在"南部斋"，那里是肺病教师疗养区的几间平房，离系图书馆很近。他在南部斋写的第二篇论文于1953年仍然在《数学学报》发表，题目是"关于合同关系的可换性"。1953年，王世强在由华罗庚主持、中国数学会为欢迎匈牙利数学家杜兰(P. Turan)举行的报告会上，用英语报告了此文。当时能用英语报告论文的人不多，因而很受欢迎。后来华先生向傅先生说，打算把王世强调到中国科学院数学研究所，被傅先生拒绝了。还有一次开会，王世强遇到胡世华先生，就谈起来，胡先生说这篇文章是他审查的。

王世强从1952年到1955年接连在《数学学报》上发了4篇文章，基本上讨论同一类问题。这些问题都是他自己读书、自己找到的。有人问他这样白手起家，是不是比现在的年轻人有老师指导费劲多了。王世强认为自己还是受到了老师们大方向上的指导。当然有些问题太难，也就不去想了，感觉难易程度差不多时就可以试一试。

刘绍学1956年留苏回国后成为王世强的同事，两人都在代数教研组，成为终生的知己。刘绍学听闻，王世强很年轻的时候便立志要在数学中"留下王世强定理"。尽管真伪存疑，但刘绍学的印象极其深刻，他觉得王世强是一位英才，不敢说"天才"，但确实比"聪明人还要聪明"。

刘绍学曾说："数学家是一个美丽的称号。王世强是一位数学家，我只是一个好的数学教师。"刘绍学认为，搞数学的人身上一般有两种因素：一种是谋生，俗称混碗饭吃；另一种是对数学的兴趣。他觉得王世强兴趣的一面高于谋生。

王世强对数学有着特殊的感觉，不说将数学视为生命，但感觉确实比较强烈。数学兴趣的另一种识别方法，就是看他退休后是仍然常常想数学，还是将数学置之脑后。王世强无疑属于前者，他的头脑里始终装着数学，尽管80岁以后有些混乱。

两位朋友都热爱京剧。在20世纪60年代初，他们有时晚饭后结伴从北师大步行到新街口内的人民剧场，站在门口等待退票。等到了就进去一饱耳福和眼福，等不到就溜达着返回师大。

他们双双退休之后，每年全系的春节茶话会，刘绍学和王世强都是永远的主角。刘先生常常大叫一声："王大人！"王先生随后大声回应："刘大人！"接着就开始了刘先生的独角戏，或是凑几句顺口溜，或是拿王先生的某件事情打趣一番。这时候王先生便没词儿了，他远不如刘先生反应迅速，只能低眉顺眼地坐着，"嘿嘿"地低声笑。全场爆发阵阵大笑，笑够之后便开始喝茶聊天。奇怪的是，老师们现在回忆，包括刘先生自己，却怎么也想不起来当年他到底说过什么。

王世强与刘绍学在师大校园（马京然摄）

抗日战争刚刚结束，没等老百姓喘过气儿来，解放战争就在 1946 年打响了。北平地下党发动和组织了一系列学生运动：如抗议美军强奸北大女生沈崇的游行示威；抗议宪警使用水龙头、棍棒和皮鞭殴打南京学生，致使百余人受伤的"五二〇"运动；抗议国民党军警捣毁北平师院自治会办公室，致使数十位学生受伤的"四九血案"示威游行等。北平师范学院还多出一项运动：要求将校名恢复到北平师范大学，简称"复大"，并且很快就成功了。

1949 年前夕，国民党不但在军事上节节败退，在经济上也崩溃了，"金圆券"贬值极快。在很多地方，人们拿一大包"金圆券"出去，只能买回一点点日用品。王世强每次领到工资，就赶快买两袋面粉。这时他已不是学生，吃饭不再是公费，而是在一个教师的小食堂吃，那里每月要交一袋面粉。有时他把余钱拿到附近护城河边的小摊上去换两块“袁大头”，因为银元不贬值，只升值。

北师大和北大、清华一样，有很多信奉共产主义的学生。就拿 1945 年入学的吴品三和袁兆鼎那个班来说，入学时人数很多，流失的也很多。不少人跑到了解放区；更多人去了南下工作团。

吴品三班里的四川姑娘李昌兰是一位地下党员。她原本是富裕商人家的小姐，娇小美丽，聪明能干。中学毕业后父母希望她嫁人，但她希望继续读书。于是就从家中偷跑出来，做了一阵子小学教师，积攒了一些盘缠，考入免费的北平师院。

刚开始做地下工作时，李昌兰没有经验，将“组织”上交付传递的情报随随便便放在口袋里就去了，后来才知道应该放在鞋垫下一类隐蔽的地方。

与同学们一样，李昌兰也很钦佩颇具数学才华的王世强。王世强养病时，李昌兰常去照顾，时不时在他校内的小房间里用电炉做点好吃的为他补充营养，陪着他聊天解闷。时间长了，王世强对李昌兰的印象越来越好，日久生情的两位年轻人确立了恋爱关系。

王世强赠李昌兰毕业照

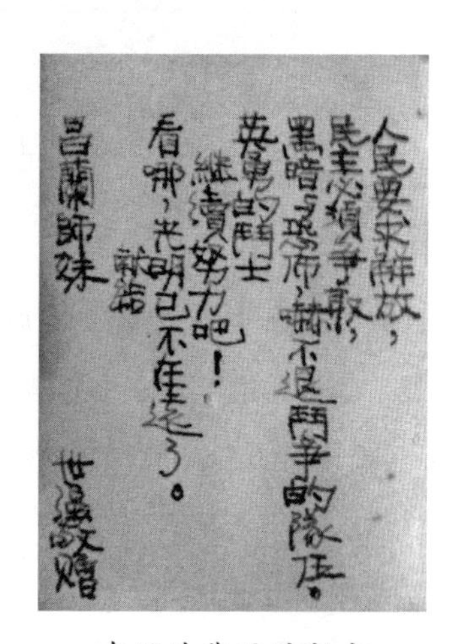

在照片背面的留言

1949 年夏天这届学生毕业，班里袁兆鼎、李昌兰等几位同学到清华大学，参加中央组织部开办的历时一个月的“学习团”，成员为北京和天津的应届毕业生，教材是毛泽东的“论人民民主专政”，之后分配工作。惜才如命的傅种孙先生听说后，赶到那里将袁兆鼎要回了学校。

在工作初期，李昌兰时常回来看望老师同学，不久部队明确宣布，保密单位的年轻人找对象必须从内部选择。听到分手的要求，王世强心如刀绞，沮丧万分，极少向别人谈及私生活的他找到好友袁兆鼎倾诉。

李昌兰也并非没有犹豫，她同样割舍不下这份感情，甚至考虑过是否离开部队。几个月后王世强住进医院，李昌兰前去探望。这时的王世强已经完全冷静下来，为了李昌兰在部队的前途，他毅然决然地宣布断绝一切联系。李昌兰是哭着离开医院的，此后 30 余年，未曾踏进母校大门一步。老实人对大事做出的决定，往往比一般人更加斩钉截铁。

袁兆鼎不久被傅先生推荐，派往苏联学习计算数学，回国后分配到另一个保密单位七机部工作。

李昌兰最终与一位优秀的军人结为伉俪，育有两个聪明漂亮的女儿，看似顺风顺水。未曾想“文革”初起，她的丈夫便含冤去世了。李昌兰顶着巨大的压力，独自抚养年幼的女儿，直到 70 年代末丈夫得到平反，她的健康也被摧毁了。

1968—1971 年，王世强到临汾干校劳动。这期间部队有人找他外调，原因是被调查对象的大学人事表格上，每处证明人一栏填的都是王世强。但王世强不知道李昌兰的任何信息，什么也说不出来。部队的人很生气，认为他不老实。调查者无果而归，反倒使被调查人得知了李昌兰的遭遇和地址，了解到她有两个 10 岁出头的孩子。王世强与李昌兰恢复了联系，他有时在周末徒步走到临汾县城，去新华书店买一两本少儿读物之类的书，再到邮局寄走。

20 世纪 80 年代中期，离休后的李昌兰随小女儿在北京居住。她再次与吴品三等老同学聚会，重新踏入母校的大门，并去探望了王世强。两个女儿劝她与王先生复合，她说：“他是一个需要照顾的人。如果我身体好，我会毫不犹豫地去照顾他，可是现在我还需要你们照顾，复合以后怎么生活呢?”李昌兰于 1995 年辞世，王世强与吴品三同去八宝山，参加了她的告别仪式。

2017 年的圣诞节，在数学界密码专家翟启滨的陪同下，李昌兰的小女儿夫妇前去万寿康医院探望王世强。那时候的王先生已经不大认识人了，小女儿拿出母亲当年的毕业照，王世强眼睛动了动，又拿出王世强送给母亲的照片和留言，他微微地露出了笑容。

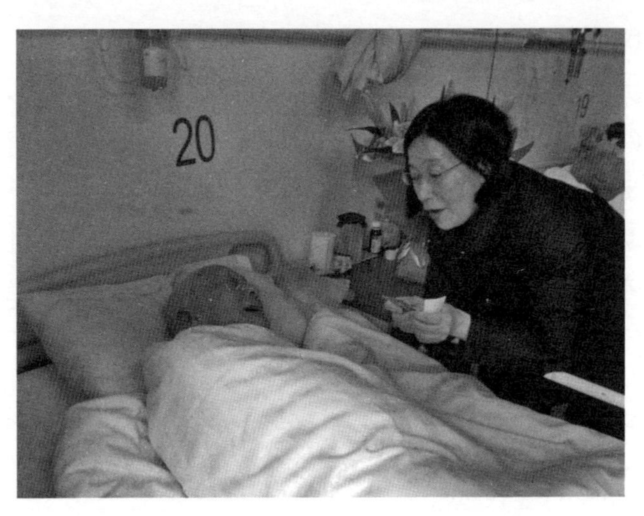

李昌兰的女儿为王世强展示照片(翟启滨摄)

五、 卷入政治漩涡

1952 年,王世强的肺病终于好转。于此同时,医学界开始提倡体育疗法,不再主张卧床静养,王世强就经常走走路,打打乒乓球。一年后,体力逐渐恢复到能够讲课的程度。那时国家对全国的大学进行了院系调整,辅仁大学并入北京师范大学。调整后,原北京师范大学在和平门外的旧址叫做师大南院,原辅仁大学在定阜大街的旧址叫做师大北院。

1952 年是院系调整后的第一次招生。由于动员高中毕业生报考师范和地质两个专业,学生进校时就有三多:第一志愿生多,学习好的多,年龄小的多。班里同学大多十八九岁,有几位才十六七岁,罗里波和陈慕容 16 岁。最小的王继平刚满 15 岁,上课后才来报到。他坐在教室门口,穿了一件咖啡色胸前带细格的外衣,还没变声,心理学辅导老师悄悄问:"这位同学是男生还是女生?"

全年级组成一个班,称为 1952 级。这个班大二开设《高等代数》,由王世强讲授,那时他讲课已经颇为精彩。1954 年元旦,班里开联欢会,邀请王先生参加。王世强很高兴,买了一包糖。当时的学生很穷,会场上连茶水都没有,这包糖给联欢会增添了不少亮色。参会的只有一位老师,自然成为目标,同学们请他表演节目,他毫不犹豫地唱了一首《黄河颂》。他的音色浑厚，像是受过专门训练，唱得很有水平。

王世强还给1952级讲过《近世代数》《伽罗华理论》。在20世纪50年代，这些都是选修课。他讲得很特别，用一节课将书本内容讲完，另一节谈内容的拓展。如讲完集合的概念，后一节就讲各种悖论及其数学危机。学生们只知道有经济危机，还没听说数学也发生过三次危机，因而大开眼界。

一次上课，先生讲伽罗华理论的一个定理，分很多种情况讨论，列了一张表。晚自习时，代数课代表陈慕容突然发现分类中有一个小类与事实不符，就对先生说了，先生很重视，在课堂上详细讲解了这类情况，还说："老师也有疏漏，如果同学发现，一定要指出，这样对我也是帮助。"先生的谦逊让大家十分感动。

王先生还发起建立课外读书小组，系党总支非常支持，还派党员教师严士健参与指导。读书小组有14名同学，读些小论文，思考点小专题。王先生给王家銮和陈慕容出的题目是"关于复数的定义"，并列好了提纲。但他们只做了一半，就做不下去了，后一半只好由王先生代庖。

1956年初夏，数学系组织了第一次学生科学报告会，材料是油印的，封面还用了红色油墨，标题是"关于代数教材的几点注记"，王先生写了前言。会上，王继平报告了"对普通运算律的讨论"，王家銮、陈慕容报告了"关于复数的定义"，1954级的程应矩报告了"行列式的定义"。

罗里波是班里的特殊人物，王先生发现他有数学才华，两人合写过三篇论文，发表在《数学通报》上的有《用牛顿法求实根上下界的精确性》《集合与一一对应》。发表在《数学进展》上的第三篇文章《有限结合系和有限群(Ⅰ)》是王先生命题，罗里波写了一半，王先生补充完整。由于当时国内的数学论文不多，这篇文章被推荐到1956年第一届全国数学论文宣读会的数论与代数小组会上报告。小组会由华罗庚先生主持，陈景润、严士健先生也在会上宣读了论文。这篇文章被收入油印材料，因为已经正式发表，就没有做报告。会议结束，王先生很高兴，带着大家去学联社吃饭。那时王继平已经长成一个高大的帅小伙，一行人浩浩荡荡，走在街上很是显眼。途中遇到一位同学，调侃地问了句："去庆功吗？"

多年后的80年代末期，陈慕容偶遇兰州大学半群专家郭聿琦，郭先生说："看到《有限结合系和有限群(Ⅰ)》这篇文章时，我上一年级，很感兴趣，正翘首以待，等着看(Ⅱ),却没了下文,后来才听说罗里波被划成了右派。”言谈中不无惋惜。郭聿琦还对王先生说过:“日本有些数学家已经在你们文章的基础上作了很多发展。”可见此文在国内外的影响。

同学们都喜欢去王先生家。王继平学英语,看书时生词太多,他嫌查字典挺费时间,便把生词写到本子上,请王先生帮忙。这原是学生对先生的非分要求,可先生却耐心地作了中文注解。本子有好几十页,密密麻麻写满英文单词和中文注释,渗透着先生浓浓的情意。王继平后来当系图书馆的资料员时,除英语、俄语外,还自学了法语、德语。他说:“这点毅力全拜王先生所赐,先生给我作注解的那个小本,我会永远留在身边。”

他们这个班入校时 76 人,1956 年毕业时有 19 人留校,另有 14 人考取研究生,在本系读研的有 10 人。这几个数字在数学系的历史上是空前绝后的。

王世强与 1952 级学生游颐和园,1956 年

厦门大学教授张福基是一位数学化学、组合论与图论专家,北师大 1954 级学生。他清楚地记得 1956 年暑假,同学们兴奋地得知,王世强下学期要教他们班的近世代数。开学后,先生让他们买了范德瓦尔登的书,并在晚自习时间选讲了体论与伽罗瓦理论。伽罗瓦理论把数学中的两条路径——方程求根的代数计算与

伽罗瓦群的概念连接在一起，张福基见到这种意外的交汇特别惊喜。出于好奇，他在课下缠着王先生讲讲张禾瑞先生的主要研究成果，王世强说："搞懂张先生的东西需要很多准备，以后给你们讲吧。"可惜那个"以后"再也没有到来。

由于工作出色，王世强于1956年29岁时晋升副教授。

1957年5月中旬，毛泽东撰写文章《事情正在起变化》，要求全国人民认清阶级斗争形势，注意右派的进攻。同年6月初，人民日报发表社论《这是为什么?》，大规模的反右斗争正式开始。

罗里波认为这种做法很不恰当，就起草了一篇大字报，题为《岂不令人深思》，署名"呵欠伯"。王继平书法不错，对全文做了修改润色后用毛笔抄写。同班的陈本清、赵振藩提着浆糊桶，夹着大字报，贴到了当时清真饭厅的西墙上。

《岂不令人深思》当即遭到100多张大字报的围攻。那天晚上大食堂有表演，节目间歇时有人在讲台上大声问："谁是呵欠伯？我们要跟你辩论!"于是约好第二天进行社团记者访问。从那以后，大大小小的批判会不知开了多少次，罗里波始终坚持己见，一直不肯低头。

罗里波的父亲当时是南宁三中校长，母亲是教导主任，共产党员。一天，罗里波站在讲台右侧接受批判，仍是一副若无其事的神情。会开到一半，主持人上台，宣读他父母的来信。信写得真切感人，大意是："……罗里波有小聪明，家里比较宠爱，所以骄傲任性。现在犯了错误，我们也有责任……希望他好好认罪，接受改造，否则会自绝于人民……"信刚读完，罗里波举起双手走下讲台，边走边说："我投降。"数学系最顽固的"堡垒"被"攻克"了。

罗里波是在北师大入的团。第二天晚上，班里团支部开会，团支书通知他："你不能参加了。"罗里波被划为极右，劳动考察三年，然后去了内蒙。

罗里波与王先生关系最密切，有人怀疑大字报经过王世强的修改，加之他在中学时曾集体登记被加入过三青团，很想顺藤摸瓜。罗里波起初拒不交出底稿，最后不得不交，才算洗清了对王先生的嫌疑。

王世强同样搞不清楚运动是什么来路，就在数学楼里给自己贴大字报，还不止一张。他的业务能力强，在系里的人缘好，系党总支保护了他，私下里告诉他不要贴了，再贴就不好处理了。右派帽子总算没有扣下来，但培养右派学生的这笔账，无论如何必须记到他的头上。

在1958年反浪费、反保守的双反运动中，数学系重点批判了王世强，说他培养了那么多右派，是最大的浪费。从那以后，王世强落下毛病，在大会小会上经常检讨自己的资产阶级世界观和教育观，给国家造成了最大的浪费，但从不涉及他人。

那一年，全系共错划右派54名，占比6.38％，本科生错划右派占比5.22％，研究生占比18.18％，而1956年入学的研究生高达27.59％。

北京师范大学数学系党总支书记王振稼是数学系反右斗争的主要负责人。“文革”后，王振稼升任校级领导，他开始大量阅读国内外的政治著作，各界人士的回忆录。家中的书柜、书桌、沙发、椅子上堆满了薄厚不一的书籍、各类杂志和报纸。他为数学系右派师生的遭遇深深自责。

襟怀坦白的王振稼开始了向被害人道歉的旅程。他在私下谈话中多次表达悔意，每次见到王世强先生都说“对不起”。当年的右派学生大多到西北的偏远地区教书，也有一部分在东北。他就借出差西北的机会找到当地的部分学生道歉。

数学系每年的春节团拜会都会给当年的老书记发出请帖，但王振稼从来没出席过，他说他对不起数学系。

六、善良的老实人

1948年底，解放军包围北平，王世强正在那里读书。身在甘肃的母亲患有心脏病，她不知道北平并未打仗，日夜担忧唯一的爱子被战争伤害，终至病情发作去世了，享年49岁。王世强悲痛万分，他写悼诗曰：“撒手人寰因思我，想起母爱令我哭。”

1954年，北京师范大学搬到北太平庄新校区。过了两年，王世强到武威将他的父亲和继母接来，住在员工宿舍工4楼三间一套的单元房里。1958年春天，他的父亲因癌症去世。不久，他的继母作为家属到师大幼儿园当保育员，有了正式的工作，并再婚了。

1952级的洪吉昌高大开朗，爱说爱笑。她毕业留校后，嫁给了高高瘦瘦、不言不语的蒋铎老师，住在蒋老师位于服务楼的单身宿舍。1959年，洪老师怀孕了，而服务楼里是不允许生小孩的。这时王世强向夫妇二人伸出援手，主动提议把自己住的三居室让给他们两间。经过房产处批准，他们很快搬了进来。

婴儿于1960年2月出生。洪老师没有奶水，正值三年困难时期，根本订不到牛奶。出于国家对知识分子的照顾，王世强副教授在困难时期享受特供，包括每天一小瓶牛奶。这时王世强毫不犹豫地将牛奶送到洪老师手中，让她喂给孩子，一连好几个月，天天如此，终于渡过了难关。王先生去世后，洪老师提起往事，深情地感叹："那可是救命的奶啊。"

婴儿取名蒋迅，在1978年考上北师大数学系。硕士毕业后他申请赴美留学，请王先生推荐。从未出过国的先生精通英文，提笔就在推荐栏上直接写好了评语。

学校再次进行教工宿舍调整时，王世强作为单身教师从家属楼搬到了四合院。四合院位于数学楼、物理楼与学生宿舍之间，由东、南、西、北四座三层楼房组成，王世强住在北楼。

王先生在生活上的散淡与对专业的执著形成强烈的对比，他的居室不大，陈设更谈不上，有榻可眠，有案供书，其愿足矣。他吃穿随意，比普通人还要简朴。他把钱财看得很淡，每月领到工资，便随意地夹在书本当中，或压在被褥底下。

当他人遇到困难的时候，王世强总是无私帮助，小到日常花费，大到临时借住。对友人，对学生，对陌生人，莫不如此。认识的人求到，二话不说，立刻慷慨解囊，完全不关心还与不还。不认识的人慕名来到门上，也是有求必应，出钱出力，甚至允许在家里长住。好学者求教，更不用说，认真讨论，不问出身，一视同仁。

1964年，原本在数学系做资料员的王继平到湖北恩施巴乐县教书。当教师需要一块手表，他无钱购买，便向王先生借。先生根本未考虑钱数多少，马上回答："若是少量，现在就有，若多则要去银行取。"王继平只要了30元，先生把夹在书里的钱拿给他，他小心翼翼地收好，到上海探亲时去旧货市场千挑万选了一块旧表。

来自广州的1952级学生王家銮留校任教，要供养弟妹上学，自从到北师大读书就从来没回过家。王先生送他路费，让他回家看看。

1952级学生将他从老师变成了朋友。班里的同学去北京，集合地点永远设在他家。看望王先生、集体照相、去实习餐厅吃饭，是班里同学的聚会三部曲。

王世强与他教过的第一届学生，1996年

1973年，在仪器设备缺乏的条件下，王世强与数学系同事一起制造了3台102台式计算机。后来为了仿制当时功能较好的长城203台式电子计算机，花费几个月的时间，破译全部微程序的两千多条微指令，搞清了微程序的内部结构，解决了生产部门的若干实际问题。此后他和黄锡瑶、王伯英到北京分析仪器厂帮助制造一台类似203的台式计算机装在他们的环境污染监测车上，进行数据计算，1978年获得“全国科学大会奖”，北师大是获奖单位之一。

七、 先生与学生们

1976年，“文革”终于结束了。1977年8月，邓小平主持召开全国科教工作座谈会，当场拍板恢复高考，同时恢复研究生招生。中国的知识分子总算盼来了1949年以后第二个科学的春天。那是一个热血沸腾的年代，教授重新登上讲台，积压了十二年与大学无缘的学生参加了高考或考研。人们蓦然发现，我们距离国际科学前沿已经很远很远。

1977年9月，中国科学院主持召开了全国基础科学学科规划会议，并有高校参加，制定了数学、物理学、化学、天文学、地学和生物学的发展规划，提出了《全国自然科学学科规划纲要》。王世强也被北师大派去参加了。

规划会议的数学组分了方向。胡世华先生主持数理逻辑方向，邀请王世强参加。王湘浩先生也请他参加计算机组，他对王先生说，将来培养的数理逻辑研究生，可以让他们转到计算机方向。他还对系主任张禾瑞说，如果纯粹搞计算机，数理逻辑的理论基础就完全没有人搞了。

从 1978 年起至 1998 年退休，王世强共招收硕士生 23 名，博士生 15 名。

王世强给研究生上课，1988 年

罗里波每次探亲路过北京，都住在先生家里，多由先生资助路费。他在王先生借给他的《符号逻辑杂志》(The Journal of Symbolic Logic)上发现了 100 多个未解决的问题，就做了一个投往《数学学报》，后来得以发表。

1978 年，罗里波 42 岁，早已超过了研究生的报考年龄。王先生以罗里波曾在《数学学报》发表文章为由，对学校说希望招他回来协助工作，做研究生副导师。学校同意了，考试也通过了，但录取权在教育部，部里认为不妥。于是王世强给有关领导写信，最终罗里波被破格录取。时隔 21 年，他重新回到北师大，再次成为研究生。

罗里波硕士毕业后赴美攻读博士学位，给他出论文题目的是小他两岁的古列维奇(Г. Б. Гуревич)教授。那时一位波兰女数学家证明了阿贝尔群的所有命题均可用模型论的一种方法判断真伪，罗里波给出了这种判断步数的一个上限。论文很快发表于《逻辑年刊》，共 40 页，占了那一期的半本。

王世强与罗里波在美国密西根大学，1982 年

这一年王先生还招了“文革”时北师大数学系大二的学生沈复兴和年纪最小的孙晓岚。沈复兴 1985 年获博士学位，留校任教，先后被评为副教授、教授、博士生导师。他曾于 1986—1987 年赴联邦德国海德堡大学数学系、1996—1997 年赴美国密歇根大学计算机系访问，一直从事数理逻辑模型论理论及其应用的研究，对王先生提出来的格值模型论作了较系统的发展。

沈复兴曾任北师大数学系副主任、北师大教务长、北师大信息科学学院常务副院长、全国高等师范院校计算机教育研究会副理事长。他以“人师”为最高职业追求，教书育人，学而不厌，诲人不倦，深受学生爱戴。

“文革”期间，北京中学生之间流传着一个“五人小组”的故事：北京四中的数学尖子钱涛、程翰生、王世林、王明，十三中张葆环跟随在北京天文馆工作的韩复榘的长孙韩念国学习高等数学，“文革”后这五人全部考取研究生。

程翰生第一次去见王先生，先生就给了他几张纸，让他先看看。那时他的数理逻辑知识为零，回家认真读过，竟弄明白了：前两页讲的是命题演算的完备性，后面四五页讲的是谓词演算的不完备性。第二天，他给先生讲了自己的理解。先生点点头说：“还挺快。”也就是说，这个徒弟他收了。

跟随王先生读研以后，程翰生才知道这几页纸是一部 350 页的名著《数理逻辑引论》的主要结果：哥德尔不完备性。先生的讲义是两面手写，然后油印的，字不大但极工整，程翰生读的时候已经发黄。后来先生又给了他几份讲义，包括图灵机、可计算性与不可解性等，都是来自名著的数理逻辑的大课题，但是没有一份超过十页。先生对知识理解得如此提纲挈领，深入透彻，在程翰生认识的教授中，能做到这一点的还真不多见。程翰生后来进入金融行业。

第一届的四名研究生正式进入师门学习模型论，用的是张晨钟(C. C. Chang)大约560页的巨著，学了两年。师兄弟四人，人手一册，读的时候，有点补充证明，就写在留白处。最后他们发现，王先生那本书厚了不少。先生读书极细，任何一个证明，他都会有不少补充，在他那里没有“不证自明”。留白处不够，就夹小条、插页，至少比原书厚了三分之一。有一次，汪培庄跟程翰生讲：“王先生那本书可值钱了，他那些小条还可以再出本书。”

在80年代中期，我国的前沿科学资料比较匮乏，教育部允许博士生出国学习半年。当时有一对情侣申请出国，教育部不同意两个人一起走。王世强一贯对学生有求必应，于是向教育部的有关领导说：愿以人格为他们担保。结果两人一去未返，先生再见到那位领导时甚为尴尬。不过类似的事情在那个年代相当普遍。

王先生在国际数理逻辑界威望甚高。1987年，先生在北京召开的“第二次亚洲逻辑会议”上，做了题为“归纳环和域”(Inductive rings and fields)的报告，吸引了国内外多位数理逻辑学家的注意。美国康奈尔大学的尼罗德(A. Nerode)教授把这篇文章推荐给数理逻辑领域的重要期刊《纯逻辑和应用逻辑编年史》(Annals of Pure and Applied Logic)，于1989年第1—2期刊出。

左起：王世强、米勒、同事，1987年

王先生与德国海德堡大学的同行、希尔伯特的第三代传人米勒(G. H. Müller)教授是多年的朋友。1985年，沈复兴去海德堡大学跟另一位教授做博士后。当时米勒正在主编一套全世界的数理逻辑论文目录(Bibliography of Mathematical Logic)，托沈复兴带给王世强一套底稿，撰写中国的论文目录。

1987年的北京逻辑会议之后，米勒教授邀请王世强去海德堡大学参加庆祝他65岁生日的数学讨论会，逗留两周。1991年，又去访问了四个月。

米勒教授对中国极为友好，曾多次携夫人一起来北师大数学系访问讲学，并被聘为客座教授。米勒的儿子也来过北京，带来了父亲为王世强买的安眠药。他在德国学习中国历史，认识汉字并懂得古汉语。

米勒教授快退休时，愿意把他的藏书和杂志无偿地送给北师大数学系，但希望一些杂志能被续订。王世强询问校图书馆是否愿意接受，校图书馆说无钱去运书，也无钱续订杂志，因而未成。王世强回国时，米勒送了一套《高斯全集》。

1985年，沈恩绍考取了王世强的博士研究生。1989年毕业时，佛莱堡大学成为当时国际上在模型论逻辑方面最强的高校。王先生通过米勒的介绍，推荐他到德国佛莱堡大学随艾宾豪斯(H. D. Ebbinghaus)教授做两年博士后，从事模型论逻辑和有限模型论的研究。

左起：米勒夫人、沈复兴、王世强、米勒、沈恩绍，1991年

王世强到佛莱堡大学访问时就住在沈恩绍家里。沈太太程士安是复旦大学的文科学者，也是上海人，聪明能干，做得一手好菜。他们有一个可爱的女儿，王世强非常喜欢。

沈恩绍陪他去配了一副秀琅架眼镜，帮他换上干净的新中山装，看起来颇有风范。可惜刚回到国内，王世强马上就换回了原来的白塑料框眼镜，穿回了原来辨认不出颜色的旧中山装。

佛莱堡位于德国南部，在瑞士、法国和德国的交界之处，气候宜人，风景优美。

有一天，艾宾豪斯教授和夫人开车，带王世强和沈恩绍去旅游胜地黑森林的数学研究所观光。那是一个专供国际数学界交流开会的地方，附带一座藏有很多数学书籍的图书馆。会议的日程排得很满，艾宾豪斯特意打听到那一天空闲，才带大家去的。

沈恩绍 1993 年底进入上海交通大学计算机系，历任教授、博士生导师。他回忆道，80 年代末，先生年事已高，不能长时间站立，于是在家授课，学生们坐在客厅的沙发上。由于家中黑板不大，证明的细节无法写全，只能写下关键之处。

左起：王世强、艾宾豪斯、沈恩绍在黑森林，1991 年（沈恩绍提供）

先生往往坐在椅子上，眼睛看向空中，仿佛整个证明如一幅长画卷徐徐展开，所有的细节环环相扣。同时还利用手势，帮助听者顺着推导前行，直至终点的结论。这使沈恩绍联想到诺贝尔物理学奖得主费曼。据说费曼的想象力极其丰富，能够把非常复杂的概念与结构，用简洁明了的图像在大脑中构建出来，著名的费曼图便是这样得到的。

沈恩绍认为，王先生的课以严谨细致著称，而上述想象能力，对于训练学生的逻辑思维尤为重要。

薛锐是北师大本科生，他对系里“四大金刚”王世强、刘绍学、孙永生、严士健的名声早已如雷贯耳，知道王世强为四大金刚之首。他于 1985 年跟随王世强攻读硕士学位。王先生对学生就像自己的孩子，有时学生讨论文章错过了食堂的晚饭，他经常会拿出点心招待大家。

薛锐于 1996 年跟随沈复兴读博，毕业后去中科院软件所做了两年博士后，并在那里工作。他主持完成了国家 863 项目以及基金委的多项基金，在国内外重要学术刊物和会议上发表论文一百余篇。2011 年中科院集中编码、公钥、密码等方面的人才，成立了信息工程研究所，薛锐担任一个实验室的副主任，主持日常工作。

王明生是1989年考进北师大的，他属于自学成才。初中毕业读了中专，又工作了两年。他喜欢数学，自学了高等代数、抽象代数甚至交换代数。王先生很看重他，硕博连读后留校任教，前后十年。1998年，他最终选择了去中科院跟吴文俊先生做博士后，并留在软件所工作，现在信息工程研究所一室负责一个密码安全研究组。王明生的研究兴趣包括多元多项式矩阵的结构及其在信息处理中的应用，以及密码学中的代数分析方法，用得最多的还是交换代数。2016年他赴美访问时，给出了计算多项式系统的格罗布纳基的最快算法的新框架和证明。

王捍贫是王世强先生1993年毕业的博士生，现任教授、博士生导师，北京大学软件所副所长，中国人工智能学会离散数学专业委员会副主任委员，《软件学报》责任编委。他的研究方向为软件理论、计算逻辑、算法分析和计算复杂性，在包括《并行与分布式计算期刊》(JPDC)、《自动机、语言和编程国际学术讨论会》(ICALP)、《计算机语音和语言》(CSL)、《理论计算机科学》(TCS)、《中国科学》等国内外重要学术杂志上发表论文70余篇，出版教材和译著7部。主持自然科学基金3项，主持或参加国家重点基础研究发展规划项目(973计划)子项目3项，主持863计划一项。2011年获教育部高等学校科学研究优秀成果奖(科学技术)一等奖(排名第二)。

张玉平也是1993年在北师大数学系获得基础数学博士学位的，同年进入北航计算机学院博士后流动站，出站后在北航计算机学院软件开发环境国家重点实验室工作。目前他致力于将逻辑方法应用于计算机科学的前沿：使用模型论工具，研究理论计算科学中所关注的某些逻辑系统和一些纯粹数学问题的内在逻辑性质，并努力探索一套适合于计算机科学的数理逻辑教学体系。

沈云付是1984年考入北师大数学系助教进修班的学员，期间恰逢教育部在高校试点在职申请硕士学位。由于沈云付选修过沈复兴教授的模型论，成绩优秀，王先生鼓励他去申请。他在王先生的指导下写了论文，于1988年初顺利地完成答辩，成为北师大第一个在职申请硕士并拿到学位证书的人。沈云付打算接着攻博，所在学校的领导却认为硕士就可以胜任教学了，一连几年不允许他考。沈云付准备辞职，王先生劝他谨慎处事。1992年下半年，先生给他的校领导写了一封公开信，让他转交。一位著名教授为一个不起眼的学生奔走呼吁，他极为感动。

校领导看后也很感动，于是不再阻拦，沈云付终于在1993年如愿成为先生的博士生。听闻先生去世的消息，他发微博说："极为震惊！我敬爱的慈祥的老师，改变我一生命运的父亲一样的恩人走了。"

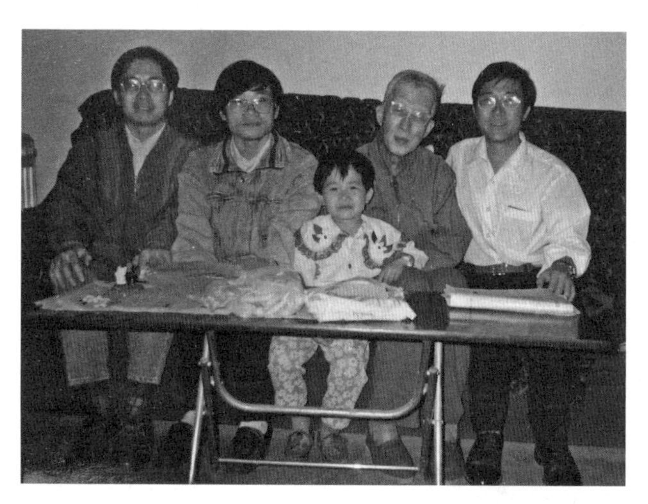

左起：沈云付、王明生、薛锐之女、王世强、薛锐，1995年

别荣芳1990年来到师大，她眼中的王先生是一位慈祥的长者，对学生非常爱护，从未发过脾气。先生才思敏捷，似乎无法超越。别荣芳跟随先生六年，读完硕士和博士，留校工作。那时候，学校分配新留校的两位青年教师同住一间房，因此她生孩子前后，曾和家人在王先生家借住数月，见识了王先生极其朴实的生活、对他人的无限慷慨和无私帮助。别荣芳留校工作后，系里分配她讲授计算机专业的数据库原理、数理逻辑等课程。1998年学校将数学系计算机专业、原无线电电子学系和教育技术系合并组建信息科学学院，她随数学系计算机教研室一起转入信息科学学院。别荣芳于2003年访问英国剑桥大学计算机系，研究方向逐渐从数理逻辑转向了计算机，从事数据库与数据挖掘、知识工程、物联网等领域的研究。现任北师大信息科学与技术学院教授、博士生导师。

数理逻辑专业的博士和硕士研究生答辩，经常请南京大学的莫绍揆先生做答辩委员会主任，他在逻辑演算、多值逻辑、悖论、递归论、集合论等方面皆有建树。莫绍揆、胡世华、王世强是当年中国数理逻辑的三位巨头。

答辩前，莫先生住在王世强家里。系里的老师甚为惊讶：这样尊贵的客人应

左起:王明生、王世强、沈云付、别荣芳,1993 年中秋

莫绍揆与王世强游香山,1983 年

该住学校宾馆呀,何况王先生的家里比较脏乱。自然有人去跟先生提建议,先生一脸无辜地辩解:"是莫先生自己愿意住我这里呀。"

胡世华先生曾经特意找到王世强,建议他转向计算机。但王先生认准了的事情是不会轻易改变的。他坚信:由于数理逻辑是用数学方法对数学中的逻辑思维以及模型、集合、算法、证明等基本概念进行深入研究的学科,所以必然会在数学研究的某些场合起到不同于常规数学思维及方法的特殊作用,并且这种作用在不少情况下是不可替代的。

王世强一生都在追求独立自由的精神、卓尔不群的思想,为学习、研究及发扬"数理逻辑对数学研究有独特作用"这一命题的深刻内涵而不懈努力。他曾多次向当时负责数学发展规划的华罗庚教授和国家教育部、国家科委等上级领导及部门直呈数理逻辑的重要性及其在数学中的应用。

他还写过一封信给陈省身先生,附带一篇文章和一本小书,他知道陈先生忙,请他不必回信,但听说陈先生在南开大学公布了这封信。凭借王先生在数学界的声望,他的努力对于强化数理逻辑在中国数学界的地位起到了巨大的推动作用。

人淡如菊，不是平庸无奇，而是朴实内敛；不是没有性格特点，而是坚韧独立。王世强仍然坚守在他选定的领域，一个艰深而前沿的领域。他的执着，再次验证了刘绍学提出的“数学家判定定理1”。

八、数学人的一生

王先生一生发表学术论文70余篇。美国科学信息研究所于1957年创办的科学引文索引(SCI)，是目前国际公认的比较客观的学术评价工具。我们查到王先生至少有13篇文章被SCI录入。如果将他1964年之前在《数学学报》上发表的4篇文章计算在内，王世强一生发表在国际重要刊物上，并且质量相当高的数学论文至少有17篇。

论文主要分为四个方面：解决一些世界数学名著或刊物中的公开问题、对格值模型论的研究、利用模型论研究数论及代数方面的论文。下面分别对这四个方面加以介绍。

1. 解决一些世界数学名著或刊物中的公开问题。这样的文章有《命题演算的一系公理(及补注)》《关于合同关系的可换性》《实向量所成的有序环》《关于代数系统的自同构群的一个注记》等。其中前三篇可以说是王先生的成名之作。由于这三篇文章的发表，他一跃成为国内有实力的数学研究工作者，进入了数学研究的前沿。这时他才26岁。

《命题演算的一系公理(及补注)》[数学学报，1952，2(4)]一文解决了美国《数学评论》[Mathematical Reviews，1948(9)]中评介的一组公理的独立性问题。琼森(B. Jónsson)的一段文字介绍说：哥特兰(Erik Götland)在一篇论文中提出一组公理作为命题演算的公理系。王先生发现该公理系不是独立的，他在文中证明了其中的一条能被其他三条推出，去掉这条之后，余下的三条则形成完备和独立的公理系。

《关于合同关系的可换性》[数学学报，1953，3(2)]也是一篇解决公开问题的文章。原问题是在伯克霍夫(Birkhoff)所著的《格论》(Lattice Theory，1948年第2版，下同)一书中提出来的。王先生的文章对格、拟群和圈等代数系统中的合同关系作了深刻的研究，对于在什么情况下合同关系具有可换性，在什么情况下合同关系是不可换的做了解答，解决了该书的两个公开问题。

《实向量所成的有序环》[数学学报，1955，5(1)]还是一篇解决世界公开问题的文章。原问题也是在伯克霍夫所著的《格论》一书中提出的。王先生在这篇文章中证明了二维实向量能够做成有序环，并对其中乘法的定义方式进行了探讨。

《关于代数系统的自同构群的一个注记》[数学进展，1972，1(2)]是又一篇解决公开问题的文章。原问题仍然是在伯克霍夫所著的《格论》一书中提出的，但是问题的提出方式与书中的其他问题有所不同。它排在书中所有未解决问题的最前面，却没有赋予编号。正因为如此，每一个阅读该书并从中寻求科研方向的人都会看到这个问题，同时也就表明了这个问题的难度。这篇文章是罗里波与王世强合作完成的，但是由于当年的政治环境，罗里波所写的部分在文中只能用注释的形式发表。王先生还在文中对原问题的结果做了预告，多年以后，罗里波将最终的结果以自己的名义写成《关于代数系统的自同构群的一个问题》，发表在《数学学报》[1980，23(4)]。其间过程的周折复杂，突显出王先生在科学研究中的高风亮节。

2. 对格值模型论的研究。早在1956年，王先生就设想过要有一批人，形成一个集体，共同搞研究工作。经过长时间的探索，他找到了几个有发展前途的研究方向，其中对格值模型论的研究就是一个很好的方向。1978年国家恢复招收研究生后，同学们陆续入学，加上教师中的研究人员，形成了一个在王先生主持下的研究集体。王先生在1980年至1982年发表的3篇文章成为格值模型论方面的奠基性工作。

模型论原是20世纪初逐渐发展起来的一个数理逻辑分支，到了70年代，张晨钟的《模型论》一书出版，全面总结了已有的研究成果，将各种数学系统的逻辑性质表述得非常清晰。有些系统的逻辑性质又能够推演成为纯粹数学性质，使得数理逻辑成为证明某些数学新定理的手段。王先生选择对格值模型理论的研究，他和他的学生在这个方向发表了很多文章，建立了格值模型的紧致性定理、司寇伦定理(LST定理)，也就是模型在不同基数之间的实现定理，以及超积定理，使得格值模型论基本成形，开辟了模型论研究的新方向。

3. 利用模型论研究数论。这也是王先生经过长时间的探索，找到的有发展前途的研究方向之一。人们都知道关于自然数存在一个皮亚诺公理系统，其中有一条公理如下，对于所有自然数 x，$x+1$ 不为0。这条公理保证了自然数的无限性。

王先生将这条公理弱化为1,2,3,……均不为0(无限多条公理),得到一个弱皮亚诺公理系统。王先生和他的学生们证明了关于这个系统的很多重要性质。在这个系统之下,哥德巴赫猜想可以成立,也可以不成立;孪生素数可以只有有限对,也可以有无限对。这表明了哥德巴赫猜想、孪生素数猜想等对这些环的理论在一种弱意义下的独立性。

王先生将逻辑方法/工具用于讨论多种代数数域(或环)中一些与传统数论中著名的公开问题相对应的问题,导出不少有趣的结果,为20世纪末数理逻辑的研究做出了重要的贡献。

4. 代数方面的论文。王先生在格论、无限方阵等方面也发表了一些高质量的论文。他曾有过向该方面发展的计划,后来由于在数理逻辑方向担负着研究中心的任务,不得不有所偏向,这个方面便没有大力开展。

总的来看,王先生自20世纪40年代开始,70年来孜孜不倦地进行数学研究。他解决了一些世界数学名著或刊物中的公开问题,开创了模型论的研究方向,还带出了大批研究人才。他是一位当之无愧的优秀的数学家。

他所领导的研究集体在1987年获得国家教委科技进步奖一等奖,获奖项目名称为《模型论与判定问题》,主要工作是格值模型论研究以及用模型论和数论方法证明了一些判定问题的弱独立性。这是北师大数学系首次获得该奖项,申报人是王世强、罗里波、沈复兴、卢景波。他在1996年又获得了国家教委科技进步奖三等奖。

1987年,王世强所著《模型论基础》在科学出版社出版,这是我国模型论的第一部专著。

为了宣传国外在数理逻辑方面的一类重要成果,他曾邀请杨守廉共同撰写了《独立于ZFC的数学问题》一书,于1992年出版。书中介绍了数学中一批已被证明的独立性结果,例如可换群论中的怀特海问题,巴拿赫代数方面的卡普兰斯基问题等。当我们对反映朴素集合论的ZFC公理体系增补了不同的新公理之后,这些问题可以有完全不同的答案,因而它们是不可能只用朴素集合论来解决的,正像当年非欧几何出现时的情况一样。此书在美国《数学评论》中受到好评,被认为是在集合论应用方面"最有趣的中文著作之一""书是写给一般数学家的,但也是集合论研究生很好的参考书"。此书在1995年获得国家教委优秀学术著作奖。

国家教委科技进步奖一等奖得主，左起：卢景波、王世强、沈复兴、罗里波

他于1979年至1987年担任《数学进展》编委。1979年至1997年，担任《中国科学》《科学通报》编委。

王先生对于自己的名誉和头衔一贯不太在意，但北师大和数学系还是很在意的。80年代学校曾经为王世强申请过一次院士，那是数学系的第一次申请，没有成功。

同系的王梓坤教授在90年代初当选中国科学院院士时曾说："王世强先生一直在老老实实地做学问……实际上，我们念书花的工夫远远不如王世强深，他独身全心全意搞学问，对数学有兴趣。"

多年后李仲来问王世强："有人说，如果当初您去了科学院，可能就提了院士，您怎么看?"王先生回答："这个倒不是……，我觉得这个……，当然院士跟单位有没有关系是一个问题，但主要还是跟自己在专业上的努力有关系。"老实人永远检讨自己，从不怨天尤人。

1997年，王世强年满70岁，按规定应该退休，但因为还有研究生尚未毕业，又延长了一年。按照刘绍学提出的"数学家判定定理2"，退休后的他依然在做数学。他独自在《北京师范大学学报(自然科学版)》和《数学通报》上发表了11篇论文，还有3篇与研究生合作，分别发在《北京师范大学学报(自然科学版)》和两次会议论文集上。

另一方面，他与孟晓青合作撰写了《数理逻辑与范畴论应用》，独自撰写了《傅种孙与现代数学》，皆在北师大出版社出版；并促成了傅先生的遗作《几何基础》的问世。此外，他还为数学家主编的书籍写了4篇文章。

正是由于他几十年如一日的努力，北师大数学系基础数学专业数理逻辑方向才成为国内唯一的模型论研究基地。他也因此获得了全国优秀教师（1989）、全国教育系统劳动模范（1993）、北京市优秀共产党员（1987）、北京市优秀教师（1989，1993）等荣誉称号。

2006年，年近80岁的王世强学会了使用电脑。北师大数科院热心公益事业的马京然老师鼓励他写过一篇《今生简忆》，简忆中他绘声绘色地描述了自己的童年和少年时代，忠实地记录了他“文革”期间在临汾干校的经历，风趣地谈到了他多次应邀赴德国、美国、西班牙访问和开会的见闻。

教授的那点儿退休工资实在谈不上富裕，但他仍然像以前一样，对人有求必应。于是常有人前来求教，痴迷数学的民间科学工作者也会在他那里借宿。

自20世纪80年代始，有许多业余的数学爱好者，专攻世界性难题，如哥德巴赫猜想、四色定理，甚至还有三等分角等早已解决的古典问题。这其中有真正认真的数学业余爱好者，在上海新锦江宾馆计算机房工作的王世琪，便是一例。

王世琪没有正式的本科文凭，上过一些编程的培训班。原先他只是对传统数学感兴趣，去复旦听一些数学课程，认识了几位数学系的老师。后来兴趣转到逻辑的模型论，写信向王先生请教，王先生有问必答。

沈恩绍回上海工作时，王先生特地嘱咐他，要去认识王世琪，给予帮助，后来他们两人成了朋友。沈恩绍向他推荐了一本模型论专著，他复印了全书，啃了若干推荐的章节，读了一些专业杂志中的文章，还参加了两次国内的数理逻辑会议。

王世强80岁以后确实做不动数学了。他经常和几位老同学、老学生和新交的两三个年轻朋友一起聊天。他们中有人喜欢做诗，有古体的，有现代的，于是他也想试试。自己有什么想法和感慨，随时记下来。久而久之，积攒了不少，但多为“不能登大雅之堂”的打油诗。

王世强的别号叫“王打水”。唐朝不是有个“张打油”吗？他觉得自己没什么“油”，只有“水”，所以自诩为“王打水”了。

除了写打油诗之外，他也写一些相声、小品和话剧剧本。有原创的，也有改编的,《三国演义》《红楼梦》《水浒传》,他都能拿来调侃一番,目的是锻炼锻炼自己的脑子,不然恐怕要"生锈"了。他的作品有一个特点,就是题材皆与时事相关,也算他关心时政的一个体现吧。

王世强与西北师院时代的老同学马文俊(马京然摄)

多才多艺,既懂京剧昆曲艺术,也懂西方古典音乐;既读过中国典籍,也读过西方名著的王世强,用他丰富的知识、广博的见闻自娱自乐。

王世强的学生对他说,现在外面的年轻人时兴写博客,写了东西大家都能看到,还可以讨论。他很感兴趣,也想自己开一个,学生就很热心地为他开了一个博客,从 2008 年开张。

他有什么新鲜动静,都会在博客上更新。以前,有许多民间的数学爱好者经常给他写信,与他探讨问题,都是挂号信往来。现在有了博客,就可以让他们在博客上留言,或是发电子邮件,直接在网上回复,觉得颇为方便。

这位潜心数学的专家,还是一个很时髦的潮人呢。

万寿康医院交通不便,北师大数学学院的老师去看王世强,每次都是几人一组乘出租车前往。2017 年 3 月 30 日,是王世强先生的 90 岁生日,刘绍学、李英民、余玄冰、陈方权在 27 日一起去为他祝寿。

王世强躺在床上,刘绍学刚一进门,他就流下了眼泪。一向心地柔软,极重感情的刘绍学顿时泪如雨下,他赶忙走到床边,紧紧地拉住了老朋友的双手。两位老友四目相视,双泪长流。余玄冰一直站在刘先生身边搀扶着他,不断地为他擦泪。直到王世强被扶起坐在床沿，稍后刘绍学在旁边的凳子上坐下，两人仍然紧拉着双手，流着眼泪对望。王世强惦念刘绍学，很多熟人他不认识了，但刘家的电话号码，却能够脱口而出。

病房的小桌上摆好了寿桃，大寿桃的盖子下面藏着 90 个小寿桃。刘绍学将大桃掀开，捻起一只小桃象征性地送到王世强嘴边。那天，医院的护工、护士、大夫，数学学院与王世强相熟的很多老师都吃到了寿桃，祝愿好人长寿。

28 日，曹锡皞、陈公宁、陈平尚、余玄冰一起去了，带着一副百寿图。王世强躺在床上，发声困难，但曹锡皞看到他的口型在说"白白本"，这是"皞"字的分解，也是曹锡皞在数学系的外号。曹锡皞在王世强 88 岁寿辰时送给他自己写的条幅"岂米期茶"，80 岁那年送他自画的国画"松"，王先生始终挂在自己家的墙上。老师们对先生有太多的思念，先生对大家也有太多的不舍。

王世强与刘绍学：四目相对，双泪长流（陈方权摄）

人生如同一部交响乐，每个乐章都要用心去谱写。谱好这部乐曲并不容易，太多的不确定因素，让你不知所措。

如果你从容淡定，乐曲便平和舒缓；如果你诚实善良，乐曲便优美连续；如果你坚韧独立，乐曲便有一个鲜明的主旋律。王世强在北师大数学人的心中，留下了一首美好的交响曲。

与玄英权贺王大九十会面

热迎华诞日　悲染病榻前
会面尚未语　四眼泪涌泉
少年到老朽　相处七十年
相交如水淡　相识善是缘
高山流水处　落日大海边
人生路漫漫　再聚几多年

2017.3.30. 晨记

刘绍学致王世强的最后一首诗(刘绍学摄)

致谢

文章由四川大学罗懋康教授赐名;沈恩绍仔细校阅了全文,特此致谢。作者采访了北师大教师刘绍学、洪吉昌、余玄冰、李英民、曹锡皞、赵籍丰、刘继志,王世强的学生王继平、王家銮、沈复兴、程翰生、沈恩绍、王明生、薛锐、沈云付,校外研究员翟启滨、黄永俭、袁兆鼎和校外教授钱涛。

张英伯由于偶染腿疾,所有的采访都是通过微信聊天,或受访者到北师大寓所进行的。唯一的一次外出拜访,导师刘绍学教授甚至送她到受访者的家门口;她几乎隔天咨询一次院史专家李仲来,他每问必答;马京然老师提供了绝大部分照片;余玄冰老师告知了医院的大量素材。在此仅向他们,向数学科学学院的同事们,致以诚挚的谢意。

参考文献

[1] 李仲来. 北京师范大学数学学科创建百年纪念文集[M]. 北京:北京师范大学出版社,2015:294 - 308.

[2] 李仲来. 代数与数理逻辑　王世强文集[M]. 北京:北京师范大学出版社,2005.

2-6 数奇何叹，赤心天然

——记数学家、密码学家曾肯成*

另类数学家曾肯成一生坎坷。曾国荃是曾国藩的胞弟，曾在清末剿灭太平天国的战争中立下赫赫战功，曾肯成便是曾国荃的孙儿。曾肯成才华横溢，禀赋出众，英语水平被误认作出生在美国的华人，俄语学了不久就能够流利使用。他在苏联留学期间被戴上右派帽子，被迫回国，到中国科技大学任教。他在密码学领域建树颇多，声名赫赫。

引子

2004年5月13日，中国数学界的一位奇人在缠绵病榻近十年后，默默地离开了喧嚣的人世。他是中国科学院研究生院一位普通的退休教授，原计划由院里的离退休工作处主持后事。

最后他的追悼会由中国民主同盟会主席、人大常委会副委员长丁石孙任治丧委员会主任，中国科学院常务副院长白春礼院士任副主任。研究生院在讣告中对他的定位是“我国著名的数学家、密码学家、中国科学院研究生院资深教授”。悼词中说：“他才华横溢，思想深邃；举重若轻，奇想频出；文理皆秀，科教俱佳；学术精湛，成就卓著。”“一支长长的送行队伍迈着沉重的步伐缓缓前行，仿佛走在一片桃树林中，桃花谢了，桃子摘了，只剩下枯枝。队伍中是他从全国各地赶来的学生、同事和朋友，他们不是来欣赏花的芬芳，品尝果的美味，而是来感谢树的恩情，留下永远的纪念与崇敬。”[1]

---

* 作者：张英伯、李尚志、翟起滨。原载：《数学文化》，2019年第2期，3-26；2019年第3期，3-23。

曾肯成标准照

丁石孙在一文中写道:“他的死,我不但感到失去了一个很好的朋友,更重要的是失去了一个很有才能、应该给国家做出很重要的贡献的天才。”他“为人正直,不说假话。对于一些不公平的事件,极其气愤,这就使他得罪了很多人”,“他过早地离开了我们”,“就像一颗流星,穿过宇宙,很快就消失在黑暗之中”。[2]

他叫曾肯成。

一、 痴迷书海

1927年12月7日,曾肯成出生在湖南省涟源县一个大户人家。家中在乡间有二百亩良田,村外有窑厂,县城有商铺。村里的乡亲以曾姓为主,只有几户外姓人家。

这个家族与双峰县的曾国藩家族同祖同宗,供奉同一个祠堂,两县在目前的行政区划中属于娄底市的两个区。

曾肯成的父亲是本地一位颇有才学的绅士,精通易经。曾肯成排行老二,有一个大他十岁的哥哥,还有一个小他一岁的弟弟。曾家祠堂办了私塾,村里无论是大户子弟还是长工的孩子都去读书。

曾肯成身材瘦小,又是少爷,有时由别的孩子替他挑书。乡间不用书包,四书五经放在木箱里用扁担挑着上下学堂。

他的童年是快乐的:在村子里爬树掏鸟;在山林间踏花寻路;光着屁股跳进溪水中嬉戏打闹。当年私塾的孩子们打架,壮实的刘海荣冲在前面,手无缚鸡之力的曾肯成则围着滚成一团的交战双方绕圈子,声嘶力竭地呐喊助威。

巧合的是为他挑过书的刘海荣后来成为他科大的同事,搞行政工作。他赋七言绝句一首《忆儿时一道光着屁股打鱼事赠挚友刘海荣》:“漠北淮南人落拓,龙山涟水岁峥嵘。凭君莫话儿时事,小网清溪啸野童。”如今曾肯成退休了,在故乡龙山涟水间度过的美好岁月却依旧栩栩如生。

曾肯成自幼聪慧过人,熟读四书五经,唐诗宋词倒背如流。在他过11岁生日那天,亲朋好友前来祝贺,父亲命他当众赋诗一首。曾肯成的生日按阴历计算是

11月11日，只见他略作思考，顺口吟诵："十一十一满十一，光阴似箭矢如飞。学得一身本领在，再过十年二十一！"亲友们听后交口称赞，几乎异口同声地说："肯成儿长大一定能做大官！"

这段往事来自1975年6月1日那天，当曾肯成得知自己的爱女曾宏做了班级的少年先锋队小队长时，兴奋地回忆起他十一岁生日的盛况，感叹道："人家都说我可以做大官，可是我连小组长这样的官也没当上，我的女儿曾宏在这个年纪可当上小队长了。"路过小卖店时，他决定给女儿买一块五角钱的巧克力作为奖励。可是他翻遍了全身上下所有的口袋，也没能凑够五角，与他同行的学生见状，马上掏出自己的钱包替他买下来了。

曾肯成在私塾读完初小，才到外面去上西式小学。小学毕业，曾肯成考进国立师范学院附属中学读书。

国立师范学院的校长是民国著名的教育家廖世承，国学家钱基博等一批饱学之士在那里任教。钱锺书的小说《围城》中的"三闾大学"便是以该校为原型创作的。为了研究中等教育，以及供学院的师范生观摩实习，廖世承呈请教育部批准创立附属中学，并亲任校长，国师附中的质量之高不言而喻。

在16岁那年的暑假，曾肯成发现自家的阁楼上有一本200来页的《微积分》，是曾国藩的次子曾纪泽译自英文，用文言体书写的。他捧起这本书通读下去，竟然读懂了，觉得特别好玩。他还把微积分中的习题编成诗句，解答过程也用诗表现一番。这本《微积分》成为他走向数学之路的启蒙读物。

曾肯成中学毕业后，考上了培养报务人员的电信班。对于他来说，文化课易如反掌，但是出操训练成了大问题。他的小脑功能不太健全，走路有时一顺。糟糕的是他个子矮小走在前面，队列中的学员不知不觉地也跟着他走一顺了，于是他就被开除了。

1946年，曾肯成以中南地区考生第一名的成绩进入清华大学。来学校报到时，新生宿舍尚未准备齐全，几位湖南老乡就在清华学堂的地板上睡了一个月。

在大学的第一年，由于不会料理自己的生活，他把父亲给他的钱胡乱支配，很快就没钱用了。次年，他的弟弟曾肯干考入上海复旦大学外文系，父亲只好把学费统一放在他弟弟处，弟弟按计划寄钱给哥哥。

曾肯成在体育课各项运动的测试中从来都不及格。幸亏生长于湖南水乡的他会游泳，只有这一项运动及格了。

曾肯成的班上有20名学生，因为招生人数不多，数学系每年级只有一个班。一年级开设微积分，期末考试如果达不到75分，就不允许继续留在数学系了。因而不少同学转系，目前我国一位很著名的经济学家，就是从这个班转到经济系的。也有一些学生退学，二年级又会有一次减员，数学系有很多届到四年级毕业时就剩下三四个学生了。

班里成绩最好的是曾肯成，他非常用功，有时深夜打着手电在被子里写读书要点。要读的数学书太多，如果无法选择先读哪本，他就用抓阄的办法决定。除了读数学，曾肯成还读物理、地理、历史、文学、哲学，甚至宗教，古今中外，林林总总，什么方面的书都读，藏书丰富的清华图书馆使他如鱼得水。

万哲先、丁石孙、曾肯成是最要好的朋友，戏称“铁三角”，他们三人同年，但万哲先启蒙较早，比其他二人高出两个年级。

万哲先，1944年

曾肯成，1946年

丁石孙，1948年

（清华大学学籍档案，刘秋红翻拍，朱彬协助）

万哲先谈到他念三年级时，有一天到二年级同学胡潮华寝室去玩。不一会儿，一年级的曾肯成来找胡潮华请教数学问题：关于萧君绛先生所译范德瓦尔登《近世代数学》第2卷第7章的伽罗瓦理论。胡潮华没有学过，便请高年级的万哲先回答，那次巧遇使万哲先和曾肯成正式相识。问题相当深刻，万哲先也感到困难，就和曾肯成一起看书、讨论，终于把问题搞清楚了。曾肯成喜欢看书自学，所修课程总是比同学超前。

万哲先毕业后留校工作，成为曾肯成班上的助教。这个班学过的课程有吴光磊的微分几何、段学复的伽罗瓦理论、王宪钧的数理逻辑、闵嗣鹤的解析数论等，主讲人都是当年数学界的名师。

丁石孙在上海大同大学读书时，对国民党政府的腐败不满，于是参加了共产党领导的学生运动，被学校开除了。他不得不异地转学来到北京，考入了清华大学数学系三年级，成为曾肯成的同班同学。进校不久的一天，曾肯成悄悄地指着万哲先为丁石孙介绍："那个小胖子很厉害。"

丁石孙在《哭曾肯成》一文中写道："同学几年来，我感觉到他的智力超群。他不但有很强的理解能力，而且有很强的记忆力，我认为这两者同时都强的人并不太多。""他看了许多闲书……但在全班同学当中是学得最好的，至少比我要好。"[2]

1950 年，曾肯成从清华大学毕业，获得当年毕业生的最高奖项，与他同时获奖的数学系同学有丁石孙、殷涌泉。

这个班还有一位坚持到四年级的学生名叫梁凡初，他在清华大学读书期间接受了共产主义理论，成为中共地下党员，从事职业学生运动。他的毕业论文都写好了，却差一个月没有拿到毕业证书，就到北京市团委去工作了。

水木清华校庆

同学再度相逢(曾宏提供)

梁凡初是湖南安化人,安化目前属益阳市辖区,与涟源接壤,是离曾肯成家很近的老乡。曾肯成有时跟着梁凡初在清华附近的农村办识字班讲课,不过他的湖南口音村民们不易听懂。他还跟着梁凡初领导的医疗队,给村民发点红药水、紫药水、硼酸一类便宜的常用药。因为乡村从未用过西药,这些东西有时还真管用。在1949年上半年,梁凡初介绍曾肯成加入了中国新民主主义青年团(现名共产主义青年团)。

数学系课程很难,物理系更难。当时大家都很佩服物理系的黄祖洽,数学系的一位老师企图把他挖过来,再三动员他转系未果。那个年代美国物理学家已经制造了原子弹,并用它结束了第二次世界大战。所以黄祖洽和物理系学生们的理想是"为中国制造原子弹"。

丁石孙写道:"在我们毕业前一年,就是一九四九年,华罗庚先生从美国回来,在数学系任教,课程是他近年来正在进行的典型群方面的工作,课程的名称叫'矩阵几何'。当时我们的系主任段学复先生与华罗庚有较好的关系,从我们毕业班向华罗庚先生推荐了几个人,让他挑选。因此曾肯成毕业后就到科学院,在华罗庚的指导下进行工作。我留在清华数学系当助教。"[2]

按照王元院士的说法:"华罗庚是天才,曾肯成也是天才……因而曾肯成也不是华老严格意义下的学生。"

1950年前后,曾肯成家中发生了意想不到的变故。在抗日战争期间,嫂嫂有个兄弟在国民党军队做事，哥哥便投军参加抗战，后来成为军官。父亲早两年去世了，家中三个儿子都在外面，只好由母亲当家。幸亏家族兴旺，邻里关系融洽，母亲有了困难经常由族人出手相帮，族人甚至还出面替她偿还赌债。

中国的读书人乡土观念很重，哥哥舍不下母亲，也舍不得家中的良田、窑厂和商铺，便于1949年初回到了家乡。

1950年，湖南省开始了大规模的土地改革。土改工作队建立了以贫雇农为核心的农民协会，作为土改的执行机构。曾肯成的哥哥被划成了地主。从此以后，曾肯成便给兄嫂寄钱，资助他们的孩子读书。

曾肯成的弟弟在抗美援朝中参加了志愿军，回国后在解放军的洛阳外国语学院工作。

二、语言怪才

曾肯成于1952年初离开数学所，来到中国科学院院部编译局。人们都知道他是一位才子，除了数学之外，还通晓文、史、哲、宗教。

有一次，他参加了郭沫若院长接见苏联代表团的活动。该团的一位成员与郭沫若谈起中国甲骨文的一个问题，可是院长的俄文翻译不懂科学术语，译得总是不太得体。于是曾肯成就用英文翻译给这位可以听懂英语的苏联专家，取得了很好的效果，郭沫若非常高兴。

当时中苏关系至关重要，而中国科学院缺乏通晓科学技术的俄文翻译。于是在1952年7月中旬，院部派曾肯成到哈尔滨俄语专科学校学习俄文。

曾肯成学习十分刻苦，经常到可以锻炼俄语听说能力的地方实地演练。他发现学校附近有一个俄罗斯人的墓地，就常去找看管墓地的俄罗斯老太太，滔滔不绝地用俄语跟她侃大山。

不到两年时间，曾肯成说俄语时的准确与流利程度令俄籍教师都不敢相信，他们称道曾肯成的俄文已经达到当时俄语专科学校教师的水平。留学苏联的计算数学家石钟慈院士说："俄语语法复杂，我讲俄语比较流利，但语法常出错，曾肯成从不会错。"

1953年12月中旬，曾肯成离开哈尔滨回到北京。从那时起，中国科学院编译局便有了通晓科学技术、深谙理工文史、语言准确流畅的高水平俄文翻译。

一位学习中国历史的苏联研究生写了篇学位论文，论述郑成功收复台湾，送到中国史学界权威郭沫若那里审查。审查之前需要译成中文，但是在翻译中遇到了困难。[1]论文中有一段话：荷兰侵略军听说郑成功的部队来了，闻风而逃，同时大喊大叫“kuoxingga”(此处用汉语拼音表示读音)。翻译人员没见过这个单词，查遍了俄文词典，也搞不懂它的意思。

译员想到了曾肯成。曾肯成一看就说：“kuoxingga 不是俄文单词，是中国话！”只不过不是普通话，而是福建话。“kuoxing”就是国姓，郑成功被逃亡中的南明皇帝赐姓“朱”，称为国姓爷。福建话中的“爷”发音为“ga”。因而“kuoxingga”就是郑成功的光荣头衔“国姓爷”。

原本是用中国话喊的，论文中用俄文字母拼音，中国的翻译反而不认识了。这也难怪，要想译好这句话，只懂俄文和中国的普通话不行，还需要了解方言和历史，也只有曾肯成这种博古通今的语言怪才能够译得出来。中科大数学系学生李尚志“文革”后成为曾肯成的研究生，曾向他求证这件事情的真伪。他没有回答，只是对着李尚志洋洋得意地说了一通福建方言。[1]

曾肯成对万哲先讲过一件小事：有一次中苏友协发来请帖让他去开会，他坐在第一排的中间，被招待抽烟、喝茶。会议开始前放映了一部苏联电影，服务员拿着扩音器过来找他，说请你翻译一下。他就在毫无准备的情况下做了影片的同声传译。

1956 年元旦，中国科学院院部进行机构调整，撤销原编译局，将其部分工作并入科学出版社，于是曾肯成做了一段时间的编辑工作。《有话可说——丁石孙访谈录》[3]一书记载了这件事情：

“我记得有一天他来找我，问我愿不愿意翻译一本俄文书。这本书是苏联新出的一部经典丛书中的一本，是鲁津(H. H. Лузинн)写的，书名叫《解析集合论及其应用讲义》。当时我完全不懂这本书讲的是什么东西。但是，知道这是一本经典著作。曾肯成告诉我，鲁津就是用这本书培养了一批苏联的数学家。我就答应了下来，利用空余时间一边念一边翻，翻译完就出版了。”事实上，曾肯成调往科学院院部后一直都没有放下数学。

1954 年，曾肯成翻译了邓金著《半单纯李氏代数的结构》。

1955 年，丁石孙、曾肯成、郝鈵新合作翻译了范德瓦尔登的名著《代数学》(B.

L. Van Der Waerden, ALGEBRA),万哲先校。上册很快在科学出版社面世了,购买者甚众。下册译完后遭遇“文革”,夭折了,“文革”后才得以继续。

1964 年,曾肯成、郝鈵新合译了库洛什所著《群论》上册,在人民教育出版社出版(下册由刘绍学译)。

曾肯成译著

这些著作在当年属于科学前沿,著作中文译本的出版为代数学在国内的普及和提高起到了强有力的推动作用。

1956 年被中国知识分子看作科学的春天,新年伊始,科学院开始拟定“中国十二年科学规划”。全称是《1956—1967 年科学技术发展远景规划纲要》。

苏联派了一个专家组帮助中国政府制定这个规划。曾肯成因为俄文出色,被任命为专家组组长的翻译。苏联专家组聚集了数理化生、航空航天、原子核技术等方向的院士、通讯院士和资深专家。曾肯成全身心地投入到制定研究规划的工作中去,参与了一些重要的俄文翻译和规划条文的逐字推敲。这个“科学规划”在当年七八月份制定完毕。

不幸的是,规划出台的第二年就遭遇了反右派斗争,继而是 1958 年的“总路线、大跃进、人民公社”三面红旗和 1959—1961 年的三年自然灾害。但是从经济调整开始的 1962 年到“文革”之前的 1966 年 5 月,我国的科学技术有了一些重大的发展。发展的标志是三大成果:核技术、航天技术、人工合成胰岛素。这些都可以算作“科学发展规划”的成就吧。

由于出类拔萃，曾肯成难免恃才自傲。他在院部得到了一间独立的办公室，配备了办公桌和当年罕见的转椅。有时同学故旧来访，他背靠在转椅上，脚跷在桌子上，颇为自得。

曾肯成书生本色，率性而为，从来不会掩饰自己，不说假话，也不大懂得看人眼色，有时天真得像个孩子，甚至忘乎所以。俗话说，物极必反，在院部的辉煌成为曾肯成人生的转折点。

规划中引起曾肯成特别关注的是中国要研制大规模的计算机设备。也许中科院领导感知到曾肯成更是块科学家的材料，决定派他去苏联科学院计算中心做研究生，时间是1956年10月。

曾肯成开始在苏联学习计算技术，他听苏联教授讲课毫不费力，甚至可以一边听老师用俄文讲述技术细节，一边用英文记笔记，课后提供给那些听不懂俄语，来自其他国家的留学生。

曾肯成不但能将中国的古典诗词倒背如流，英文和俄文的诗歌也能背下来一些。有一次他半开玩笑地为苏联女同学背诵一首俄文小诗，是倒着一个词接一个词流利地背出来的，令她们惊讶得半天合不拢嘴。

曾肯成对苏联现状也有自己的独立见解。这些事情其他的中国留学生大多不会去想，一方面大家都比较谨慎小心，另一方面俄语也尚未达到与本地人争辩的程度。

1957年10月，曾肯成接到中国驻莫斯科大使馆的通知：“中国科学院命令曾肯成立即回国汇报情况。”

下车后，曾肯成赶到中国科学院，打算认真地汇报一下自己的情况。科学院办公厅按照领导的决定，安排曾肯成去张家口市附近的藁县，和数学所被打成右派的分子一起劳动改造。

正值1957年11月，北京已经霜冻，天气很冷。曾肯成没有充分的思想准备，大部分行李还留在莫斯科。他借了些御寒的棉衣棉被，去了张家口农村。在劳改的日子里，他曾经绝望过。

“文革”结束不久，邓小平拨乱反正，很多“文革”中受到不公正待遇的人得到了平反。当时广泛的共识和传闻说也要为错划的右派平反，不过还没有实施。就在这个当口，曾肯成需要填写一份履历表，其中一栏是“受过何种奖励与处分”。戴右派帽子当然是他受过的处分，应当怎样填呢？他在栏目中赋诗一首：“曾经神矢中光臀，仍是天然赤子心。往事无端难彻悟，几番落笔又哦吟。”[1]

这表面幽默实则辛酸的调侃，描述了他在没有任何思想准备的情况下被戴上右派帽子。虽然受到了种种不公正的待遇，“仍是天然赤子心”。

三、科大一宝

20 世纪 50 年代，中国的科技力量和综合国力十分薄弱。作为全国科研中心的中国科学院虽然拥有众多高级科技人才，但是急需补充优秀的后备力量，特别是新兴科学技术方面的尖端人才。

1958 年 3 月，科学院院长郭沫若提出了科学院筹办高等学校的设想。6 月初得到中共中央的批准，定名为“中国科学技术大学”。学校设置原子核物理和原子核工程、技术物理、无线电电子学、自动化、应用数学和计算机技术等十三个系，成立了数学、政治、普通物理和普通化学四个教研室。原中央党校在玉泉路的二部让给科大当校舍，中科院院部和各研究所支援了一大批干部、工人、图书资料和实验设备，从各省、市当年的考生中优先录取了 1600 余名新生。

1958 年中国科学技术大学成立（伍润生提供）

郭沫若被任命为中国科学技术大学的首任校长，党委书记由科学院干部局局长、政治部主任郁文担任。郁文从延安时代便从事新闻工作，是一位有修养、有能力、有魄力的共产党人。他出任科大党委书记后，迅速调入了一批当时因为政治问题被研究单位或高等院校扫地出门的年青人，他们都是业务尖子。郁文认为：这些人学术水平很高，而高水平的教师是办好大学的首要条件。他说：“科大发了一笔洋财。”

数学所被划为右派的曾肯成，同所没戴帽子但内定为极右的陈希孺，“思想反动”的近代物理所青年研究人员等，中国科学院40余名右派和“有政治问题”的人在1958年底至1960年前后陆续来到中国科技大学，成为这所新建学校科技力量的中坚。

公共数学教研室的第一任党支部书记艾提是延安时期搞新闻杂志的老干部，长期在中科院负责基层行政工作。他对曾肯成非常熟悉，把曾肯成从河北藁县直接调往科大任教，就是他提议的。

曾肯成在科大宽松的政治氛围中重新找回了自我，全力以赴地投入到学校的教学工作。

科大的任课教师由三部分人员组成：第一是中科院各个研究所的研究员，很多为中科院学部委员（1994年改称院士），比如当年数学系的教学由华罗庚（1958级）、关肇直（1959级）、吴文俊（1960级）三位研究员亲自安排并负责编写有关教材，俗称“华龙、关龙、吴龙”；第二是建校初期调来的“有各种问题”的专职教师，他们是各个学科的骨干与带头人；第三是从全国各大专院校分配来的应届毕业生，他们为主讲教师担任助教，是专职教师队伍的主力军。

复旦大学数学系1958级毕业生史济怀到科大后分到一间宿舍。过了几天系里通知他有一名右派曾肯成要住进来，让他小心。安置下来之后，史济怀发现这位右派很和善，与他们这些刚毕业的小青年不同，数学通透，文笔极好，两人逐渐成为知己。

常庚哲于1958年从南开大学数学系分配到科大。他听过严志达先生的课程“半单纯李氏代数的结构”，课本就是曾肯成翻译的邓金著作。虽然数学没全听懂，但是从严先生口中得知译者曾肯成聪明绝顶，才气过人。[4]

常庚哲被分配到原子核物理和原子核工程四班为主讲教师关肇直做助教。艾提将他叫到办公室：“教研室新来了一个人，他叫曾肯成，（被）划成了右派。这个人数学很好，但是暂时不让他接触学生，让他听听关先生的课再说。”上课时，曾肯成坐最后一排，捧着厚厚的一本俄文版量子场论在读；同时边听课，边不时地抬头看看板书[4]。

第一年科大各系的微积分、线性代数等课程都没有教材，由研究所请来的名师主讲。他们走了之后，科大的教师必须自己讲，于是教材的问题凸显出来。曾肯成终究不是久困之人，1959年，科大非数学系的数学教材亟待规划和完善，文理俱佳的曾肯成成为编写教材的最佳人选。数学教研室的领导对曾肯成礼遇有加，从不另眼相看。[4]

曾肯成带着史济怀到原子能、无线电、自动化等系调研，分别了解他们需要学习什么样的数学。曾肯成是编写教材的主笔，在科大各系使用多年的《微积分》《线性代数》《复变函数》《数学物理方程》皆出自他手。直到现在，科大一代又一代的老师们所用教材几乎都是在曾肯成教材的基础上改编的，曾肯成对建设科大的数学教学体系做出了巨大贡献。1963年，科大数学与计算机系和数学教研室合并，统称数学系，这些教材成为数学系的宝贵财富。

曾肯成写书的特点是严谨、深刻、清晰，文笔流畅，深入浅出，特别注重逻辑和思想。比如当时我国几乎所有大学的工科院系都不讲实数理论，但曾肯成的微积分却将实数理论讲得条分缕析。

“文革”之后来到科大，获得过学校教学名师、安徽省教学名师称号的季孝达老师说，学生一般对数理方程不大感兴趣，上课一写一黑板，推导复杂，不得要领。但曾肯成的《数学物理方程》却写得非常生动，将课程的思想娓娓道来：数学就是从复杂到简单，例如乘法比加法难，取对数就能把乘法变成加法；傅立叶变换把线性偏微分方程变成常微分方程，再变成代数方程。季孝达在自己的教材和授课中也这样讲了。

曾肯成和陈希孺都可以不用任何参考书，只要左手夹一支烟，右手握一支笔，便可以在纸上行云流水般地一直写下去。那个年代还没有电脑和打印机，他们写完无需改动，直接拿去刻蜡版油印，为学生发讲义即可。

曾肯成上课十分风趣，从不照本宣科。他讲微积分时说：“泰勒公式是一元微积分的顶峰。”

1959级无线电电子学系的赵战生上过曾肯成的复变函数课。讲保角变换时，曾肯成举了一个例子：如果你去游动物园，看到老虎在虎山里，你在虎山外面。经过一次保角变换，可能你就到了虎山里，老虎在山外面。

1959级数学系学生冯克勤毕业留校，曾任科大副校长。20世纪90年代他赴美访问期间，受到一位科大无线电系毕业生的热情接待。这位在美国马里兰州工作多年的毕业生见面后第一句话就问：“曾肯成老师好吗？”曾老师给他们讲过复

曾肯成多年后的工作照(曾宏提供)

1982年张韵华讲课使用的曾肯成所编讲义(乐珏摄)

变函数。他还清楚地记得,第一节上课介绍什么是复变函数,曾老师满怀激情地说:“如果有一天我能到月球上去,我要选人间最好的礼物带给嫦娥,就选复变函数!”

曾肯成才思敏捷,他上课前在心中打好腹稿,按照自己的奇思妙想一路讲下去,几乎从不出错,但偶尔也有马失前蹄的时候。有一回讲定理的证明,突然证不下去了,他一拍屁股,大叫一声:“唉,笨蛋,这里错了!”立时更改思路,继续滔滔不绝地证下去了。

万哲先为数学系代数专门化的学生讲范德瓦尔登的《代数学》,讲完上册后由曾肯成接续讲下册。上册有中译本,下册当时只有德文原版和英文译本。曾肯成有时忘记上课时间,冯克勤担任代数课代表,要去宿舍请:“曾老师,该上课了。”只见曾老师躺在床上,枕边放了高高的一摞书,右手举着一本书,左手举着一支烟。曾肯成闻声匆忙起床,什么都不拿就走。他常常背对学生,在黑板上一边推导,一边念念有词地自言自语,推导完毕大叫一声“好了”,这才转过身来。

在五十年代学校初创时期,玉泉路科大的教室、教工宿舍大都为二三层的砖楼。教师都很年轻,多数单身,开始时四人一间宿舍,后来不断地修建新楼,改为二三人一个房间,并且随着人员的增加时有变动。由于地域狭窄,食堂、教室、宿

多年后曾肯成在讲课(曾宏提供)

舍离得很近,几乎抬脚就到。

伍润生 1957 年从北京师范大学毕业,到教育部工作两年后,于 1959 年来到科大,分配到某栋二层一间宿舍的床位,住在曾肯成、黄开鉴隔壁。大家都是单身没地方去,有时在大厅里打打乒乓球,但曾肯成从不参加,也没见他在校园里散步,更没有离开过学校。不过他时常两手藏进袖筒,在楼道里走来走去,低头思考问题,如果有人招呼他,他也很乐意跟人说话。

曾肯成视书如命,但是新学校的图书馆不像清华大学图书馆那样藏书丰富。因而只要图书馆新书一到,他就马上去借。

他不光精通英文和俄文,法文和日文的数学书他也能读。助教们辅导时遇到困难,常去向他请教,连外语教研室的老师也不时来请教问题。

他的生活非常简单,甚至没有最低的要求。据黄开鉴讲,从没看见过他洗衣服,他的衣服总是乱七八糟地揉成一团堆在那里,今天穿这件,明天穿那件,随便抓起来一件就穿。裤子破了也不会补,剪块布用糨糊粘上,糨糊一干破洞就露出来了。他有时会抓起一只袜子以为是手绢。这个毛病多年未改,自己有了孩子以后,常把孩子白底绿格的一只袜子当作手绢使用。不过因为讲课出色,学生们倒是从来没有取笑过他。他在食堂买了馒头,吃不了就塞进抽屉,饿了想起来拉开抽屉再吃两口。

曾肯成喜欢喝茶，乱七八糟的茶都喝。他和伍润生都爱抽烟，乱七八糟的烟都抽。“三年困难时期”，烟草凭票供应，教研室不抽烟的老师都把烟票贡献给他们。实在搞不到烟时他们就拣烟屁股，把烟末拿出来用纸一卷，照样抽得津津有味，甚至还抽过茶叶末，那东西抽起来是苦的。他们卷烟特别熟练，技术一流。

1962 年，中国的政治形势历经反右斗争和“三年困难时期”后开始回暖。北京市恢复了自 1956 年开始、因反右中断了的中学生数学竞赛。华罗庚再次担任竞赛委员会主任，主持试题讨论，闵嗣鹤、王寿仁、越民义、王元、万哲先、龚升和曾肯成诸位先生，都是热心的参加者。更年轻的教师还有史济怀和常庚哲。

出题期间，伍润生站在宿舍的走廊里，曾肯成从走廊的这一头走到另一头，停步对伍润生说，我有一道题了，你记一下；再从另一头走到这头，说又有一道题了，再记一下。

曾肯成出的题目标新立异，不落俗套，以有限的中学知识，编导出有声有色的故事。比如 1962 年高二组第二试的第三题：“把 1600 颗花生，分给 100 只猴子。证明不管怎么分，至少有四只猴子分到的花生一样多。并设计一种分法，使得没有 5 只猴子得到的花生一样多。”

从 1962—1964 年三年期间，北京市数学竞赛试题都被《美国数学月刊》译成英文登载了，足见水平之优异。中午试题讨论会结束，大家一起在西单同和居进餐，算是对命题者的一种酬劳。[4]

在竞赛前的一个月，每个周日的上午，北京市数学会都出面租一个场地，向参赛学生和中学数学教师作报告。每星期有一位报告人，讲一个专题，领衔的是华罗庚与吴文俊。对于中学生来说，聆听讲座与参加竞赛同样重要。他们可以和大师近距离对话，大师们敏锐的眼光、迷人的风采、深刻的洞察力，使得年轻的学子终生难忘。[4]

曾肯成作过多次演讲。他曾经谈到一件真实的事情：苏联刚刚发射的一枚导弹，公布了落点的经度和纬度，提醒海上的船只不要从那里经过。怎样根据导弹的速度和方向推算发射地点呢？曾肯成没有用一点高等数学知识，仅仅根据中学生学习过的初等数学，引领学生完成了推导，孩子们听得津津有味。

伍润生协助北京市科协做些竞赛组织工作。有一天曾肯成递给他一份自己的讲稿，鼓励他讲一次《复数与几何》。竞赛之后，所有的讲座由演讲人写成小册子集结出版。曾肯成让伍润生写，伍润生发憷，提议常庚哲执笔。《复数与几何》以第一作者常庚哲、第二作者伍润生的名义出版了。史济怀出了一本《平均》。这就是 16 册一套，当年喜欢数学的中学生爱不释手的《中学生数学小丛书》。“文革”后增添为 17 册。

《数学小丛书》，科大教师撰写的部分册子

常庚哲和伍润生在欣喜之余也有些疑惑，凭曾肯成的知名度，数学功底和驾驭语言的能力，编这样一本小册子易如反掌，况且已经写好了讲稿，为什么坚持不署名呢？两人猜测曾肯成向来不看重名利，可能觉得让给年轻人更好。无论如何，他们对先生的美意永生不忘。[4] 从那以后，曾肯成提供思路，指导同事或学生写文章，而自己不署名的做法，贯穿了他的一生。

曾肯成还为中学生编写了一本小册子《100 个数学问题》，可惜手稿在“文革”中被红卫兵抄走，至今下落不明。

四、 两袖清风

尽管曾肯成饱读诗书，满腹经纶，无奈头上一顶右派帽子直到 1961 年才被摘掉，从苏联回国以后，他始终没能交上女朋友。

天津儿童医院有一位儿科大夫龚可文，身材适中，眉目清秀，皮肤白皙，头发略微有点发黄，讲起话来是标准的北方口音。龚可文在1948年考入北京大学医学院（现名北京大学医学部）。她的父亲是一名高级铁路职员，母亲做家务。抗战时她随父母逃到云南，在云大附中读书，抗战胜利后返回北京，进入贝满女中。她书读得很好，数学成绩优异，考上北医之后，贝满女中的老师还问过她为什么不去学数学呢。

医学院学制较长，1954年她从北医毕业时，已经实行全国大学生统一分配，她被分到由煤炭、水电等几个部合办的幼儿园。那里条件优越，夏天还可以到北戴河等疗养胜地去玩，只是太清闲，没有机会为人看病。她苦读六年学到的医学知识丧失了用武之地。

龚可文属于事业型书生气质，她不甘心就这样无所事事下去。同学听说国家有合理使用大学毕业生的政策，建议她给卫生部写信。她写了，说自己目前的工作不对口，希望调到医院，竟意外地得到了回应。刚好一位在天津儿童医院工作的同学愿意到幼儿园，两个人就对换了。龚可文的父亲因病提前退休，父母失去了经济来源，便随独生女儿一起来到天津。

邻居给龚可文介绍对象，头一个小她三岁，她拒绝了；第二个是曾肯成，小她三天，她同意了，也许龚可文天生与数学有缘。丁石孙感叹："到六二年（1962年），曾肯成终于结婚了。我记得那一天我和万哲先去参加了他的婚礼。"[2]。两位老同学早已成家立业，孩子都上学了。

曾肯成、龚可文结婚照（1962年）（曾宏提供）

三十五岁的人结婚，在那个年代算得上超大龄了。结婚的头几年，二人两地分居。“文革”期间，天津儿童医院的“工宣队”联系南开，协商把曾肯成调过去。但曾肯成想到科大对自己的宽容，到了新的学校能否适应还是个未知数，就没敢去。那时候的工作日是每周六天，曾肯成在周日从北京乘火车到天津看望妻子，逗留半天左右，倒也相安无事。

20 世纪 60 年代初期，城市的大夫经常下乡，龚可文当然也不例外，她下乡时的队长是一位来自农村的复员卫生兵。龚可文只会低头干活儿，不会抬头看路；不善言辞，更不懂看眼色行事。下乡时她去晚了，队长很不高兴。有一天龚可文看到同行的助产士和实习生一起拿老乡家的枣吃，顺口说了一句：“别吃人家的枣。”下乡医疗结束时，她得到的评语是“怕脏怕累”。

天津东站附近有一家“盲流医院”，收治三年困难时期逃荒出来的生病流落街头的农民，大多是结核病人。天津市各个医院轮流派大夫到东站医院工作，因为传染性太强，一般期限是两个月。龚可文被派去后，却干了两年。她每天忙得脚不沾地，只能在上午十点和下午四点吃两顿饭，饿得两眼昏花。

她回到儿童医院就病倒了，被送到第五医院，又转到天津总医院，确诊为盆腔结核，因为拖延时间过长，病情严重，不得不动盆腔手术，并切除子宫。那时她已经结婚了。1965 年，夫妻二人通过正式手续领养了一个出生不久的婴儿，取名曾宏。这个可爱的小生命为他们带来了极大的人生乐趣。

全家福（曾宏 5 岁）（曾宏提供）

1963年，科大的党委书记从郁文换成刘达。特别幸运的是，刘达对知识分子同样非常尊重，他从辅仁大学肄业，也是一位延安时期的革命者。他曾出任清华大学校长兼党委书记。刘达这类开明的共产党干部，为中国保留了智慧的种子。

1966年，“文革”开始了。在科大第一个被打倒的就是刘达。右派分子曾肯成也未能幸免。

北京的冬天很冷，时有北风肆虐。女人出门时包上厚厚的毛线围巾，男人则戴顶蓝色或褐色的棉帽，两边嵌有栽绒帽耳，不用时并上去，用时放下来捂住耳朵。为了防止头油把帽子弄脏，人们经常在帽里衬上一层纸，以便脏了随时更换。曾肯成也有这样一顶帽子。与众不同的是，他在纸上题了打油诗一首：“敬启者，本主人三尺微命，一介书生，飘零湖海，惟有清风两袖；浪迹人间，仅存布帽一顶。一朝失去，无力再置。可怜满头乱发，难对遍地秋霜。海内仁人君子，有拾得此物者，请按列地址送还，本主人不胜感激。”诗旁列出了自己的姓名住址。

20余年后，曾肯成的学生请他写下当年的打油诗，记忆力超群的曾肯成挥笔一蹴而就。

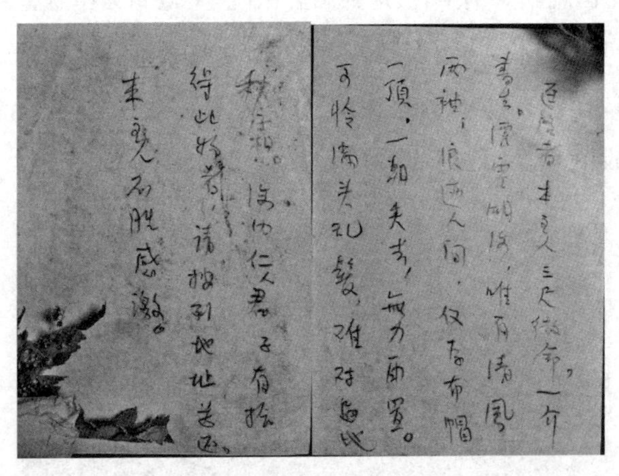
启者本主人三尺微命，一介
书生，飘零湖海，惟有清风
两袖；浪迹人间，仅存布帽
一顶，一朝失去，无力再置。
可怜满头乱发，难对遍地
秋霜。海内仁人君子有拾
得此物者，请按列地址送还。
本主人不胜感激。

当年的打油诗（吕述望提供）

1969年10月26日，中共中央下发《关于高等学校下放问题的通知》，主持原子弹氢弹研制工作的刘西尧将军指令中国科大“战备疏散到安徽省安庆市”。中国科大自1969年12月开始迁入安徽，至1970年10月搬迁基本完成。学校迁入合肥后，仪器设备损失 2/3，教师流失 1/2 以上。教学、生活用房严重缺乏，校舍面积不到 6 万平方米。1972 年，全校讲师以上职称的教师不足百人。

就在搬迁的忙乱之中，曾肯成的帽子真的丢了。但是拾到帽子的人并没有按照姓名地址将它送还给曾肯成，而是交给了当时掌管阶级斗争的学校领导。

李尚志刚考进科大就知道有曾肯成这么一位怪才，但从来没有听过他上课。他们最早的接触是“文革”中编在同一个组，在同一个寝室睡上下铺。右派曾肯成是被管制的对象，而“革命学生”李尚志担任副组长，在批判曾肯成的斗争会上负责记录。有趣的是，通过曾肯成一次次的“检查交代”，李尚志逐渐了解到他是一位好人，不但聪明绝顶，而且爱国敬业，不由得产生了尊敬之情。

有一次，曾肯成悄悄地出了三道数学题让他教过的学生去做，李尚志拿到了题目，全都做出来了。一天，趁寝室里没人，他偷偷地向曾肯成请教：题目做得对也不对？曾肯成看了几眼，淡淡地说对了，没有其他表示。但李尚志分明看到了他眼中闪烁的喜悦——作为一个教师特有的喜悦。就是这件事情，使得李尚志在“文革”后报考研究生时毫不犹豫地选择了曾肯成作为导师。[5]

曾肯成在合肥科大安定下来。1974 年，龚可文带着父母和孩子迁来团聚，调到科大校医院继续当大夫。校医院不设小儿科，但科大年轻的女教师们都知道龚大夫是儿科医生，孩子有了头疼脑热，便去找她。她不主张孩子吃抗生素，发烧了就开些磺胺类药物，戏称磺胺大夫。用现代的医学观点评判，龚大夫当年的医疗主张还是先进且健康的。

两个事业型的读书人生活在一起，矛盾自然而然地碰撞出来。龚可文要洗衣、做饭、张罗全家的穿戴，还要照顾生病的老人和幼小的孩子；曾肯成竟然一点家务都不会做，连挂面都煮不熟，甚至不会洗碗：他只洗碗的里面，洗好摞在一起后，里外面一蹭就又脏了，还得重洗。他还经常丢东西，从头到脚什么都丢。

曾肯成的烟瘾特别大，作为医生的龚可文反对抽烟，于是便实行经济制裁，不给零用钱了。在合肥科大时，有一次曾肯成到校外医院看病，向夫人讨了一角钱的往返车费。单程车费是五分钱，不料挂号还要交五分钱，曾肯成只得步行回家。

按照曾宏的说法：“父亲受的是传统教育，母亲上的是教会学校；爸性情懒散，妈却有洁癖，思维方式偏向非黑即白。两人没有搞好中西结合，各自站在自己的立场。""妈说:'我考的是北医,转哪个医院都行!'爸说:'北医有什么了不起,我当年考清华是中南地区第一名!'就像两个孩子斗嘴。"

七十年代中后期曾肯成在合肥校区的生活总体还算安静。他很喜欢这里,甚至在自己的房前种了一棵"扎根树",精心培土管理。

科大郭沫若铜像揭幕仪式(曾宏提供)

科大数学系的师生(曾宏提供)

不料“命运”这种东西实难预测，经常给不幸的人们雪上加霜。1978年2月，聪明活泼、正读初中的爱女小宏突然病倒。送到安徽大学医学院，大夫说可能是白血病，但无法确诊。病情发展很快，9个月后，全身器官衰竭，似乎难以逆转。身为儿科医生的龚可文慌了手脚——她从没见过这样的症状。有位教师告诉她，自己的一个学生有过类似症状，转到上海去治疗了。

龚可文如梦初醒，马上联系她在北京的同学。有位同学恰好在大医院做检验科主任，亲自为小宏检查，找到了狼疮细胞。1978年11月，病情确诊为红斑狼疮，这个病在20世纪七八十年代没有很好的医疗手段，而在龚可文读书的时候，红斑狼疮在课程中还没有出现。

龚可文联系到儿童医院的同学，孩子转到那里住进了医院。性命看来是保住了，但住院的费用不菲，光是床位费每天就要50元，打针用药就更昂贵了。对于这两位月工资五六十元的书生来说，简直就是天价。

曾肯成立即着手为孩子筹钱治病。他在清华、北大等多所院校代课，不管上什么课，不管上多少节，只要能拿到代课费为孩子看病，他都毫不犹豫地去干。

曾肯成在代数界的朋友得知后，纷纷慷慨解囊。万哲先在小宏住院期间不间断地资助他们，拿出的钱最多；丁石孙一次性交到他手里两千元，这在当时要算一大笔钱了。与他共过事的郝鈵新、科大的同事们全都向他伸出援手。

“文革”结束后，上山下乡的几十万“知识青年”回到北京。1977年恢复高考，但高等院校的招生规模有限。北京市委书记林乎加强烈主张让这些初中一年级到高中三年级、知识相当匮乏的“知识青年”继续读书，于是办了一些大学的分校，目的是可以不经过教育部的层层报批，将高考分数略低于录取线的大批“知识青年”马上招收进来。时值计算机科学刚刚在中国兴起，北京市科技局决定办一所计算机学院，定名为北工大二分校，招400人，10个班，3个专业，由林进祥与北京市计算中心著名的计算数学专家吴文达一起负责筹办。

林进祥是1948年加入共产党的，她参加过解放军，曾作为调干生在吉林大学数学系读书，1961年毕业分配到科技大学数学系，1965年担任系党总支副书记。大约在1979年1月中旬的一天，曾肯成夫妇来到林进祥家，谈到孩子的治疗费用，以及一家三口的住宿问题，意欲向老领导求助。那时他们临时落脚于玉泉路科大留守处，蜗居在由大仓库改装成的简易集体宿舍里。林进祥得知后甚为着急，但她自己当时也非常困难，老母亲瘫痪在床，请一位保姆照顾，一家六口挤在两间小平房里。

林进祥突然“急中生智”，想到正在筹办中的北工大二分校。她说：“钱和房子我个人都没办法解决，可是我正参加筹办北工大二分校，此校后续目标是建立北京计算机学院，教学质量要求很高。如果你能来校兼一门课，打破头我也要想办法给你解决问题。”曾肯成非常痛快地答应了，对于他来说，给本科生上一门课驾轻就熟，也不会影响他指导研究生；但是对于二分校来说，有曾肯成坐镇，一则可以培养刚刚调进来的青年教师，二则对兼职教师有很强的凝聚力。可谓两全其美。

第二天林进祥便与学校有关负责人商谈，很快得到认可。尽管办学条件十分困难：在五道口的一所小学里硬是挤进了北工大二分校和北医第一分校两所大学，校方还是想方设法为他腾出一间小屋。曾肯成终于在北京有个窝了！居有定所之后，照顾孩子方便多了。没钱买不起好菜，龚可文就经常买些便宜的小鱼，炸好了送到医院，为小宏补充营养。

当时北京市委规定：兼职教师每周 4 课时，月薪 25 元。林进祥向有关领导建议：二分校的兼职教师大多为科学院各所的研究人员，水平较高，月薪最好增加 3 元提到 28 元。再者，最好聘请曾先生为数学教研室顾问，指导兼职教师工作，使得教学质量更有保证，顾问月薪宜另加 50 元。得到认可后，曾肯成月收入 78 元，而林进祥本人的月工资为 69 元。曾肯成对住房和收入非常满意，孩子看病的问题算是基本上解决了。

史济怀得知后对林进祥感叹说：“曾公（曾肯成）在科大只教研究生，从不安排他教本科生，这你是知道的！”林进详说：“我知道委屈曾公了，但曾公若不兼课，我如何向领导和教职工交代，我也是很无奈呀。”史济怀表示理解。对于计算机学院的建设来讲，曾公的加盟无异于天赐良机。

北工大二分校的校长由中科院软件所所长胡世华院士兼任，他认为计算机科学技术将会飞速发展，学校应该沿用中国科技大学的办学方针“亦工亦理，理工结合”。由于五道口与中关村相邻，很多中科院员工子女报考北工大二分校，著名数学家段学复、吴文俊、万哲先都有在这个学校读书的儿女，形成了一个非正式的“家长智囊团”。这些数学家的一致意见是要加强数学基础课的教学，使得学生今后的学术发展有后劲。

北京计算机学院的师生(曾宏提供)

曾肯成教尖子班计算机科学系四班,毕业于北大数学系的专职老师许蔓玲担任他的助教。许老师说:曾先生有一颗真诚的感恩之心,为了报答校领导对他爱女的救助,他一心一意为学校多做贡献。曾肯成深知春季入学的1978级学生上山下乡归来,基础很差,于是他在1979年暑假主动将成绩较好的学生,以及年轻的专职教师组织起来举办讨论班,进行单独授课。他还编写了四份专题讲义,包括排列组合、数学归纳法、二项式定理、复数。这些讲义写得太好了,深入浅出,文字精炼,许蔓玲将它们完整地保存至今。曾肯成最中意的讨论班学生肖四海,早已成为美国计算机方向的技术专家。

届时,中科院和科大正在北京筹办研究生院,生怕计算机学院把曾肯成挖走。林进祥说:"放心,我们庙小,绝对装不下曾公这尊大佛。"清华大学也在筹办数学系,有人想给曾肯成提供优厚条件,把他请过来,时任清华大学校长兼党委书记的刘达说:"不要动曾肯成的脑筋,科学院肯定不会放他。"

小宏在北京儿童医院住了整整11个月,终于在1979年底病情缓解出院了,自发病到缓解,前后将近两年。

孩子赴京治疗初期,曾公曾在多所学校超负荷地讲课,几次在课堂上晕倒,学生见状给有关领导写信反映情况。信件辗转到达之后，领导作了批示，大意是解决曾肯成同志的实际困难，报销其孩子的部分医药费用。这一善举让曾肯成有了偿还债务的能力。

小宏从此跟随父母在北京生活，在家里休息了一年多后，于 1981 年秋季重新进入初中读书。

爱女康复后的一家人（曾宏提供）

五、放过蛟龙

1976 年，“文革”终于结束了，科学文化终于回归祖国大地，知识分子终于不再是“臭老九”，曾肯成这个被错划的右派也终于被彻底平反了。1978 年，科大提升了“文革”后的第一批教授。其中只有曾肯成和一位物理系教师是从讲师直接升上来的。1981 年，国务院任命全国首批博士生导师，曾肯成名列其中。

1977 年，复旦大学与中国科学技术大学分别被教育部与中科院批准提前招收研究生。科大数学系经过在全国张榜、笔试和面试招到了三位：肖刚、李克正和单墫。前两位是曾肯成的研究生，单墫学习数论，因为导师陆明皋当时还是讲师职称，就挂名在科学院的王元研究员和本校的曾肯成教授门下。单墫算曾肯成的半个学生，与肖、李分在同一间宿舍。

肖、李两位是曾肯成的得意门生。恰逢有人送曾肯成两盆牡丹，一盆叫照粉，一盆叫洛阳红。他很高兴，提笔拟对联一付："肖刚李克正，照粉洛阳红"。[6]

单墫回忆："我见过不少聪明人。……但说到天才，恐怕只有肖刚才当得起。……就说初等数学吧，我算得上是解题高手了，但肖、李二人常有非常独特、优雅的解法，令人赞佩。例如波利亚的名著《数学的发现》中有一道题：证明 11，111，1111，…中没有平方数。原书的解法比较麻烦。肖刚扫了一眼说'模 8'，成为后来的流行解法。"[6]

李克正和肖刚志向高远，决心学习中国尚未开展研究的代数几何。曾肯成全力支持，说你们最好一个去美国，一个去法国。于是肖刚开始自学法语，仅仅三个月时间，就可以毫不费力地听懂法国电台的播音了。

肖刚毕业后，成为 20 世纪 80 年代代数几何领域的先锋人物。他主要从事代数曲面的研究。在代数曲面的纤维化、高次典范除子、曲面自同构群等方面都有杰出的贡献。[6]

1978 年，研究生招生工作全面展开。在川陕交界的大巴山里经过了八年艰苦的磨炼，李尚志终于在这年 9 月考回了母校——中国科学技术大学。与他同届考入的还有查建国和田正平。

与几位研究生聊天时，曾肯成有一大半时间不谈数学，而是谈古今中外，吟诗论赋。他讲数学时从来不循规蹈矩地引用定义、定理，而是提出一些精彩甚至古怪的问题让学生思考。学生的专业是代数，他提的问题有时看起来却与代数没什么关系。可一旦想通了，代数学的精髓和奥妙就在其中了。

他最常提的问题不是某一部分数学内容怎样叙述、怎样理解、怎样证明，而是"书上为什么要写这样一段内容？不写行不行？"作为他的研究生，大家不是从他那里接受知识，而是被他"逼着"不断地思考问题。

他给学生指定一些必读的经典著作。学生虽然能够读懂每一步逻辑推理的过程，但总感到没有抓住书中真正的精华。而曾肯成的问题却能够让他们领悟到作者的原始想法，引导大家将作者所写的内容重新发现一遍。

代数学的一门重要基础课是《抽象代数》。取"抽象"作为名字，内容当然以抽象为特点，是用抽象的公理化的方法处理群、环、域等代数结构。曾肯成却说：讲抽象代数应当从讲故事开始，从三等分角、五次方程求根公式这样有名而又有趣的故事开始。[5]

有一次上课，曾肯成告诫学生："你们要好好学，这是吃饭的本领。"旋即又自我纠正："这是你们干革命的本领。"他经常将自己层出不穷的奇思妙想毫无保留地告诉年轻人，让他们去解决和完成，却不准署上他自己的名字。因此，他尽管是当时著名的代数学家，但发表的代数论文却很少，李尚志所知道的只有发在科大学报上的几篇。

研究生入学一年，李尚志刚学完一些最基本的课程，曾肯成就将自己正在思考的问题拿来让他研究。问题是拜尔猜想：非交换单群由它的子群格唯一决定。有人做了交错群，曾肯成做的是典型群，发表了《有限域上射影线性群的子群格》和《有限域上射影辛群的子群格》两篇文章。曾肯成做了线性群和辛群，布置李尚志考虑酉群。

于是李尚志开始学习华罗庚、万哲先的《典型群》，同时研读曾肯成的文章。他很快做完了曾肯成布置的题目，并且将方法加以变通，做出了段学复从美国带回来的欧南对典型群极大子群的猜想。李尚志又读了厦理论，用来对一般的李型单群完成了子群格猜想的证明。因而他的论文题目为《有限单群的子群体系》，给出了当年国际代数界在这一方向上最完整和系统的结果。

潜心探索(曾宏提供)

李尚志当年有点初生牛犊不怕虎的劲头，一口气做出了一系列结果，却并不知道这些结果有什么样的学术价值。他在合肥，曾肯成在北京，那时电脑和手机尚未出世，而长途电话费用不菲，只能写信告诉老师他的结论，但是证明太长，没有附上。据说曾肯成以前的习惯是从来不及时给别人回信。这次竟一反常态，一周之内接连给李尚志写了十封信，命令他火速到北京进行讨论。信中说："万哲先、丁石孙说了，如果你做得没错，凭这些成果就可以拿博士学位！"[5]

李尚志做梦都没有想过拿博士学位。虽然全国人大通过了在中国实行学位制度，但是怎么授学位还没有具体做法。不过专家不管这些，他们只看论文的学术水平，根据他们对国外博士水平的了解，第一次将博士帽抛到了李尚志的头顶上空。李尚志在大巴山有过太多美梦破灭的经验，知道这件事情有些近乎痴心妄想。他唯一能做的就是抓紧时间，抢在学位授予工作具体实施之前将自己的研究工作做得更多更好，不要在美梦即将成真时功败垂成。

李尚志和查建国挤硬座火车赶到北京，行李刚放下，住处还没有安排，曾肯成就迫不及待地让他们讲文章的研究结果和方法，同时也讲他的想法，就像打仗一样拼命。[5]

万哲先让李、查二人到自己的讨论班做报告，并在赴美国访问时将他们的结果作为中国代数学者的成果之一进行介绍。段学复院士仔细研究了李尚志的论文，认真查阅了国际上相关学者的同类工作，决定支持授予他博士学位。1982 年 4 月，首届全国代数会议在南京大学举行，组织会议的段学复院士说："大会报告不但要有老先生，还要有小先生。"特意安排了李尚志做大会报告，而其他的大会报告人都是老一辈代数学家。

中国科技大学像李尚志这样被专家认为达到博士水平的研究生还有好几位。学校领导决定支持数学系进行博士学位答辩试点，获得了中国科学院的支持，并得到了高教部和国务院学位委员会的批准。[5]

答辩会的前一天晚上，曾肯成与爱徒在校园里散步。曾肯成下了一道命令："今天不许谈数学。"不谈数学谈什么呢？古今中外，诗词歌赋什么都行。李尚志几次不知不觉地谈到了答辩前的准备，曾肯成马上警告："你犯规了。"他只得立刻住嘴。走着走着，曾肯成突然冒出一句："你有时候不严肃。"李尚志暗暗吃惊，自己什么时候在导师面前不严肃了？曾肯成说："有一次批判我帽子里的那首诗，你边做记录边笑，一点都不严肃。”

提起往事，李尚志笑了：“是吗？我怎么不记得我笑过，当时只是觉得你那句‘破帽一顶，两袖清风’对仗特别工整。可能是心里赞赏，就不知不觉笑了吧。”[1]

李尚志的博士学位答辩于1982年5月15日举行，答辩委员会主席由北京大学段学复院士担任，中科院万哲先、北大丁石孙、华东师大曹锡华、南京大学周伯勋、复旦大学许永华等教授任委员，算得上当年中国代数学界的“豪华”阵容了。

1983年5月27日，中国首批18位博士，在人民大会堂被隆重地授予博士学位。他们当中有7位出自中国科技大学。

单墫也是18位博士之一，在20世纪90年代成为中国数学竞赛的领军人物，他曾被聘为中国奥林匹克国家集训队教练，教练组组长，国家队副领队、领队，带领中国代表队获得过团体和个人金牌，并出版过一系列有关数学竞赛的畅销书。

北京大学的同届研究生张筑生、唐守文的硕士论文同样非常出色，但是当年北大规定，研究生要先得到硕士学位，再攻读博士学位。张筑生留校后因为讲课出众，深受学生爱戴，并于1985至1989年作为主教练带领国家奥数队连续五次获得总分第一，其中三次全体中国选手都拿到了金牌。唐守文是1962年北京数学竞赛的第一名，1978年报考北大研究生时数学分析和高等代数得到了198分的最高成绩。在论文评审阶段，曾肯成和万哲先建议授予他博士学位。

万、曾二公与唐守文（前排右一）在旧金山，1987年

在硕士论文答辩会上，曾、万二人仍然坚持“唐守文的文章已经达到了博士学位水平”。甚至在答辩委员会决议中写明：“有的委员认为达到博士水平。”曾肯成为此赋七言律诗一首：

建议授予唐守文同志博士学位

岁月蹉跎百事荒，重闻旧曲著文章。

昔时曾折蟾宫桂，今日复穿百步杨。

谁道数奇屈李广，莫随迟暮老冯唐。

禹门纵使高千尺，放过蛟龙也无妨。

“蟾宫折桂”，指唐守文获得数学竞赛第一名的光荣历史，尽管由于“文革”而“岁月蹉跎百事荒废”，但是唐守文并未消沉，而是重温旧曲，百步穿杨，在研究生阶段做出了优秀的成果。“数奇”指命运乖舛，李广和冯唐是古代人才没有得到重用的两个例子，希望这样的事情不要在现代的唐守文身上重演。后两句最为精彩：纵然“禹门高千尺”，授予博士学位坚持高标准是对的，但人家已经不是鲤鱼而是蛟龙了，为什么不能放他过去呢？

这首诗在中科院和科大的研究生中流传。这些学生大多历尽磨难，在而立之年好不容易得到读书的机会，所以格外刻苦、格外努力。曾肯成的诗生动地体现了他对“文革”后第一届研究生的理解与支持，为他们撑腰打气，因而很受欢迎。他对李尚志说：“我是在为你们张目！”[1]

六、 文人雅事

“文革”期间，大学的图书馆都没人管了。曾肯成借书无门，就想了一招：没人管借书了，可以去“偷”呀。于是他跟史济怀商量，分工合作“偷书”：曾肯成趁中午吃饭时间，悄悄溜进图书馆选书，看看四周无人，便将书从窗户扔出去，史济怀在下面捡起来，塞进书包。

曾肯成还让冯克勤去图书馆三楼选过参考书，他自己在下面捡。同样的伎俩使用了多次，有时找教师做搭档，更多的时候找研究生。当然，他们“自主”借到的书读过后是要归还的。读书人的事情，怎么能叫“偷”呢，应该称“雅事”才对。

曾肯成喜欢花卉，也会种花。早年和黄开鉴一起住在北京玉泉路的科大单身宿舍时，他就在房间里养了很多盆花，看到好花便买。

1976 年，他住在合肥校区眼镜湖边的家属楼，门前有块空地，他种上了月季和牡丹。人们常来赏花，有时摘走几朵。曾肯成生气了，在花圃边上立了块牌子，上书七绝《黄月季》："淡黄碧绿素衣裳，独有林风阵阵香。倩影娟娟唯自好，敢来犯者刺他娘。"想想仍不放心，曾肯成又在花圃周边围了一圈篱笆，上赋《实用秋篱护菊诗》："小圃春迴冒雨栽，蕊寒香冷带霜开。任君竟日留连看，莫趁无人闯进来。"此举还真管用，再没有人折枝采花了，大家都站在篱笆外面欣赏。

曾肯成返京后，李尚志博士毕业并留在科大（安徽）任教。有一次他向导师辞行欲返合肥，曾肯成说："史济怀欠我一盆梅花，你催他尽快给我。"原来史济怀担任主管外事的科大副校长时，一位日本朋友来访，向科大赠诗一首。史济怀认为应该回赠一首，就求到了大才子曾肯成。曾肯成欣然命笔，双方皆大欢喜。

事后曾肯成觉得诗不能无偿奉献，向史济怀索要一盆梅花作为酬劳。史济怀答应了，但一时来不及准备，曾肯成就让李尚志去"讨债"了。史济怀闻言笑答："知道了，有这回事。"待李尚志再次赴京时问起梅花，曾肯成说"收到了"。[1]

中科院研究生院成立后，曾肯成担任数学教研室主任。当时有些教师对董金柱教授颇有微词，曾肯成以《葫芦诗》进行劝解："篱畔长悬非待沽，因何笑我丑葫芦。葫芦自有葫芦趣，未识君侯信也无？"葫芦悬在篱笆旁并非等着待价而沽，为什么要笑它丑呢？董金柱依照诗意画了一幅《葫芦图》，曾肯成将其挂在家中。

曾肯成的诗经常写在纸边上、烟盒上，写完随手一丢。学生见到收藏了，或者他本人事后凭记忆默写出来，才得以保留一些。他在《读'桃蹊诗存'口占一绝》中对写诗一事发表感慨："少做篇篇如锦绣，壮年字字着心声。诗家大抵相差近，庾信文章老更成！"也许写诗和爱花是文人墨客的浪漫，与严肃的数学家不大相容，但在曾肯成身上，二者却浑然一体。

曾肯成讲义气，乐于帮助别人。科大讲师黄克诚来北京看肝病，研究生院答应接他一下。他到北京站没找到人，遂将电话打到曾家。

家里经济情况好转以后，夫妇二人不时接济生活困难的老师。在合肥时，科大校医院的护士李章琪经常为龚可文的妈妈打针，她的老伴邓世涛是曾肯成数学系的同事，邓老师不幸早逝，李章琪一家生活困难。于是曾肯成夫妇多次托人向她转交钱物，每次数百元。

担任过数学系党总支书记的张韵华老师在帮助整理邓世涛教授的物品时，发现了曾肯成夫妇写给李章琪的一包信件，其中一封写于 1992 年春，托李尚志转交 600 元钱。

1985 年，李尚志被科大派到四川做招生宣传。他家乡内江邻近县城的一位县中老师对他说，我们的第一名是竞赛尖子，已经被北大挑走了，第二名你要不要？李尚志说先看看人吧。第二名是一位叫廖志坚的男孩，聪明朴实，李尚志极力动员他报考科大。廖志坚果然以优异的成绩考入科大计算机系读书，1989 年毕业后被保送到北京的中科院自动化所攻读硕士，1991 去美国深造。

曾宏于 1987 年从计算机班结业，参加了工作。1988 年她赴合肥中国科技大学进修，需要补习数学。李尚志就介绍正在科大读书的廖志坚去了，暗中希望他们自然而然地产生感情。两个年轻人果然情投意合，最终结为伉俪。

廖志坚、曾宏结婚照(曾宏提供)

在爱女即将远赴重洋与丈夫团聚之际，曾肯成万般不舍，不由得回忆起十四年前小宏病重时，自己曾为她赋诗一首，于是提笔为当年的诗做了一段序："女儿出国前夕，忽忆其病危住院时，某夜狂风大作，几不能寐，当即口占一绝，后几遗忘。"当年的诗云："思儿未寐意何如，一任悲风夜啸呼。我为儿存天应惜，儿钟我爱病当除。"求上天怜惜为孩子而生的父亲，让孩子在父亲的关爱下快快地好起来吧。

曾公夫妇与女儿外孙女

龚可文去美国照顾女儿生孩子，曾肯成就在北京的同事家里四处蹭饭，或者哪位同事的太太得空了，到他家帮忙做上一些，够吃两三天的。李尚志和夫人每次到北京，都要到他家做一顿美餐。李太太做得一手美味的川菜，特别适合曾肯成这个湖南人的胃口。

七、密码奇才

1974 年 8 月，合肥中国科学技术大学数学系设立编码专业，成立“编码专业委员会”。曾肯成先生为这个专业委员会的学术带头人。

曾肯成十分卖力，打算为来科大进修的解放军学员，以及被工厂农村推荐上大学的工农兵学员编写十本从代数学到编码学的讲义，以便他们系统地学习专业知识。其中包括《组合数学》《数论与抽象代数》《移位寄存器序列》，等等。

曾肯成写了第一本讲义《组合数学》。在讲计数的容斥原理（inclusion-exclusion principle）时，他摘录了《汤姆历险记》的故事：汤姆在厨房对姑妈恶作剧，偷走她几个汤匙。姑妈发现汤匙少了大叫，汤姆偷偷地放进一批。姑妈一数又多了，汤姆再拿回来几个……。讲到映射的复合，他引用了杜甫《闻官军收河南河北》的最后两句：即从巴峡穿巫峡，便下襄阳向洛阳。讲到通信和编码，便信手拈来：烽火连三月，家书抵万金。其中的两种通讯手段，烽火作为敌情的编码；家书则代表我方的编码。

可惜由于“文革”时期的政治环境，曾肯成的计划没办法完全实现。然而他不屈不挠，非要为编码专业做点贡献。他从进修教师翟起滨那里拿到一个密码方面的题目，涉及对二元域 F_2 上的多项式 $f(x)=x^{n-t}(x+1)^t+1$ 进行不可约因子的完全分解，还要计算与其相关的若干参数。他指导几个学生钻研近世代数的基本理论，吃透中国剩余定理，找出幂等元的计算方法，最后得到了这类多项式的完全分解。他将其称为“棒打鸳鸯两分离”。

1976 年 5 月，曾肯成带上编码专业的全体师生去杭州一个计算中心实习，并且用计算机算出了题目所涉及的所有多项式的素因子和相关参数。将计算结果全部打印出来以后，他和翟起滨来到西湖边的柳浪闻莺，要了两杯龙井茶，坐下讨论进一步的问题。然后随手写下七言绝句《赠起滨》：“反复移存模二加，西湖无处不飞花。好风催得苏堤绿，一剪春光带到家。”回到合肥，他整理出研究成果《一般反复移位寄存器序列的分析与综合》。

曾肯成和他的学生。左起：查建国、李尚志、曾肯成、翟起滨

1980 年，曾肯成从科大正式调到研究生院。李尚志跟他开玩笑：“你在合肥的扎根树呢？”他无奈地笑了。

早在20世纪80年代初期，曾肯成就想到代数密码与通讯工程技术相结合的问题。他把无线电电子学系自动控制专业的吕述望、赵战生等教师找到一起，做流密码理论算法的工程实现。几位志愿者义无反顾地聚集到曾肯成身边，成立了“电子密钥研究小组”(EKOS)，隶属于中科院研究生院。一个“草根”科研集体就此破土，投身于一场持久的合作——从密码到信息安全的科技攀登。[7]

赵战生的父亲赵毅敏早年留法勤工俭学，1926年加入中国共产党，是《九·一八抗日宣言》的起草人。赵战生为人正派、宽厚，作为高干子弟，他原本可以选择做官、经商、留学，但他认为自己不是走仕途的料，选择了安贫乐道，潜心学问。而吕述望则出自苏北贫农之家，精明强干。

赵战生写道：“吕述望分析‘我们选择了一个有意义的领域，投奔了曾肯成先生这位名师’，当务之急是增长才干，干点实事。父辈也希望我们以脚踏实地的工作来探索科学技术，完成他们未尽的强国大业。”[7]

自行组建的研究小组面临三无：无场所，无经费，无设备。他们以家为办公室：合肥有人出差到北京，北京有人到合肥，便聚集到某位同事的家里，把夫人请到一边，尽情讨论，挑灯夜战。困了东倒西歪地歇一会儿，谁要是突然有了灵感，马上爬起来接着讨论。没有经费，就去学校的印刷厂，讨要一些剪裁下来的废纸边用来记录演算，反复在玻璃板上画状态图，研究状态转化的规律，成为有效的土计算机。

研究生院在初创时期资源有限，连教工宿舍都没有，老师们暂住在“文革”中迁往外地的林学院(现林业大学)校内的一座单元楼里。EKOS成立不久，院里特批了这座楼二层的一套房间，后来又在楼下修建了两间板房给他们当办公室，并允许将板房的夹缝连接起来做实验室。曾肯成喜欢月季花，每当一个成果转让给合作单位，就向该单位讨要一株，栽在宿舍和板房之间的空地上，成为小组成员至今留恋的EKOS花园。[7]

曾肯成筹划建立一个密码研究中心——数据与通信保护研究教育中心，简称DCS中心，1984年11月正式在研究生院数学教研室门口挂牌。曾肯成是中心主任，赵战生是副主任，吕述望担任密码实验室主任，负责项目的保密管理。DCS中心从事密码学理论与实践的研究，并且面向有关单位招收密码学硕士、博士学位专修班，于1985年8月开学。

20 世纪 80 年代后期，个人电脑刚刚进入中国，头脑灵活的吕述望利用计算机教研室的微机学会了使用电脑，因而当电脑普及之初，他已经能够熟练地将其用于科研了。

这时林学院回迁北京，研究生院在那里的人员回到玉泉路上班，党委书记王玉民的办公室让给了 DCS 中心，工作条件逐渐好转。

1986 年 DCS 中心部分成员与万哲先合影。前排左起：刘振华、戴宗铎、曾肯成、万哲先、杨君辉，后排左起：吕述望、董文彬、赵战生

万哲先有三位优秀的女学生：刘木兰，冯绪宁，戴宗铎，俗称“数学所三朵金花”。改革开放之后，国家挑选了 52 名访问学者首批赴美深造，戴宗铎名列其中。1985 年，曾肯成将戴宗铎调到 DCS 中心，她是一位专注学问、极其刻苦、论文丰盛的少有的女性数学工作者。曾肯成对她非常信任和欣赏，称她是密码学研究的“拼命三郎”。戴宗铎的丈夫，中科院计算中心(后并入软件所)的密码专家杨君辉也常来参与讨论。这对学术伉俪，成就了中国密码学史上的一段佳话。

戴宗铎回忆，曾肯成有非凡的智慧，20 世纪 80 年代后期研究“模 2^e”的极大长序列时，曾肯成提出讨论由它导出的各权位序列，并预言了权位序列周期的“倍增定理”和“最高权位序列的保熵定理”。

“保熵定理”是曾肯成为自己指导的博士生黄民强拟定的论文题目。定理的证明相当困难，几度停滞不前，处于胶着状态。但曾肯成始终坚定不移，确信论断正确。黄民强终于完成了这篇很有分量的博士论文。定理是曾肯成给出来的，按照常理，这篇合作文章的第一作者无疑应该是曾肯成，但曾肯成坚持没有署名。[8]

晚年的曾肯成与前来看望他的黄民强（曾宏提供）

戴宗铎用 n 级 M-序列做了非线性前馈函数，只是不能确定它的代数次数。曾肯成断言：次数应该是[$\log n$]。曾肯成果然有极强的洞察力，这一断言很快被戴宗铎证明出来了。[8]

戴宗铎曾经问曾肯成，他为何总是能够做出十分精彩的学术报告。曾肯成回答，在报告之前，讲话内容已经在他的脑子里转过几百遍。

戴宗铎准备在美国密码学大会上做一个 7 分钟的自由报告，曾肯成帮助她反复地试讲：她讲一次，曾肯成点评一次，包括遣词造句、语气速度、时间掌握。曾肯成给她打气：你不要紧张，就把台下的听众当成一片大白菜。戴宗铎的报告不多不少 7 分钟结束，博得一片热烈的掌声。对于曾肯成的敬业精神，对于曾肯成给予自己的种种帮助，戴宗铎铭刻于心，终生不忘。

1986 年，曾肯成又把刚从美国普林斯顿留学回来的数论专家裴定一吸引到 DCS 中心。当时裴定一的职称是副研究员，研究生院决定聘他为教授。曾肯成立

亲密的同行。左起:赵战生、裴定一、曾肯成、戴宗铎

即托人给他带去亲笔便条:“全票通过,立即报到。”曾肯成还不放心,又风风火火地从玉泉路赶到位于中关村的裴定一家里,亲口把好消息告诉他。裴定一至今仍然珍藏着曾肯成的那张便条,并从此迈进了密码学研究领域。[9]

在组建科研队伍的关键时刻,曾肯成将自己的组织能力发挥得淋漓尽致。上述几位学者的加盟增强了DCS中心的研究力量,数学理论专家和工程技术人才的结合,为中心的发展奠定了宝贵的人才基础。[7]

曾肯成指导的黄民强博士于2005年被评为中国科学院院士,在中心受到过出色的密码训练的郑建华于2011年被评为中国科学院院士。

八、赤子之心

DCS中心成立之初遇到的困难,除了物质条件的匮乏,还有那个年代国家管理体制的局限。如何处理科研和保密的关系,他们没有经验,管理部门也处在适应社会发展,逐步改革开放的实践过程当中。

在国外,有密码学方面的杂志,有定期举行的国际会议,在各个国家之间进行密码学理论的学术交流,各国的密码学家通过这样的会议得到理论上的提高,回国后设计各自的密码。这就像在医学会议上交流做阑尾炎手术的经验,但具体的手术则由各国的医生自己去做。

DCS 中心能不能在国际上发表文章，出席会议，成为经常性的困惑。在中心建立之初，这两者都是不被允许的，他们受到过违规的指责，甚至听到过卖国的申斥。[7]

随着改革开放的深入，国家保密部门逐渐重视起民间密码学的研究。1984年，相关机构的领导和专家在黄山会议上听取了中国科技大学的汇报演示。国务院批准设立了国家保密通信基金，列入保密通信科技攻关项目。曾肯成和 DCS 中心的成员们开始整理零散的研究成果，将它们写成论文，准备参加 1986 年 6 月 28 日在北京玉泉路饭店举行的 628 会议。

在会议上，DCS 中心的发言是这样安排的：曾肯成教授第一个发言，他先让自己的学生翟起滨用 20 分钟报告了含有伪残置换因子的特殊方程的例子和求解方法；随后，曾肯成用 40 分钟阐述了最重要的研究成果“密码体制的熵漏现象和有效利用”，这是一项了不起的原创性工作，对密码的破译极其有效；接着，杨君辉就 DCS 中心对“DES 型 s-盒的研究”做了演讲，将美国国家安全局（NSA）设计 s-盒的原理分析得十分透彻；最后，吕述望、赵战生等人就物理噪声源和通讯中的帧同步问题给出精彩报告。会议结束之后，DCS 中心得到了国家最大额度的经费支持。

1987 年 11 月，曾肯成带领 DCS 中心正式向国家保密工作局上报研究成果“密码学问题的一组理论研究”。他在成果前言中强调，“中国科学技术大学研究生院数据与通信保护（DCS）研究教育中心，除了从事通信保密中具体密码体制设计外，也从事密码学理论问题的研究。下面申报的论文全面涉及了单密钥密码的设计、评价与攻击等方面的问题，并提供了通信保密中适用的新型物理乱源产生方法”。后来，国家相关部门提出参考意见。曾肯成带领大家进一步将成果完善成“有关密码学问题的一组理论研究及开发应用”的文集。

丁石孙说：“那个时候我们的任务主要是培养学生破密码，而曾肯成就觉得更重要的问题是我们来建立密码。后来有很长时间他的研究就转移到密码，而且要造密码机。八十年代中期，曾肯成关于造密码机的想法受到国家有关部门的重视。”[2] 中国需要设计自己原创的、具备国际水平的密码体系。

1989 年，DCS 中心接到国务院相关部门筹建国家重点实验室的通知，递交了申请。实验室在中心原班人马的基础上很快建立起来，于1991年通过验收，正式成为信息安全领域的第一个国家重点实验室，赵战生为实验室首届主任，曾肯成任学术委员会主任。

1987年中，曾肯成和赵战生一道，出席了美国密码学大会。美密会是密码学最顶尖的国际会议，1981年才开始举办，当时每年录用的文章仅有20篇左右。

参加美密会期间的海滨照(曾宏提供)

在会议的自由论坛上，曾肯成做了一个报告。那时我国的物质条件很差，连透明胶片都没有。曾公巧妙地用纸边写出讲稿，勉强可以通过投影仪显示在屏幕上。报告非常生动，引起与会者极大的兴趣，为了将问题表达清楚，他甚至以电影《尼罗河惨案》中波洛的破案情节作为类比。曾公准确流畅的英语让美国人颇为惊讶，会后有人问他是不是本地长大的华裔。

在那次会议上，曾肯成拿到了美国国家安全局(NSA)局长奥多姆(William Odom)的一份命令，强调“不仅要支持与密码学有关的数学研究，而且要由NSA出面来支持一切数学领域的研究，以保持和发展美国数学的活力”。曾肯成事后回忆:“我在1987年拿到了这份命令，译成中文交给了当时的中央保密委员会办公室，并从NSA的莫里斯(Morris)博士手上看到了他们支持纯数学研究的一份计划，其中涉及李群、李代数、微分几何、代数几何这样一些纯而又纯的数学领域，简直像是国家科学院的计划。”

1987—1990年，曾公在美密会论文集《密码学期刊》(Journal of Cryptology)上发表了4篇重要文章：

《论密码分析中的线性综合方法》(On the Linear Syndrome Method in Cryptanalysis)；

《在密码分析及其应用中的线性一致性检验》(On the Linear Consistency Test (LCT) in Cryptanalysis with Applications)；

《在密码分析及其应用中的一种改进的线性综合算法》(An Improved Linear Syndrome Algorithm in Cryptanalysis with Applications)；

《流密码密码学中的伪随机比特生成器》(Pseudorandom Bit Generators in Stream-cipher Cryptography)。

这4篇论文的结论都被收录在梅尼斯(Alfred J. Menezes)编著的《应用密码学手册》(Handbook of Applied Cryptography)之中，被评述为破译流密码最有效的分析原则和十分巧妙的计算方法。

1989年1月至1991年1月，应美国西南路易斯安那大学(University of Southwestern Louisiana)大学一位印度籍教授劳(Ray)的邀请，曾肯成携夫人在美国访问讲学，协助他指导研究生。曾肯成开设了三门课程：置换群，流密码，序列密码。

数据加密标准(Data Encryption Standard，简称DES)是美国在1977年公布的第一个商用密码加密标准，它的设计细节至今仍然是谜。在1989年的美密会上，曾肯成谈到了DES中s-盒设计的一个疏漏。报告引起了NSA的警觉，他们通过美国密码专家和在华美国间谍对曾肯成作了一番调查，确认他是一位天才的密码专家，决定进行策反。

起初是由联邦调查局(FBI)的工作人员大约每两周来拜访一次，动员曾肯成留在美国。曾肯成说：“别的都可以合作，搞密码不行。”头几次他们没趣地走了；过两周后又来了，软磨硬泡。英文流利、脾气倔强的龚大夫生气了，几番驳斥他们。他们倒是很有耐心，坚持不懈地拜访下去。

这样僵持了18次之后，中央情报局(CIA)出面了，曾肯成住在哪里，中情局就有人住到旁边，有些人本身就是美国的密码学家，与曾肯成相识。曾肯成说：“哎呀,你住我旁边有意思吗?”这大约就是监视居住了吧。

由于FBI的反复劝说无效,CIA直奔主题:我们破解中国军方密码已建立了一个矩阵,其中就缺一个元素,这个元素只有你能提供。为此开出的条件不菲:美国德州农工大学(A&M)聘请曾肯成做终身教授,年薪十万,并购置一座他所满意的住宅,签约后马上得到永久居留权。

来人谈话的口气也不一样了,逐渐带出了威胁的性质说:“你家住在什么位置,有几个房间我们一清二楚,你女儿身体不好,美国有最好的医院可以为她免费治病。”他们甚至领龚大夫去医院参观。

曾肯成感到自己和太太随时都有被绑架的危险,人身安全受到了威胁。向来“不懂政治”的他应该怎么办呢?

事实上,自从美国的“策反”行动开始,他就随时向自己认识的、当时在美国的每一位共产党员说明情况,寻求帮助。考虑到电子邮件肯定要被监视,他定居美国的学生辗转通过可靠的邮箱帮他联系到正在英国访问的戴宗铎。戴宗铎回复邮件说:“我相信你肯定不会接受美国谍报机关的要求留在那里。”

是的,“不叛国”是曾肯成做人的底线,他决不会违背他的底线。

曾肯成按照同事们的建议,将他的危险处境向路易斯安纳州附近的休斯敦领事馆作了详细汇报。这些情况很快反馈到驻美大使馆和中国外交部。外交部向中国科学院通报了策反事件,科学院秘书长马上以其他理由赴美访问,专程帮助曾肯成夫妇处理回国事宜。

休斯敦领事馆非常给力,夫妇二人在一位台湾同行家中躲了几天之后,领馆派出四名工作人员,陪伴他们一起乘坐美国国内航班飞往旧金山,直到目送他们登上飞往北京的国际航班。

清华大学核物理专业毕业,于1985—1998年前后担任国家安全部部长、党组书记、党委书记等职的贾春旺对曾肯成返回祖国给予了高度肯定,他说:“曾肯成是一位爱国科学家。”

曾肯成后来说道:“……我从1989年1月到1991年1月在美国讲学的两年之内,从1989年10月9日至1991年1月24日,美国联邦调查局、中央情报局和国家安全局的人员曾经先后找过我20次,保证提供永久居留权和高薪科学家待遇。我没有接受他们的诱惑,也没有泄露我们自己的实际研究成果,并且从一开始就向我国驻美国使领馆和国内来访的科学院领导做了多次汇报。我在 1991 年 1 月 25 日回国。党和政府相信我,我感到十分欣慰!”

1992 年 11 月 20 日,曾肯成、戴宗铎、赵战生被邀请到北京友谊宾馆,参加国家科技进步一等奖的最后一轮答辩会。参加答辩的代表按照项目排列依次入场,场上听众皆为副部级以上官员。

戴宗铎清楚地记得,曾肯成以他一贯的风格,发表了不到十分钟的精彩讲演,使人感到几乎可以一锤定音,奖项是拿定了。其余的二十来分钟由戴宗铎介绍了 DCS 中心的科研工作。

DCS 中心的研究成果获得国家科学进步一等奖,这是科技界的国家级最高奖项,迄今为止还没有其他民间科研机构获得过此项殊荣。

数学在密码学理论研究当中至关重要。抗日战争期间,时任国民政府军中将、后任国防部长的俞大维曾经委托华罗庚,成功地破译过日军密码。

在 20 世纪 70—90 年代,北京大学、中科院数学所和系统科学研究所、四川大学、中国科技大学、西安电子科技大学,以及研究生院 DCS 中心等单位,共同为我国密码学研究做出了贡献,并且培养了国内一批现代密码学的高水平人才。

曾肯成十分希望赵战生、戴宗铎、裴定一、叶顶峰、翟起滨、吕述望等人把新创立的信息安全国家重点实验室搞起来。他亲自指导,组织了一批研究论文,编辑成《密码学理论问题文集》,于 1995 年初在内部出版,并发送到国家密码研究的相关部门。

1995 年 DCS 中心召开学术研讨会(赵战生提供)

1995 年曾肯成与来访的美国密码学者托马斯·博森夫妇合影(赵战生提供)

曾肯成于 1998 年 4 月,71 岁时退休。这位天赋异禀的奇人、率性可爱的老头,与喧嚣的人世渐行渐远。

尾声

他屡屡遭受到不公正待遇,却始终对祖国怀着一颗赤子之心。与他共过事的教师、领导过他的党政干部、听过他讲课的学生、他指导过的研究生、按照他层出不穷的奇思妙想做科研写文章的教师和学生,深深地、真挚地、长久地怀念着他。在他的身上,有着中国知识分子最崇高的气节与尊严。

铁三角万哲先、丁石孙、曾肯成的友谊延续了一生甚至身后,2004 年曾肯成去世,万哲先与夫人仍然每年春节从北京城北的中关村乘车到西南边的玉泉路,去探望龚可文,直到十几年后的今天。

丁石孙多次撰文纪念自己的老朋友,他在主持曾肯成的追悼会后写道[2]:“希望大家能够记住曾肯成这样一个人。他本来应该为国家做出更大的贡献,但是由于种种原因,他过早地离开了我们……他像一颗流星,穿过宇宙,很快就消失在黑暗之中。我衷心地希望今后为了后人的发展,我们要抓住一些闪亮的星星,为社会、为人类做出应有的贡献。”

致谢

作者访问过中国科学技术大学、原北工大二分校、中国科学院研究生院、中科院数学与系统工程研究院的多位教授、研究员、党政管理人员。他们根据各自的亲身经历，毫无保留地讲述了曾肯成的许多故事，听来令人动容。

罗懋康教授为文章命名，并对文中引用的大量的曾肯成的诗词给出了准确的注释。曾肯成的家人龚可文、曾宏进行了全力协助。

参考文献

[1] 李尚志. 数学家的文学故事——追忆导师曾肯成教授[M]//史济怀编著. 中国科学技术大学数学五十年. 合肥：中国科学技术大学出版社，2009：152 - 160.

[2] 丁石孙. 哭曾肯成[J]. 数学文化，2012，3(1)：89 - 90.

[3] 丁石孙口述. 有话可说——丁石孙访谈录[M]. 长沙：湖南教育出版社，2013.

[4] 常庚哲. 奇才怪杰　良师益友——忆曾肯成先生[M]//史济怀编著. 中国科学技术大学数学五十年. 合肥：中国科学技术大学出版社，2009：149 - 152.

[5] 李尚志. 名师培养了我——比梦更美好之二[M]//史济怀编著. 中国科学技术大学数学五十年. 合肥：中国科学技术大学出版社，2009：192 - 198.

[6] 单墫. 忆肖刚[M]//李潜主编. 学数学　第 2 卷. 合肥：中国科学技术大学出版社，2015：200 - 203.

[7] 赵战生. 我们走过三十年[J]. 中国科学院数据与通信保护教育研究中心成立三十周年纪念专刊，2010：9 - 21.

[8] 戴宗铎. 回忆曾老师[J]. 中国科学院数据与通信保护教育研究中心成立三十周年纪念专刊，2010：25.

[9] 裴定一. 曾肯成老师永远活在我心中[J]. 中国科学院数据与通信保护教育研究中心成立三十周年纪念专刊，2010：24.

第三部分

漫谈数学与数学课程标准

3－1 国际数学家大会和新世纪的数学问题*

（一）四年一度的国际数学家大会将于 2002 年 8 月 20 日至 28 日在北京召开，正如奥运会是国际体育界的一件盛事，国际数学家大会也是数学界的一件盛事，受到全世界数学工作者和数学家的关心与瞩目。

国际数学家大会能够由某一个国家申办成功有很多因素，其中该国在数学研究和数学教育方面的水平无疑是一重要因素。自 1897 年开始，国际数学家大会已经举办了二十三届，除了由于两次世界大战有所中断外，每四年召开一次，会议的举办国有瑞士、法国、德国、意大利、美国、加拿大、挪威、荷兰、英国、瑞典、苏联、芬兰、波兰、日本，都是经济发达或比较发达、数学研究十分活跃的国家，主要集中于北美和中、北欧，在亚洲仅有 1990 年的东京大会。

20 世纪 90 年代初，著名数学家陈省身先生和他的学生、唯一的华裔菲尔兹奖得主丘成桐教授向国家主席江泽民建议，中国可以申办国际数学家大会，借以提高我们在国际数学界的地位，促进我们的数学科研和教学。自此中国数学会开始了长达数年的申办工作。当时的中国数学会理事长是杨乐教授，他向国际数学家联盟提出了办会的申请。

我国是 1986 年恢复加入国际数学家联盟的。现在的国际数学家联盟（IMU）是各国数学会联合组织的机构，成立于 1950 年，是世界数学家的一个非政府性的学术组织。联盟的一项最重要的工作是确定国际数学家大会的地点和程序委员会。联盟执委会下设一个选址委员会，接收各国的申办请求并通过实地考察向联盟召开的成员国代表大会提出他们的推荐意见。联盟还负责确定国际数学家大会的程序委员会，该委员会全权决定大会的学术工作，经过中国数学家坚持不懈的努力，1997 年 5 月，选址委员会通过了推荐中国为 2002 年大会举办国的决定，

---

* 原载：《数学通报》，2001 年第 10 期，1－3。

1998年8月15日，国际数学家联盟成员国代表大会在德国的历史名城德雷斯顿举行，来自世界59个国家和地区的159名数学家聚集在这里。上午11时，当时的国际数学家联盟主席芒福德将选址委员会的推荐提交全体代表讨论。挪威代表首先发言，她说2002年正值挪威数学家阿贝尔(Abel)诞生200周年，因此挪威希望举办该次大会，尽管选址委员会推荐中国为候选国，但挪威不打算放弃申办，并要求作为候选国一起参加投票。挪威代表的发言，得到丹麦、瑞典等国的支持，瑞典代表还就西藏问题向中国代表提出了责难。还有一些国家的代表对中国政府发放入境签证提出质疑。当时的中国数学会理事长、北京大学数学系教授张恭庆代表中国代表团发言，阐明中国申办2002年大会的动机、立场以及筹备情况，经过长达一个多小时的辩论终于开始了投票表决。公布表决结果时会场一片肃静，芒福德主席一字一句地读道：中国99票，挪威23票，中国当选为2002年大会举办国，全场长时间热烈鼓掌，掌声未定，挪威代表走到麦克风前，向中国的当选表示祝贺，至此选址工作尘埃落定，中国数学会历经两届理事会申办国际数学家大会的努力终于获得了成功。国际数学家大会历时一百多年，第一次在一个发展中国家举行。21世纪国际数学界的第一次盛会将在中国举行，这是中国数学界的光荣和骄傲。

2002年国际数学家大会组织委员会主席由现任中国数学会理事长，中国科学院数学与系统科学研究院马志明教授担任，下设的大会秘书处和联络委员会由中国科学院负责，科学委员会和服务委员会由北京大学负责，会议论文集出版委员会由复旦大学负责，筹款委员会由南开大学负责，资助委员会由北京师范大学负责，大会前后约有30个左右卫星会议由中科院负责。大会开幕式将于2002年8月20日在人民大会堂举行，会址定在位于亚运村的国际会议中心。自1998年确定2002年大会在北京召开，大会组织委员会进行了紧张的筹备，许多中国数学家为筹备大会作了大量工作。会议得到了我国政府的大力支持，国家主席江泽民说："中国政府支持2002年在北京召开国际数学家大会，并希望借此契机力争在下世纪初将中国的数学研究和人才培养推向世界前列，为中国今后的科技发展奠定坚实雄厚的基础。"财政部为大会提供了充分的经济保障，大会新闻发布会已于8月16日下午4时在人民大会堂举行，各大电视台和报刊进行了报导，向全国人民宣布这一消息。

（二）国际数学家大会近年来规模在三千至四千人，会期 10 天，主要内容是进行学术交流和颁发两项数学奖。

第一项数学奖是菲尔兹奖，1936 年始发，授予不超过 40 岁的成绩卓著的青年数学家，每届 2 人，1966 年后增至 4 人，迄今为止共有 42 人获奖，此奖项在数学界声望甚高，被誉为数学界的诺贝尔奖，另一项为奈望林纳奖，1983 年开始颁发，用来奖励计算机科学方面的学者，每届 1 人。

学术交流的形式很多，主要是由大会程序委员会邀请的大会报告和分会报告，大会报告俗称为"一小时报告"，由作出重大贡献的数学家介绍重要研究方向上的最重要的成就。会议还按相近学科分成十几个分组邀请若干名在近四年中做出突出研究成果的数学家作分会报告，介绍该领域中各个方向上的重要进展。因为历届委员会都是由在学术上有权威地位的数学家组成，他们提名邀请的报告从整体上看十分精彩。

由于我国直到 1986 年才恢复加入国际数学家联盟，也由于我国的数学研究曾遭受过严重的干扰和破坏，我们中国大陆的数学家尚未得到过菲尔兹奖，也没有做过一小时邀请报告，受到邀请做 45 分钟报告的有冯康、吴文俊、张恭庆、马志明，华罗庚和陈景润受到了邀请但未能成行。

在前年浙江大学举办的一次研讨班上，我曾遇到过上海同济大学陆洪文教授，他是华罗庚先生的弟子。大家都知道华先生解放初期回国，创建中科院数学所，在函数论、典型群、数论三个方向培养了十几名研究员，撑起了我国数学研究的一片天。陆先生说华老 60 年代中期就建议数论专业的学生们研究模形式，后来的事实表明，这是证明费马大定理的主要工具。陆先生开玩笑说，如果不是文化大革命，证出费马大定理的应该是中国人，遗憾的是，科学没有如果，失去的机会不会再来。

可喜的是，改革开放以后，我国的数学研究空前地发展壮大，研究论文和专著成十倍地增长，在许多数学分支，中国的科研队伍成为不可忽视的力量，在各种国际会议上，中国人应邀作报告已屡见不鲜。尽管在重大的研究领域内，我们与国际先进水平仍有较大的差距，但中国数学家已经迅速地进入了国际数学大家庭。鉴于中国数学家的努力，也出于对东道国的尊重，大会程序委员会特别请中国组委会推荐中国自己的 45 分钟报告人。因此，在 2002 年的国际数学家大会上，我们可能会有 11 名左右的数学家做 45 分钟报告。这是一个了不起的数字。

特别值得大书特书的是，改革开放后 80 年代走出国门，赴欧美求学的年轻学子们，今天已有一批人成为优秀的数学家，成为许多重大数学领域的学术带头人，在世界各地的大学，特别是世界名校的数学家中，都有中国人担任重要教职。前年我在加拿大访问时听到国外同行开玩笑说："六七十年代美国、加拿大每个学校的数学系都有印度或巴基斯坦教授，八九十年代每个系都有中国教授，九十年代后期每个系都有苏联和东欧教授。"在 2002 年的大会上，美国麻省理工学院的田刚教授将作一小时大会报告，田刚曾是南京大学数学系的本科生，北京大学张恭庆先生的硕士生，丘成桐教授的博士生，在几何分析方面作出过重大贡献，他也是大陆出去的数学家中第一个一小时报告人，他至今仍保留着中国国籍，并每年回北大讲课。除此之外，还有 14 位海外华人及港澳台数学家作邀请报告，其中三位华人数学家将被邀请作一小时大会报告，他们是程序委员会在世界数学家的平等竞争中推送出来的，正是由于海内外华人数学家的共同努力，中国数学才有了今天的国际地位。

应该特别指出的是，这些杰出的数学家生于中国，长于中国，在中国接受了中小学教育，中国存在着广大的青少年人才资源，中国的中等教育在国际上享有盛望，这从历届国际数学奥林匹克获奖情况可见一斑。尽管由于我们的经济尚欠发达，大学太少，高考压力过大，中等教育存在着种种不尽如人意的地方，但中等教育的主流是好的，广大中学教师是称职尽责的，中等教育的传统应当发扬光大。

北京师范大学数学系的老师们感到特别高兴的是，我们这里有两位教授光荣地当选为 45 分钟报告人，一位是师大的概率论专家陈木法教授，另一位是数学系聘请的长江学者，美国罗格斯大学的戎小春教授，后者曾是北京师范学院的学生，梅向明老师的硕士生，在美国获得博士学位，目前是国际上格拉莫夫几何的年轻学术带头人。

（三）众所周知，在 20 世纪初 1900 年召开的第二届世界数学家大会上，数学泰斗希尔伯特教授提出了影响整个 20 世纪数学研究的 23 个数学问题。那么，什么是 21 世纪的数学问题呢？由谁来提出影响 21 世纪研究方向的数学问题呢？

2000 年 5 月 24 日，在巴黎法兰西学院举行了一次特别活动，巴黎曾经是希尔伯特提出 23 个数学问题的地方。100 年后，克莱数学促进会在那里宣布了 7 个数学问题，并允诺对每个问题的解决者给予 100 万美元的奖励。克莱数学促进会是由美国实业家兰登·克莱(Landon Clay)组建的私人非赢利基金会，旨在传播数学知识，克莱认为"数学体现了人类知识的精华"，研究所的科学顾问由四名当代顶尖级的数学家组成，他们来自法国高等科学研究院、哈佛大学、普林斯顿大学和普林斯顿高等研究院，其中包括证明费马定理的怀尔斯，这一委员会选择了 7 个多年没有解决的重要的经典问题：

1. P 与 NP 问题：一个问题称为是 P 的，如果它可以通过运行多项式次(即运行时间至多是输入量大小的多项式函数)的一种算法获得解决，一个问题是 NP 的，如果所提出的解答可以用多项式次算法来检验。P 等于 NP 吗?

2. 黎曼假设：黎曼 ζ 函数是复变量 s 的函数，定义于实半平面 $R(s)>1$ 上，表示为一个绝对收敛的级数 $\zeta(s)=\sum_{n=1}^{\infty}\frac{1}{n^{s}}[\prod_{p}(1-p^{-1})^{-1}]$，它可延拓到整个复平面上，这一函数在负偶数 $-2,-4,\cdots$ 等处有零点，称为平凡零点，黎曼猜想 $\zeta(s)$ 的非平凡零点的实部等于 $\frac{1}{2}$。黎曼 ζ 函数由括号内给出的欧拉公式与素数分布问题紧密相连，如果黎曼假设不成立，将引起素数分布理论的崩溃。除此之外，黎曼假设还与其他一些数学领域的理论基础密切相关，因此很多数学家认为，黎曼假设是今天纯数学中最重要的未解决问题。19 世纪德国的天才数学家黎曼，只活到 39 岁，留下的论文不多，但篇篇都是经典，为后人留下了一个半世纪未能解开的数学之谜。

3. 庞加莱猜想：任何单连通的闭三维流形同胚于三维球面。

该命题当 $n\geqslant 4$ 时已被证明，也就是说，如果 M^n 是 $n\geqslant 4$ 的可微同伦球面，侧 M^n 同胚于 S^n，当 $n=3$ 时在基本群方面遇到了本质性的困难。庞加莱(Poincaré)是与希尔伯特同时代的法国数学家，1900 年希尔伯特在第二届国际数学家大会上宣布他的 23 个数学问题时，庞加莱是大会主席。

4. 霍奇猜想：任何霍奇类关于一个非奇异复射影代数簇都是某些代数闭链类的有理线性组合。

5. BSD 猜想：对于建立在有理数域上的每一条椭圆曲线，它在 1 处的 L 函数变为 0 的阶等于该曲线上的有理点的阿贝尔群的秩。

6. 纳维-斯托克斯方程组:在适当的边界及初始条件下,对三维纳维-斯托克斯方程组证明或反证其光滑解的存在性。

7. 杨-米尔斯理论:证明量子杨-米尔斯场存在并存在一个质量间隙。

数学发展到今天,已经有近十几个方向,每个方向又有若干分支,每个分支的问题都相当复杂,进入其中任何一个领域都要花费几年的时间,能够像一百年前的希尔伯特那样通晓数学的所有领域几乎是不可能的,像更早期的欧拉(Euler)那样通晓数学和物理也是不可能的,因而希尔伯特的问题与新千年的悬赏问题有着重大的差别,正如费马定理的证明者普林斯顿大学的怀尔斯所指出的"希尔伯特试图用他的问题去指导数学,我们是试图去记载重大的未解决问题。"怀尔斯还在宣布悬赏当天的记者招待会上说:"我们相信,作为20世纪未解决的重大数学问题,第二个千年的悬赏问题令人瞩目,这些问题并不新,它们已为数学界熟知,但我们通过悬赏征求解答,使更多的听众深刻地认识这些问题。然而数学的未来并不限于这些问题,事实上在这些问题之外存在着崭新的数学世界,等待我们去发现,去开发,如果你愿意,可以想象一下1600年的欧洲人,他们很清楚,跨过大西洋,那边是一片新大陆,但他们可能悬巨奖去帮助发现和开发美国吗?没有为发明飞机的悬奖,没有为发明计算机的悬奖,也没有为兴建芝加哥城的悬奖,这些东西现在已变成美国的一部分,但它们在1600年是完全不可想象的。"

21世纪数学的发展是很难预测的,它一定会超越20世纪,开辟出一片崭新的天地,希望中国未来的数学家能够成为开辟这片新天地的先锋,上届国际数学家联盟主席芒福德说"如果中国学生们得到良好的培训,那么下一代人的中国显然将成为数学领导国之一",这一远大目标的实现,依赖于我们初等数学和高等数学教育界的共同努力。

参考文献

[1] 张恭庆.世界数学家大会和我们[J].数学进展,1999(6):556-562.

[2] 李文林.IMU成员国代表大会投票表决ICM-2002举办国现场纪实[J].数学通报,1999(1):7,6.

3－2 数学家关注中小学数学教育*

近年来，我国的数学家对中小学数学教育和数学课程标准表现出极大的关注。出于数学家的良知和社会责任感，围绕着相关问题发表了一系列真知灼见。下面我就有关情况作一些介绍。

国家数学课程标准研制组是1999年3月组建的。该组在2000年初发表了课程标准的征求意见稿，2001年7月发表《全日制数学课程标准（实验稿）》（以下简称《新课标》）。2001年9月，按照《新课标》编写的初中数学课本开始在全国38个地区实验区进行实验，参与实验的学生起始人数为20万。原定分步到位，滚动发展，计划到2010年全面实施（见1999年10月16日《文汇报》），但事实上已于2004年9月在全国除个别区县外全面铺开。

2000年8月，中国数学会教育工作委员会曾经召开过一次座谈会，对课程标准当时的征求意见稿进行讨论。会上一些院士、资深教授和美籍华人数学家对标准提出了批评。会议的座谈纪要由中国数学会报送教育部。2003年11月，中国数学会又召开了全国数学改革实践调研会，对长沙地区新教材的使用效果进行了初步调查，并再一次向有关部门反映。2005年1月22日，中国数学会召开了一年一度的迎春茶话会，在这个祥和、喜庆的聚会上，与会者不约而同地再次谈到了《新课标》的问题，强烈要求中国数学会教育工作委员会积极通过各种渠道反映意见，以求得到解决。

为此，中国数学会教育工作委员会于2005年2月23日在北京师范大学召开扩大会议，再次邀请京津地区的数学界知名人士、美籍华人数学家、中学教师及出版社的有关专家就《新课标》及按照《新课标》所编教材的实施情况进行讨论。这次会议的实录发表在《数学通报》和中国数学会的网站上。会上，人民教育出版社

---

* 原载：《中国数学会通讯》，2005年第2期，20－23。

蔡上鹤老师介绍了建国以来初中数学教学大纲的演变和启示，北京四中李建华老师介绍了 TIMSS2003 与美国数学课程的评介，北京师范大学数学科学学院曹一鸣老师介绍了义务教育阶段数学课程改革及其争鸣问题，北京四中谷丹老师谈了使用《新课标》教材的一些感想，北京师大王昆扬教授宣读了甘肃天水地区部分中学老师的一个座谈会纪要。接着，数学家们各抒己见，进行了热烈的讨论。在会上发言的有(按拼音顺序排列)：北京师范大学保继光教授，中国科学院数学与系统科学研究院巩馥洲教授，天津南开大学胡国定教授，北京大学姜伯驹院士，北京航空航天大学李尚志教授，北京师范大学刘绍学教授，中国科学院数学与系统科学研究院马志明院士，北京师范大学王梓坤院士，中国人民大学魏权龄教授、吴喜之教授，美籍华人数学家项武义教授，应用物理与计算数学研究所周毓麟院士。最后，教育部基础教育司教材处沈白渝处长，教育部基础教育课程教材发展中心徐岩副主任分别讲话。

数学家们的主要观点可归结为以下四个方面：(1)数学课程应当培养学生推理证明的能力，这一能力的养成将对学生的终身发展有益，而且是其他课程无法替代的；(2)目前中学讲授的代数、几何、三角等课程，是人类经过几百年、上千年的探索发现和不断完善积淀而成的，已经相当成熟。初等数学有其自身的逻辑和内在规律，中小学数学教学可以而且应该不断地改进教材和教法，但不能打破数学内在的逻辑体系；(3)在数学课上适当介绍一些贴近生活的实例，将有助于学生对数学的理解。但如果片面地强调所谓“情感体验”“感情贴近”，将零散的数学知识淹没在花花绿绿类似于脑筋急转弯的生活实例中，就好比我们在装修房屋时挂了满屋子漂亮的装饰却把承重墙推倒了；(4)数学教材的编写是一项自下而上的艰巨工程，每一个定理的证明，每一个例子的选取，都要经过反复的教学实践，精雕细刻。限时完工，粗制滥造的做法，是万万不可取的。

令数学家们感动的是，这次会议得到了教育部陈小娅副部长的极大关注。陈部长收到会议通知后，委托教育部基础教育司和课程教材中心的有关领导出席会议，听取意见。会议的第二天，2 月 24 日下午陈部长会见了我国著名数学家吴文俊院士、姜伯驹院士、胡国定教授，以及中国数学会和中学的相关教师。在仔细听取了数学家们的意见之后，陈部长对三位资深数学家表达了由衷的敬意，对数学家们关注中小学教育表示了深深的感谢，并表示要对数学家提出的问题进行研究。

在 3 月初举行的全国人民代表大会和全国人民政治协商会议上，刘应明院士和姜伯驹院士分别递交了提案，再次就此问题向教育部进言。参加两会的数学家和其他各界人士百余人签名附议。教育部亦很快采取了相应的措施。这件事使人感到，我们的国家机构在广开言路、民主作风方面有了很大的改进。

我国的中小学数学教育在国际上享有盛誉。改革开放近 30 年来，又涌现出一批受过高等教育，具有良好素质的中、小学数学教师。既有数学修养又有教学经验的优秀老师不在少数，他们是国家的宝贵人才，是我国中小学教育的基础和栋梁，也应当是制定标准、编写教材的中坚力量。中小学数学教育是关系到青少年一代的成长，关系到国家和民族前途的大事。我们的数学家将与中小学数学教师一起，密切关注这件大事，为祖国科学教育事业的健康发展做出应有的贡献。

3-3 欧氏几何的公理体系和我国平面几何课本的历史演变*

在21世纪之初的2005年前后，中国数学教育界曾经学习美国的大众数学，在课程标准中大大削弱了平面几何的证明和推理，给中学教师造成了极大的困惑。此文力图阐述欧氏几何的逻辑性，强调中学平面几何课程的必要性和重要性。

1 几何原本与几何基础

我们都知道，两千多年前，古希腊的数学家欧几里得写了一本著名的书——《原本》。在古往今来的浩瀚书海中，《原本》用各国文字出版的印数仅次于《圣经》而居世界第二位。我国最早的中译本是在明朝末年由外国传教士利玛窦与我国科学家徐光启共同翻译的，1607年出版，书名定为《几何原本》。此后，我国出版的各种译本都沿袭这一名称。

《几何原本》列出了五条公理与五条公设，并在各章的开头给出了一系列定义，然后根据这些定义、公理和公设推导出了465个数学命题。按照目前通行的希思英译本"Euclid's Elements"13卷计算，该书的中译本于1990年出版，其系统之严谨，推理之严密，令人叹为观止。《几何原本》的内容涉及初等数学的各个领域，包括代数、数论、平面几何、立体几何，甚至现代极限概念的雏形，但各部分的表述大都是从图形出发的。第一卷讲直线形，包括点、线、面、角的概念，三角形，两条直线的平行与垂直，勾股定理等；第二卷讲代数恒等式，如两项和的平方，黄

* 原载：《数学通报》，2006年第1期，4-9。

金分割；第三卷讨论圆、弦、切线等与圆有关的图形；第四卷的内容是圆的内接和外切三角形及正方形，内接正多边形（5、10、15 边）的作图；第五卷是比例论，取材于欧多克索斯（Eudoxus）的公理法，使之适用于一切可公度和不可公度的量；第六卷将比例论应用于平面图形，研究相似形；第七八九卷是初等数论，其中给出了辗转相除法，证明了素数有无穷多；第十卷篇幅最大，占全书的四分之一，主要讨论无理量，可以看作是现代极限概念的雏形；第十一卷讨论空间的直线与平面；第十二卷证明了圆面积的比等于直径的平方比，球体积的比等于直径的立方比，但没有给出比例常数；第十三卷详细研究了五种正多面体。

欧几里得《几何原本》中的内容在现代中学数学教育中分成了若干部分，分别归入平面几何、代数、三角、立体几何。初中平面几何的内容主要取材于《几何原本》的前六章，大致可以概括为点、线、面、角的概念，三角形，两条直线的位置关系（包括平行、垂直），四边形，圆，相似形，求图形的面积这样几个部分。在全书的开头列出了五条公理和五条公设。公理适用于数学的各个领域：(1)等于同量的量彼此相等；(2)等量加等量，其和相等；(3)等量减等量，其差相等；(4)彼此能重合的物体是全等的；(5)整体大于部分。公设适用于几何部分：(1)由任意一点到任意（另）一点可作直线；(2)一条有限直线可以继续延长；(3)以任意点为（圆）心及任意距离（为半径）可以画圆；(4)凡直角都相等；(5)同平面内一条直线和另外两条直线相交，若在某一侧的两个内角的和小于二直角，则这两直线经无限延长后在这一侧相交。

当然，按照现代数学的公理化体系去衡量，《几何原本》的公理体系不是很完备，比如对点、线、面等原始概念的定义不甚清晰；关联、顺序、运动、连续性等方面的公理还有待补充；个别公理欠独立性。一些命题的证明基于公理 4 的几何直观，即：彼此能重合的物体是全等的。也就是说，一个平面图形可以不改变形状和大小从一个位置移动到另一个位置。这实际上是不加定义默认了平面的刚体运动。后者在现代数学中的严格定义是平面到自身的保持距离不变的一个映射。

1899 年数学泰斗希尔伯特出版了他的著作《几何基础》，并于 30 多年间不断地修正和精炼，于 1930 年出了第七版。《几何基础》一书给出了点、线、面、关联、顺序、合同这些原始概念的准确定义，为欧几里得几何补充了完整的公理体系。

我国数学界的前辈、将西方数学基础的研究引入中国的先驱、几何学与数理逻辑学家、原北京师范大学数学系系主任傅种孙教授于1924年与韩桂丛合作，将《几何基础》第一版的英译本译成中文，取名《几何原理》。傅种孙教授不但是一位严谨的数学家，也是我国历史上功不可没的数学教育家，他一生致力于数学基础在我国的启蒙与普及。在他的主持和影响下，北京师范大学数学系多年来坚持高标准、严要求，为中学输送了大批优秀的数学教师。傅先生曾亲自编写了平面几何教科书，于20世纪二三十年代在北京师大附中讲授，使听他讲课的学生受益匪浅。其中钱学森、段学复、闵嗣鹤、熊全淹等人在新中国成立后成为数学界、物理学界的栋梁。

1958年江泽涵教授的中译本《几何基础》是根据第七版的俄译本和1956年第八版的一些补充译成的。"文革"后，征得了江泽涵教授的同意，朱鼎勋教授根据德文第十二版，对1958年的中译本进行增补、修订，于1987年出了《几何基础》中译本第二版。下述引文均出自该版。《几何基础》将公理体系分为下述五类。第一类叫做关联公理，由两点确定一条直线；一条直线上至少有两个点，至少有三个点不在一条直线上，等八条公理组成。

第二类叫做顺序公理，由下述四条公理组成。(1)若一点 B 在一点 A 和一点 C 之间，则 A、B 和 C 是一条直线上的不同的三点，而且 B 也在 C 和 A 之间。(2)对于两点 A 和 C，直线 AC 上恒有一点 B，使得 C 在 A 和 B 之间。(3)一条直线的任意三点中，至少有一点在其他两点之间。(4)设 A、B 和 C 是不在同一直线上的三点，设 a 是平面 ABC 的一直线，但不通过 A、B、C 这三点中的任一点，若直线 a 通过线段 AB 的一点，则它必定也通过线段 AC 的一点，或 BC 的一点。

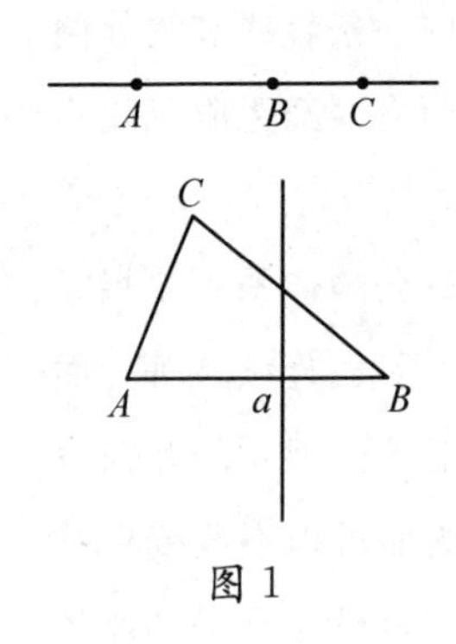

图 1

由此可以证明(见《几何基础》第一章第4节定理8)：平面上的任意一条直线 a 将该平面上其余的点分为两个区域，一个区域的每一点 A 和另一区域的每一点 B 所确定的线段 AB 内，必含有 a 的一个点，而同一个区域的任意两点 A 和 A' 所确定的线段 AA' 内，不含有直线 a 的点。有了这个定理，我们才可以定义平面上直线 a 的同侧或异侧。

我们还可以根据顺序公理的前三条，定义直线 a 上的一点 O 将直线分为两侧：设 A、A'、O 和 B 是一直线 a 上的四点，若 O 不在点 A、A'之间，称 A、A'在 O 的同侧；若 O 在点 A、B 之间，称 A、B 在 O 的异侧。因而直线上点 O 同侧的点的集合，叫做从点 O 起始的一条射线。

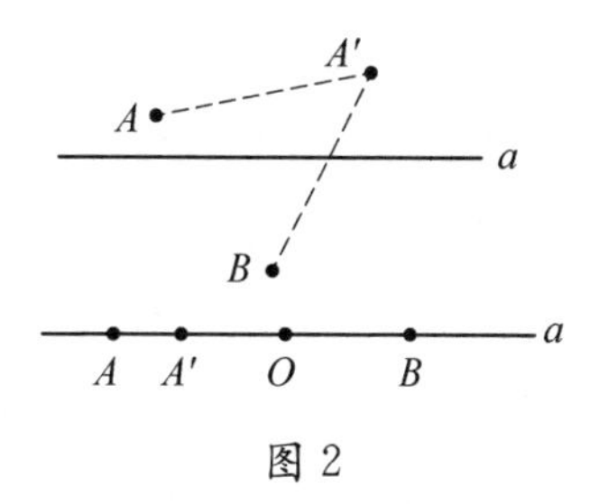

图 2

第三类是合同公理（或全等公理）。（1）设 A 和 B 是一直线 a 上的两点，A'是这直线或另一直线 a' 上的一点，而且给定了直线 a'上 A'的一侧。则在 a' 上点 A'的这一侧，恒有一点 B'，使得线段 AB 和线段 $A'B'$ 合同或相等。记作 $AB=A'B'$。（2）若 $A'B'=AB$，且 $A''B''=AB$，则 $A'B'=A''B''$。（3）关于两条线段的相加。（4）关于角的合同（或相等）。（5）若两个三角形$\triangle ABC$ 和$\triangle A'B'C'$有下列合同式：$AB=A'B'$，$AC=A'C'$，$\angle BAC=\angle B'A'C'$，则也恒有合同式 $\angle ABC=\angle A'B'C'$，且$\angle ACB=\angle A'C'B'$（此处没有提 $BC=B'C'$，故有别于三角形全等的判定边角边）。

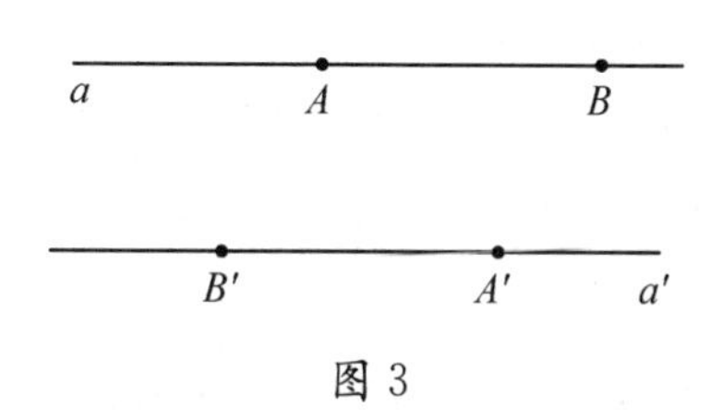

图 3

并以此为根据，通过《几何基础》第一章第 6 节定理 28 建立了平面的刚体运动，为《几何原本》中“彼此能够叠合的物体是全等的”这一事实奠定了公理化基础。

第四类中只有一个公理，即著名的平行公理：设 a 是一条直线，A 是 a 外的任意一点。在 a 和 A 所决定的平面上，至多有一条直线通过 A，且不和 a 相交。与《几何原本》的叙述稍有不同，后者的表述是：两条直线被第三条直线所截，若某一侧同旁内角之和小于两个直角，则两直线在该侧相交。

第五类是连续公理，包括阿基米德度量公理和直线的完备性两条。

2 我国平面几何课本的历史演变

《几何原本》作为教科书在欧洲讲授有 1000 年以上的历史，我国最早的中译本是在 400 年前明朝末年出版的。那个时代不太重视科学技术，包括当时称为算学的数学。虽然在明末清初，包括清朝康熙皇帝在内，出现过有一定数学水准的学者，但一般来讲，学习数学的人为数不多。随着清朝末期，英、美、法、德、日、俄等列强对我国的侵略，西方传教士大量进入中国。他们兴办了各类学堂，即新学，并编译了一些国外的数学教科书作为教材。与此同时，清朝各级政府和留洋归国的有识之士亦陆续设立了各种新学，较著名的中学有王氏育才书塾，即后来的上海南洋中学，北京五城中学堂，即后来的北京师大附中。这一时期可以看作是我国数学教育的启蒙阶段。

1902 年清朝政府正式颁布了《钦定学堂章程》，于 1905 年下诏“立停科举，以广学校”，建立了初小 5 年，高小 4 年，中学 5 年的洋学制，并正式开始在中学讲授平面几何。由于日本 19 世纪后半叶的明治维新运动对我国触动很大，当时所用课本大都为日本教材的中译本，数学教育逐步走上了正轨。

辛亥革命后，1912 至 1922 年，民国政府教育部将学堂改为学校，算学改称数学(这一称谓于 30 年代在民间普及)。学制改为初小 4 年，高小 3 年，中学 4 年。教育部审定教学用书，平面几何教材逐步开始使用一些英译本，如美国人温德华氏几何学和我国自己编的课本。数学教育的水平已大大提高。

1922 年，民国政府教育部制定了课程纲要，学制改为小学 6 年，初中 3 年，高中 3 年，平面几何在初中三年级与高中一年级讲授。高中课程为升入大学进行准备，初中纲要已包括了平面几何的基本内容。

从 30 年代初直到 50 年代初，我国很多初中使用 3S 平面几何作为教材，作者为美国的舒尔茨(Schultz)、塞维诺克(Sevenoak)、斯凯勒(Schuyler)三位姓氏以 S 开头的数学工作者。这本书可以看作是《几何原本》中平面几何部分的改写本，结合了中学生的接受能力，体系严谨，语言平实。二战胜利后，经过修订又出了一套新 3S 平面几何，由上海中学余元庆老师等人翻译，一直沿用到 50 年代初。

1949 年中华人民共和国成立，我们学习苏联。人民教育出版社于 50 年代初期出版了自己编写的平面几何课本，主编者是已调到人民教育出版社工作的余元庆老师等，有多人参加编写，内容仍然类比着《几何原本》。

自 60 年代初，我国的平面几何课本在内容的编排上有了一些变动，使用了较多的公理，并将平行线部分调到三角形的前面来讲。其中主要的公理有：(1)两点确定一条直线；(2)两点间直线段最短；(3)过直线外(或直线上)一点有且仅有一条直线与已知直线垂直;(4)同位角相等,两直线平行;(5)过直线外一点有且仅有一条直线与已知直线平行;(6)三角形全等的判定:边角边,角边角,边边边。

据有关专家介绍,3S平面几何强调了知识的从易到难,目前的几何课本则强调了图形的从简到繁。编写基础教育阶段的几何课本时,最基本的要求是:在保证前因后果的逻辑顺序的前提下,在论述难易上应由易到难,在图形结构上应由简到繁。遇有命题的论证难以被学生接受,便把这个命题不加证明,暂作公理使用,使得课本中的公理扩大范围。我国20世纪60年代初至今的初中平面几何课本就是这样处理的。1963年的数学教学大纲明确指出:中学的几何与作为一门科学的欧氏几何有所不同,不应该也不可能按照严格的公理体系来讲授。但是,为了使学生更好地掌握系统的几何知识,并且便于培养他们的推理论证能力,也应该在学生能够接受的条件下,力求逻辑的严谨性。

这一阶段的课本充分注意到了逻辑的严谨性,也注意到了初中生的接受能力。课本逐年进行着改进和完善。1963、1964年发行的课本已经相当不错。改革开放以后,我们的平面几何课本有时加进视图,锐角三角函数(原高一年级三角的部分内容),直线和圆的方程(原高三年级解析几何的部分内容)。20世纪60年代至21世纪初,公理体系扩大化的程度以及视图等内容增添的程度时强时弱,其间有些课本亦编得相当精彩。据说每个定理的叙述,每个例题的选取,都是经过若干堂教学实践,反复推敲定稿的。

3 《几何原本》证明点滴

最近几个月,我浏览了自1930年代至今国内外的一些初中平面几何课本。在以讲授平面几何的逻辑体系为宗旨的课本中,都注意到了体系的系统与完整。换言之,都能够自圆其说。我也读了一点《几何原本》和《几何基础》,我想对于中学教师或编写中学课本的老师而言,了解一些欧几里得和希尔伯特的原始的证法也许是有益的。下面略举几例。

比如三角形全等的判定"边角边"在欧氏几何中是作为定理如下证明的(见《几何原本》第一卷命题4),其中用到了平面图形可以不改变形状和大小从一个位置移动到另一个位置。

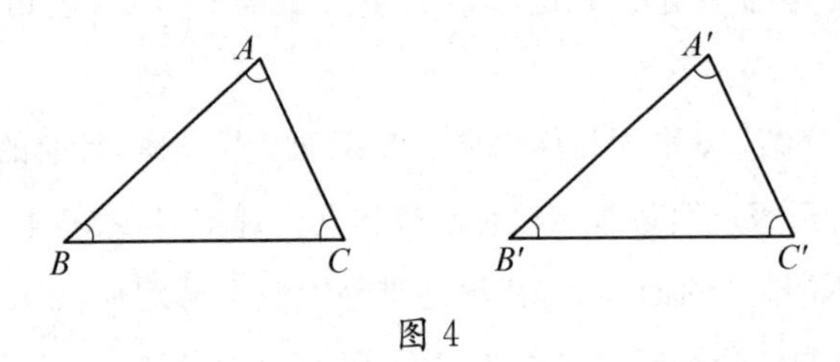

图 4

已知：$\triangle ABC$ 与 $\triangle A'B'C'$ 中，$\angle A=\angle A'$，$AB=A'B'$，$AC=A'C'$。求证：$\angle B=\angle B'$，$\angle C=\angle C'$，且 $BC=B'C'$。

证明　将 $\angle A'$ 与 $\angle A$ 叠合，使 B' 落在射线 AB 上，C' 落在射线 AC 上。则由 $A'B'=AB$，$A'C'=AC$ 得到 B' 落在 B 上，C' 落在 C 上。根据两点确定一条直线这一公设，$B'C'$ 与 BC 叠合。所以 $\angle B=\angle B'$，$\angle C=\angle C'$，且 $BC=B'C'$。

在希尔伯特的几何基础中，三角形全等的判定"边角边"基本上是作为公理给出来的。合同公理的第 5 条中，只要再加上 $BC=B'C'$ 就是三角形全等的判定"边角边"，而 $BC=B'C'$ 是可以证明的，且证明不难（见《几何基础》第一章第 6 节定理 12）。如前所述，合同公理的第 5 条是用公理化方法建立平面刚体运动的重要依据（见《几何基础》第一章第 6 节定理 28）。

三角形全等的判定定理"角边角"亦可类似证明，而判定定理"边边边"的证明需要用到等腰三角形的两底角相等。等腰三角形的这一性质定理出现在《几何原本》第一卷命题 5，在欧洲中世纪被戏称为"驴桥"。那时数学水平较低，很多学习欧几里得《原本》的人到这里被卡住，难于理解和接受。在《几何基础》中，该性质列为第一章第 6 节定理 11。下述第一种证法基于希尔伯特的定理 11。

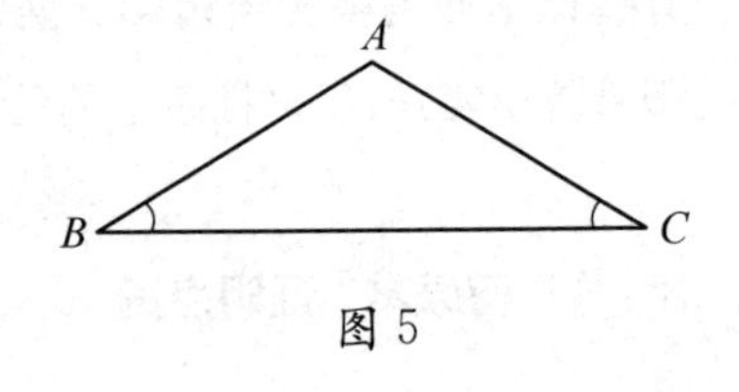

图 5

已知：$\triangle ABC$ 中，$AB=AC$。求证：$\angle B=\angle C$。

证明　考察 $\triangle ABC$ 与 $\triangle ACB$。因为 $AB=AC$，$\angle A=\angle A$，$AC=AB$，所以 $\triangle ABC\cong\triangle ACB$（边角边）。根据全等三角形的对应角相等，得到 $\angle B=\angle C$。

第二种证法也许对初学者来说容易一些，已知求证不变。

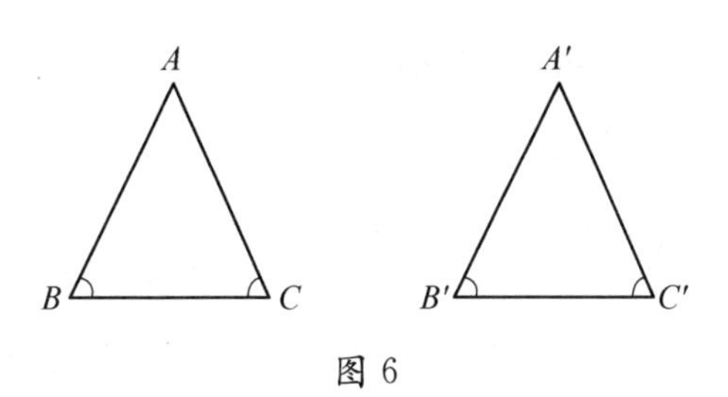

图 6

证明　将 $\triangle ABC$ 不改变形状和大小移动到另一个位置，得到与之全等的 $\triangle A'B'C'$，故 $\angle B=\angle B'$。另一方面，因为 $AB=AC=A'C'$，$\angle A=\angle A'$，$AC=AB=A'B'$，由三角形全等的判定定理边角边知 $\triangle ABC\cong\triangle A'C'B'$。所以 $\angle C=\angle B'$。故 $\angle B=\angle C$（等于同量的量彼此相等）。

三角形全等的判定“边边边”在《几何原本》和《几何基础》中都是定理，我们可以用拼合法及等腰三角形的性质证明，下述证法与原书略有不同。

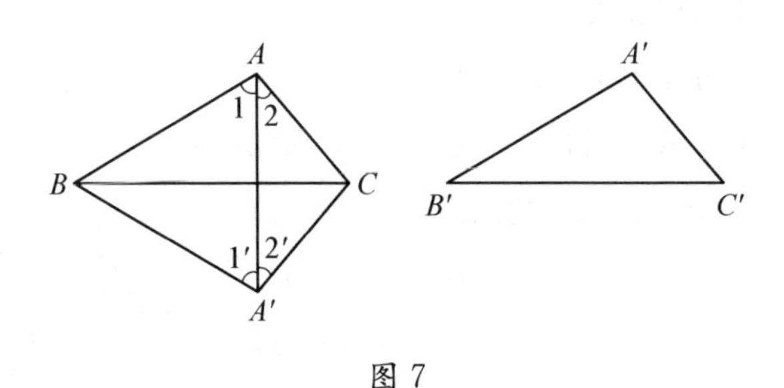

图 7

已知：$\triangle ABC$ 与 $\triangle A'B'C'$ 中，$AB=A'B'$，$BC=B'C'$，$AC=A'C'$。

求证：$\triangle ABC\cong\triangle A'B'C'$。

证明　将 $B'C'$ 与 BC 叠合，且使 A' 与 A 位于 BC 的异侧，连接 AA'，因为 $AB=A'B'$，所以 $\angle 1=\angle 1'$。因为 $AC=A'C'$，所以 $\angle 2=\angle 2'$，$\angle 1+\angle 2=\angle 1'+\angle 2'$，即 $\angle BAC=\angle BA'C$，由“边角边”得 $\triangle ABC\cong\triangle A'B'C'$。（当然还需更详细地考虑 AA' 交线段 BC 于某个端点或与 BC 不相交的情况。）

在《几何原本》和《几何基础》中，“同位角相等，两直线平行”都是定理，证明方法也十分类似。平行公理只告诉我们过直线外一点至多有一条直线与已知直线不相交，并没有说这样的直线是不是真的有。我们把不相交的两条直线称为平行线，那么“同位角相等，两直线平行”保证了这样的直线一定有。如果把这件事情当作基本事实承认下来，就得到下面对平行公理的表述：

过直线外一点有且只有一条直线与已知直线平行。

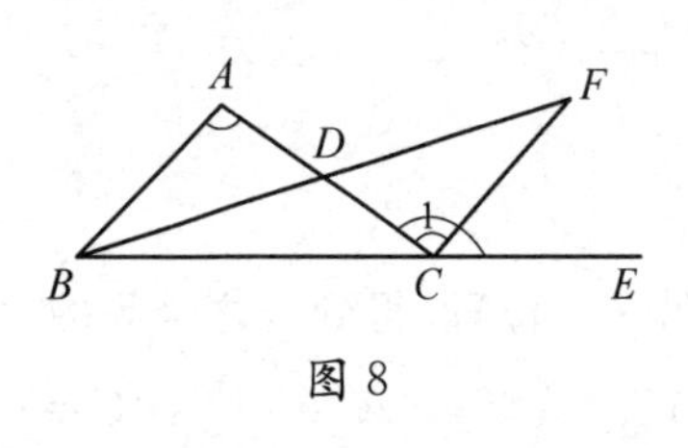

图 8

这是在平面几何课本中流行的表述。下述三角形外角定理对平行线存在性的证明至关重要：三角形的外角大于任一不相邻的内角（见《几何原本》第一卷命题 16，《几何基础》第一章第 6 节定理 22）。

已知：$\triangle ABC$。求证：$\angle C$ 的外角 $\angle ACE > \angle A$。

证明　取 AC 中点 D，连 BD 并延长到 F，使 $FD = BD$，则点 F 位于 $\angle ACE$ 内。连 CF，由于 $\angle ADB = \angle CDF$，$AD = CD$，有 $\triangle ABD \cong \triangle CFD$（边角边），这时 $\angle A = \angle 1 < \angle ACE$（整体大于部分）。

以上是欧几里得的证法，将射线 CF 位于$\angle ACE$ 内部当作了直观的事实。希尔伯特也把这一定理作为平行线存在性的准备，他的证明运用了反证法，避开了射线 CF 是否位于$\angle ACE$ 内部的问题。已知、求证同上。

证明　如果结论不成立，则有 $\angle 2 \leqslant \angle 1$。若等号成立，延长 BC 到 E，使 $CE = AB$。再由 $\angle 1 = \angle 2$，$AC = CA$，有 $\triangle ABC \cong \triangle CEA$（边角边）。这时 $\angle 4 = \angle 3$（全等三角形的对应角相等）。故 $\angle 1 + \angle 3 = \angle 2 + \angle 4$，即 $\angle BAE = \angle BCE =$ 平角。过 B、E 两点可以引两条不重合的直线 BAE 和 BCE，与两点确定一直线矛盾。

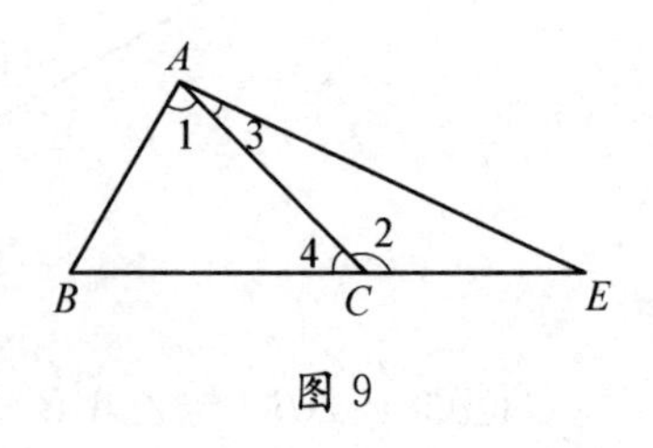

图 9

如果 $\angle 2 < \angle 1$，则以 AC 为一边，在 $\angle 1$ 内部作 $\angle 1' = \angle 2$，使 $\angle 1'$ 的另一边交线段 BC 于 C'，利用 $\triangle ABC'$ 可同上推出矛盾。

定义：同一平面内不相交的两条直线叫平行线。

判定定理：同位角相等，两直线平行（《几何原本》第一卷命题 27、28，《几何基础》第一章第 7 节定理 30）。

已知：直线 AB、CD 与直线 l 分别相交于 M、N 两点，同位角 $\angle 1 = \angle 2$。

求证：$AB \parallel CD$。

证明　如果 AB、CD 相交于 P，则根据三角形的外角定理，在 $\triangle PMN$ 中，外角 $\angle 1 > \angle 2$，与已知矛盾，故 AB、CD 不相交，$AB \parallel CD$。

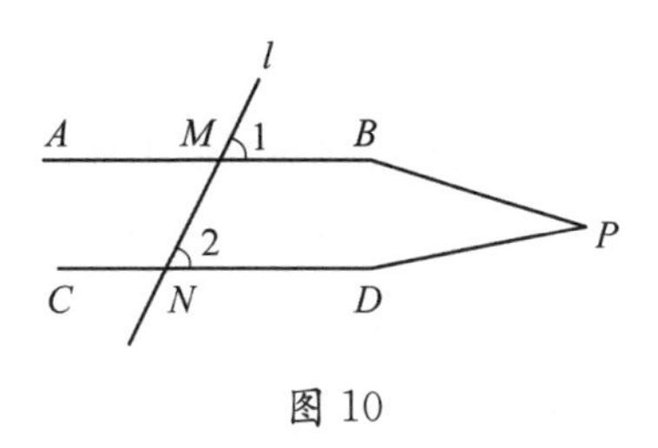

图 10

性质定理：两直线平行，同位角相等。（《几何原本》第一卷命题 29，《几何基础》第一章第 7 节定理 30）。

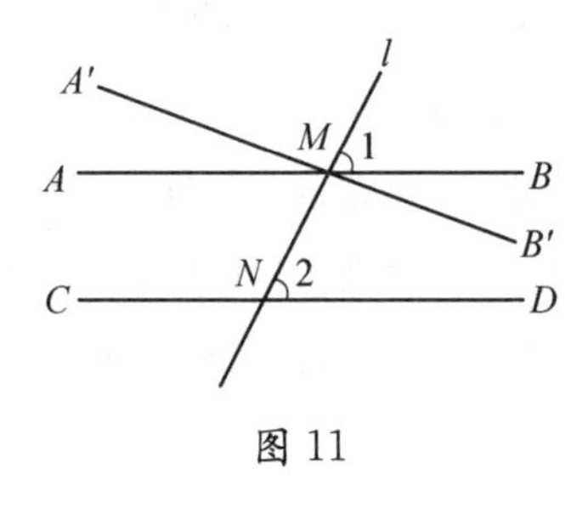

图 11

已知：直线 $AB \parallel CD$，直线 l 分别交 AB、CD 于点 M 和点 N。

求证：同位角 $\angle 1 = \angle 2$。

证明　若 $\angle 1 \neq \angle 2$，过点 M 作直线 $A'B'$ 与 l 交成 $\angle 1'$，使 $\angle 1' = \angle 2$，则 $A'B'$ 与 AB 不重合且 $A'B' \parallel CD$。过 M 点有两条直线 AB 和 $A'B'$ 平行于 CD，与平行公理矛盾。

4　结束语

我国近百年来数学教育的一个突出特点是对双基的重视，也就是说，学生们对基础知识的把握比较准确、深入，对基本技能的运用比较熟练。

我听过不少数学家和科技工作者谈起他们当年学习平面几何的体会，认为平面几何的学习对于他们逻辑思维习惯的养成起了至关重要的作用。记得我 1960 年代读初中时，不少同学喜欢做平面几何题，有时还比着做，觉得挺好玩。那时学生们每天下午有一节或两节自习课，做完功课后没什么可干的，就做点儿题。四点钟放学在操场上玩到吃晚饭，晚饭后看看课外书什么的。那时候的数学课外书不多，更没有习题集。有一套数学家为中学生写的小册子给那一代喜欢数学的中学生留下了深刻的印象，现在这套丛书在大陆和台湾都分别再版了。其中有华罗庚的《从杨辉三角谈起》《从祖冲之的圆周率谈起》，段学复的《对称》，吴文俊的《力学在几何中的一些应用》，姜伯驹的《一笔画和邮递路线问题》，龚昇的《从刘徽割圆谈起》，史济怀的《平均》，再版时补充了冯克勤的《费马猜想》，等等。

老师也很少给我们出难题，作业只留书上的习题，书上打星号的题作为思考，不记分数。只有个别时候在黑板的角落里写几道更难一点的思考题，做不做两可。老师倒是十分在意我们的基本概念是不是清楚。比如有时上课铃一响，老师第一句话就说拿出一张纸来，写出三角形全等的判定定理"边边边"及其证明。十分钟后收上去，接着讲新的内容。谁要是不明白，可以在自习课时去找老师补课。

随着科学技术的飞速发展，数学在经济建设中发挥着越来越重要的作用。作为数学大厦基础的初等数学，作为初等数学重要组成部分的平面几何学，亦应得到更好的重视。这并不意味着平面几何的课时越多越好，知识点越多越好，而是说要把平面几何的公理体系简明扼要地讲精、讲透。按照项武义教授的话说，就是返璞归真，抓住平面几何的本质把它的逻辑体系说透，使学生们感受到欧氏几何内在的逻辑美，感受到推理证明的巨大力量。

现在很多老师都在积极地钻研数学课程的内容和讲授方法。这是一个可喜的现象。我相信在我们的中学老师、数学工作者和数学教育工作者的共同努力下，一定能够发扬光大我国中小学数学教育的优良传统，把平面几何课本写得更好，为把我国的下一代培养成有数学素养的劳动者，当然也包括有数学素养的科技人才做出应有的贡献。

致谢

北京大学张顺燕教授对本文的初稿提出了中肯的批评和建议。北京师范大学王申怀教授逐字审阅了全文，就历史事实为文章写了两段关键性的附注：傅种孙先生的贡献和1963年数学教学大纲，现已并入正文。在此向二位先生表示由衷的谢意。

参考文献

[1] 欧几里得. 几何原本[M]. 兰纪正，朱恩宽，译. 西安：陕西科学技术出版社，1990.

[2] 希尔伯特. 几何基础(上册)[M]. 江泽涵，朱鼎勋，译. 北京：科学出版社，

1987.
[3] 魏庚人.中国中学数学教育史[M].北京:人民教育出版社,1987.
[4] 傅种孙.傅种孙文集[M].北京:北京师范大学出版社,2005.
[5] 项武义.基础几何学[M].北京:人民教育出版社,2004.

3－4 与伍鸿熙教授座谈摘要*

著名几何学家、美国加州大学伯克利分校伍鸿熙教授，目前担任了美国总统最近组建的国家数学顾问组（或译为美国国家数学委员会，National Mathematics Advisory Panel）的成员。该委员会的成立基于美国高层的下述认识：

> 我们需要鼓励儿童学习更多的数学和科学，并确保这些课程一丝不苟，以便与其他国家竞争。通过《不让一个孩子落后法案》，我们已经在小学低年级取得了良好的开端。这项法案正在使全美国的标准和考试分数提高。建议培训7万名中学教师，以领导数学和科学方面的先进课程，引进3万名数学和科学专业人员来进行课堂教学，并且对数学学习有困难的学生及早提供帮助，以使他们在工资较高的岗位上获得较好的就业机会。如果我们确保美国的儿童在生活中取得成功，他们就会确保美国在世界上取得成功。
>
> ——摘自美国总统布什2006年国情咨文

伍鸿熙教授于今年六月初到达北京，访问中国科学院数学与系统科学研究院和首都师范大学。六月十一日上午九点至十二点，伍鸿熙教授在首都师范大学数学科学学院与部分教师座谈，中科院、北大、北师大亦有教授参加。座谈会以首都师范大学数学科学学院、北京师范大学数学科学学院和中国数学会教育工作委员会的名义召开，首都师范大学数学科学学院院长李庆忠教授主持。这里仅围绕伍鸿熙教授谈美国数学教育这一主题将座谈记录整理成文。

李庆忠（首都师范大学数学科学学院教授、院长）：为了提高师范院校的办学水平，更好地促进北京地区数学教育的发展，首师大、北师大和中国数学会教育工作委员会共同召开今天的研讨会，请到了各位专家，并非常荣幸地请到了伍鸿熙教授。伍先生对中小学教育有过深入的思考和研究，先请他谈谈美国这方面的

---

* 张英伯整理。原载：《数学通报》，2006年第7期，1－3。

情况。

伍鸿熙：我先介绍一下美国数学教育的情况。我有两个一般性的观察。第一，数学教育是全世界都关注的大问题。做数学教育不能把一个国家的方针政策搬来搬去，别人这样做，我也这样做，搬来搬去会有不良后果。在国际上，数学教育改革的运动愈演愈烈：英国早我们（指美国）五六年，日本晚一些，日本感到是好办法，来美国学了一些东西，搬回去了，现在又要重新做过。另一个一般性的观察是，人们对数学教育没有很好的认识，数学家说我懂数学，教育家说我懂教育，但什么是数学教育，很少人对这个问题有认真的回答。我先谈谈美国在这方面过去十多年来的问题。

(1) 在美国，中小学数学教育的最大问题是，很多中小学数学老师不懂数学。

(2) 对中小学教师的师资训练到目前为止常常文不对题，教师们学到的数学与他们教的数学离题万丈。

(3) 中小学课本不及格，几乎完全不是数学。

(4) 大的政策，如数学标准（Standards）不是由懂数学的人作决策，而是对数学一窍不通的人做的。

(5) 在大学里数学系与教育学院完全分割，数学家不管教育，教育家不懂数学。

(6) 部分数学家的想法脱离现实，他们对目前的改革不满，梦想走回到从前，以为走到从前一切问题就可以解决了，这是错误的。

这些问题引发了"数学战争"，提出来可以作为前车之鉴，使我们不再重蹈覆辙。

张英伯（北京师范大学数学科学学院教授，中国数学会教育工作委员会主任）：伍先生早在2000年就对中国的九年义务教育阶段的数学课程标准提出过中肯的意见。这几年经过中国数学界极大的努力和积极的参与，义务教育阶段数学课程标准正在重新修订（简要介绍我国的情况，略）。

姜伯驹（中国科学院院士，北京大学数学科学学院教授）：美国国家数学顾问组的主要功能是什么？

伍鸿熙：数学顾问组的一部分目的是把"数学战争"调停，双方打下去不是好办法。现在美国的高科技工业开了工厂，请不到人。原本中学生能做的工作要请大学生,大学生能做的要请研究生。请了外国人,就需要替他们办居留手续。所以高级工厂不能在国内开,只好开到国外,比如印度、中国。所以工业界从这些事实得出结论,数学教育必须改好,但双方还在打架。于是先要调停这件事,成立数学顾问组的时机成熟了。顾问组的目的之一是怎么能使小学生和初中生学会初等代数。把数学教育改善到学生能学会初等代数,说出来简单,其实也不简单。分数怎么教,正负号怎么教。明年一月底将会有一个初步的共同认识,一年半后定稿,它将成为美国国家资助数学教育的方针。现在先做第一步,把代数搞好,看能不能走通。

李克正(首都师范大学数学科学学院特聘教授):美国目前准备就数学教育的改进做一系列实验还是作为法律贯彻下去?

伍鸿熙:在回答这个问题之前,先了解一下美国。美国的各州都有自己的教育法,国家不能下命令。第一,顾问组只能提出意见,各州作参考。第二,实验应该怎么做,要先进行民意调查、数字调查,如多少人能学会,多少人学不了。数学教育研究不能像数学研究。数学研究是确定的,数学教育研究没有完全确定的方向,只能提出一些建议。

李克正:我也觉得美国是民主国家,不能强迫做什么事情。

伍鸿熙:美国不能下命令,美国的宪法有地域性。日本、法国还可以下命令,但下这种命令时要充分考虑到各个方面的情况。拿美国来说,就要考虑少数民族的文化水平(在美国,亚裔的文化水平是最高的)等很多问题。比如一些南美的移民,他们的孩子在小学学不好数学就不学了。他们想我们反正什么也没有,学不好就算了。如果这些人永远没有好的职业,国家是走不下去的。中国也应该对这些问题有所考虑。

林群(中国科学院院士,中国科学院数学与系统科学研究院研究员):我听过一个报告,说莫斯科有些中学学微分几何、拓扑学、运筹学等,我以为现在的问题是怎样把大学的课程往中学放了。听了伍先生的话,我觉得非常意外。

(插话:您说的那是少数尖子中学。)

方运加(首都师范大学数学科学学院副教授):美国物理学家亨利·奥古斯特·罗兰(Henry Augustus Rowland)在 1883 年 8 月 15 日的一次演讲中说:假如我们停止科学的进步而只留意科学的应用,我们很快就会退化,没有什么进步,因为只满足于科学的应用，却不曾追问过所做事情中的原理。这些原理就构成了纯科学。……要想让中国人习惯于追问自己所做事情中的原理，我认为数学的学习是养成这种习惯或素质的最好的、成本最低的也是效率最高的途径。可惜，这几年来，有时以有用或没用为标准来取舍数学学习的内容，追求所谓学有用的数学。这就麻烦了！这就有可能把学生教育成只关心数学有用没用，而忽视了数学的原理。这绝不应该是我们所追求的数学教育。我们国家曾经有过众多高水平的数学教育家和教师。早在20世纪30年代，北京师大附中的教师们就致力于引进西方先进的数学教科书或学习材料，当时欧美市场上的新数学书，只要被认为是好的，一个月内就可以影印出来提供给学生教师使用。直至1950年代，我们一些优秀的中学数学教师都是中国第一流的人才，他们当中有许多人后来成了数学家或大学教授。现在情况不同了，数学教育界的人数庞大，但是作为学科，却类属不清。人们简单地把数学教育归在了教育科学类并置于课程与教学论名下，其学术研究成果要发表在这类方向所规定的核心期刊上。这就使得许多数学教育研究者们不得不迎合一般教育学的学术规范，将很多不该塞进数学教育的杂物塞进来了。另一方面，由于数学界长期对中小学数学教育不了解、不参与，这就使得数学教育处于数学与教育学的夹缝之中，地位很尴尬。希望搞数学的要有意识地关注和重视数学教育。

姜伯驹：伍先生说数学教育各个国家有不同的背景，不能你抄我，我抄你。中国的情况与美国有相当大的差别，教育传统不相同。我们也许和日本比较像一点。最近与数学改革的事情扯在一起，有人提大众还是精英的问题。美国可以有精英学校，中国就是另一种情况。伍先生刚才说日本要拐弯？

伍鸿熙：日本的情况是，拿了美国的东西回去用。日本的数学教育很多地方跟中国相像，在中学压力非常大，这是不健康的现象。在21世纪，数学教育固然要注意大众的问题，应该培养兴趣、合作精神等，但是很多技巧性的东西还要埋头苦干才能有收获。所以“精英”还不能忽视。这两方面常有冲突。在美国硅谷有些中学有很多亚裔学生，因为亚裔家长对孩子学业成绩要求很高，所以在那些中学的数理科目，拿了A还不够，好像要A+才行。一般的美国家长以为中学学生应该有平均的发展，不但懂做数学，也懂做好公民。所以很多人对这种拿高分的压力不满，所以把孩子从公立中学调到私立中学。由此可见在美国还没有解决这个“大众还是精英”的大问题。

刘晓玫(首都师范大学数学科学学院副教授):刚才谈到了数学教育要受到一定的社会文化的影响,但是数学教育中也应有一些共性的东西,那么中国的数学教育可以向美国或其他国家借鉴和学习什么?数学是没有国界的,而教育受文化影响很大。因为美国在第三次国际数学与科学评测(TIMSS)中排名落后,所以学习他人,美国的国家数学教师协会(NCTM)搞了一个统一的标准。

伍鸿熙:这个问题可能没有全面的回答。我们从各方面做一点小小的观察,要懂双方才能比较,要认识什么是真正的数学,我们能否成功地、有效地将数学介绍给学生。很初步的东西,如定义的重要性。美国的中小学课本几乎没有定义,2除以3弄不清,分数学不了,数学的基本精神没有了,只强调愉快教育。最近日本文部省明确提出,不再提倡愉快教育。

(以下几位的发言围绕对高中数学课程标准的不同看法和课程标准是否能够解决学生负担过重的问题。比较一致的意见是,学生负担过重是一个社会问题,不是中小学内部能够解决得了的。此处从略。)

伍鸿熙:标准是什么,争论最大的一点是它是“地板”还是“天花板”。日本有标准,很讲究统一。美国有标准,起参考作用,希望根据这一标准使学生学到这些内容。那么在美国写了标准怎么保障中学去执行,人家听你的吗?不听为什么要写呢?所以不但要有好的标准,还要有好的评估,才可保证学生达到了标准。评估是一门大学问,不能轻视的。

姜伯驹:标准的作用是什么?去年碰到一位日本数学家,是高中教材的主编之一。我大概问了一下情况,日本的课程标准叫“学习指导要领”,文部省原来规定“学习指导要领”是基准,教科书的内容不能少也不能多(日本高中数学曾被砍掉三分之一)。2003年文部省官方态度转变,规定“学习指导要领”是最低基准,从唯一的标准变成了最低标准。也就是地板的意思。于是各个出版社纷纷改写教科书。这个差别只是加了“最低”两字。我们也有这个问题,标准到底干什么?全国各地教育的基础和学生的水平相差如此之多。标准要说清楚它自己是干什么的。

伍鸿熙:希望中国写标准在最终目的这一部分要写得比较完善,不能孤立起来。

李忠(北京大学数学科学学院教授):最近看到些消息,美国在检讨他们的基础教育。他们希望提高他们的中小学的数学教学标准,以培养更多的工程师。他们把美国的基础教育与中国和印度的教育状况作了一番比较,明确提出应当向中国与印度学习。据报导,布什总统在国情咨文中还专门提到了这一点。这是一个很值得重视的事实。这也是一个很有趣的事实:我们的一些同志,认为自己的不好而要向美国学习,砍掉一些不应该砍的内容,搞什么无知识的"快乐"教育;而美国人今天说,他们的有问题,应当提高标准,要向中国学习。对美国人的说法与做法,我们暂时无需评论其对错。但是有一点,值得我们深思:外国什么都好吗?我们应该怎样学习国外的东西。是学好的还是学不好的?事实上多年来不少美国数学家早就警告过我们,在数学基础教育上不要学美国。

数学的基础教育应当改革,因为它有问题,并且时代在发展。但是,这个问题十分复杂,涉及许多问题:其中包括对科学体系的认识、传统的习惯、文化背景、师资水平、社会认可程度,甚至包括体制或政治方面的问题。切不可轻言革命。我们已经有了足够多的惨痛教训,1958年教育革命,后来的文化大革命,都使我们蒙受了极严重的损失。其实,教育不能革命,只能是渐进地改革,而且应该慎重,没有经过实践检验的不要全国推行,不可操之过急。

另外,改革一定要实事求是,不能搞时髦。小学要学统计,似乎很时髦,其实是有其名无其实。只算个平均数,就算学了统计?!我想问一下伍教授,关于小学生学习统计的事,在美国将怎么办?

伍鸿熙:先补充一点,小学讲统计已经不是时髦了。今年九月美国国家数学教师协会将有一个新的报告,美国的小学不讲统计了,弄到初中。现在讲统计不是时髦而是落后了,会看到美国国家数学教师协会慢慢回归数学主流。美国国家数学教师协会正确的一面是不要板板地教学生,不能老师说一就是一,这样违背人性,要让学生觉得自己是参与者,要符合孩子的心理,培养孩子的兴趣。日本有一套教材(1980—1990年)写得非常好,是小平邦彦写的,其中定义、推理严格,数学上认真,平易近人,准确但是不难。

(插话:多少年来流传一个说法,中国学生会考试,动手能力不强,美国学生动手能力强。请问伍先生是这样吗?)

伍鸿熙:一般来说在中学阶段亚裔学生经常领先,美国很多数学家都说要向亚洲看齐,达到第三次国际数学与科学评测第一。其实评在前面就够了,第一没有必要。我们的目标不是培养最好的学生,而是培养一批人才。在中学或大学里先进还不是主要的,出来后先进才是最主要的,要看最后一步怎么走。

李庆忠:今天就谈到这里,谢谢伍先生,谢谢各位老师周末不休息来我校参加会议。

3-5 《数学通报》编者的话*

近年来中华人民共和国教育部对中小学课程建设进行了力度较大的改革，旨在实现教育的现代化，为国家培养更多，更好的人才。其中包括在中小学课程中占很大比重的数学课程。1999年3月组建了国家数学课程标准研制组，该组于2000年初发表课程标准的征求意见稿，2001年7月发表《全日制义务教育数学课程标准(实验稿)》(以下简称《新课标》)。2001年9月按照新课标编写的初中数学课本开始在全国若干试验区试行。原定分步到位，滚动发展，预计到2010年全面实施。但事实上已于2004年9月在全国铺开(除个别县区外)。2000年8月，中国数学会教育工作委员会曾经召开过一个座谈会，对课程标准当时的征求意见稿进行讨论。会上一些院士、资深教授和美籍华人数学家对标准提出了尖锐的批评。会议的座谈纪要由中国数学会报送教育部。2003年11月，中国数学会又召开了全国数学改革实践调研会，对长沙地区新教材的使用效果进行了初步调查，并再一次向有关部门反映。2005年1月22日，中国数学会召开了数学界一年一度的迎春茶话会。在这个本来喜庆的会上，与会者不约而同地再次谈起了《新课标》的问题，强烈要求中国数学会教育工作委员会，积极通过各种渠道反映意见，以求得到纠正和解决。为此，我们于2005年2月23日召开了中国数学会教育工作委员会扩大会议，再次邀请京津地区的数学界知名人士、中学教师、出版社的有关专家就新课标及按新课标编写的教材的实施情况进行讨论。

令数学家们非常感动的是，这次会议得到了中华人民共和国教育部陈小娅副部长的极大关注。陈部长收到会议通知后，委托教育部基础教育司和课程教材发展中心的有关领导出席会议，听取意见。陈部长还于会议的第二天，2月24日下午会见了我国著名数学家吴文俊院士、姜伯驹院士、胡国定教授，以及中国数学会

---

* 原载:《数学通报》，2005年特刊，1。

和中学的有关同志。在仔细听取了数学家们的意见之后，陈部长对三位资深数学家表达了由衷的敬意，对数学家们关注中小学教育表达了深深的感谢，并表示要对数学家们提出的问题进行研究。

本期数学通报特刊，登载了2月23日中国数学会教育工作委员会扩大会议的讨论发言（将刊登于数学通报2005年第4期）和五个邀请报告（2005年第3期），登载了刚刚去世的数学大师陈省身教授的访谈录（2005年第3期），登载了湖南师大匡继昌教授的一篇文章（2004年第7期），还登载了2000年中国数学会教育工作委员会召开的座谈会纪要（2000年第11期），以便使广大中学教师、关心中小学教育的数学家和教育工作者及时了解情况，为九年义务教育的数学课程建设积极出谋献策。

我国的中小学数学教育曾在国际上享有盛誉，我们的中学数学教师曾经为国家培养出一批又一批具有数学修养的栋梁之材。改革开放近30年来，涌现出一批受过高等教育的中、小学教师。既有数学功底，又有教学经验的优秀的老师不在少数。他们是国家的宝贵财富，是我国义务教育的基础和栋梁，也应当是制定课程标准的中坚力量。在标准的制定中，多年丰富的教学经验是必不可少的。

数学课程标准的制定，是一项自下而上的学术行为。国内外的经验表明，外来的干预，甚至包括数学家一些单方面的想法（比如美国1960年代的“新数运动”），都很难在实践中推行，更不要说推翻原有的数学体系，进行全方位的革命了。数学教材的编写也是一项自下而上的艰巨工程，每一个定理的证明，每一个例子的选取，都要经过反复的教学实践，精雕细刻。限时完工，粗制滥造的做法，是万万行不通的。

数学通报愿意成为广大中学数学教师的朋友，成为联系数学家与中学数学教育的纽带，在培养下一代的神圣使命中为老师们奉献我们的一份力量。

3-6 中国的数学课程标准

——在第四届世界华人数学家大会中学数学教育论坛上的发言*

我们国家自隋朝开科举之初就有算学考试，考中了可以做负责丈量土地、计算排水工程量等事务的从九品官员（相当于副科级），这种考试到明朝被取消了。那个时代自然科学的地位不高。

数学作为一门课程给学生讲授是在清朝末年西学东渐以后。先由西方传教士，继而由留学归来的有识之士兴办了各类新学堂。1912 年建立中华民国，1923 年民国政府教育部颁布了《新学制课程标准纲要》，其中包括数学（算学）标准，这是我国的第一部数学课程标准，曾多次进行过修订。在那个时期，我们一方面引进了西方先进的数学教科书，比如 3S 平面几何、范氏代数，另一方面很多热衷于数学教育的数学家编写了大量高质量的中学数学课本。他们中的代表人物有北京师范大学的傅种孙，上海大同大学的胡敦复、胡明复等。我们的数学教育在短短几十年间迅速走上正轨，堪称与英、美、日等发达国家并驾齐驱。

1949 年中华人民共和国成立，全面学习苏联，1952 年编译了苏联的“中学数学教学大纲”，在这个大纲中强调了双基：即基础知识、基本技能，从此重视双基成为我国中学数学教育的一大特点。1963 年教育部颁布了“全日制中学数学教学大纲”，再次强调了双基。课本也由俄文编译本改为人民教育出版社自己编写。当时的课本是全国统一的，逐年润色成为精品，一个定理、一道例题都要经过课堂上的反复试讲才能定稿。

1966 年开始的文化大革命使中国的教育陷于瘫痪，1978 年恢复高考，1988 年实行九年义务教育。初中教材逐步改为一纲多本，教育部审定制。高中教材逐步加入向量、微积分等内容，并注重了教材的选择性。直到 1990 年代末，中学数学教学大纲经多次修订，仍然强调双基。

---

* 张英伯。原载：数学通报，2008 年第 1 期，2。

曾听不少人说过，中国为什么没有诺贝尔奖，为什么没有菲尔兹奖，就因为我们的中小学教育没有教给学生创新。这种说法我不敢苟同。我们在20世纪30年代前后曾经有过辉煌的精英教育，陈省身、杨振宁、李政道，这些享誉世界的大数学家、大物理学家，在中国读小学，在中国读中学甚至在中国读大学，然后到国外做出成绩。直到现在，改革开放后赴欧美深造的中国留学生很多人成为有成就的数学家，比如张寿武，他们的青少年时代也是在中国读书的。

2000年，中国开始了新一轮基础教育课程改革，于2001年颁布《九年义务教育数学课程标准》(实验稿)，2003年颁布《普通高中数学课程标准》(实验稿)。新课标的课本在五六年间迅速在全国铺开。

关于新课标的争议颇多。中小学数学老师对新课本深感困惑，特别是教学经验丰富的老教师。2005年2月24日，教育部副部长与几位资深数学家见面，听取了他们对课程标准的意见。在这年3月召开的人大和政协会议上，数学家分别联名递交了提案，近百人参与。同年5月，教育部成立了九年义务教育数学课程标准的修改组，由东北师范大学校长史宁中教授牵头，有中国科学院数学所、北京大学、南开大学、北京师范大学的教授和两位中学特级教师参加，着手解决这一问题。经过两年多的交流与争论，修改组已拿出初稿提交社会各方面人士征求意见，原则上恢复了知识的系统性和逻辑性。中国大陆的国情与西方国家不同，西方的课标可以作为学生对知识掌握的最低标准，学校的课程可以超越这一标准，还可以有各种精英中学。但在我们这里课标基本上是唯一标准，因为我们的高考是统一进行的，无论重点中学还是一般中学，无论学生的程度如何，都只能遵循这一标准。因此这个标准就更加不能丢掉系统性和逻辑性。

3-7 五点共圆问题与克利福德链定理*

初等几何学中有一个著名的五点共圆问题(进一步还可讨论七点共圆、九点共圆),有相当的难度。在19世纪后半叶,被推广至克利福德链定理。定理的证明用到行列式理论,非常巧妙,整齐漂亮。这篇文章源于2006年底我在澳门一个数学研讨班上的即兴发言,后来在学生的协助下查阅文献,整理成文。

一、引子

在世纪之交的2000年5月,当时的国家主席江泽民视察澳门濠江中学,兴致勃勃地出了一道“五点共圆”的几何题。

江泽民先生随后给数学家和数学教育家张景中院士打电话征询答案,并亲函濠江中学参考。与此同时,濠江中学的四位数学老师也各自独立地做出了解答。我很敬佩濠江中学的这些老师们,他们的数学功底由此可见一斑。

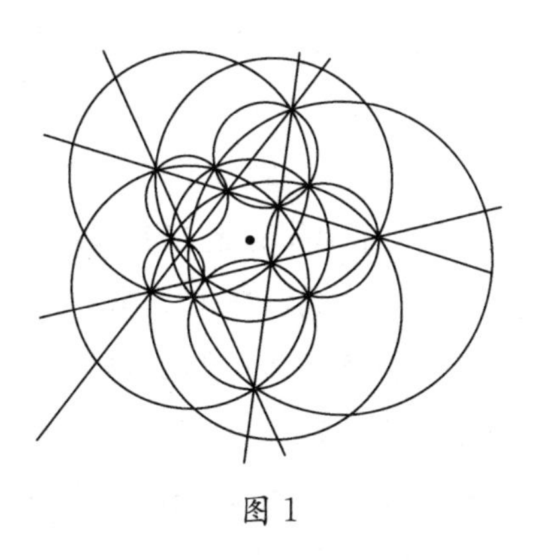

图 1

这个图形就是五点共圆问题。可以表述为:给出一个不规则的五角星,做所得五个小三角形的外接圆,每相邻的两个小三角形的外

* 作者:张英伯,叶彩娟。原载《数学通报》,2007年第9期,封二、1-5。

接圆交于两个点，其中之一是所得五边形的顶点。在五边形五顶点外的交点共有五个，证明这五点共圆。

2003年春天，我去德国访问。代数学家克劳斯·林格尔问我，你知道江问题吗？我正在脑子里紧张地搜索江姓数学家的名单，他得意地笑了，“哎呀呀，你们的国家主席呀！”

克劳斯刚从伦敦开会回来，他说在伦敦的会议上，数学家们聊起了江泽民先生提出的五点共圆问题，觉得国家主席关注几何学非常有趣。克劳斯随手在黑板上画出了五点共圆问题的推广。

2006年底，华东师范大学张奠宙先生在澳门组织的高级研讨班邀请我去做报告，报告刚好在濠江中学举行。濠江中学校方与我们会面时介绍了当年江泽民主席的视察。我一下子想起三年前与克劳斯的对话，就临时改变报告题目，凭记忆谈了推广的五点共圆问题。报告之后，张先生力主并多次敦促我将这一问题的证明写成文章。

回到学校，正赶上本科生准备毕业论文，一个保送研究生的女孩儿（叶彩娟）希望读代数方向的硕士，来我这里要题目，我说你试着找找五点共圆问题的推广吧。

感谢今天的互联网，把这个世界所有的信息摆在了每一个人的面前。

经过一个礼拜的搜索，女孩子终于找到了一位日本数学家冈洁的传记，在传记的最后一页的最后一个脚注中，提到克利福德定理将五点共圆问题推广到了任意的正整数。

有了这个名字，事情便简单多了。女孩马上去搜索克利福德所有文章的目录，找到了他关于这个问题的文章：密克定理（On Miquel's Theorem）。遗憾的是年代过于久远，我们的北京图书馆和中科院图书文献中心都没有收藏。

再一次感谢互联网，北京图书馆很快通知我们文章在大英图书馆找到了，付钱之后就可以扫描过来。还是由于年代过于久远，大英图书馆将刊有这篇文章的杂志收在一个乡间的书库。付过的钱被退了回来，原文的扫描和复印件都不能提供，原因无可奉告。

因为没有见到原文，我今天讲的证明，基于几何学家莫利（F. Morley，1860—1937）1900年发表在美国数学会会刊上的一篇文章《平面 n 条直线的度量几何》

(On the metric geometry of the plane n-line)。

在 19 世纪下半叶和 20 世纪初,许多欧美大数学家致力于建立欧几里得几何的公理化体系。希尔伯特用了三十年的时间,先后出版七稿,写成了《几何基础》一书。而那时,我国正处于清朝末年,尚未进入近代数学的研究领域。将数学基础研究首先引入中国的是我国著名的数学家、我国近代数学教育的先驱傅种孙先生。他在 1920 年代翻译了希尔伯特的《几何基础》,倾其毕生精力在北师大、北师大附中教书,引进国外教材,培训中学教师。因为我国的近代数学研究起步较晚,对当时的一些研究领域比较陌生。

当几何基础引起广泛讨论的时候,许多古老的几何问题,比如与三角形相关的点,以及直线和圆的问题被发现并研究。1838 年,密克(Miquel)证明了有关四圆共点的定理。

一百三十六年前的 1871 年,在四圆共点定理的基础上,英国数学家威廉·金顿·克利福德(William Kingdom Clifford)建立了克利福德链定理,并在英国早期的一本杂志《数学信使》(Messenger of Mathematics)上发表了证明。

克利福德本人因他提出的克利福德代数而闻名于数学界。克利福德链定理是数学史上非常著名的有趣而又奇妙的定理。

至 19 世纪末和 20 世纪初,许多欧美数学家都研究并论述过这个问题,一方面研究它的多种证明方法,一方面研究这些点圆和其他一些著名的点圆之间的关系,还有人积极探索它的扩展,例如向高维情况的引申。在欧美的许多深受欢迎的数学杂志上,不断地发表与克利福德链定理相关的研究成果。

二、 克利福德链定理的表述

任选平面内两条相交直线,则这两条直线确定一个点。

任选平面内两两相交,且不共点的三条直线,则其中每两条为一组可以确定一个点,共有三个点,那么这三个点确定一个圆。

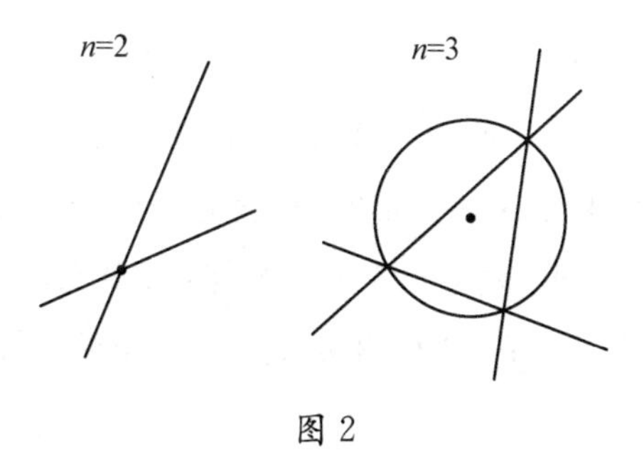

图 2

任选平面内两两相交，且任意三条直线都不共点的四条直线，则其中每三条为一组可以确定一个圆，共有四个这样的圆，则这四个圆共点。

此点被称为华莱士点(亦称斯坦纳点、米奎尔点)。

任取平面内两两相交，且任意三条直线都不共点的五条直线，则其中每四条作为一组可确定如上所述的一个华莱士点，共有五个这样的点，那么这五个点共圆，此圆被称为密克圆(即五点共圆问题)。

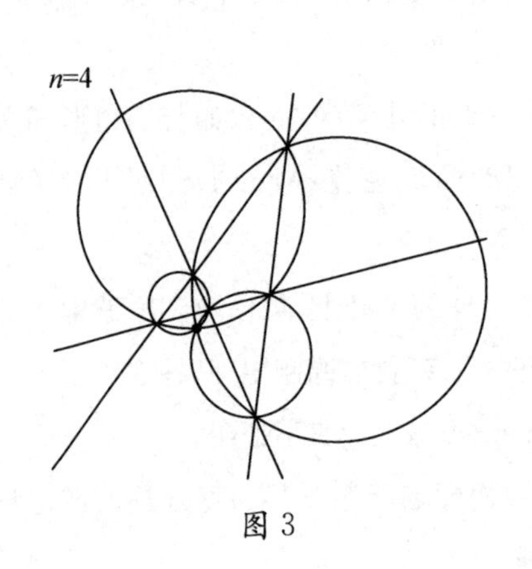

图 3

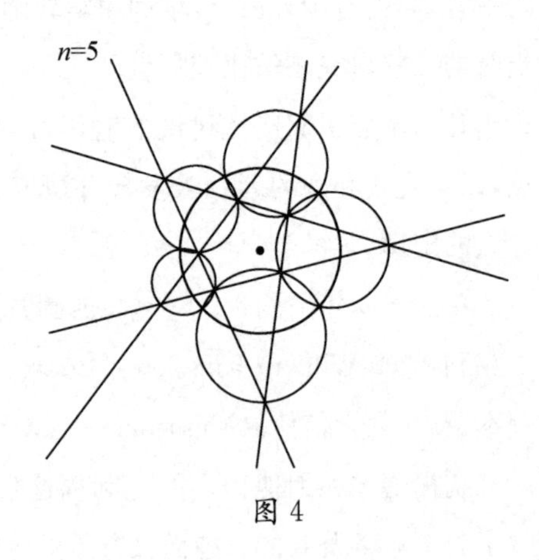

图 4

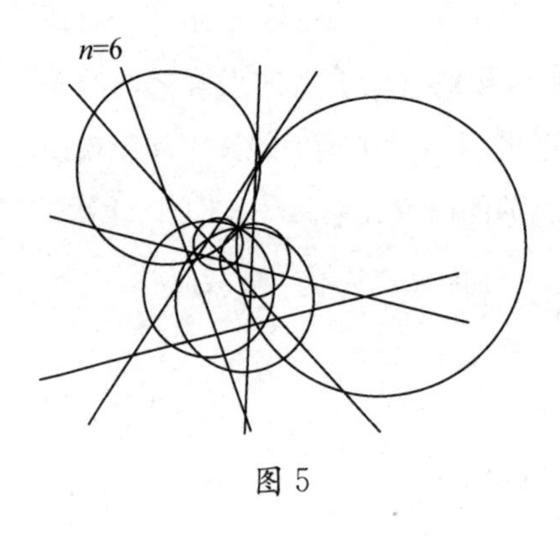

图 5

任取平面上两两相交的六条直线，且任意三条直线都不共点，则其中每五条为一组可以确定一个密克圆，共有六个这样的圆，则这六个圆共点。

任取平面内两两相交，且任意三条直线都不共点的七条直线，则其中每六条作为一组可确定如上所述的一个点，共有七个这样的点，那么这七个点共圆。

一般地，任取平面内两两相交，且任意三条直线都不共点的 $2n$ 条直线，则其中每 $2n-1$ 条直线可确定一个克利福德圆，共确定 $2n$ 个圆，那么这 $2n$ 个圆交于一点，称为 $2n$ 条直线的克利福德点；

任取平面内两两相交，且任意三条直线都不共点的 $2n+1$ 条直线，则其中每

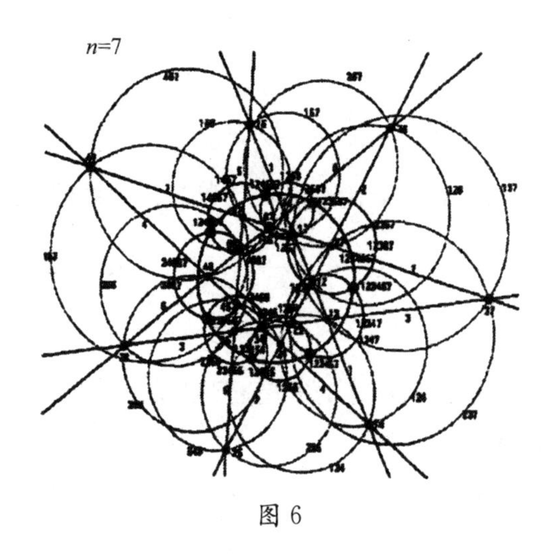

图 6

$2n$ 条直线可确定一个克利福德点，共确定 $2n+1$ 个点，那么这 $2n+1$ 个点共圆，称为 $2n+1$ 条直线的克利福德圆。

三、 直线方程

用平面几何的方法归纳地证明克利福德定理几乎是不可能的，我们已经看到当 $n=7$ 时，图形有多么复杂，实际上五点共圆问题已经够复杂了。那么用平面解析几何呢？用复平面呢？这样就可以充分借助现代数学的工具。让我们来试一试。

现在考虑复平面 C，建立原点、实轴和虚轴。

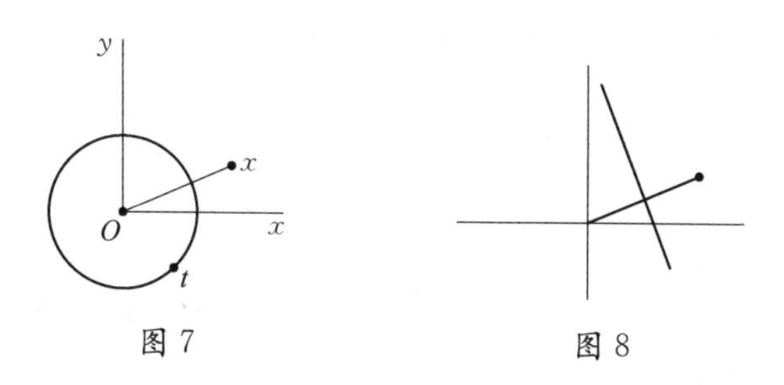

图 7　　　　图 8

用 x_1、t_1 分别表示两个确定的复数，其中 t_1 的模为 1，也就是说，t_1 在单位圆上。其次，用 x、t 分别表示两个复变量，其中 t 的模为 1，也就是说 t 在单位圆上运动。

考察公式 $x=\frac{x_1t_1}{t_1-t}$。

当 t 在单位圆周上运动时，x 跑过原点 O 和点 x_1 连线的垂直平分线。

事实上，$x-0=\frac{x_1t_1}{t_1-t}$，而 $x-x_1=\frac{x_1t}{t_1-t}$ 因为 t 和 t_1 的模都是1，故 $|x-0|=|x-x_1|$。

另一方面，当 t 趋近于 t_1 时，x 的模趋近于无穷大；并且 x 是 t 的连续函数。所以我们得到了一条直线。

从上述分析可以看出，直线与 t_1 的幅角的取值无关。我们不妨取 $t_1=\overline{x}_1/x_1$。

事实上，利用单位圆周上的点 t 作参数，根据复变函数中有关的分式线性函数理论，$x=\frac{x_1t_1}{t_1-t}$ 表示一条直线。

四、特征常数

如果我们有两条直线：

$$x=\frac{x_1t_1}{t_1-t},\ x=\frac{x_2t_2}{t_2-t},$$

则 $\begin{cases}xt_1-xt=x_1t_1,\\xt_2-xt=x_2t_2。\end{cases}$ 两式相减，得到两条直线的交点：

$$a_1=\frac{x_1t_1}{t_1-t_2}+\frac{x_2t_2}{t_2-t_1}。$$

再设 $a_2=\frac{x_1}{t_1-t_2}+\frac{x_2}{t_2-t_1}$。称 a_1、a_2 为 $n=2$ 时的特征常数。

如果我们有三条直线：

$$x=\frac{x_1t_1}{t_1-t},\ x=\frac{x_2t_2}{t_2-t},\ x=\frac{x_3t_3}{t_3-t},$$

令

$$a_1=\sum\frac{x_1t_1^2}{(t_1-t_2)(t_1-t_3)},$$

$$a_2=\sum\frac{x_1t_1}{(t_1-t_2)(t_1-t_3)},$$

$$a_3=\sum\frac{x_1}{(t_1-t_2)(t_1-t_3)}。$$

在上面的式子中,求和号表示对数组(1　2　3)进行轮换,分别取(1　2　3)、(2　3　1)、(3　1　2)。a_1、a_2、a_3 叫做 $n=3$ 时的特征常数。

建立一个圆方程,圆心在 a_1,半径为 $|a_2|$:

$$x=a_1-a_2t。$$

当 $t=t_3$ 时,$x=x_{12}$;当 $t=t_1$ 时,$x=x_{23}$;当 $t=t_2$ 时,$x=x_{31}$。所以我们的圆经过三条直线中每两条的交点,这就是三点共圆。

定义 4.1　关于 n 条直线 x_1, x_2, …, x_n 的特征常数 a_1^n, a_2^n, …, a_n^n 定义为:

$$a_i^n=\sum\frac{x_1t^{n-i}}{(t_1-t_2)(t_1-t_3)\cdots(t_1-t_n)}。$$

引理 4.2　$a_i^{n-1}=a_i^n-a_{i+1}^nt_n$。

证明:$\sum\frac{x_1t_1^{n-i}}{(t_1-t_2)\cdot\cdots\cdot(t_1-t_{n-1})(t_1-t_n)}$

$$-\sum\frac{x_1t_1^{n-i-1}t_n}{(t_1-t_2)\cdot\cdots\cdot(t_1-t_{n-1})(t_1-t_n)}$$

$$=\sum\frac{x_1t_1^{n-i-1}(t_1-t_n)}{(t_1-t_2)\cdot\cdots\cdot(t_1-t_{n-1})(t_1-t_n)}$$

$$=\sum\frac{x_1t_1^{n-i-1}}{(t_1-t_2)\cdot\cdots\cdot(t_1-t_{n-1})}。$$

引理证毕。

特征常数有如下的共轭性质。取定正整数 n,令 $a_\alpha=\sum\frac{x_1t_1^{n-\alpha}}{(t_1-t_2)\cdot\cdots\cdot(t_1-t_n)}$, $\alpha=1, 2, \cdots, n$,将 a_α 的复共轭记作 b_α,令 $s_n=t_1t_2\cdot\cdots\cdot t_n$,则

$$b_\alpha = \sum \frac{x_1 t_1^{\alpha-n}}{\left(\frac{1}{t_1}-\frac{1}{t_2}\right)\cdot \cdots \cdot \left(\frac{1}{t_1}-\frac{1}{t_n}\right)}$$

$$= (-1)^{n-1} t_1 t_2 \cdot \cdots \cdot t_n \sum \frac{x_1 t_1 \cdot t_1^{n-2} \cdot t_1^{\alpha-n}}{(t_1-t_2)\cdot \cdots \cdot (t_1-t_n)}$$

$$= (-1)^{n-1} t_1 t_2 \cdot \cdots \cdot t_n \cdot a_{n+1-\alpha}$$

$$= (-1)^{n-1} s_n a_{n+1-\alpha}。$$

引理 4.3 $b_\alpha = (-1)^{n-1} s_n a_{n+1-\alpha}$。

引理 4.4 设 $u_1, u_2, \cdots, u_n$ 是 n 个变元的初等对称多项式,记 u_i 的共轭元为 $\overline{u_i}$。如果 n 个变元均取模为 1 的复数,则 $\overline{u_i} u_n = u_{n-i}$。

证明:设 $u_i = \sum v_1 v_2 \cdot \cdots \cdot v_i$, $|v_i| = 1$, $1 \leqslant i \leqslant n$, 则

$$\overline{u_i} u_n = \sum \frac{v_1 \cdot \cdots \cdot v_i v_{i+1} \cdot \cdots \cdot v_n}{v_1 \cdot \cdots \cdot v_i}$$

$$= \sum v_{i+1} \cdot \cdots \cdot v_n = u_{n-i}。$$

引理证毕。

五、$n=4$ 和 $n=5$ 时的证明

设我们有四条直线 $x = \frac{x_i t_i}{t_i - t}$, $i=1, 2, 3, 4$。根据第四节的讨论,三条直线确定的圆方程为:$x = a_1 - a_2 t$ 或 $x = a_1 - a_2 s_1$,其中 s_1 是一个变元的初等对称多项式。

根据引理 4.2,去掉四条直线中的第 α 条后的圆方程是:

$$x = (a_1 - a_2 t_\alpha) - (a_2 - a_3 t_\alpha) s_1。$$

根据引理 4.3,方程 $0 = a_2 - a_3 t$ 是自共轭的,即它的共轭方程 $0 = a_3 - a_2 \bar{t}$ 与自身相等,我们有:$t\bar{t} = 1$, 即 t 在单位圆上。又因为 t_α 的任意性,方程等价于:

$$x = a_1 - a_2 s_1,\ 0 = a_2 - a_3 s_1,$$

其中 a_1, a_2, a_3 是 $n=4$ 时的特征常数。消去 s_1, $\begin{vmatrix} x-a_1 & a_2 \\ -a_2 & a_3 \end{vmatrix}=0$,即 $x=a_1-\frac{a_2^2}{a_3}$ 是四条直线的克利福德点。

当 $n=5$ 时,我们有五条直线: $x=\frac{x_i t_i}{t_i-t}$, $i=1, 2, 3, 4, 5$。去掉其中的任意一条,所得到的四条直线确定一个克利福德点。

根据引理 4.2,我们可以从 $n=5$ 时的特征常数得到 $n=4$ 时的特征常数,比如去掉第 α 条直线,得方程:

$$\begin{cases} x=(a_1-a_2t_\alpha)-(a_2-a_3t_\alpha)s_1, \\ 0=(a_2-a_3t_\alpha)-(a_3-a_4t_\alpha)s_1。\end{cases}$$

因为 s_1 是一个变元的初等对称多项式, s_1+t_α, s_1t_α 分别导出了两个变元的初等对称多项式 s_1 和 s_2,上述方程变为:

$$\begin{cases} x=a_1-a_2s_1+a_3s_2, \\ 0=a_2-a_3s_1+a_4s_2。\end{cases}$$

根据引理 4.3,第二个方程是自共轭的,保证了 t 在单位圆上。

从方程组中消去 t_1+t,并用 t 代替 t_1t,或考察以 t_1+t 和 t_1t(以 t 代之)为未知数的线性方程组,克莱姆法则给出 x 和 t 应该满足的关系:

$$\begin{vmatrix} a_1-x & a_2 \\ a_2 & a_3 \end{vmatrix}=t\begin{vmatrix} a_2 & a_3 \\ a_3 & a_4 \end{vmatrix},$$

或

$$x=\frac{\begin{vmatrix} a_1 & a_2 \\ a_2 & a_3 \end{vmatrix}}{a_3}-\frac{\begin{vmatrix} a_2 & a_3 \\ a_3 & a_4 \end{vmatrix}}{a_3}t。$$

这就是五条直线的克利福德圆。

六、 克利福德链定理

定理 6.1

$2p$ 条直线的克利福德点由下述行列式给出:

$$\begin{vmatrix} a_1-x & a_2 & \cdots & a_p \\ a_2 & a_3 & \cdots & a_{p+1} \\ \vdots & \vdots & & \vdots \\ a_p & a_{p+1} & \cdots & a_{2p-1} \end{vmatrix}=0。$$

而 $2p+1$ 条直线的克利福德圆由下述方程确定：

$$\begin{vmatrix} a_1-x & a_2 & \cdots & a_p \\ a_2 & a_3 & \cdots & a_{p+1} \\ \vdots & \vdots & & \vdots \\ a_p & a_{p+1} & \cdots & a_{2p-1} \end{vmatrix}=t\begin{vmatrix} a_2 & a_3 & \cdots & a_{p+1} \\ a_3 & a_4 & \cdots & a_{p+2} \\ \vdots & \vdots & & \vdots \\ a_{p+1} & a_{p+2} & \cdots & a_{2p} \end{vmatrix}。$$

证明:设 $p=1$，在 2×1 时得到两条直线的交点：

$$x=a_1;$$

设 $p=2$，s_1 是一个变元的初等对称多项式。在 $2\times2-1$ 时得到三条直线的克利福德圆满足的方程：

$$x=a_1-a_2s_1;$$

在 2×2 时得到四条直线的克利福德圆满足的方程：

$$\begin{cases} x=a_1-a_2s_1, \\ 0=a_2-a_3s_1; \end{cases}$$

设 $p=3$，s_1、s_2 是两个变元的初等对称多项式。在 $2\times3-1$ 时得到五条直线的克利福德圆方程：

$$\begin{cases} x=a_1-a_2s_1+a_3s_2, \\ 0=a_2-a_3s_1+a_4s_2。 \end{cases}$$

现在设 $2p-1$ 条直线的克利福德圆满足的方程是：

$$x=a_1-a_2s_1+\cdots+(-1)^{p-1}a_ps_{p-1},$$
$$0=a_2-a_3s_1+\cdots+(-1)^{p-1}a_{p+1}s_{p-1},$$
$$\vdots$$
$$0=a_{p-1}-a_ps_1+\cdots+(-1)^{p-1}a_{2p-2}s_{p-1},$$

其中 s_1，s_2，…，s_{p-1} 是 $p-1$ 个变元的初等对称多项式。则该假设当 $p=2$，$p=3$ 时都是正确的。我们来计算 $2p$ 条直线的情况。

根据引理 4.2,关于 $2p-1$ 条直线的特征常数可以用关于 $2p$ 条直线的特征常数去掉某条直线,例如第 α 条表示出来：

$$x=(a_1-a_2t_\alpha)-(a_2-a_3t_\alpha)s_1+\cdots+(-1)^{p-1}(a_p-a_{p+1}t_\alpha)s_{p-1},$$
$$0=(a_2-a_3t_\alpha)-(a_3-a_4t_\alpha)s_1+\cdots+(-1)^{p-1}(a_{p+1}-a_{p+2}t_\alpha)s_{p-1},$$
$$\vdots$$
$$0=(a_{p-1}-a_pt_\alpha)-(a_p-a_{p+1}t_\alpha)s_1+\cdots+(-1)^{p-1}(a_{2p-2}-a_{2p-1}t_\alpha)s_{p-1}。$$

由于 t_α 的任意性,考察下述 p 个方程：

$$x=a_1-a_2s_1+\cdots+(-1)^{p-1}a_ps_{p-1},$$
$$0=a_2-a_3s_1+\cdots+(-1)^{p-1}a_{p+1}s_{p-1},$$
$$\vdots$$
$$0=a_{p-1}-a_ps_1+\cdots+(-1)^{p-1}a_{2p-2}s_{p-1},$$
$$0=a_p-a_{p+1}s_1+\cdots+(-1)^{p-1}a_{2p-1}s_{p-1},$$

其中第 $1+i$ 与第 $p-i+1$ 个方程是共轭的。为方便起见,我们仅验证第 2 与第 p 个方程的共轭性。

记 u_1，u_2，…，u_{p-2} 是关于模为 1 的复数,t_1，t_2，…，t_{p-2} 的初等对称多项式。则

$$s_i=u_i+u_{i-1}t。$$

根据引理 4.3,第二个方程的共轭方程为

$$0=a_{2p-1}-a_{2p-2}\overline{s_1}+\cdots+(-1)^{p-2}a_{p+1}\overline{s_{p-2}}+(-1)^{p-1}a_p\overline{s_{p-1}}$$

$$=a_{2p-1}-a_{2p-2}(\overline{u_1}+\bar{t})+\cdots+(-1)^{p-2}a_{p+1}(\overline{u_{p-2}}+\overline{u_{p-3}t})$$
$$+(-1)^{p-1}a_p(\overline{u_{p-1}}+\overline{u_{p-2}t})。$$

将第一个方程的两端同乘以 u_{p-2}，根据引理 4.4 得：

$$0=a_{2p-1}u_{p-2}-a_{2p-2}(u_{p-3}+u_{p-2}\bar{t})+\cdots+(-1)^{p-2}a_{p+1}(1+u_1\bar{t})+(-1)^{p-1}a_p\bar{t}。$$

将第二个方程的两端同乘以$(-1)^{p-1}$，并颠倒次序，我们有方程：

$$0=a_{2p-1}u_{p-2}t-a_{2p-2}(u_{p-2}+u_{p-3}t)+\cdots+(-1)^{p-2}a_{p+1}(u_1+t)+(-1)^{p-1}a_p。$$

易见这两个方程共轭，故 $t\bar{t}=1$，t 在单位圆上。

在关于 $2p$ 的 p 个方程中消去 s_1，s_2，…，s_{p-1}，即得所求公式，定理的第一部分证毕。

我们来考察 $2p+1$ 的情况。根据引理 4.2，$2p$ 条直线的特征常数可以通过 $2p+1$ 条直线的特征常数表示出来。故 $2p$ 条直线的克利福德点满足的方程诱导出下述 p 个方程：

$$x=(a_1-a_2t_\alpha)-(a_2-a_3t_\alpha)s_1+\cdots+(-1)^{p-1}(a_p-a_{p+1}t_\alpha)s_{p-1},$$
$$0=(a_2-a_3t_\alpha)-(a_3-a_4t_\alpha)s_1+\cdots+(-1)^{p-1}(a_{p+1}-a_{p+2}t_\alpha)s_{p-1},$$
$$\vdots$$
$$0=(a_{p-1}-a_pt_\alpha)-(a_p-a_{p+1}t_\alpha)s_1+\cdots+(-1)^{p-1}(a_{2p-2}-a_{2p-1}t_\alpha)s_{p-1},$$
$$0=(a_p-a_{p+1}t_\alpha)-(a_{p+1}-a_{p+2}t_\alpha)s_1+\cdots+(-1)^{p-1}(a_{2p-1}-a_{2p}t_\alpha)s_{p-1}。$$

关于 $p-1$ 个变元的初等对称多项式 s_1，s_2，…，s_{p-1}，与 t_α 诱导出 p 个变元的初等对称多项 s_1，s_2，…，s_{p-1}，s_p，方程变为：

$$x=a_1-a_2s_1+\cdots+(-1)^{p-1}a_ps_{p-1}+(-1)^pa_{p+1}s_p,$$
$$0=a_2-a_3s_1+\cdots+(-1)^{p-1}a_{p+1}s_{p-1}+(-1)^pa_{p+2}s_p,$$
$$\vdots$$
$$0=a_{p-1}-a_ps_1+\cdots+(-1)^{p-1}a_{2p-2}s_{p-1}+(-1)^pa_{2p-1}s_p,$$
$$0=a_p-a_{p+1}s_1+\cdots+(-1)^{p-1}a_{2p-1}s_{p-1}+(-1)^pa_{2p}s_p。$$

运用引理 4.3，与 $2p$ 的情况类似可验，方程组中的第 $i+1$ 个方程与第 $p-i+1$ 个方程是共轭的，t 在单位圆上。

在关于 $2p+1$ 的 p 个方程中消去 s_1, s_2, …, s_{p-1},即得所求公式。定理的第二部分证毕。

克利福德定理的正确性从数学归纳法得到。

当然,特征常数 a 需要满足一定的条件,使得直线两两相交,且没有三条直线交于一点。[2]

我教过多年的线性代数,从来没有想到用矩阵、行列式和对称多项式能够如此巧妙地解决这样复杂的平面几何问题。当我读到这篇文献,不由地惊叹数学家的智慧,数学的深刻与优美。

仅以这篇短文,献给热爱数学的中学生、中学老师和数学教育工作者们。

参考文献

[1] Morley F. On the Metric Geometry of the Plane N-Line [J]. Transactions of the American Mathematical Society, 1900,1(2):97 - 115.

[2] Carver Walter B. The Failure of the Clifford Chain [J]. American Journal of Mathematics, 1920,42(3):137 - 167.

3-8 从正三角形的旋转与反射谈起*

这是我在北京四中和实验中学给数学小组做过的报告，几年后又在福建师大组织的全省数学夏令营和冬令营上讲过。看到孩子们很感兴趣，于是就和我过去的博士生赵德科一起整理成文。旨在从中学生熟悉的正多边形的旋转和反射引出群的概念，为他们打开现代数学的视角。

1 引言

我们曾经为中学的数学兴趣小组讲解过最浅显的群论知识。目前的小学数学已经加入了部分平面几何，渗透进旋转和反射的概念，并反复提及，直到初中。于是我们从旋转和反射入手，为喜欢数学的孩子引入了群的概念，效果似乎不错。

在这里，愿意把我们的讲稿与诸位老师分享，共同探讨在数学英才教育中怎样为爱好数学的学生建立更适合他们的学习环境，以求抛砖引玉。

2 保持平面图形不变的旋转与反射

我们在数学课上探讨过平面图形的旋转：将平面围绕一个定点旋转任意给定的角度，那么图形 S 就随着平面的运动变到了图形 T。在这里我们只观察一种特殊情况，即选择一个特殊的图形和一个特殊的点，使得平面围绕该点旋转某个角度之后，图形 T 与原图形 S 重合。同学们可能立刻想到，最容易做到这一点的图

---

* 作者：赵德科、张英伯。原载：《数学通报》，2018 年第 5 期，12－15。

形 S 是圆，只要选择圆心作为定点，那么平面围绕圆心旋转任意角度后，所得到的圆 T 都与圆 S 重合。

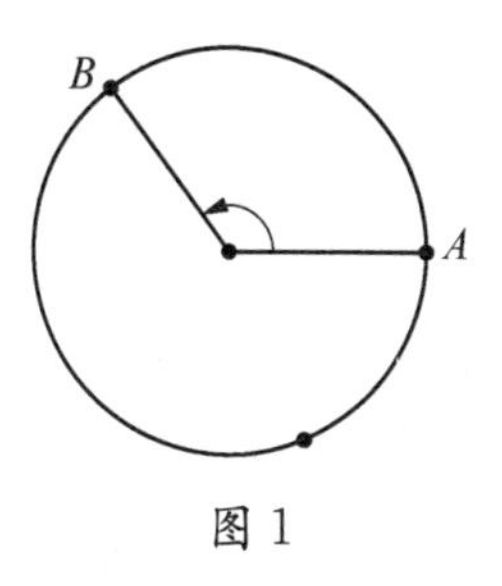

图 1

为了进行下面的讨论，先解释一下“反射”这个名词。可能为了更形象一些，我们的中小学教科书上把它叫做“翻折”，在这里就按照数学的常规叫法，称其为“反射”，即给定平面上的一条直线，将平面沿这条直线翻转 180°，平面上的一个图形 S 就变成了图形 T。在此我们只讨论一种特殊情况，即选择一个特殊的图形和一条特殊的直线，使得平面沿该直线翻转 180°以后，图形 T 与原图形 S 重合。同学们也会立刻想到，最容易做到这一点的图形 S 还是圆，只要选择过圆心的任意一条直线，平面沿该直线翻转 180°以后，圆 T 与 S 重合。因此，圆被认为是一种对称性最强的图形。

那么除了圆以外，有没有什么直线图形，比如我们熟悉的三角形、四边形，甚至多边形，具有较强的对称性呢？我们下面以正三角形和正方形为例说明：正多边形具有较强的对称性。当然正多边形的对称性远远无法和圆相比，因为圆可在平面绕圆心旋转任意角度，沿任一过圆心的直线反射后仍然与原图形重合，而正多边形只能在有限多种旋转和有限多种反射下与原图形重合。

3 正三角形和正方形的旋转与反射

平面正三角形在以平面的哪个点为中心，多少度的旋转下与原图形重合呢？我们知道正三角形的三条高线、中线、角平分线分别重合，于是它的垂心、重心、内心三点重合，通常称为正三角形的中心，记作点 O。容易看到，当平面围绕正三角形 S 的中心 O 逆时针旋转 120°或 240°时，所得到的正三角形 T 与 S 重合。当然若平面旋转 360°时，平面上所有的图形仍然回到原来的位置（见图 2）。

如果将原三角形的顶点依次记作 A、B、C，那么逆时针旋转 120°后，A、B、C 三点分别转到了原来 B、C、A 的位置；旋转 240°后，则 A、B、C 三点分别转到了 C、A、B 的位置；若平面不动，那么三个顶点 A、B、C 的位置也没有动（见图 3）。

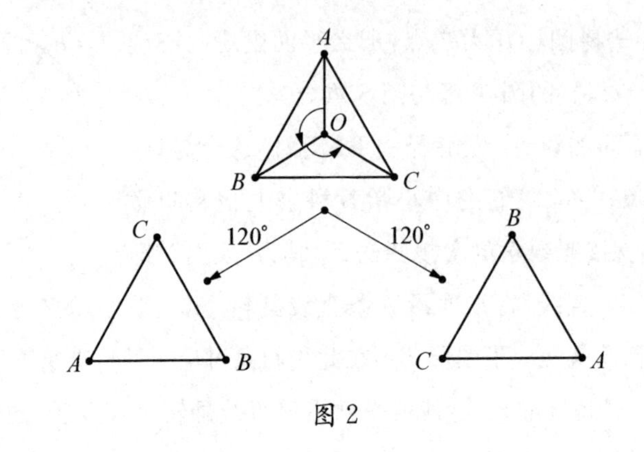

图 2

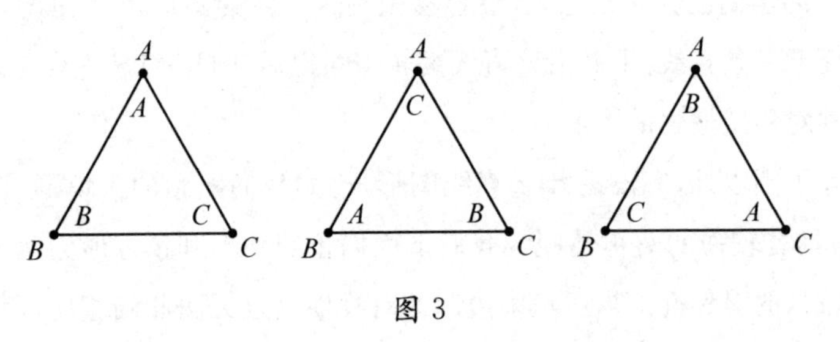

图 3

以上三种情况可记为：$\begin{pmatrix} A & B & C \\ A & B & C \end{pmatrix}$，$\begin{pmatrix} A & B & C \\ B & C & A \end{pmatrix}$，$\begin{pmatrix} A & B & C \\ C & A & B \end{pmatrix}$，其中第一、二、三式分别表示平面逆时针旋转 0°、120°、240°后，原来的顶点与旋转后顶点间的对应关系。

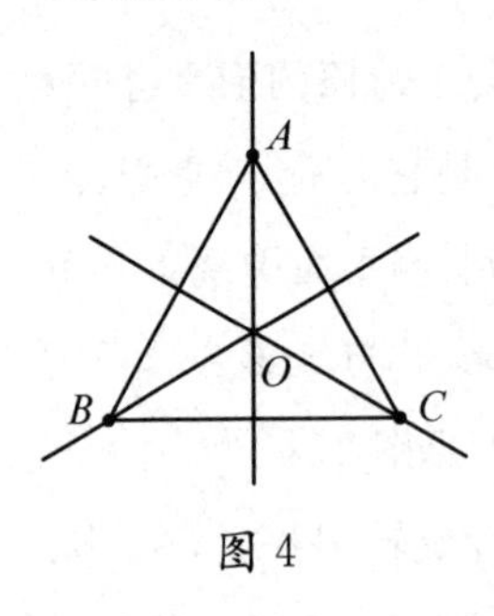

图 4

接下来，我们考虑平面的反射：给定正三角形 S，我们选取适当的直线，使得正三角形 S 所在平面沿该直线反射后得到的正三角形 T 与 S 重合。同学们很容易想到，该直线必定是过 S 的某一顶点与中心 O 的直线，且平面沿连接中心 O 点与任意一个顶点的直线 L 进行反射后，所得正三角形 T 与 S 重合。从而正三角形 S 只有三种不同的反射(见图 4)。

正三角形 S 经过沿直线 AO、BO、CO 的反射后，分别得到以下与 S 重合的正三角形 T(见图 5)。易见，经过上述三种反射，原来的顶点 A、B、C 分别变成了 A、C、B；C、B、A；B、A、C。

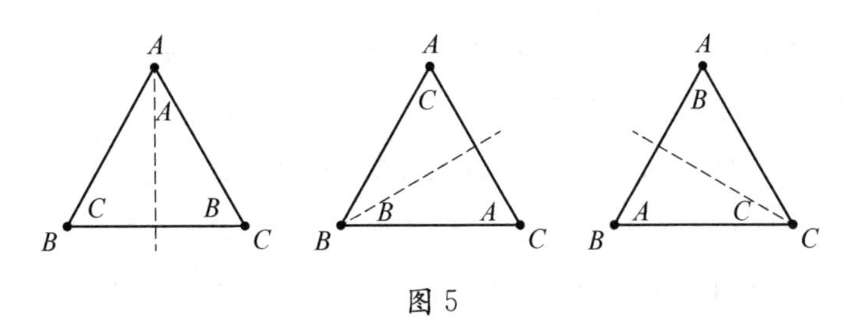

图 5

类似地，我们将分别用记号$\begin{pmatrix} A & B & C \\ A & C & B \end{pmatrix}$，$\begin{pmatrix} A & B & C \\ C & B & A \end{pmatrix}$，$\begin{pmatrix} A & B & C \\ B & A & C \end{pmatrix}$表示上述三种反射。

下面我们来考虑正方形 $ABCD$。将两条对角线 AC 与 BD 的交点记作 O，称为正方形的中心。我们先来研究平面的旋转变换。

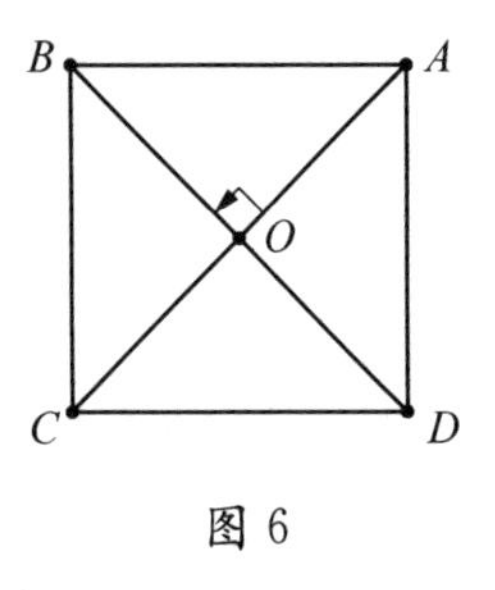

图 6

当正方形围绕中心 O 分别逆时针旋转 90°、180°、270° 的时候，$ABCD$ 点分别转到了原来的点 $BCDA$、$CDAB$、$DABC$ 的位置。当然旋转 360°时平面上所有的点回到原位，见图 7。

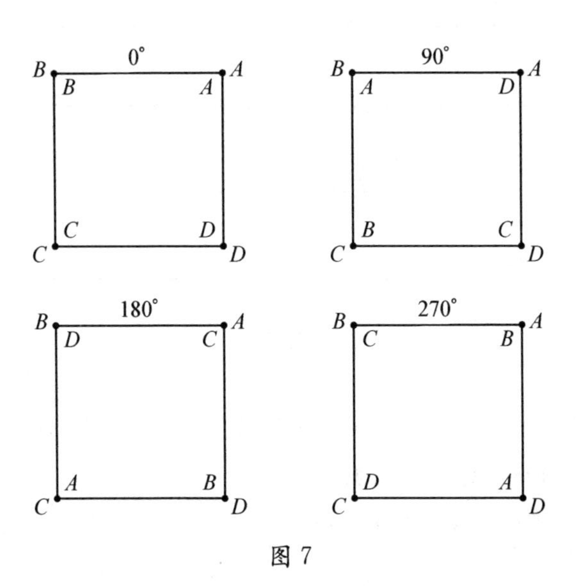

图 7

这时，正方形 $ABCD$ 的原顶点位置与平面绕 O 点逆时针旋转 0°、90°、180°、270°旋转后顶点位置的对应关系是：

$$\begin{pmatrix} A & B & C & D \\ A & B & C & D \end{pmatrix},\begin{pmatrix} A & B & C & D \\ B & C & D & A \end{pmatrix},\begin{pmatrix} A & B & C & D \\ C & D & A & B \end{pmatrix},\begin{pmatrix} A & B & C & D \\ D & A & B & C \end{pmatrix}。$$

下面考虑平面的反射变换。显然，当平面沿正方形的两条对角线，或者过中心的水平、竖直两条直线进行反射后，所得正方形与原正方形重合。

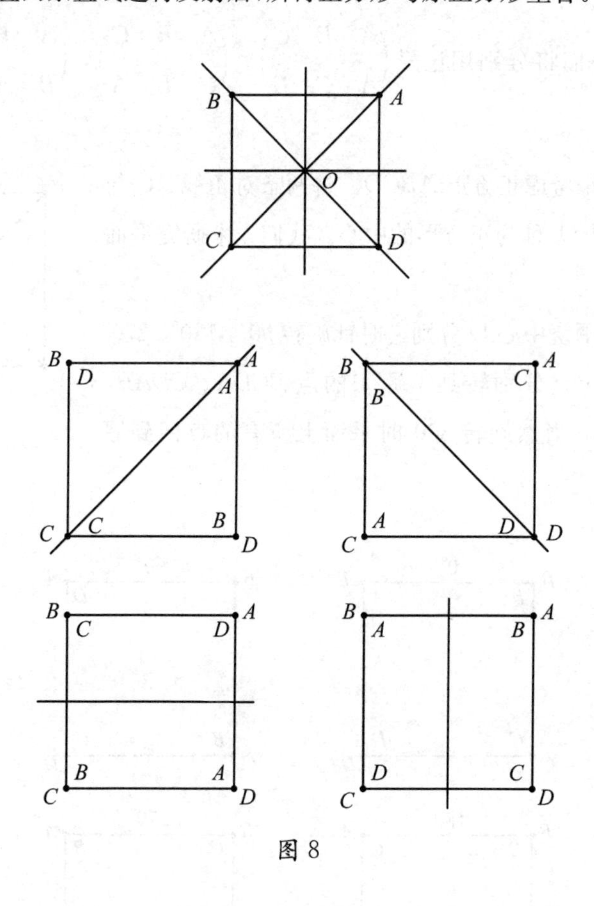

图 8

正方形 $ABCD$ 的原顶点与分别沿直线 AC、BD、过 O 点的水平线以及过 O 点的竖直线反射后顶点的对应关系为：

$$\begin{pmatrix} A & B & C & D \\ A & D & C & B \end{pmatrix},\begin{pmatrix} A & B & C & D \\ C & B & A & D \end{pmatrix},\begin{pmatrix} A & B & C & D \\ D & C & B & A \end{pmatrix},\begin{pmatrix} A & B & C & D \\ B & A & D & C \end{pmatrix}。$$

4　旋转与反射的合成

特别有趣的是，将正三角形的三个旋转和三个反射，一共六种变换放在一起，构成一个团队，或者用数学语言称为一个集合。那么进行其中任意一个变换后再接着进行任意一个，其结果仍然在此集合中。譬如旋转 120°后，再接着转 120°，那么就相当于转了 240°；若是接着再转 120°呢，则相当于回到了原来的位置。该事实可用前面约定的数学符号表示为如下等式：

(1) $\begin{pmatrix} A & B & C \\ C & A & B \end{pmatrix}\begin{pmatrix} A & B & C \\ C & A & B \end{pmatrix}=\begin{pmatrix} A & B & C \\ B & C & A \end{pmatrix}$，

$\begin{pmatrix} A & B & C \\ C & A & B \end{pmatrix}\begin{pmatrix} A & B & C \\ B & C & A \end{pmatrix}=\begin{pmatrix} A & B & C \\ A & B & C \end{pmatrix}$。

注意：变换的合成从右向左书写，与我们熟悉的四则运算的书写方式相反。

如果旋转 120°之后再进行一次反射呢？比如(见图 9)：

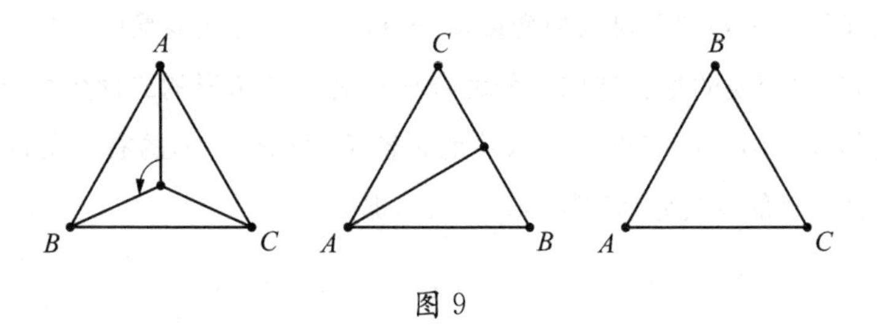

图 9

我们发现所得结果恰好是平面沿直线 CO 进行反射之后所得到的正三角形。该事实可用数学符号表示为等式：

(2) $\begin{pmatrix} A & B & C \\ A & C & B \end{pmatrix}\begin{pmatrix} A & B & C \\ C & B & A \end{pmatrix}=\begin{pmatrix} A & B & C \\ B & A & C \end{pmatrix}$。

那么进行两次反射后可以得到什么结果呢？如先沿直线 AO 反射，再沿直线 BO 反射，竟然得到了一个围绕中心点 O 的 120°旋转(见图 10)。

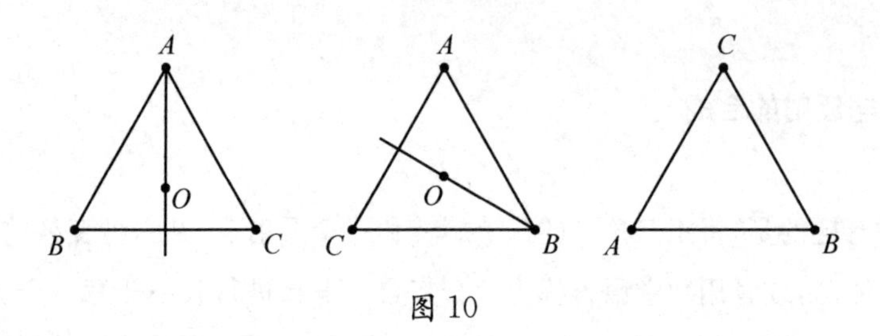

图 10

上图可用符号表示为等式：

$$(3)\begin{pmatrix}A & B & C\\ C & B & A\end{pmatrix}\begin{pmatrix}A & B & C\\ A & C & B\end{pmatrix}=\begin{pmatrix}A & B & C\\ C & A & B\end{pmatrix}。$$

上述事实(1)，(2)，(3)通常简称为该集合对旋转和反射的合成封闭。遗憾的是，我们无法在这里进行严格的数学证明，一是时间不允许，二是作为中学生，我们的基础知识还不够。如果有兴趣，我们可以在课后试试正三角形六种变换中任意两种的合成，以及正方形八种变换中任意两种的合成，就可以发现它们无一例外，都满足这个规律：即合成的结果仍然落到该集合中，或集合对于合成运算封闭。

正三角形的旋转和反射六种变换，它们构成的集合在变换的合成之下封闭。在数学中，这些变换的集合连同它们的合成称为正三角形的二面体群，记作 D_3。如果将旋转变换用希腊字母 ρ 表示并把旋转角度写在字母的右下角；将沿 AO、BO、CO 轴的反射变换分别记作 τ_1、τ_2、τ_3，那么

$$D_3=\{\rho_0,\ \rho_{120},\ \rho_{240},\ \tau_1,\ \tau_2,\ \tau_3\},$$

且其中变换的合成仍然在集合中。正方形的八种变换也有同样的性质。变换的集合连同变换的合成称为正方形的二面体群，记作：

$$D_4=\{\rho_0,\ \rho_{90},\ \rho_{180},\ \rho_{270},\ \tau_1,\ \tau_2,\ \tau_3,\ \tau_4\},$$

其中变换的合成仍然在集合中。

在 D_3 和 D_4 中，有一个非常特殊的变换 ρ_0：它与任意变换的合成，或者任意变换与它的合成，都得到那个变换本身。事实上，ρ_0 是一个保持平面上任意一个点都不动的变换，在数学上叫做恒等变换。

还有一个有趣的事实是：在 D_3 中，对于任意一个变换，我们都可以找到一个

变换，使得它们的合成为恒等变换，并且可以交换次序。例如：$\rho_{120}\rho_{240}=\rho_0=\rho_{240}\rho_{120}$；$\tau_i\tau_i=\rho_0$，对于 $i=1,2,3$ 皆成立；最后 $\rho_0\rho_0=\rho_0$。当然，同样的事实对 D_4 也是成立的。

同学们都知道整数、有理数、实数的加法有结合律，变换的合成也有结合律。遗憾的是，与通常数的加法和乘法不同，变换的合成没有交换律。例如：上面的公式(3)证明了在 D_3 中，$\tau_2\tau_1=\rho_{240}$，但是 $\tau_1\tau_2=\rho_{120}$。显而易见，对于任意大于2的正整数 n，我们也有正 n 边形的二面体群。

事实上，除了正 n 边形的对称变换构成群之外，还有很多很多带有某种封闭运算的集合满足上述四个条件，运算的合成通常称为乘法：即(1)乘法结合律成立；(2)有单位元；(3)任意元素都有逆元。这样的集合及其运算组成的代数结构称为群。

5 群论的起源

群的概念是由挪威数学家阿贝尔和法国数学家伽罗瓦(Galois)在19世纪二三十年代提出来的，他们为了高次方程的求解问题用到了群结构。更早些年，拉格朗日(Lagrangian)就已经开始考虑这个问题了，并且也用到有限群，但是没有成为系统。

在16世纪的意大利文艺复兴时代，那里的数学家已经给出了三次和四次方程的求根公式。而五次方程的求根公式，成为困扰数学界300年的难题。阿贝尔证明了五次和五次以上的高次方程没有根式解，也就说，不能用我们学过的二次方程求根公式那样，对五次或五次以上的方程写出一个用加、减、乘、除和开方这五种运算符号给出的公式。证明用到了方程根的“置换群”。

阿贝尔于27岁因贫病交加早逝后，伽罗瓦最终确定了代数方程可以用根式解的充分必要条件，彻底解决了高次方程的求解问题。也就是说，什么样的高次方程可以用根号解，什么时候不可以。因而被史家称为现代代数学的奠基人，也是群论的奠基人。

伽罗瓦生于1811年，12岁之前由母亲教他读书，12岁进入巴黎甚至法国最优秀的路易大帝高中。他热爱数学，并痴迷其中，14岁就读了很多大数学家的论文。

16 岁报考著名的巴黎高等工业学校，那所学校有众多伟大的法国数学家。由于桀骜不驯的性格，他在面试时与主考官发生冲突，结果名落孙山。第二年仍然没有成功，不得不屈尊就读当时名气不大的巴黎高等师范学校。刚入校他就发表了四篇数学论文。18 岁那年，他将有关解方程的两篇论文呈送法兰西科学院。文章交到伟大的柯西(Cauchy)手中，结果被弄丢了。19 岁时他再次递交了一份仔细写成的研究报告，由伟大的傅里叶(Fourier)审查，不幸的是后者很快过世，论文遗失。在那个年代，法兰西全国动荡，革命频仍。作为热血青年的伽罗瓦深陷其中。他因批评巴黎高师学监对革命不支持遭到开除，又因政治罪两次被捕，在狱中度过了他成年后的半生和最后一年的大部分时光。伽罗瓦在 1832 年的一次决斗中被枪杀。在决斗的前夜，伽罗瓦将毕生的研究匆忙写成了一个说明交给他的朋友，最终保留下来。

伽罗瓦去世后，虽然有两位法国数学家整理和介绍过他存世的文章，但因他的思想太过深奥，始终不能被数学界接受。直到 40 年后，法国数学家若尔当(Jordan)在他的一本著作中全面而清晰地阐述了他的工作，数学界才最终理解了伽罗瓦理论。伽罗瓦本人也作为近代代数学的创始人受到世界各国数学界的敬重。

到了信息时代的今天，群的理论和思想不但广泛应用于物理、化学、生物等各个基础学科，也渗透到基因检测、材料科学、工程设计等广泛的应用领域。当然，群论更是现代数学研究中最基本最重要的对象之一。

第四部分

呼吁数学英才教育

4－1 谈谈英才教育*

今年年初，全国高等师范院校数学教育研究会邀请我作个报告。鉴于目前对于大众教育以及精英教育的议论颇多，我也来凑个热闹，就谈谈英才教育吧。于是，我请了同系的李建华老师合作准备了一些材料。李老师自基础数学群论专业研究生毕业后就在北京四中教书，搞过科研，还做过多年的四中副校长，新近才调到我们学校。这个报告的资料都是他收集的，初稿的前半部分也是他写的。

一、引子

1. 从精英到大众——简单的历史回顾

美国学者马丁·特罗(Martin Trow)在20世纪70年代初，将高等教育毛入学率作为指标来划分教育发展的历史阶段，在世界各国被普遍认可。

高等教育毛入学率是指，在18岁到22岁应接受高等教育的人群中，实际接受了各种高等教育(专科及以上学历)的人数，它表明了一个国家或地区提供高等教育机会的综合水平。马丁·特罗的划分有如下三个阶段：

历史阶段	精英教育	大众教育	普及教育
毛入学率	<5%	5%～15%	>15%

---

* 作者：李建华，张英伯。原载：《中国数学会通讯》，2008年第4期，1－10；《数学教育学报》，2008年第12期，1－4；《数学通报》，2009年第1期，1－6。

我国是从清朝末期民国初年开始实施并普及学校教育的。从20世纪初到60年代，高等教育的毛入学率不到1%。改革开放后，自80年代初至2006年，迅速上升至23%，见下表。

年代	1980初	1990	1993	1999	2002	2006
毛入学率	≈2%	3.4%	5%	10.5%	15%	23%

美国用了两个30年（1911—1941年、1941—1970年）成为世界上第一个完成高等教育大众化（15%）与普及化（50%）的国家。英国、法国、德国在1960—1975年用了15年左右的时间，将高等教育毛入学率从5%提高到15%。巴西用了26年时间（1970—1996年），将高等教育毛入学率从5%提高到15%。而我们国家仅仅用了9年时间（1993—2002年），就实现了从精英教育到大众教育的过渡。

2. 怎样理解英才教育

有一段时间，英才教育被当作大众教育的对立面，理解为只培养少数“英才”的教育，于是与“培养有社会主义觉悟、有文化的劳动者”的教育方针相矛盾，英才教育的研究在理论上被边缘化了。

然而，英才教育作为教育内涵中不可或缺的组成部分又是无法回避的。无论是“自然形成”的“名校”，还是由政府部门认定的“重点校”“示范校”等，都是实施英才教育的自然结果。近年来，随着理论研究大环境的不断改善，关于英才教育的讨论逐渐热烈起来。

正如日本教育家麻生诚所说，“英才无论在任何社会中，都是绝对必要的。若缺少这部分人才，就必然导致社会的某种衰落。”

华东师范大学袁震东先生在最近的一篇文章中谈到“人与人之间的差异是客观存在的，不能把教育平等与英才教育对立起来”，并进一步提出“反对数学教育中的均贫主义”，应该做到“既能大面积普及，又能保证资质优秀的学生得到充分的发展”。

这是一种实事求是的观点，事实上，权利的平等与个体的差异是两个不同范畴的问题。

1986年，教育部颁布了在全国推行九年义务教育的文件。在教育面前人人平等，每一个孩子都有受教育的权利。大众化、普及化是一个大的趋势，也是社会进步的一大体现。我们现在面临的挑战是：在大面积普及的基础上，如何改进和完善我们的英才教育。

二、美、英、法的英才教育

1. 美国的分流培养

美国高层对本国大众教育的看法比较悲观，这集中地体现在布什总统2006年初的国情咨文中。在那里特别提到了中国和印度的中小学教育要比美国优秀，而一个国家少年儿童的教育程度，决定着这个国家的未来。他们有很强的危机感，愿意做自我批评，甚至为改进自己的数学教育成立了总统顾问委员会。

我们北师大有位毕业生在美国宇航局的一个研究部门工作。他的孩子读小学，班里17个同学中大部分是印度移民。今年夏天去美国，他陪我们到谷歌、英特尔、甲骨文、惠普几个大公司走走，看到有不少黄面孔。甚至在华尔街上，中午吃饭的时间，你会遇到很多从大银行、大公司出来的华人白领匆匆而过。至于任何一个美国大学的数学系都有华人教授，已是众所周知的事实。

但是，这位毕业生告诉我们，他认为美国的教育是非常成功的，因为所有这些地方的最高决策层和学术带头人都是美国人，包括少数在美国接受了高等教育的美籍外裔人。

众所周知，美国的教育体系是多元化的，没有全国统一的教育制度，50多个州就有50多种不同的教育制度。在数学教育上，虽然从20世纪80年代末开始，有了全美数学教师协会（National Council of Teachers of Mathematics，简称NCTM）的全国统一课程标准，但这些标准仍然是选择性的、非强制性的。

我们经常看到或听到关于美国数学教育水平的一些负面评论，但实际上美国对英才教育一直非常关注。美国国会于1958年通过《国防教育法案》，要求联邦政府提供资金培育数学、科学和外语等方面的天才学生。1965年国会通过小学和中学法案，其中第三个主题是“发展天才教育方案”。1968年成立“白宫资优及特殊才能特别委员会”，1969年联邦法案规定由美国教育委员会指导天才教育研究工作，并支持州政府实施天才教育方案。

1972 和 1973 年，美国教育委员马兰两度向国会提出报告，之后美国教育署设立了天才教育处，而州一级相应的经费亦逐步增加。1978 年 11 月，美国国会通过《天才儿童教育法》，该法案界定了“资赋优异”的表现。

1987 年，美国国会通过有关天才教育的法案，拨款 790 万元重新建立资优及特殊才能的联邦办公室，提供研究计划、训练以及建立天才教育的全国研究中心。1988 年，国会通过了《杰维斯资赋优异学生教育法案》，强调学校必须对资质优异者提供特殊的活动或服务，以培养发展其特殊的潜能。此后，该法案每年均由国会确认，并决定联邦政府的拨款额度。

1990 年，成立了由美国教育部、教育研究和促进办公室提供基金的美国国家英才研究中心（National Research Center on the Gifted and Talented，简称 NRC），开展英才教育的理论与实践研究工作。

美国一向尊重个体，体现在教育上就是因材施教，所以虽然各州的课标法规有诸多不同，却有一个共同的特点：因材施教，突出英才。美国的英才教育主要是在各个学校中，把 5% 的天才学生（Gifted students）划分出来，天才学生从小学到大学都有特殊的教育方法。

美国的中学课程分为若干等级，程度好的学生可以去选高一级的课程（Advanced Placement Courses）。而学习过高中的 AP 课程，是进入较好大学的必要条件之一。

美国的大学，特别是世界一流的知名大学，每年都要为中学生举办各式各样的夏令营，其中也有数学夏令营。喜欢数学的中学生来到大学，由大学老师为他们讲数学分析、线性代数，以及一些现代的数学课程。

在弗吉尼亚州费尔法克斯郡（Fairfax），一般从小学三年级开始，对筛选出来的天才学生实施特殊教育，筛选的比例是 3%～5%。天才学生每周集中半天，分成小组开展一些项目，小组间展开竞赛。这个县的中学对数学等单科比较突出的少数学生提供特殊辅导，让他们直接进入适合他们的该单科高年级学习。有一位数学成绩优异的学生，每当上数学课的时候，学校都会派校车送她到附近的一所大学，由学校为她聘请的一位教授专门辅导。

这个县有全美闻名的杰弗逊科技高中（Thomas Jefferson High School for Science and Technology），可以提供十分优越的实验条件和学习环境，学生可修习附近大学的课程，进行一些相当于博士或硕士研究生水平的研究。这所高中的全部学生都是通过考试，择优录取的。

在5%的英才之外，美国的教育“失败”了。但是，这成功的5%，支撑了美国经济50余年在世界上的长盛不衰。

2. 英国的公学

在英国有三种中学：一般的公费中学、收费的文法中学和昂贵的公学(私立)。公学的教学质量最高，在各类中等学校中保持着突出的升学率。占英国中学生总数1.4%的公学学生，分别获得牛津和剑桥50%与55%的入学名额。

据1962年的统计，外交官中的95%、将军中的87%、法官中的85%、大主教中的83%、殖民地总督的82%、政府高级官员中的87%都毕业于公学。伊顿公学的校董会由英王确定人选，一般都是“牛津剑桥”的皇家要员。

公学之所以能够培养出一流的学生，首先是有一流的师资力量，教师大部分是这个领域中的大师级人物。其次是具有一流的生源，入学考试内容广、要求高、选拔严、偏重学术性。第三是有大笔金钱支撑的一流的教学环境。

3. 法国的大学校

法国的英才教育是通过大学校制度实现的。法国的大学校由300多所独立于大学之外的高等学院构成，包括155所高等工程师学院、70所高等商学院和5所高等师范学院。如巴黎综合理工学院(每年收100多名学生)、巴黎高等师范学院、巴黎高等商学院等。大学校通过高水平的课程和严格的训练，培养了一大批政治、经济和学术界的精英，在法国教育界占据着独特的地位。

在法国，只要是合格的高中毕业生，就可以根据自己的学习成绩和兴趣爱好，选择合适的普通综合性大学，直接注册，额满为止，不需要进行考试。但对于各类名牌专科大学，学生必须经过两年预科班的学习，通过严格的考试竞争入学，这类学生占学生总数的10%左右。

预科班相当于大学低年级，两年预科班毕业后，需要参加大学校单独或联合举行的难度很大的考试(初试和面试)。成绩好的学生进入大学校深造，成绩不够的学生可以直接进入普通大学3年级，继续完成大学阶段的学业。

值得注意的是，预科班设置在中学，由中学进行管理，大学的部分老师参与教学工作。比如巴黎著名的路易大帝高中，这所学校盛产大数学家，伽罗瓦、庞加莱、阿达马(Hadamard)、埃尔米特(Hermite)等都是该校的毕业生。

直到现在,法国政府都非常重视数学研究,他们前些年曾从世界各地高薪聘请数学教授,德国、西班牙、南北美洲等地一些优秀的数学家到那里应聘。

近些年来,菲尔兹奖得主几乎次次都有法国数学家,这是一个有着深厚的科学文化底蕴的国度。

前些日子法国国家教育部数学督察来我们学校访问,了解中国中小学的数学课堂教学,我借机详细地询问了法国的数学教育。他笑了,说你们了解法国的愿望比我们了解中国的愿望更强烈啊。

他说法国的孩子初中毕业后有40%去职业学校,60%升入普通高中,我记得瑞士有70%去职业学校。这一下子就引导了孩子们的分流,一些希望掌握某种特殊技能的孩子,比如汽车修理技师、园艺师、理发师、面包师等,可以去读职业学校,出来后能够顺利地找到对口的工作。

在60%升入普通高中的学生当中,20%属于技术类型,15%为纯理科,65%读经济和文科。

三、英才教育之忧

我国一贯重视英才教育。从隋朝直到清末的科举制度,为国家选拔了一代代颇具文韬武略的将相之材。自1912年中华民国建立,短短三四十年间,我们的大中小学新式教育从零起步,迅速接近了欧美发达国家的水平。甚至在完全没有科研基础且战乱频仍的情况下,出现了华罗庚、陈省身、杨振宁、李政道这样的大师级人物。

从1949年至"文革"前,我国与国际社会交往很少,靠着出色的大中小学教育,独立自主地培养了国家经济建设急需的科技人才,撑起了那个年代经济建设的航船。

改革开放以后,我国在全国各省市划定了重点校、示范校,这些学校源源不断地为大学,特别是重点大学输送学生。如今,我们已经有了自己培养的出色的政治家、企业家,也有了大量的科学家和技术骨干。

我们的老师,城市和县一级不必说了,包括一些乡镇的老师,都非常敬业,是能够胜任教学工作的，我们取得的成绩是有目共睹的。但我们也不妨谈谈自己的不足。在这里，我想就自己这些年的切身感受，围绕数学学科的英才教育谈几个令人忧虑的问题。

1. 激烈的高考竞争异化了英才教育

考试在教育中是不可缺少的，"文革"前我们也有高考，国外的学校同样靠考试选拔英才，为什么没有这些问题呢？

原因在于，我们现在的应考人数太多，考试太集中，评价体系太单一。将如此众多的考生在一次考试中分出层次，实在是一件太过艰难的事情。为此，高考题目不得不出得技巧性很高，往往绕几个弯子，而实质性的理解和概念反而忽略了。现在的高考出题权已向各省下放，但一个省的考生人数仍是一个庞大的数目。出题的老师很辛苦，教课的老师很辛苦，学生学得更辛苦。

拿我们数学来说吧，很多中学老师都知道自己的学生基础知识的底子没打牢，却不得不在高二早早结束课程，用整整一年的时间反复给学生操练解题，否则大量的高考题就不能在短短的两小时内做完。

我第一次听说"题型"这个词是在 90 年代末的高等代数课上。学生对我说：老师，你给我们归纳一下题型好吗？不然我们不会做作业。我惊讶地问，什么叫题型？不料孩子们比我更惊讶：大学老师竟然连题型都不知道，全场哗然！于是，他们七嘴八舌地解释说，题型就是应考时需要的题目种类呀。我当时真是哭笑不得，只好反复告诫孩子们，大学的课程首先要弄明白知识的内容，然后做一定的习题来深化和巩固。

前些日子在课间休息时，一位可爱的小女生对我说，当一名老师多光荣，看着自己的学生考上清华北大，多有成就感呀。我笑了，问她上清华北大干吗。她答不知道。联想到市面上铺天盖地为家长和孩子写的书，除了高考辅导，就是如何培养高考状元，真正的科普著作很少。这一方面说明我们这个民族尊重知识，另一方面也说明我们在寻求知识、走向现代化的道路上还不够成熟。

据我所知，各省、直辖市均有顶尖的、集中了当地最优秀学生的重点中学，不搞或很少搞题海战术，他们重视基础知识和基本训练，使得学生能够生动活泼、自觉主动地得到发展。

一般的重点中学就没有这样幸运了。为了提高高考成绩，有时会加课或周末上课，到了高三几乎每天考试，一个学生的各科试卷叠起来有几尺高。县城的一中一般是县里最好的中学，有些一中高二以后老师和学生就没有寒暑假了，春节只休息三天。如此看来，社会上广泛流传的“黑色高三”的说法也就不足为奇了。

2. 大范围竞赛的功利性使我们偏离了英才教育

国际上有奥林匹克数学竞赛，国内有全国性的、各省市的、各学校的数学竞赛，各地都有奥校、奥数班。表面看来，对英才教育很重视，抓得很好呀。但成绩背后，却有隐忧。

在国际奥数中，我们的金牌数、奖牌数总是领先。我们带奥数团队的老师，主要是知名大学的教授，他们付出了辛勤的劳动，做出了骄人的成绩。我们倾国家之力培养奥林匹克金牌运动员，也培养参加奥数的学生。2008 年奥运会我们得到了 51 枚金牌，举国欢庆。这是因为，中国自鸦片战争后的 150 多年，在世界上贫弱得太久了，太希望能够证明自己站起来了。

然而，在奥林匹克运动会上摘取金牌，是运动员的终极目的。但是，奥数金牌却不是学生学习的终极目的，他们刚刚学好初等数学，刚刚迈进高等数学的门槛，距离成为一个数学家还有很远的路程。

近些年拿到菲尔兹奖的一些大数学家，在他们的少年时期就得到过奥数金牌，比如陶哲轩、佩雷尔曼。试想，如果陶哲轩从小在我们这里读书，当地的教育部门会不会把他树为典型进行嘉奖？他和他的父母会不会被很多学校邀请去作如何培养神童的报告？他就读的学校会不会派他参加各种竞赛为学校争光？这样下去，他还能不能做出世界第一流的数学？陶哲轩是天才，天才的成长需要一个科学的、平和的环境。

现实中的陶哲轩曾生活在澳大利亚安静而美丽的城市阿德莱德，在父母的精心呵护下，在当地大中小学的通力培养下成长。他 5 岁上小学，一去就在五年级上数学课，8 岁上中学，9 岁以后 1/3 的时间在附近的大学上数学和物理课。他曾在 10～12 岁分别拿到过奥数的铜、银、金牌，也参加过澳大利亚为时两周的奥数训练。

在我们国家，很难想象中学生去大学上课，我们培养数学尖子生的主要途径是奥校和奥数班。十几年来，奥校和奥数班在各个大中城市迅速普及，它的目标早已偏离了培养数学尖子，而是与升学紧密相连。奥数有好成绩，高考可以加分。

小升初电脑派位，重点中学凭什么识别择校学生？只有奥数。应该说，民间如火如荼的奥数和奥校，是对电脑派位、统一中考、统一高考的单一评价体系的一种自然的调节和补充。

在调节和补充的同时，在全国各大中城市遍布的成千上万所奥校、奥数班，引导中小学生对奥数培训的大面积参与，使得不少孩子误以为数学就是解难题，这不仅增加了学业负担、心理负担，也使学生离开了真正的数学。

教育部门几年前曾经禁止过奥校，很多家长也知道孩子负担太重，不应该让他们课外再加学奥数，但是却屡禁不止。特别搞笑的是，教育部门一说禁止，奥校就不得不搬家。家长反映说不禁还好，开车送孩子很快就到了，一禁反而找不着地方，更麻烦了。看来奥数的大面积普及已经偏离了它的初衷。

3. 过度统一的教材使我们难以实施英才教育

在美国，数学课程标准，甚至各州自己制定的标准都是供各学校参考的，可以执行，也可以不执行。我们的课程标准各个学校必须执行。这就使得标准的制定非常困难，是就高、就低，还是取中呢？在精英教育阶段这事好办，而大众教育阶段真可谓众口难调了。

标准作为参考有它的好处，学校可以自行其事，英才培养出来了；但也有参考的问题，很大一部分学校和学生滑下去了。标准作为法律也有它的好处，哪个学校都不能太差；但也有法律的问题，给英才的培养加大了难度。

记得去年在杭州的第四届华人数学家大会上，举办了泰康数学教育论坛。我提到高考是我们教育面临的一个死结，丘成桐先生问："高考不对吗？我们过去在香港也高考，不是都学得很好吗？"并提议："好学校选择好的课本就行了，我们当时的课本是很深的。"我后来告诉丘先生说，我们的课本不是由学校，而是由区县教研室确定的。在同一个区里，比如西城区，尖子学校北京四中与高考录取率很低的学校用同样的课本。当然个别的好学校也有校本教材，但几乎是凤毛麟角。

四、回归数学的本质

现在美国、法国和一些发达国家的数学家和数学教师都在呼吁回归主流数学，我曾在不同场合分别遇到过美国总统顾问委员会的三位数学家，他们的努力促使委员会的最后报告强调了这一点。

下面列出法国高三年级(理科)的数学教学大纲,可以和我国的情况进行对比(法文翻译:邓冠铁教授)。

1. 分析

数列和函数的极限:回顾数列极限的定义;函数在$+\infty$或$-\infty$处有有限或无穷极限的推广;单变量函数有有限或无穷极限的概念;函数极限的夹逼定理;两个数列或两个函数的和的极限,乘积的极限,商的极限;数列和函数复合的极限,复合函数的极限。

连续性语言和变化表示:函数在一点a的连续性;函数在一个区间上的连续性;中值定理:设$f(x)$是一个在区间I上有定义的连续函数,对于$f(a)$和$f(b)$之间的任意常数k,存在a和b之间的一个数c,使得$f(c)=k$。

导数:回顾求导的法则,以及导数与函数单调性的关系;函数切线研究的应用;复合函数求导。

指数函数引论:方程$f'(x)=kf(x)$的研究;定理:在$\mathbf{R}$上存在唯一一个可导函数$f(x)$,满足$f'(x)=kf(x)$且$f(0)=1$;特征函数。

对数和指数的研究:自然对数函数,符号 ln;特征函数方程;导数;渐近性质;当$a>0$时,函数$x\to a^x$;渐近性质;函数曲线的变化状态;指数函数,整数幂函数和对数函数的增长性比较。

数列和归纳法:用归纳法推出的数列;单调数列、有上界的数列、有下界的数列及有界数列;单调上升有上界的数列收敛定理。

积分:对于在区间$[a, b]$上的正连续函数,作为曲线下的面积引入定积分符号;任意符号函数的积分推广和平均值的推广;定积分的性质,如线性性、结果的正性、定积分的分段相加;平均值不等式。

积分和导数:原函数的符号;定理:如果$f(x)$在区间I上连续,a是I中的一点。满足

$$F(x)=\int_a^x f(t)\,\mathrm{d}t$$

的函数$F(x)$是在a点为零的、$f(x)$在I上的唯一原函数;借助原函数计算$f(x)$的定积分;分部积分。

微分方程 $y'=ax+b$。

2. 几何

平面几何、复数：复平面；点的坐标；复数的实部和虚部；一个复数的共轭；复数的加法、乘法和除法；一个复数的模和幅角；商的模和幅角；$e^{i\theta}=\cos\theta+i\sin\theta$ 的写法；实系数一元二次方程的复数解。

空间中的内积：回顾平面中的内积；空间中两个向量内积的定义；正交基的表示和性质。

空间中的直线和平面：直线、平面、线段和三角形重心的特征；空间中直线的参数表示；两个平面、直线与平面、三条直线相交的几何讨论、代数讨论。

3. 概率统计

条件和独立：非零概率事件的条件；两个事件的独立性；两个随机变量的独立性；全概率公式；统计和模型；独立试验；独立重复同一试验。

概率分布：离散分布的例子；伯努利分布；二项分布；这些分布的数学期望和方差。

连续分布的例子：有密度的连续分布；在[0, 1]上的一致分布例子；无自然老化的寿命分布。

4. 特殊教育

算术：$\mathbf{Z}$ 中的整除；欧氏除法；计算最大公约数的欧氏算法；在 $\mathbf{Z}$ 中的同余；$\mathbf{Z}$ 中的数的互素性；素数、一个整数分解为素因子乘积的存在性和唯一性；最小公倍数；Bézout 定理；高斯定理。

平面中的相似变换：几何定义、全等情况；复特征：所有相似变换可用复形式写为 $z\to a\bar{z}+b$ 或 $z\to az+b$，其中 $a\neq0$。

曲面的平面截面。

这就是法国普通高中的课程，除最后一项专长教育，一般的孩子都要学习的课程。据法国的教育督查说，这个大纲是几年前的了，他们每年都要进行大纲的修订。其中复数的教学我们也曾有过，大约 10 年前被删减为 4 课时左右，再未恢复起来，给各个大学高等代数和复变函数的授课带来了极大的不便。当我们的孩子在学校内外花费很多时间，去操练并不涉及数学本质的技巧时，法国的学校在踏踏实实地把数学本质的东西教给学生，一步一个脚印，把孩子们领上科学之路。

在教育普及的大背景下，世界各国正在强化英才教育，政府对于英才教育的重视程度是前所未有的。除了以上提到的欧美国家的情况外，一贯重视教育的亚洲国家也迅速地跟了上来。

私立教育在许多国家的英才教育体系中占据了重要的位置，现在公立学校也积极参与。日本于2002年指定了26所理科英才高中，其中有23所是公立学校。整体设计是发达国家英才教育体系突出的特点，大学教师对中等学校英才培养的介入是必不可少的。韩国看到了这一点，在新世纪英才教育的规划中，强化了中学英才教育与大学的联系。

我们要重视教师教育，优秀的数学教师是办好数学教育的关键。我国的教师素质整体上是不低的，但与国际上英才教育相比，还要付出艰辛的努力。我们师范院校在培养高素质的教师后备力量方面有着不可推卸的责任。

在中国目前的社会条件下，统一高考还是一种相对公正的选拔人才的方式。怎样使我们的考试制度逐步得到改善，使之适合于英才的培养，是我们面临的一个难题。

我们可不可以设想，给重点中学一些自主办学的权利，比如选择课本的权利；比如自主招生的权利。英才的识别不像测量身高体重，一下子就能确定。英才的识别需要多渠道地考察和长时间地关注，多一些渠道，分散一些高考和中考的单一评价体系，是不是可以对英才的识别和培养有所帮助。

我们可不可以设想，建立一个长期的、相对稳定的课程标准修订小组，数学家、教育家参与其中，并经常征求资深数学家的意见，为英才教育制订既实事求是又与国际接轨的数学课程体系。

现在有很多大学教师参与了中学课本的写作，这是一件好事。微积分和向量早已放到了中学，这部分内容怎样行之有效地去讲，而不流于形式，也是我们面临的一个难题。

科学研究需要一个民主的、科学的、平和的社会环境，英才教育也同样需要一个民主的、科学的、平和的社会环境。

随着我国政治体制改革的逐步深入，目前学术界和教育界的官场化倾向、浮躁和急功近利一定会逐步地消减。我相信，在政府和老师们的共同努力下，我国的英才教育一定可以办好，在不久的将来，将会有能力与发达国家并驾齐驱。

参考文献

[1] 袁震东.教育公平与英才教育——数学教育改革中的一个重大问题[J].数学教学,2003(7):2-1.

[2] 李永智.美国的英才教育与因材施教[J].基础教育参考,2004(4):15.

[3] 易泓.英才教育制度的国际比较[J].教育学术月刊,2008(6):16-18.

[4] 原青林.英国公学英才教育的主要特点探析[J].外国中小学教育,2006(12):12-18.

[5] 关颖婧,袁军堂.法国大学校的精英教育及其启示[J].江西教育,2006(5A):42-43.

4-2 发达国家数学英才教育的启示(节选)

——在北京师范大学第二附属中学数学组的讲话*

非常高兴能够来二附中跟老师们聊聊。中学教师是一项崇高的职业,我从小生长在教师家庭,对这一职业情有独钟。

二附中是在北京市排名相当靠前的重点中学,我就将我所了解的国外科技高中的一些情况给大家说说,希望对老师们了解发达国家数学英才教育的真实情况有所裨益。

刚刚卸任的中国科技大学校长朱清时在今年八月份国家图书馆的一个论坛上发表了"对待教育要少一些干预,多一点敬畏"的谈话,提到下述问题:民国38年间,全国共有25万人获得大学毕业证书,平均一年不到7000人,而2008年我国一年毕业的大学生人数达到559万,大约是民国时期培养规模的800倍。

近三十年来,随着国民经济的长足发展,我国已经迅速地进入了大众教育阶段,教育普及的成就有目共睹。与此同时,越来越多的人开始发出这样的疑问:民国时期是一个大师辈出的年代,现在为什么培养不出像陈省身、华罗庚、杨振宁、李政道、钱学森这样的大师级人才?

诚然,目前学术界、教育界的专家教授和行政管理人员对这个问题会有各自不同的看法。我们的大学确实与世界名校相差甚远,我们有很多体制上的问题亟待解决,与此同时,我们的中小学也有很多体制上的问题亟待解决。

事实上,拔尖人才的培养,从大学开始已经太晚了,拔尖人才对某个专业领域的兴趣,应该从他们的少年时代,从高中甚至初中时代就开始了。就拿曾经提出"为什么我们的学校总是培养不出杰出人才?"这一问题的钱学森先生来说,中学

---

* 原载:《数学文化》,2010年4月,创刊号,60-64。

阶段他在民国时期的北京师大附中读书，他当时的数学老师是傅种孙先生。傅先生是我国早期的数学家，他把西方的数学基础与数理逻辑介绍到中国，也是我国近代数学教育的先驱。他在平面几何课上用当时西方大数学家刚刚发表的几何基础作为蓝本，为学生讲授欧几里得几何，在这些刚刚度过童年、进入少年时代的学生当中，有几十年后成为两弹元勋的钱学森、群论专家段学复、数论专家闵嗣鹤、代数学家熊全淹。钱学森曾经深情地回忆道："听傅老师讲几何课，使我第一次懂得了什么是严谨科学。"

发现和保护一个天才很难，忽略一个天才却很容易。比如华罗庚，如果当年熊庆来教授没有把他招到清华，没有送他去剑桥大学，也许他还在江苏金坛的小店里工作，我们也就不会有天才的数学家华罗庚了。

我曾经介绍过美国的英才教育和法国的英才课程。进入 21 世纪后，亚洲的发达国家紧随欧美发达国家纷纷建立了自己的英才教育体系。

日本一贯善于将西方的先进社会模式学为已用，他们在 2002 年建立了 26 所理科高中，2006 年一下子增加到 99 所。在这之前英才教育基本由私立学校去做，而现在的理科高中很多是公立学校，在那里为挑选出来的优秀的理科生讲授大学课程。

韩国在 2006 年发布了总统令《英才教育振兴法实施令》，2007 年就建立起了 18 所科技高中，实行移动授课，中学选修大学课程。

综合美国、法国、日本、韩国的情况，我们看到目前理工科学生的高中数学，已经到了将高等数学的基础课程下放到中学，大学与中学打通的阶段。

按照法国中学生分科的比例，技术类和纯理科占全国学生的 20%左右，他们的数学课程相当深。如果考虑到法国的预科，则有 6%的学生在学更高一级的课程。事实上法国的大学校和预科班皆以理工科为主，经济类有一些，文科很少。

按照美国的情况，则是从小学开始，不断地逐级选拔出 5%的学生，在中学已经基本学完了大学的若干门基础课程。

如果放到中国，5%在全国的学生中，是一个多大的数字啊。

事实上，一方面每个孩子都有受教育的权利，在教育面前人人平等，另一方面，教育者要对孩子们因材施教，根据每个孩子不同的特长，让他们受到最适当的教育。这是两个不同范畴的问题，受教育的平等权利，并不等同于所有的孩子都接受同样的教育，因为孩子们原本就是千差万别的。

孩子们的才能体现在各个不同的方面，有些孩子喜欢数学，不费劲就能学得挺好，为何不引导他们多学一些呢？有些孩子不擅长数学，费挺大劲也不见得能够学好，但是这并不表示他们不行，他们一定具有其他方面的才能，比如文学、艺术、体育或实际操作能力，为什么非得让他们都学同样的数学呢？

我们的中学老师，承担着为祖国培养人才的重任，也就是承担着祖国的未来。我们有这么多优秀的中学老师，数学教育一定会有长足的进步。

我们也一定能够实现陈省身先生的美好愿望，在 21 世纪将中国从一个数学大国变成数学强国。

就讲到这里，谢谢大家。

参考文献

[1] 佚名.韩国“精英教育”策略[J].教育情报参考，2005(2):64.

[2] 赵晋平.从理科高中看日本的精英教育[J].外国教育研究，2004(5):24-28.

4－3　美国英才教育对中国的启示*

在中国的教育界和老百姓当中，流传着这样一种说法：美国的科学技术之所以发达，是因为他们有钱，可以把世界各国的人才都搜罗到美国去。记得五年前，在没有认真地了解过美国基础教育的情况下，仅凭道听途说的只言片语，我也持此种观点。

第一次使我对这种说法产生动摇是在2007年底，当时丘成桐先生组织的华人数学家大会在杭州召开，其间有一个数学教育论坛，我在论坛上就我国基础教育中的去数学化倾向发表了一些意见，还说去数学化、愉快教育之类都是从美国学来的。美国不怕学生学不会数学，从别的国家挖人就是了，我们中国穷，人才必须自己培养。记得当时丘成桐先生很疑惑地问我，美国的中学数学那么差吗？丘先生说他的两个儿子在高中读书时，学校布置的作业和课题很多，当然孩子们也非常用功，晚上11点之前上床睡觉就算早的。原来美国还有要求这么严格的中学！在举国统一的教育模式下生活惯了，还以为世界上其他国家的中学也是全国统一的呢。

第二次对这种说法的彻底颠覆是在2008年夏天，在美国开会期间，应蒋迅之邀去他家做客。蒋迅是我们北师大的毕业生，现在位于硅谷的美国宇航局的研究部门工作，孩子正读小学，班里17个同学，大部分是印度移民。他陪我们到谷歌、英特尔、甲骨文、惠普几个大公司走走，看到了不少黄面孔。甚至在华尔街上，中午吃饭时间，也有很多从大银行、大公司出来的华人白领匆匆而过。至于每一个美国大学的数学系都有华人教授，已经是众所周知的事实。但是当我问到美国的人才是不是从世界各国引进，美国的基础教育是否成功的时候，蒋迅非常明确地回答，他认为美国的教育是非常成功的，尽管美国是一个移民国家，在大学、科研

* 原载：蔡金法主编，《英才教育在美国》，浙江教育出版社，2013年，203－207。

机构和大的公司，各个国家、各个民族的人都有，但是所有这些地方的最高决策层和学术带头人，大部分都是土生土长，从小就在本土接受教育的美国人。

第二次世界大战以后，美国确实从欧洲，特别是从被希特勒破坏殆尽的德国引入了大量人才，其中最著名的要数爱因斯坦和沃纳·冯·布劳恩(Wernher von Braun)，前者是现代物理学的泰斗，后者是空间技术的权威。布劳恩以及来自德国火箭基地的顶尖级工程师们，对于美国的军用火箭和美国宇航局(NASA)空间计划使用的火箭开发起到了决定性的作用。在欧洲的科学技术引领世界几百年之后，世界科学技术的重心从这时开始转移到了美国。

第二次世界大战到现在过去70年了，在今天飞速发展的信息时代，美国本土出现了计算机硬件的龙头企业英特尔，产品遍及世界的软件公司苹果、微软。就基础科学而言，物理、化学、医学的诺贝尔奖得主和数学的菲尔兹奖得主人数在世界上占压倒性优势。

诺贝尔奖				
	物理学	化学	生理学或医学	总计
全部获奖人数	191	167	200	558
美国获奖人数	84	64	90	238

这个表格是按照获奖时的国籍统计的，没有标明族裔。但是国人都知道其中包括6位华裔物理学家：李政道、杨振宁、丁肇中、朱棣文、崔琦、高琨；2位华裔化学家：李远哲、钱永健。其中李政道、杨振宁在民国时期，高琨、丁肇中、崔琦在民国时期继而在台湾或香港，李远哲在台湾接受基础教育；而朱棣文和钱永健则出生在美国，从小就在美国受教育。

菲尔兹奖得主共有52人，美国15人，其中有5人分别来自芬兰、挪威、英国、苏联和中国香港。我们数学界熟知的华裔菲尔兹奖得主丘成桐曾在香港培正中学读书，而陶哲轩则出生在澳大利亚，至今仍保留着澳大利亚国籍。

如果没有一个科学的、卓有成效的教育体系，一个国家不可能产生引领世界的企业，不可能在本土产生各个领域的学术大师。

近几年来，我曾就发达国家的数学基础教育搜集过一些资料，并做过一些实地考察。首先使我感到惊讶的是美国的课程标准不是统一的，各州皆有各自的标准，这些标准，即便是全美教师协会制定的标准，也只具有参考意义。与此同时，美国的英才教育方针是议会通过法案确定下来的，各州的学校都必须遵守，这件事情在本书(《英才教育在美国》)的第 1 章有详尽的介绍，众所周知的美国大学先修课程(AP 课程)就是为资优学生设置的。

其次使我感到惊讶的是美国各州，各个城市都有特别出色的中学，大部分是私立中学，他们可以自行决定课程内容，切切实实地因材施教。记得我们查阅过弗吉尼亚州费尔法克斯郡的杰弗逊科技高中的资料，这是一所公立中学，学生通过考试，择优录取，在全美金牌中学的排行榜上名列前茅。学校提供十分优越的实验条件和学习环境，学生可以修习附近大学的课程，进行一些相当于博士或硕士研究生水平的研究。下面是他们的数学和计算数学课程：

Mathematics：
数学

Advanced Geometry with Discrete Mathematics
高等几何与离散数学

Advanced Algebra 2 with Trigonometry and Data Analysis
高等代数 2 与三角学和数据分析

Advanced Precalculus with Discrete Mathematics and Data Analysis
高等微积分前置课程与离散数学和数据分析

Advanced Placement Calculus AB
先修课程微积分 AB

Advanced Placement Calculus BC
先修课程微积分 BC

Multivariable Calculus
多变量微积分

Linear Algebra
线性代数

Differential Equations
微分方程

Complex Variables
复变数

Numerical Analysis
数值分析

Computer Science：
计算机科学

Computer Science
计算机科学

Accelerated Computer Science
加速计算机科学

Advanced Placement Computer Science
计算机科学先修课程

Computer Architecture
计算机体系结构

Artificial Intelligence
人工智能

Supercomputing Applications
超级计算机应用

Comparative Languages
比较语言

课本基本上是一般的大学教材，并注明老师可以自行补充。除此之外，他们还有各种更深层次的现代数学的选课，或干脆直接去大学听课。可惜我们没有统计资料说明例如诺贝尔或菲尔兹奖得主毕业于哪类中学。我们也有重点高中，也是选拔入学，也有很不错的老师，遗憾的是，我们同一个区县所有的学校都必须使用同样的课本，无论这个学校是声名赫赫的北京四中，还是一般的学校。事实上，一个孩子走上科学之路，中学是非常关键的时期。在这种统一管理、统一教学的情况下，有才华的孩子几乎没有办法脱颖而出。

令我惊讶的第三点是，这本书(《英才教育在美国》)的第 11～14 章用实例表明，不仅是这些顶尖的中学，一般学校也有保证英才学生顺利成长的各种渠道。根据书中(《英才教育在美国》)的第 2～4 章，美国从小学到高中，有一套识别英才学生的方式，每个学校都有资优班，天分较高的学生可以跳级上课，也可以在老师的鼓励和帮助下参加各种活动，比如科学展览、科学竞赛。美国的常春藤大学经常举办各类学科的夏令营，利用假期为中学生讲授一些专题。美国还有私人的基金会，为资优学生提供奖学金。这一系列的做法，使得英才教育惠及更广泛的阶层和家庭。

1949 年之后，我国教育的基本特点是高度统一：统一管理，统一大纲(或课标)，统一课本，统一考试。改革开放后课本有所松动，考试改为各省命题，但全国的中小学仍然在统一课标的指导下齐步前进。

在我国与国际社会隔绝的 20 世纪 1949—1978 年，这种体制培养了一批国防工业和其他领域急需的科技人才。改革开放之后，这种体制使得我们的学校总体水平高于发达国家的一般中小学，在各种国际测试中名列前茅；使得我们可以倾全国之力，像培养参加奥林匹克运动会的运动健将那样选拔和训练数学出色的中学生去参加国际奥林匹克数学竞赛，并连年高居榜首。但是却极少产生引领科学技术发展的大科学家。

近几年来，我们国家大城市的很多重点中学设立了国际班，将国外高中不同的高等数学体系如美国的 AP 课程引入中国，孩子们毕业时报考相应国家的大学。据社会科学文献出版社发布的《国际人才蓝皮书：中国留学发展报告》显示，中国出国留学人数已占全球总数的14%,位居世界第一,2011年人数达33.97万人。“大众化”“低龄化”成为中国留学生的突出特点,有九成的留学生出国依靠自费。那么,家庭没有经济实力将孩子送往国外大学怎么办呢?最近,相当多的重点中学产生了编写自己的校本教材,建立中国自己的英才教育体系的想法。

4-4　法兰西英才教育掠影*

在大学数学系里教书，经常看到和听到与法国有关的事情。主要是他们的数学如何厉害，像笛卡尔、伽罗瓦、庞加莱、嘉当这些在数学史上响彻云霄的名字就不用说了，仅就20世纪中叶开始颁发的菲尔兹奖而言，美国有15位获奖人，法国11人、俄罗斯(包括苏联)8人、英国6人、日本3人、比利时2人，欧洲和大洋洲的一些其他国家，包括德国各1人，共52人。美籍获奖者有5人来自欧亚两洲，法籍有2人，分别来自德国和越南。有趣的是，法裔的获奖者全部在法国，好像这里的环境非常适合数学家生存。1994年法国有两人获奖，2002、2006年各1人，2010年2人。2002年的世界数学家大会是在北京召开的，会议期间，北师大还邀请世界各地的数学家到京师大厦参加晚宴，当年的菲尔兹奖得主拉福格(Laurent Lafforgue)也来了。我们有些熟悉的德国代数界的同事，在本国没有找到合适的教职，去了法国，他们说法国政府吸引欧洲、拉丁美洲一些有成就的数学家到法国任教，中国也有三十多位数学家在那里找到了教职，其中以数学著称的巴黎六大、七大和十一大各有1人。2009年初，法国教育部有一位数学督察访问北师大，谈到了法国数学教师的培养和选拔，还给了一份法国一般方向科学系列数学课程第三学年的课程纲要，水平果然不凡。[1,2]

法国的人口约为六千五百万，是美国的22%，中国的5%，他们的教育是怎样搞的？他们的数学成就何以会如此出色？

一、出类拔萃的中学

请示了中国数学会，首师大李克正、李庆忠教授，北师大二附中金宝铮、实验

---

* 作者：张英伯，文志英。原载：《数学文化》，2012年第4期，41-45；《数学通报》，2013年第1期，1-15。

中学姚玉平两位特级教师，北师大王昆扬、张英伯教授共6人于2012年5月27日来到巴黎考察数学教育。

第二天一早差五分七点，我们到达旅馆大堂，按照约定的时间七点去拜会巴黎七大的米歇尔·阿蒂格教授。米歇尔曾经担任过国际数学教育委员会(International Commission on Mathematical Instruction，简称ICMI)主席，去年年初在北京师范大学召开的ICMI执委会的会议上，担任本届执委的张英伯与她谈到中国的数学教授和数学老师想了解法国数学教育的愿望，这次访问就是她安排的。没想到米歇尔早就到了大堂，已经等我们十分钟了。按照法国的礼节拥抱问候完毕，她立刻带领我们动身前往此次访问的第一个学校：路易大帝高中。这是法国最顶尖的一所学校，只设高中和预科，不设初中。

路易大帝高中是公办学校，拥有选择学生入学的权力，选择的方式是按照各校初中生的学习档案和成绩，由学校拍板录取，没有入学考试。主要生源为市中心地区的初中，这里集中了文化与经济水平较高的家庭。为了阻止名校变成“贵族学校”的趋向而引起社会不满，巴黎学区决定高水平的中学有强制性义务去发现郊区的优秀初中生，学区会特别观察这类学生从高一到大学的整个历程。于是负有此项社会义务的中学与一些较差地区的初中建立了特别的关系，派老师每周去给这些选拔出来的优秀初中生上补习课，为他们来市中心的学校顺利学习做准备，这些课程都是义务的，学校和老师分文不取。应该指出的是，法国初中数学纲要的原则是提出对学生的最低要求，如果老师认为学生在认知上能够接受就可以超过纲要讲得更深一些。

法国各省都有这类优秀的高中。与世界上其他国家不同的是，这类高中开设两年制的大学预科，学习大学本科课程，而大学一年级的微积分和向量已经在高三学完了[2]。学生高中毕业经过严格的挑选进入预科，毕业后可以报考法国的大学校。法国高中毕业有统一的会考，发放毕业证书。进入一般的大学没有入学考试，报名即可，但是大学校各自的入学考试题却严格、高深得令人惊叹。

我们进入学校大门时，路易大帝高中的副校长和几位负责的老师已经站成一排在门口等候，寒暄了几句，我们被领着参观了学校的全貌。学校位于巴黎拉丁区的中心，已经有450年的历史，目前的校园是200年前建造的，在20世纪中期和末期进行过翻修。教学楼皆为四层，建筑风格与巴黎城一致。校园有四个由若干座教学楼围成的院子，一所钟楼和教堂，其中两个院子以校友的名字冠名，分别叫作雨果院和莫里哀院。如果不是看到课间休息时院子里生龙活虎的现代派孩子，单就建筑风格而言，你会觉得走进了雨果笔下19世纪的法兰西。

光荣院

路易大帝高中的小教堂

法国的预科一般分成文、理、商三科，各自按照法国大学第一阶段（即大学第一、二年）的课程纲要授课。法国的纲要是针对课程内容的最低要求给出的指导性意见，弹性很大，各校可以根据学生和师资水平因材施教，路易大帝高中的授课内容要远远多于和深于纲要。预科也没有统一的课本，课本由老师自行选择，或自行编写讲义；考试也都是老师自己出题，自己判卷，从来没有统考。

70 年代至 90 年代，理工科预科一般用迪克斯米尔(Jacques Dixmier)的《第一阶段数学教程》，至今一些著名的预备班仍然以此为蓝本，武大"中法班"从 1980 年至 1990 年也一直在用。仅从教材的目录，对其深度和广度就可窥见一斑。教材的出台还有一段背景：在 60 年代的西欧，法国几何学家埃里·嘉当的儿子亨利·嘉当(Henry Cartan)领衔发起了高等数学教学的一场改革，摒弃了 19 世纪以来一些陈旧的内容，适应现代需要，从教材的整体结构上给予更新。一方面增加了不少新的内容，另一方面用新的观点和视角去介绍传统内容，强调了不同学科之间的联系。法国大学的数学纲要也适应了这一背景。稍后苏联亦更新了传统的菲赫金哥尔茨(ГригорийМихайлович Фихтенгольц)的数学分析，代之以佐里奇(Zorich V. A.)的新课本。

路易大帝中学共有约 1800 名学生，其中 850 名高中生，22 个班级，每班 35～40 人；950 名预科生，20 个班级，每班 40～45 人，约 350 名学生住校。预科当中以理科为主，占 60%；文科 25%；商科 15%。其中理科又分为数学物理工程班，每年级有 4 个班；物理化学工程班，每年级有 2 个班；文科和商科每年级各 2 个班。

在欧洲的中学进教室听课不太容易，校方无权命令老师接待来宾，需要和任课老师沟通协商。托米歇尔·阿蒂格教授的福，我们得以进入预科的教室。遗憾的是我们来的时间不对，赶上期末复习考试，没有正课了，听的第一节课是工科的数学分析复习。当副校长把我们领进教室，全体孩子起立欢迎。我对教室的第一个印象是三面白墙到底，没有一幅图画或板报，也没有多媒体，如果将一面墙上的现代化绿色大黑板换成一块木质的老黑板，你会觉得雨果或者伽罗瓦在这里上课也很协调。德高特(Jérôme Dégôt)老师四十岁左右，笑眯眯的，我们看不懂法文，但是看得出来板书规范。学生手里有老师编的复习题，已经都做过了，课上对一些较难的题目进行讨论，内容是定积分和不定积分。孩子们交头接耳，十分活跃，每当老师写下一道题目，至少有十个孩子高高举手，并不断地提出问题。孩子们的板书不太规范，却很认真，演算之外还不时地画图进行几何解释。

工科的数学分析复习课

米歇尔·阿蒂格教授告诉我们，为了更好地了解学生，因材施教，预科的数学老师要在两年的时间全程跟随学生，师生关系融洽。同一个老师需要教数学分析、线性代数、抽象代数、常微偏微、实变复变、数论、几何学、拓扑学等大学一、二年级的所有课程，而且课程进度比我们的大学数学系要快，部分内容要深。我们一下子被震住了，这就意味着，预科的老师要对现代数学的全部基础知识了如指掌，独当一面，自主性极强。我们当中有人教了一辈子代数或一辈子分析，还从来没有互换过角色。

路易大帝高中每堂课55分钟，课间休息5分钟。我们听的第二堂课是商科的数学分析。教室后面有一张不大的世界地图，黑板上方正中贴了一幅威廉王子和凯特王妃的小照，看来法国孩子也挺喜欢英国王室啊。加特纳(Jerôme Gartner)老师是一位不到三十岁的小伙子，非常文静，讲课时显出些许腼腆。米歇尔说他刚从高师毕业，来这里试讲。这堂课的内容是用$\varepsilon-\delta$语言复习函数的极限，举了一个二元连续函数的例子，老师在黑板上画出ε在直线上的取值区间和对应的δ在平面上的取值区间，图形漂亮，公式清晰。课堂相当安静，学生没有课本，都在飞快地记笔记。我们旁边坐着一个女孩，身材纤细，面容姣好，斜眼看看她的笔记，十分整齐流利。下课之后，我们就这节课对米歇尔表达了由衷地赞赏，她笑笑说，这是路易大帝高中的一般水平，今天没有机会进入最高水平的课堂。

商科的数学分析课

午饭时间到了，孩子们排成长龙，叽叽喳喳愉快地等待进入食堂，校方招待我们在食堂的包间用餐。下午去听了10年级（相当于我们的高一）的三角函数复习，由一位三十多岁、棕发披肩的女老师任课。可能因为孩子小，老师和学生都极其活跃，老师不停地发出“嘘嘘”声维持秩序。复习的内容不少，有两角和与两角差的公式、倍角公式以及公式的推导。然后参观了学校的物理实验室，有激光、机器人等，实验室显不出一点富丽堂皇，反而有点像几十年前我们在中学读书时的样子，但就从这些实验室里，很多学生进入了闻名世界的巴黎综合理工学院（École Polytechnique de Paris）。

朴实无华的实验室

在路易大帝高中访问时最生动有趣的节目当属参观图书馆。图书管理员弗兰克(Agnès Franck)是一位身材丰满、精神矍铄的银发女士,提起自己的学校,脸上洋溢着无限的骄傲与自豪。法兰西有辉煌的历史和文化,有过拿破仑时代对世界的征服,有过欧洲贵族以讲法语为高雅的年代,法国人的骄傲和自豪是可以理解的。弗兰克告诉我们,在国家的高中毕业会考中,路易大帝高中的合格率为99%左右,其中三分之一能够留在本校的预科班;学校百分之百的预科毕业生能够考取高等学校,其中至少三分之一考入著名的巴黎综合理工学院,而该学院每年有四分之一入校生来自路易大帝高中的预科。网上的统计数字显示,在2006年,巴黎高等师范学校数学物理科入学考试的第1、2、3、8、9名,数学物理信息科的第1名(中国学生),和物理化学工程科的第1、3、4、7、11名;巴黎综合理工学院的数学物理工程、物理化学工程、物理工程的三科状元;巴黎国家高等矿业学院的三科状元均出自路易大帝高中[3]。

自豪的图书管理员

弗兰克指给我们看图书馆里19世纪的硬木书柜,书柜中有他们的校友哲学家伏尔泰的全集。接着又拿出一本1588年法国王后凯瑟琳·德·美第奇(她原来是一位意大利公主)组织出版的书,书中介绍了意大利的历史和文化,使用了丝绸做成的纸张和特殊的油墨,用手指一弹,发出清脆的金属般的声响,永远不会褪色。意大利文艺复兴时代的繁荣,真是名不虚传呐。

弗兰克告诉我们学校是路易十四建立的(应该是一些教士建立,路易十四支持的),他是法国历史上很有作为的一位国王。路易大帝高中的命运随着法国近代史上的政治动荡而历经磨难,在路易十五时代再一次得到皇家的支持,学校的印章刻上了皇家的旗帜(天蓝色背景下的三朵金百合花);学校大门刻上了路易十四和路易十五的雕像。她问我们是否知道罗伯斯庇尔,我们当然知道,那是法国大革命时期的革命领袖。她告诉我们罗伯斯庇尔是路易十六时代这个学校的学生。1775 年,在一个下大雨的天气,路易十六坐马车来学校视察,老师和学生们站在雨地里夹道欢迎。因为罗伯斯庇尔书读得好,又乖巧听话,校方让他做代表致欢迎词。他讲得很漂亮,盛赞国王的英明。十八年后,他鼓动国民公会把这位"英明的国王"送上了断头台。

从图书馆出来,路易大帝高中一位曾在北京语言大学学习了三年的数学老师安尼科特(Rémi Anicotte)陪我们继续参观。这位老师看上去非常机敏,他的中文就像我们一样流利,他的中文名字叫安立明。路易大帝高中从高一到高三都有欧洲班(历史和地理课程特殊、英语加强),还有一个东方班,每周有一小时的中文数学课。当我们走进学校的小教堂时,安老师告诉我们其实伏尔泰不是路易大帝高中的毕业生,那个年代资源紧缺,每年冬初神父都在教堂放一小盆圣水,圣水什么时候结冰,学校什么时候给学生生火。有一年很冷,伏尔泰看到教堂的圣水总是不结冰,就偷偷去河里取来一块冰放进了圣水盆中。事情被发现了,神父大怒,伏尔泰被开除。安老师笑笑说,这件事不是伏尔泰的耻辱,而是学校的耻辱。我们问是不是因为这个,学校里没有伏尔泰院。

学校正门内的大厅中有一个小小的玻璃柜,里面陈列着从路易大帝高中毕业的数学家的肖像或其他相关信息。其中有伽罗瓦、刘维尔(Joseph Liouville)、埃尔米特、阿达马、勒贝格(Lebesgue)、波莱尔(Borel)、达布(Darboux)等 17 位,10 位有肖像或照片,伽罗瓦的像特别可爱,20 多岁决斗身亡的他在一群表情严肃的数学家之间活脱一个小娃娃。安老师开玩笑说,幸亏学校当年没有开除伽罗瓦,否则这个玻璃柜里就无权摆上他的肖像;学校也没有伽罗瓦院,因为数学不像小说戏剧那样广为民众所知。

从路易大帝高中走过一条街,就看到了圆顶的法国先贤祠矗立在一个小高坡

与安老师共进午餐

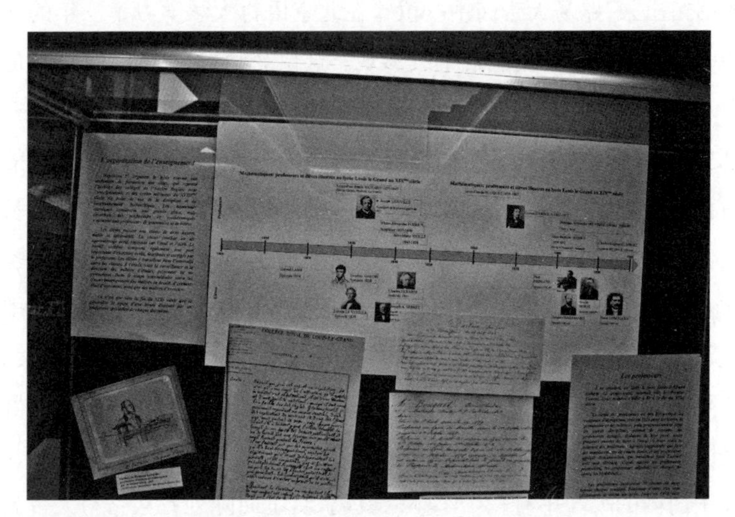

毕业于路易大帝高中的数学家

上，伏尔泰、雨果、皮埃尔·居里、玛丽·居里、卢梭等为法兰西和世界的科学文化做出过杰出贡献的人们安息在这里。学校周围还有索邦大学、法兰西学院等著名的建筑，充满了学术氛围。

米歇尔·阿蒂格教授还带我们去了巴黎东郊文森斯(Vincennes)市的柏辽兹(Hector Berlioz)中学，这也是一所不错的学校，具有招收预科班的资质，高中毕业国家会考的通过率在90%。这里的每节课也是55分钟，课间休息5分钟。我们在这天下午连续听了同一个老师的三节课，再一次领教了法国中学教师的数学功底。沃尔希克(Rhydwen Volsik)老师高高的个子，朴实而内敛。他每周上17节课，教三个正常班，五个兴趣班：兴趣班包括10年级的图论，11年级的概率论，12年级的群论。第一节是10年级正常班的三角函数复习，第二节是12年级兴趣小组的群论，有五个男孩儿，三个女孩儿，因为这几个孩子准备高中毕业后去英语国家留学，老师用英语授课，并发给学生和我们每人一份他编写的英文讲义《群论入门》(An Introduction to Group Theory)，我们终于能够听懂整节课，不用看着公式猜了。这节课的内容是群的定义，孩子们争着到黑板上证明诸如等边三角形的对称变换为什么构成一个群，而非零有理数的除法为什么不能构成一个群之类的问题。第三节是10年级兴趣小组的图论，不到10个学生，仍然发讲义，讲英语，不是一般性的介绍，而是严格的定义和推导，小小的孩子们看来是听懂了，课堂上仍然异常活跃。

图论兴趣小组

特别搞笑的是，下课后我们打算在校门口拍照留念，绕校园一周竟然找不到我们心目中一所重点中学应该有的排场漂亮的大门。直到米歇尔和学校的老师谈完事情出来，才告诉我们进入学校大楼的铁栅栏门旁有一个牌子，那就是学校的标志。

二、制度化的英才教育

米歇尔·阿蒂格毕业于巴黎高师，在巴黎七大数学系工作，多年来讲授数学分析。她组织并领导了系内一个数学教育研究所(IRME)，研究所的成员有几位巴黎七大的老师，半天在系里上课，半天在研究所，或者四分之三时间教数学，四分之一在研究所；还有十几位巴黎市内各地区的数学督查，二十几位中学数学老师。我们问其他大学有没有这样的研究所，她说极少，也没有全职从事数学教育研究的教授，最多半职，但是社区大学有全职从事这方面工作的老师。

米歇尔特别敬业，她领我们去学校或者研究所访问，从来都是健步如飞，我们当中比她年轻二十岁的老师都不大跟得上趟。作者与她在执委会(Executive Committee，简称 EC)共事三年，经常通过 ICMI 的电子邮件交流得知她在世界各地飞来飞去，在一些条件特别艰苦的地方，如非洲、拉丁美洲，举办教师培训班，组织各种活动，有时甚至在那里滞留一个多月。最近她又发起了一个克莱因(Klein)项目，请数学家们撰写短小的科普文章，帮助中学老师了解数学的最新动态。如果吉尼斯要评选最诚恳、最敬业、最勤奋的人，米歇尔·阿蒂格应当是一个合适的人选。在我们离开之后的一周，世界各地的数学教育工作者来到巴黎，为她的光荣退休举行了纪念会，我们未能出席，请出席会议的中国老师转达了我们的感谢和敬意。

在巴黎七大与 IREM 的老师座谈时，他们不理解并感到惊讶的一点是：中国的数学基础教育那么出色，国际奥林匹克竞赛连年第一，国际上针对中学数学课堂的各种测试从来都名列前茅，你们这几个人为什么要来法国考察数学基础教育呢?

应米歇尔的邀请，张英伯和李庆忠联名在他们的讨论班上做了一个《中国数学教育的传统》(Tradition of Chinese Mathematical Education)的报告，介绍了中国数学教育的历史和现状。我们五千年的文明古国是一个非常重视教育的国家。在渔猎和农耕时代，中国的生产力名列世界前茅。当然从工业时代开始中国没有跟上世界前进的脚步，但是清末民初以来，我们逐步发展了民族工业，引入了世界通行的学校教育。1949 年之后，我国教育的基本特点是高度统一：统一管理，统一大纲(或课标)，统一课本，统一考试。改革开放后，全国的中小学在统一课标的指导下开展教学。

在我国与国际社会隔绝的20世纪1949—1978年，这种体制培养了一批国防工业和其他领域亟需的科技人才。改革开放之后，这种体制使得我们的学校总体水平高于发达国家的一般中小学，但却无法产生引领科学技术发展的大科学家。

事实上，孩子们的天赋和才能表现在各个不同的方面，差异是非常大的。这就像在体育课上让学生跳高，假设有5%的孩子能够跳过一米八，95%的孩子只能跳过一米二，如果标杆一定要固定在一米五不许改变，那么很多孩子因跳不过去而丧失了信心，少数有天赋的孩子因无法继续提高而丧失了成为运动健将的可能。

当得知我们的国际奥林匹克数学竞赛金银铜牌得主大部分没有继续学习数学，而是选择了大学的其他院系，学了数学的也只有少数人在从事数学研究时，IREM的老师也很惊讶，难以理解。

在IREM的讨论班上，2009年春天访问过北师大的教育部数学督察也来了，我们高兴地握手问候。记得他那时候说过，中国学生的数学基础水平比欧洲国家要高，比法国德国高两年，比意大利高三年。

法国的小学(5年制，6～11岁)和初中(4年制，11～15岁)课程纲要对全国学生的要求是一致的，但是学生从高中开始分流，40%进入两年的职业教育，称为职业教育(Professional)，毕业后使学生具有最低的工作技能，但仍然有机会进大学深造。这部分学校又分成三类：

CAP	一般教育和特殊的实践技能
BEP	技术教育
Baccalauréat Professionnel	职业本科

数学课的周学时分别为1.5～2，2～3，2学时。课程内容差别很大，视专业而定，比如有平面和空间几何、三角函数、方程和不等式、指数和对数、金融数学基础、经营数学，也有一些微积分初步等等。

60%的学生进入高中(三年制，15～18岁)，头一年是所谓的“判断阶段”(cycle de détermination)，学习相同的课程；后两年是所谓的“结业阶段”(cycle terminal)在老师的指导下分科。这部分分为一般方向和技术方向。其中一般方向包括三个系列：

L	文学
ES	经济和社会科学
S	科学

而技术方向包括四个系列：

STT	第三期科学与技术
STI	工业科学与技术
STL	实验室科学与技术
SMS	医药和社会科学

其中一般方向科学系列的12年级(高三)课程纲要由北京师范大数学系留法教授邓冠铁译成中文了，内容有复数、微分、积分、向量，相当于工科大学一年级的数学水平[2]。法国教育督察所言我们的数学基础水平比别国高，当指小学和初中。

我有很长时间搞不明白中国小学和初中的数学为什么会比欧美国家强，这些课程不是我们从19世纪末、20世纪初开始向西方国家、50年代后向苏联学过来的吗？在今年七月份韩国举行的ICMI执委会上，有一次作者与意大利的执委布西(Mariolina Bartolini Bussi)一起乘出租车，她是搞小学数学教育研究的，为人真诚，谦和善良。意大利的小学数学被认为最差，布西曾感叹过多次，在车上她又一次谈到中国小学生的计算能力要比意大利强得太多。张英伯告诉她中国20世纪前半叶所用的数学课本都是从发达国家引进，或参照他们的课本编写的。她说在那个年代我们意大利小学生的计算能力也是很强的，这话肯定不假，因为她本人就是那个年代的小学生。这句话令人恍然大悟，我们在20世纪后半叶的很长时间里与国际社会脱节，始终不知道西方国家已经在实施大众教育，在推行教育公平的过程中将数学大大地弱化了。我们将那时的课程保留了下来，现在还没有完全被弱化掉；加之我们中国老师的勤恳敬业，并且国家多年来在中小学数学教育中贯彻了重视“基础知识，基本技能”的双基原则，自然比别人强了。看来有一弊也可能会有一利，历史就是这样螺旋式上升的啊。

三、数学家的主导作用

米歇尔还陪同我们访问了法国教育部，接待我们的是教育部国际司亚非科科长梅卡尔(Marc Melka)先生及其秘书，他们系统地为我们介绍了法国教育的全貌。他说法国每年有280万学生进入高等教育，高等教育分成两个部分：83所大学(Université)和300所大学校(Grandes Écoles)。学生申请入大学不用考试，60%都能成功。大学校则不然，只有不到7%的学生可以通过各校严格的考试被录取，每年进入大学校的学生约为十一万人。大学校规模很小，著名的巴黎高等师范学校只有900名学生。

《泰晤士高等教育》对巴黎高师的介绍是这样的："巴黎高等师范学校……被普遍视为法国最具选拔性和挑战性的高等教育研究机构，很长时间以来它一直是法国的一个传奇。"[3]高师的学生得到学士学位后，需要在本校教师的指导下准备法国教师会考(agrégation)，这个会考极为重要，不但确定是否具有中学教师资格，而且会考成绩将成为其他求职，例如高校求职的重要参考。学校全部的教育、科研、硕士与博士的培养都是与大学合作完成的，学生一般到巴黎六大、七大或十一大注册博士，论文答辩后就取得他们注册学校的博士学位。巴黎高师的学生最为重视的就是高师的文凭，他们自我介绍时首先说自己是高师的学生，然后才说是哪个学校的博士。

高师有14个教学研究系。与这些系关联的有35个混合研究单位，与它们合作的科研中心有国家科学研究中心(CNRS)、国家健康与医药研究所(INSERM)、国家信息与自动化研究所(INRIA)、国家农业科学研究院(INRA)、国家教学研究院(INRP)[3]。不同领域的科学研究为巴黎高师的学科建设创造了得天独厚的条件和提供了源源不断的滋养。往往前沿的科研成果一旦出现，就能够很快在巴黎高师发展成一个新学科。在法兰西学院和法国科学院的院士中，巴黎高师的毕业生分别占1/4和2/5。

梅卡尔先生说大学校是在法国大革命后的拿破仑时代，受到中国古代科举制度选拔官员的启发而产生的，初衷是希望建立一个新的人才培养模式，适应工业革命后科学技术的发展。

法国的经济位于世界第五，科研教育位于世界第四。法国不仅有引领世界的时尚和闻名世界的美食，也有高科技领域中的诸多成就，比如核工业、航空工业、世界最长的海底隧道。法国有 56 名诺贝尔奖得主，居世界第四，11 名菲尔兹奖得主，居世界第二。

代表团与法国教育部官员合影

梅卡尔先生最后谈到了近些年萨科齐政府推行的教育改革。改革的起因是大学校规模太小，在名目繁多的世界大学排行榜上无法名列前茅，比如在上海交大的榜上所有的大学校都名列第 70 位以后，文章篇数比中国的大学要少很多。为了将名次提前，达到吸引国内外学生的目的，进行了大学校的扩招与合并。另外法国在国际数学奥林匹克竞赛中成绩不突出，在历次国际中小学测试中排名并不靠前，米歇尔和安老师也谈起过这些事情。在法国民众当中有各种各样的舆论，其中一种舆论认为大学校每年只能培养出少数几位拔尖的科学家，许多进入预科没考上大学校，或者进了大学校没成为大科学家的学生都给他们垫背了。

梅卡尔先生说，从另一个角度来看，这些大学校走出了很多诺贝尔奖得主，法国的 11 位菲尔兹奖得主，除格罗腾迪克(Alexander Grothendieck)一人之外全部毕业于巴黎高师。法国虽然奥数奖牌不多，可是有许多天赋很高，有培养前途的学生，就是我们常常谈到的尖子生(elite students)。

法国数学家温德林·维尔纳(Wendelin Werner)曾就 2009 年 1 月 22 日萨科齐总统所做的演讲写过一封公开信[3]。他在信中说："在短短数十分钟之间，就将学术界和政坛间尚存的脆弱共识化作乌有。”“身为一个精明强干的政客的你，以及你那些通晓大学事务的顾问们，本应该预见到此演讲将带来怎样严重的后果。”“这十五天来，许多出色的学生和同事，因心生反感，纷纷向我表述了他们渴望出国的意愿。我自己也承认，在网络上聆听你的发言的某个瞬间，我亦萌生去意。”“对于科学事业的价值，你所表现出来的微不足道的敬意，并不仅仅局限于你将它歪曲成追名逐利，而是你斩断了多少聪颖的青年学生投身于科学的信念。一年多以来，科研部长和诸位顾问一再向我们保证，你何其由衷地希望支持和帮助法国科研。然而，你最终却予它以羞辱，并不惜触及它的原动力：科学伦理。”

2006 年的菲尔兹奖得主温德林·维尔纳没有因获奖得到利益(那里的大学不因获奖而提高工资或发放奖金)，而是利用获奖之后的学术地位从而在政界得到的话语权，勇敢地站出来为法国的科学和科学家说话，用自己的良知捍卫着科学的纯洁与尊严，令人肃然起敬。正是因为一代又一代科学家不懈的努力，法国的科学才有今天崇高的社会地位。

在 20 世纪 80 年代，关于法国的平面几何教学曾经爆发过数学家之间的一场争论。争论的一方是以迪多涅(J. Dieudonne)为代表的布尔巴基学派，主张取消平面几何，理由是它已经没有用处，应该用更加严格的解析几何取而代之。另一方以菲尔兹奖得主托姆(Thom)为代表，观点如下：第一，平面几何反映了现实空间的客观形态，人们需要了解诸如点、线、面一类的基本概念；第二，平面几何为人们提供了人生第一次系统的逻辑训练；第三，平面几何提供了几何直观。托姆举了个例子，说他给迪多涅的儿子(也是一位数学家)，在纸上画了一条直线，问这是不是直线，小迪多涅说不能断定，需要给出方程。

美国的数学家经常抱怨美国的数学基础教育很糟，几何推理全都没有了。还是在今年七月韩国的 ICMI 执委会上，一天清晨，作者和来自美国的执委、耶鲁大学的代数学家罗杰·豪(Roger Howe)教授一起散步。豪谈到中国的数学基础教育比美国强很多，张英伯反问他美国有杰斐逊科技高中吧？豪反应特快，说那是极个别的现象(very exceptional)，张英伯说不是太个别吧？每座城市都有这种优质高中，大城市还有多所。豪说那倒不假，有些私立中学质量非常高。张英伯说那就够了，扯平了。中国也有自己的问题，并且在改革开放以后从美国引进了全套的数学教育理念，包括取消或削弱平面几何。豪问：引起了中国数学家的集体愤怒？张英伯说美国数学家不是也在20世纪末集体愤怒过一次吗？现在不是有很多像您这样的数学家积极参与进去力求改进吗？又扯平了。罗杰·豪是美国科学院院士，是我国代数学家励建书在博士期间的导师，近十年来，他和美国的一些数学家，如几何学家伍鸿熙在基础教育领域脚踏实地、全心全意地工作，诸如参与数学课标的制定，为中学老师编写辅导教材。在世界数学教育大会上(ICME)，罗杰·豪认真地从头到尾旁听了几次主报告和分组报告。数学家打算做点什么，总是非常投入。

致谢

安尼科特先生认真核对了文章的细节，提出修改意见，并提供了光荣院的照片，特此致谢。文中的其他照片由金宝铮和姚玉平拍摄。

参考文献

[1] Rémy Jost，张英伯，勾俊予，叶彩娟，李建华，朱文芳，曹一鸣，郭玉峰，Mylène Hardy. 中法数学教育座谈会实录[J]. 数学通报，2009，48(9)：1－6.

[2] 邓冠铁，高志强，译. 法国数学课程标准简介[J]. 数学通报，2009，48(1)：12－16.

[3] Wendelin Werner. 致法国总统萨科齐的公开信[J]. 数学文化，2012，3(4)：38.

4-5 以色列的数学英才项目*

在米娜家中做客，左起：王昆扬，泰彻先生，叶飞，张英伯，米娜·泰彻

受中国数学会的委托，我参加了国际数学教育委员会的竞选，担任了执委会成员。今年四月，我来到四面环海的美丽的新西兰，在奥克兰大学参加执委会的第一次会议，结识了很多新的朋友。

执委会副主席米娜·泰彻是来自以色列的数学家，专攻代数几何，是一位聪慧、热情、精明强干的女性。我向米娜请教以色列怎样实施英才教育，应我的请求，她详细地介绍了以色列在数学英才教育方面的一个项目，她在这个项目中担任部分组织工作。在晚餐时去海滨的小路上、在郊游时树木繁茂的山冈上、在海风吹拂的沙滩上，我们聊了很多。

我一直对犹太民族抱有敬意，因为这个民族产生过人类历史上最早的文明，为世界贡献过爱因斯坦、弗洛伊德、海涅、门德尔松、毕加索等伟大的科学家、思想家和艺术家。就拿我工作的代数学领域来说，我所见到过的数学家也有不少是犹

---

* 原载：《数学与人文》，2011 年第 5 辑，123－126。

太人，比如盖尔范德(Gelfand)、卢斯蒂格、奥斯兰德。作为代数表示论的奠基人之一的美国教授奥斯兰德，曾多次来我们学校访问，他不但是一位优秀的数学家，而且各方面的知识都很丰富，甚至对中国的诗歌和绘画有着极高的鉴赏力。犹太民族尽管长期没有家园，被迫害、被驱赶，但他们信奉一条原则：知识是永远夺不走的财富。

为了准备这次的报告，我查阅了一些资料，发现了几组令人惊讶的数字：

(1) 全球犹太人只有 1800 万左右，可是获得诺贝尔奖的犹太人竟然有 130 多位；

(2) 全球约有 600 名诺贝尔奖得主，犹太血统的科学家和艺术家占了近 20%，傲居世界各民族之首；

(3) 以色列人在一半是沙漠的、狭小的、没有半点石油的中东土地上，背着沉重的战争包袱，依靠智慧、技术、勤劳(当然也有美援)，建成人均 GDP 达到 17 000 美元的现代化社会；

(4) 以色列只有 600 多万人口，他们在拥有人均最多军费的同时，拥有人均最多的藏书(竟然有 1000 多座图书馆)，人均最多的教授，是全球唯一研发人员过剩的国家；

(5) 以色列拥有大量顶尖的技术人才，其技术人员在人口中的比例居世界第一。据联合国最新调查，“每万名劳动人口中从事研究开发者”，美国为 90 人、日本 81 人、法国 62 人、英国 40 人，而以色列竟达 160 人；有硕士、博士称号或科技专著的以色列人占总人口的 5%以上；

(6) 以色列是世界公认的“中东硅谷”。

米娜告诉我，她们的家很早就来到了巴勒斯坦，在第一次世界大战前由土耳其奥斯曼帝国管辖期间，犹太人与阿拉伯人在这片土地上尚能和睦相处，第一次世界大战后转由英国代管，逐渐开始了纠纷和争端。1948 年以色列正式建国后，升级为连年的战争。

根据自己不太丰富的历史知识，我对米娜说犹太人特别聪明，但是多灾多难，很早失去家园，在世界各国艰难谋生，却对人类科学文化的发展做出了巨大贡献。她略显无奈地笑了，说以色列古国是在两千年前彻底灭亡的，犹太人两千年来在世界各国流浪，第一重要的事情是生存，谈不上太聪明了。为了生存，犹太商人很多，精打细算，在夹缝里求生。她说她的父亲就是一位商人，当时她要求读大学，父亲不大赞成，认为还是挣钱要紧。后来她学成做了教授，她的父亲很骄傲地向人介绍：我的女儿是教授。

以色列的英才教育在方式上与美国有很大的不同，它没有特别地针对优质学生的高中，而是设立一些项目，从普通中学选拔学生，进行特殊培养。项目涉及数学、文学、艺术、体育等多种领域。

米娜所在的项目是一套为成绩特别优秀的中学生准备的"数学特殊课程"，实行了30年以上。我问她是不是这个项目的负责人，她说她资格不够，只是在里面从事一些组织工作，牵头负责的是以色列的资深数学家。具体的操作方法是这样的：

第一阶段（12～14岁），在全国范围内对12岁左右的儿童进行选拔，家长根据自己孩子的情况考虑是否参加，完全自愿。试题由一个非营利性组织（Non-profit organization）提供，选拔2000人，比例占全国同龄孩子的1%不到。我吓一跳，说怎么这么少啊，美国不是占3%～5%吗？她自信地说，3%～5%太多了，真正能学出来的也就1%。选拔之后，这些学生从12～14岁在每天的下午学习两节数学课，课程是由大学指定的，包括逻辑、函数、几何、代数等，比一般学校深很多。而所有其他的课程，如文学、物理、化学、生物都和普通中学一样。我再三追问，为什么只把数学突出出来呢？物理、化学为什么不学深呢？她说数学是培养科学研究人才最关键的课程，数学学好了，其他课程不在话下。

第二阶段（14～16岁），在14岁时对参加特殊课程的学生进行测试，由大学老师出题，淘汰一半以上，从中选拔800名学生，再次集中学习。这个阶段学习高中数学课程，但比一般中学讲得要深很多。

第三阶段（16～19岁），在16岁时进行考试，从中再次选出90名学生。米娜补充说可能近期会增加至110名。最为优秀的90名学生被分到以色列三所很好的大学：特拉维夫大学、巴伊兰大学和海法大学，每个学校30名学生。从16～19岁，每个周五和所有的节假日，由大学教授为他们讲授正规大学的数学课程，而其他课程仍然在一般的中学里学习。

第四阶段（19～22岁），这90名学生在19岁时进入军队，以色列的国策是男孩子18岁必须当兵，但这90名孩子在19岁参军，在军队里他们会被委派在技术性最强的军事部门工作，并继续学习研究生课程，仍然分别在上述三所大学听课，服役 3 年至 22 岁。

第五阶段(22 岁～博士毕业)，22 岁离开部队之后，他们开始攻读博士学位。由他们自己决定选择哪个专业，有的学习数学，有的学习物理、化学或生物。米娜觉得选择数学的孩子少了些，她的侄女就参加了这个计划，可是最后选择了物理学，她笑了，说也没有办法强迫人家。所有这些孩子后来都成长为优秀的科学家或杰出的技术人才。他们有的留在以色列，有的去了美国或欧洲其他国家任职。总之，都是好样的。

米娜很自豪地告诉我，在每次的世界数学家大会上，1 小时和 45 分钟邀请报告人的人数基本上是美国第一、法国第二、以色列排名第四左右。这个数字让人不得不服，要知道他们只是一个占北京人口二分之一不到、自然资源十分匮乏的小国家啊。

一周的 ICMI EC 结束了，离开美丽的新西兰回到祖国，与米娜的谈话一直使我思索不已。科学技术人才的培养与政治家、企业家，甚至文学家的培养有着极大的不同，后者更多地需要在社会实践中锻炼，需要深入了解民情、国情，需要高超的人际交往能力。而对于数学家、物理学家、生物学家等基础理论研究人才和计算机专家、水利、电力、机械等领域的工程技术人才，他们需要有坚实的基础知识，严密的逻辑推理能力，一丝不苟的求实精神。而这些是需要从小加以培养，打下良好基础的。特别是逻辑推理能力，13～15 岁是一个关键时期，错过了就很难补上来。因而从大学开始抓英才教育已经太晚了，按照以色列的经验，他们是从 12 岁开始选拔的。而美国的小学从三至五年级，也就是 8 至 10 岁已经开始了。

本文粗略地介绍了一些以色列的数学英才教育，但愿对中国的教育有所启迪。

4-6 卓有成效的民办英才教育

——以色列访问纪实*

2012年6月3—11日，北京师范大学附属第二中学的金宝铮老师，实验中学的姚玉平老师，北师大数学科学学院的王昆扬教授和我在访问了法国和英国之后，赴以色列考察他们的数学英才教育。

从北京出发之前，我们几个人都分别得到了警告：那里不安全，马上要和伊朗打仗了。

到达特拉维夫机场，安排我们访问的阿拉德(Zvi Arad)教授携夫人、平丘克(Bernard Pinchuk)教授已经等在出口。我们分两组坐上他们的汽车前往内坦亚(Netanya)。汽车穿过首都特拉维夫时，车窗外的街道绿树成荫，街道两旁现代化的建筑林立，随处可见大型超市，以及国际知名公司的大楼，这是以色列一座新兴的大城市。出了特拉维夫，汽车一直沿海滨的高速公路行驶。内坦亚是一座新建的海滨小城，为我们安排的旅馆正对着大海。

刚放下行李，我们马上穿过一条小马路，来到海滨。湛蓝的地中海一望无垠，蔚蓝的天空透明洁净，与远方的大海连成一条美丽的弧线，这纯洁的蓝色让人心醉，令人神往，如此的静谧与平和，使流连海滩的人们不忍离开。

美丽的海滩很难让人联想到战争。然而几天以后，我们在海滩上遇到了一队跑步的士兵，男孩和女孩都背着沉重的背包和长长的枪支，一张张年轻的脸庞透着稚气，看看都让人心疼。听阿拉德教授介绍，我们隔壁的一座宾馆，两年前曾被炸成灰烬，200多人遇难。战争的烟云，至今仍然笼罩着世界上的许多地方。

第二天早晨，一辆出租车等在旅馆门口把我们送到内坦亚学院(Natanya College)，阿拉德教授是这个学院的创始人和院长。他是一位代数学家，研究群论，发表过90多篇文章，出版过3部专著，是表代数(Table Algebra)领域的学术带

---

* 原载：《中国数学会通讯》，2012年第4期，41-51；《数学通报》，2012年第11期，5-10。

头人。他还担任多种代数期刊的编委，创建过两个研究所，担任过以色列国家高等教育委员会委员，并且在与德国、俄国、中国的学术交流中起到过举足轻重的作用。

阿拉德的双亲在第二次世界大战期间从波兰逃难到巴勒斯坦地区（那时以色列还没有建国），就在祖先的土地上定居下来了。阿拉德的组织能力非常出色，曾经做过系主任、理学院院长、巴依兰大学校长，那可是全校的教授选举产生，大学董事会讨论通过的。应内坦亚市政府的请求，他于1994年辞去校长职务，在一位企业家的资助下创建了内坦亚学院。我们西南大学的陈贵云教授曾在他那里做过博士后，并邀请他访问中国，还参与合写过一本书。贵云说他为人特别有亲和力，每天上下班见到同事们，不论是教授、秘书，还是清扫楼道的工人，他都驻足亲切地打招呼。怪不得天天接送我们的出租车司机总说阿拉德是个好人。

30年前阿拉德在巴依兰大学数学系做教授的时候，倡导和组织了数学英才项目（The Program for Mathematical Talented Youth），没有政府的资助，完全靠民间的力量，从零开始逐年做大、做强，得到公众和政府的认可，在以色列的数学英才教育中起到了排头兵的作用。和他一起创业的平丘克教授是一位谦和稳重的长者，他出生于美国，在那里拿到博士学位，从事分析方向的研究，讲一口流利标准的美国英语。他们两个头顶上都戴着犹太教的小圆帽，我奇怪这么小的帽子怎么能戴着不掉下来呢，阿拉德低下头来让我看，原来是用发夹固定在头顶上的。

去年年初，国际数学教育委员会的执委会在北京召开，我向ICMI副主席米娜表达了我们中国的老师和教授希望深入了解以色列英才教育的愿望，她为我们介绍了这个项目的负责人阿拉德教授。实际上2010年初在新西兰的执委会上，米娜已经给我详细地介绍过这个项目[1]。

走进学院的小会议室，长桌上已经摆好一盘盘的水果和糕点，每人的座位前都有一份英文文件夹，里面装着我们的行程，数学英才项目的起源、组织形式、各种数据，每个年级的课程设置，入学考试题目，以及一份教案。真是计划周密，准备充足。

我们在长桌的一边坐下，阿拉德教授、平丘克教授和项目组3位年轻的管理人员坐在对面。其中那位英俊的小伙子名叫吉尔（Gil），也戴着犹太小圆帽，英语专业毕业，我们在出发之前已经和他通过多次邮件和电话，这份完备的资料应该是他译成英文的。

在以色列内坦亚学院座谈

第一次会议介绍了英才项目的全貌。以色列的孩子和我们中国一样，6～12岁上小学(1～6年级)，12～15岁上初中(7～9年级)，15～18岁上高中(10～12年级)，18～21岁服役，见下表的第二、三、四行表示英才项目的三个相应部分的年级及年龄。

<table>
<tr><td></td><td colspan="6">小学</td><td colspan="3">初中</td><td colspan="3">高中</td><td colspan="3">服役</td><td></td></tr>
<tr><td>年级</td><td>1</td><td>2</td><td>3</td><td>4</td><td>5</td><td>6</td><td>7</td><td>8</td><td>9</td><td>10</td><td>11</td><td>12</td><td></td><td></td><td></td><td></td></tr>
<tr><td>年龄</td><td>6</td><td>7</td><td>8</td><td>9</td><td>10</td><td>11</td><td>12</td><td>13</td><td>14</td><td>15</td><td>16</td><td>17</td><td>18</td><td>19</td><td>20</td><td>21</td></tr>
<tr><td></td><td></td><td></td><td></td><td></td><td></td><td colspan="2">初中项目</td><td colspan="3">高中项目</td><td colspan="3">大学项目</td><td colspan="3">服役</td></tr>
</table>

目前英才项目已经在21个城市设点，在2012年，初中项目(Middle School Program)开办了118个班级，有2663名学生；高中项目(High School Program)开办了72个班级，有1459名学生；初高中每班21～25人，在各个城市所设的班内学习。大学班(Academic)260名(几年前只有90名)学生，在特拉维夫、海法、巴依兰三所大学学习。学生通过严格的考试入学，并且逐年通过考试层层淘汰，只有非常有天赋同时非常努力的学生才有可能走完这段艰苦的历程。

正规学校的学生在12年级参加国家的统一会考，大约75%可以通过，得到中学毕业证书，英才项目的学生在10年级参加数学会考，通过率为98%，其中74%

男生,26%女生。正规学校的学生高中毕业都要到部队服役,而英才项目的学生可以推迟一年,19 岁参军。在部队里他们会被委派在技术性最强的军事部门工作,并继续在上述 3 所大学学习研究生课程(不一定是数学),得到硕士学位,服役 3 年至 21 岁。然后再次选择自己未来的研究方向,可以在以色列,也可以在世界上任何一个国家攻读博士学位。这种服役方式,应该是以色列政府对英才项目从国家层面的肯定。

英才项目的教师选拔也很严格,大部分是数学功底非常强并且经验丰富的中学老师,必须有学士学位,有的还有硕士、博士学位。项目公开招聘教师,经过筛选简历、面试、试讲、第二次面试四道程序,入选的老师必须经过项目培训才能上岗。他们的工资大约相当于一般学校教师的三倍。

最近八年以来,以色列政府开始在正规学校实施英才教育,大约从每 150 人中选拔 35 人左右组成一个班级,加深各个学科的课程。

第二次会议是由初中项目(enrichment)和高中项目(Bagrut,以色列的一种考试)的负责人(director)分别介绍他们的工作。经过 30 多年的实践和摸索,英才项目逐步形成了自己独特的课程体系和课程标准。

初中项目学生的年龄为 11~12 岁,在正常学校的六年级和初中一年级读书。这些孩子们在校学习之外每周上一次英才项目的课程,设在下午 4 点至 7 点半进行,一共上两节课,每节课 90 分钟,中间休息 15 分钟。一年的学费是 500 美元。

六年级(11 岁)的课程标准共有八个内容。

数论:回文(对称排列的)数;数的关系;中国七巧板;模计算;数的性质;素数;码和加密;条码的数学。

拓扑:莫比乌斯带。

组合与概率。

数学游戏:数独(Sudoko,一种日本游戏);魔方;数学拼图(Mathematical puzzles);年轻的魔术师;数列;图形序列;基于圆的拼图。

几何证明:折纸;计算面积和不同图形的周长;圆饼;方块。

数理逻辑:逻辑拼图(Logical puzzle);现实拼图(Truth puzzle)

对策论:策梅洛定理。

图论:用图形解决问题。

七年级(12 岁)的课标如下。

数论:有特殊性质的数;破解拼图——单变元方程;定义新的数学运算;两种数系;裴波那契数列。

图论:柯尼斯堡七桥问题;地图的着色问题。

概率:帕斯卡三角及其在概率问题中的应用。

数学游戏:年轻的魔术家;拼图;汉诺塔问题;数学填字拼图;火柴杆拼图;数学史;物理——刚体运动,力和动量;拼图与犹太假日的关系。

几何证明:毕达哥拉斯定理及其应用;几何证明;全等——通过游戏实验。

数理逻辑:解决逻辑问题的方法;真实问题;逻辑法则;悖论;数学解题策略。

对策论:策梅洛定理。

数学——科学的王后:DNA 的对称排列。

看得出来,这份课程设置很费一番心思。孩子们只有十一二岁,正是天真烂漫,打闹玩耍的年龄,如何让这些有天赋的孩子不但喜欢数学,还能自觉自愿地学习数学,确实是一项艰巨的挑战。

英才班的课程年年更新,一方面需要仔细观察学生喜欢什么,另一方面需要跟上全世界飞速发展的科学技术的脚步,不断汲取新鲜的知识。为我们准备的文件夹里有一份教案:超市的秘密(The Supermarket Mystery),像讲故事一样娓娓道来,介绍了条形码 UPC 的板式,识别图书的 ISBN 编码,以及写成矩阵形式的条形码。

文件夹里还有一份小学六年级学生进入英才项目的入学试题,共 75 分钟,37 道题目,内容有绝对值计算,分数化小数,一元多项式和分式计算,将数值带入多项式中的字母,给出一个图形判断线段的平行、垂直、角的相等;给出一个圆内接等腰直角三角形,问斜边是否等于两直角边之和(没有平方),底角是否 45 度,大多为选择题。

为了提高学生的兴趣,老师们想出了种种高招,比如把好朋友分在一个班,学期结束时请家长来看学生的成果展示,有些题目家长可能做不出来,孩子们就很高兴。

高中项目学生的年龄为 13～15 岁,在正常学校的初中二三年级及高中一年级读书。第一年与初中项目一样,在校学习之外每周上一次英才项目的课程,共上两节课,每节 90 分钟,第二年用英才项目的数学课代替学校的数学课,但仍然参加学校的数学考试,第三年连学校的考试也不参加了,但其他课程仍然照常在学校随班听讲。高中英才项目每周的课外作业为5～7小时，老师提供电话咨询服务，一年的学费是750美元。

第一年(学生13岁，八年级)的课程标准共有三个方向。

代数：幂和根的性质；解方程(一元一次和二元一次，一元二次和二元二次，无理方程)；不等式(一次，二次，无理)；指数和对数方程；指数和对数不等式；方程理论。(代数是数学英才项目众多内容的基础，以便使学生在训练和练习中养成有计划的工作习惯，以及学会对数学问题清晰的表达。)

几何：全等和相似的理论；等腰和等边三角形；四边形(矩形、菱形、平行四边形、正方形、梯形)；圆和多边形的性质。(平面几何为解析几何和三角函数提供了基础，在这一阶段，学生学习数学证明。)

解析几何：两点间的距离；直线方程；垂线和平行线；点到直线的距离；将一条线段截成给定比例的线段；圆和切线。

第二年(学生14岁，九年级)的课程标准进入了高等数学。

函数：函数及其定义域的定义；求函数的定义域和值域；正值、负值函数；确定函数的增减区间；通过图形分析找到函数的极大、极小点；偶函数和奇函数；函数极限的定义。(第一、第二年侧重于初等函数。)

微分：作为极限的导数的定义；微分；曲线的切线及其在考察函数性质中的应用；用微分解决极大和极小问题。(包括曲线的轨迹和函数性质的进一步探讨。)

级数：有限和；无穷算术和几何收敛级数；一般级数及其极限。(在低年级讲述级数的目的是了解级数构造的法则，我们强调算术级数，因为它能够帮助学生理解各种级数的求和运算。)

数学归纳法：引言和例子；等式和不等式的练习。(放在级数之后讲授归纳法，因为它对级数求和非常有用。)

三角函数：正三角形的计算；三角恒等式和方程；正弦和余弦定理；用三角函数解决极大和极小问题。(第一年已讲过平面几何。有时将平面几何与三角函数在同一道题目中联系起来。有时同一问题也在解析几何中平行地讲过，以强调它们之间的联系。)

解析几何：复习第一年的内容。

第三年(学生15岁，十年级)的课标完成了大学工科一年级的数学课程。

向量:学生已经在第二年学过三角和解析几何,因而让他们这个阶段学习向量是能够接受的。

积分:计算面积和体积的可能性;强调导数与积分的关系。

复数:学生已经有向量和解析几何的准备。

字的问题:起源、工作和混合问题,将问题次序化有利于理解,训练学生制表以便综合信息,并产生必要的方程。

空间三角函数:跟在几何与平面向量课程之后,学生对于三维空间的理解和运算会有困难,强调在一个领域中解决问题可以利用另一个领域已有的方法和工具。

概率论中的增长问题:将内容放在这里,尽管也可以在级数后面来讲。

项目负责人介绍说,在正规学校,数学课分成专题一个一个地讲,学生不太容易把这些专题联系起来。英才项目经过多年的摸索,将数学内容整合,比如平面几何与解析几何连续来讲,相互之间联系紧密,使学生能够看到数学的全貌。

会议结束之后,我们在内坦亚学院旁听了设在那里的项目点第一年的最后一节课。任课的女老师稳重、干练,长发过肩,黑色长裙曳地,很像我们中国一些经验丰富的中学女教师的做派。这节课讲对数函数,内容真是不少,老师语速很快,估计不快根本就讲不完。13 岁的孩子仍然显小,稚气未脱,女孩很少,男孩大多带着小圆帽,一个个透着机灵劲儿。老师在黑板上写下对数的定义,两个同底对数的和与差,以及对数的整倍数的公式,然后请学生到黑板上演算家庭作业的习题。孩子们太踊跃了,每个人都争着举手发言,争着上黑板演算。大约做了 7 道题目,包括解对数方程,对数不等式,比如:$\log_2\left(4^{x-1}+\frac{1}{2}\right)=x-4+\log_2 33$;$\lg\sqrt[3]{x+1}=\lg 2-\frac{1}{3}\lg(x+3)$;$\log_3 x\log_3\frac{x}{9}=8$。

我们还在巴依兰大学听了项目第二年的一节复习课,任课教师是一位经验丰富的男老师,内容包括极限、三角函数、级数,语速和板书极快。14 岁的孩子显得成熟一些,仍然十分活跃,争着上黑板解题。题目有:计算 $\lim\limits_{x\to-\infty}\frac{5x^2-\sin(3x)}{x^2+10}$;解方程 $\tan(4x)=\frac{\cos x-\sin x}{\cos x+\sin x}$;计算 $A(n)=1\cdot 2+2\cdot 2^2+3\cdot 2^3+\cdots+(2n+1)2^{2n+1}$;

已知三角形 ABC 在平面直角坐标系中，顶点 $A(0, 0)$，$B(x, 2x)$，顶点 C 位于直线 $y=x$ 上，求三角形重心的坐标。其中第二题相当复杂，第三题要用到导数，第四题用到行列式。

非常遗憾项目第三年的课程已经结束，我们没有听成。

英才班的孩子们在各自的学校里都是次次考试得 100 分的优秀学生，到了这里可能会降到 70 分左右。他们一进来就面临着高强度的课程，每节课连续 90 分钟不休息，对学生无疑是一种严峻的挑战。家长有时也不理解，问为什么水平提得这么高。

特别需要精心处理的是，英才项目的淘汰率很高，每 3 个月有一次测验，每升一级都要经过严格的考试。因而在高中项目第一、第二学年的考试之后会有一些学生离开。也有些学生成绩较差，老师动员他们离开。尽管孩子走了，少赚了一些美金，项目的老师和主管并不在意。他们说："我们的目的是追求卓越，不是金钱。"

为了让这些孩子回到学校后能够正常地学习，英才初中项目和高中项目的第一年孩子们仍然在学校跟班上数学课。另一方面，英才项目不断地与孩子的家长和学校取得联系，请他们保护孩子的自尊心，年幼的孩子绝不能受到伤害。为了这个目的，一些离开的学生甚至可以继续在英才班听课。事实上，孩子们尽管离开了，在英才项目中经受过的严格训练对他们的数学学习仍然有益。

面对这些超常聪明的学生，英才项目的老师也经受着挑战。孩子们喜欢发现问题，提出问题，这就要求老师有坚实的知识背景，以及对课程的深刻理解和精心准备。孩子们来自不同的家庭，富有的、贫穷的，家长知识水平高的、没有太多知识的，宗教信仰为犹太教的、基督教或伊斯兰教的，老师要了解所有的情况，不断地与家长沟通，要有很强的敬业精神。

我们与英才项目组的最后一次会议在巴依兰大学的数学系进行。完成了三年的高中项目，学生们将再一次通过严格的考试，进入大学数学系学习。孩子们进入大学的前两年仍然是中学生，在各自原来的学校学习数学以外的其他课程，每周到大学来两次，第三年就完全在大学了。他们是数学系里最优秀的学生。十九岁完成大学学业，他们去部队服役并同时开始硕士阶段的学习。当然他们并不是全部选择数学，选择物理、化学或生物学的都有。英才项目的数学训练，为他们未来在各个领域的科学研究打下了扎实的基础。会议过程中，老师打电话请来了

巴依兰大学校园

一位从英才班毕业、拿过以色列数学竞赛的金牌、正在巴依兰大学数学系攻读群论方向硕士学位的学生。他高高的个子，长得挺帅，英气逼人，脸上的稚气尚未脱尽，没有穿军装。他和我们聊了一会儿，说他的理想是做一名计算机专家，因此博士阶段将要去读计算机专业。

我们在巴依兰大学参观了纳米实验室、声学实验室、新建的工程系大楼和犹太教教堂。以色列是一个宗教氛围很浓烈的国家，耶路撒冷是世界三大宗教——基督教、伊斯兰教和天主教的发源地。在耶路撒冷老城的山坡上，三大宗教的教堂竟然彼此相邻地矗立着。当然犹太教堂被罗马入侵者摧毁了，现在只剩下一面哭墙，每天都有成千上万的犹太人来到哭墙祈祷。在耶路撒冷的街道上，随处可见头戴黑色宽沿礼帽，身穿黑色长袍的犹太教徒；也可以看到头上围着层层纱巾，只露出眼睛的阿拉伯妇女。

巴依兰大学的校长接见了我们，阿拉德教授和米娜都在。校长也戴着小圆帽，很友好地询问了中国大学的一些情况，告诉我们以色列和中国在高等教育方面有很多合作。我们知道米娜带过中国的博士后，我国代数几何的学术带头人之一、华东师大谈胜利教授当年就在巴依兰大学作为博士后与米娜合作研究，取得了出色的成绩。谈胜利的学生叶飞现在正在这里做博士后，米娜说他的论文也很出色，准备去香港工作了。校长嘱咐米娜，数学系可以和我们签订一份合作协议，请中国的学校派更多的博士后来以色列，也可以建立两国博士生的互派项目，扩大以色列和中国的学术交流。

从左至右：数学系的两位老师，平丘克，米娜，阿拉德，巴依兰大学校长，张英伯，王昆扬，金宝铮，姚玉平

以色列的英才项目在一定程度上类似于科大的少年班，但是避免了少年班的孩子智力超常，心理年龄过小，无法与正常大学生沟通的弊病。

目前中国的不少中学老师和一些大学数学系的教授希望建立我们自己的英才教育数学课程。如果统一高考在中国一时半会儿还不能改变，以色列英才项目的模式不失为一个良好的选择。

致谢

感谢陈贵云教授提供的信息。文中照片由金宝铮、姚玉平拍摄。

参考文献

[1] 张英伯. 以色列的英才教育项目[M]//丘成桐，杨乐，季理真主编；张英伯副主编. 数学与人文第五辑数学与教育. 北京：高等教育出版社，2011：123－126.

4-7 中国大学先修课程初探*

一、CAP课程概况

中国大学先修课程(Chinese Advanced Placement,简称 CAP),是参考美国大学先修课程(Advanced Placement,简称 AP)创建的。其目的是让学有余力的高中生尽早接触大学课程内容,接受大学思维方式、学习方法的训练,让他们真正享受到符合各自能力和兴趣的教育,提高学习和思辨的水平。2014 年 3 月,由中国教育学会和高等教育出版社共同发起,组织实施了"中国大学先修课程(CAP)试点项目"。

目前 CAP 课程的已有科目为微积分、解析几何与线性代数、概率与统计、力学、通用学术英语、中文、微观经济学。在建科目有电磁学、英语语言学、宏观经济学,以及计算机类、生物学类、化学类的一些课程。

CAP 课程首批参加的中学共 64 所,截止到 2016 年 6 月已经扩大到 103 所,遍布 22 个省和自治区、4 个直辖市。目前加盟的学校多为大中城市内师资力量比较强大的优质高中。为了教育的公平性,为了使普通高中,特别是农村中学的学生也能受惠,2016 年 6 月 24 日,CAP 试点项目联合国内众多高水平大学,在"爱课程"网"中国大学 MOOC"独家推出 CAPMOOC,供有兴趣的高中生和教师选择、学习。选修者可以通过"爱课程"网报名,参加 CAP 课程考试。

2015 年 9 月 25 日,CAP 课程数学专家委员会和物理学专家委员会在北京成立。其他各个方向的专家委员会正在筹建之中。

数学专家委员会由东北师范大学史宁中教授和南开大学侯自新教授负责。

---

* 原载:《数学文化》,2016 年第 3 期,29-37。

在成立会议上，侯自新教授讲解了“中国大学先修课程(CAP)专家委员会工作思路”[①]。CAP 数学课程的工作分为三个阶段。第一为试验阶段：2015 年完成教学大纲；2016 年通过讲义进行教学，课程逐步上网；2017 年教材成型；2018 年教学形态相对成熟。第二为认定推广阶段：2020 年，在全国逐步推广，争取大多数有条件的地方和学校开设 CAP 课程；争取有条件的优质高校作为招生录取的参考或学分认定；争取得到大多数省级教育管理部门的支持。第三是国际化阶段：得到一些国外院校和国际组织的认可。

数学课程的工作正在按照计划顺利进行，《微积分》《解析几何与线性代数》《概率统计》的教学大纲已经完成，并已根据大纲上网授课，三门课程的课本也初具雏形。

侯自新教授强调，大纲只是最低纲领，上不封顶，不能搞成天花板；一定要做到一纲多本，希望经验丰富的大学教授能够参与 CAP 课程，编写课本，使得中学老师有充分的选择余地。

特别值得指出的是，中国数学会基础教育委员会已经与 CAP 项目取得联系，在委员会主任扶磊教授的倡议下对 CAP 课程展开了热烈的讨论，并加入到专家委员会的工作中。

CAP 数学课程分别于 2015 年 4 月和 11 月、2016 年 4 月进行了三次考试。考试由专家命题，并组织判卷、审核，三个月后公布成绩。

二、 CAP 课程的背景

谈到这里，人们首先要问的是，这样的课程有可能实施和推广吗？这确实是一个极为现实的问题。2016 年，除京、津、沪、苏、浙五省市自主命题外，其他 26 个省市高考由教育部统一命题，全国根据高考分数统一招生。家长们都希望自己的孩子考上名校，各个省市中学的排名也以高考成绩和进入名校的人数为标准。但全国名校的数量有限，这就形成了千军万马过独木桥的态势。

---

① 中国大学先修课程(CAP)课程专家委员会工作思路(在专家委员会成立会议上的讲话)，侯自新，2015 年 9 月。

众所周知，一个国家的考试制度是由政府决定的，它取决于该国的教育体制。因而我们先来回顾一下我国教育体制的历史，特别要介绍一下目前政府教育政策的变化。

春秋战国时代言论开放，诸子百家著书立说，传授弟子，形成流派。自秦以降，中国开始了两千年大一统的帝王专制，并从汉朝开始独尊儒术。皇帝需要人才辅佐，治理江山。他们深感古代延续下来的贵族世袭体制弊病甚重，于是转变为由各个州、郡推荐人才。隋朝时推出科举制度，唐朝逐渐完善，宋代达到鼎盛，使得中下层社会的一些读书人获得施展才智的机会，实现了“朝为田舍郎，暮登天子堂”的梦想。科举制度即便在蒙、满统治的元、清仍然沿袭发展，方兴未艾。

清朝末年西学东渐，逐步建起了教会和民办的大中小学。洋务运动遭到朝野保守力量的强烈反对。在1898年中国的第一所国立大学京师大学堂(北京大学和北京师范大学的前身)成立时，甚至有一位考生受到赴京参加科举考试的学子讥讽嘲弄而上吊自杀。1905年9月2日，袁世凯、张之洞奏请立停科举，以便推广学堂，咸趋实学。清廷诏准自1906年开始，所有乡会试一律停止。延续了一千三百年的科举制度随着洋务运动和西学东渐，完成了它选拔人才的历史使命。

民国初年，西式学校如雨后春笋般在中华大地涌现。尽管国民政府设立了教育部，但无权对学校进行干涉。学校实行自主办学、自主招生，大多信奉科学和民主。在短短三十余年间，其中包括艰苦卓绝的抗日战争阶段，民国时代的学校走出了大量的政治家、法学家、文学家、实业家、工程技术人才甚至享誉世界的科学家。直到今天，人们仍然对那个时代短暂的教育辉煌念念不忘。

1949年，中华人民共和国成立。在各个大学完成了院系调整后的1953年，开始实行全国统一高考。“高考”的全称是“全国高等院校招生录取考试”。在每年的同一时间，全国所有希望上大学的高中毕业生都要参加这一考试，成绩合格之后被各类不同层次的大学录取，达不到标准的学生则被淘汰。每一所大学都要事先编制按省划分的招生计划——每一个省的招生计划往往不同——并报教育部批准。录取严格按照高考成绩进行排序，直至名额录满。这一制度在“文革”开始时的1966年中断，“文革”结束后的1977年恢复，为国家各个领域的建设培养了亟需的人才。

国际上通常认为，高等教育毛入学率在15%以下时属于精英教育阶段，

15%～50%为高等教育大众化阶段，50%以上为高等教育普及化阶段。高等教育毛入学率是指高等教育在学人数与适龄人口之比，后者指18岁～22岁年龄段的人口总和。

我国在1999年开始大学扩招，高等教育毛入学率飞速上升。2002年达到15%，进入大众教育阶段；2015年达到40%，高于国际一般水平；根据教育部的国家级报告预计，在2019年将超过50%，进入高等教育普及化阶段。

年度	1978	1988	1998	2002	2007	2012	2014	2015
毛入学率	1.55%	3.7%	9.76%	15%	23%	30%	37.5%	40%

自20世纪六七十年代之交，世界进入信息时代，并在新世纪有了突飞猛进的发展，与此相适应的世界政治格局也在悄然改变。正如清末民初需要追赶西方工业时代的脚步，我们也需要在信息时代尽快地融入主流世界。而教育体制改革，正是其中重要的一环。

2010年7月29日，教育部公布了《国家中长期教育改革和发展规划纲要(2010—2020年)》，提出了人才培养体制改革、考试招生体制改革、办学体制改革等六个方面的改革和发展目标。对人才培养模式明确指出：要注重学思结合，注重知行统一，注重因材施教。

2013年11月召开的十八届三中全会提出“深化教育领域综合改革”，总体要求“推进考试招生制度改革，探索招生和考试相对分离、学生考试多次选择、学校依法自主招生、专业机构组织实施、政府宏观管理、社会参与监督的运行机制，从根本上解决一考定终身的弊端”。

根据党的十八大提出的要求，国务院于2014年发布了《国务院关于深化考试招生制度改革的实施意见》，明确要求启动高考综合改革试点。

(1) 改革考试科目设置。考生总成绩由统一高考的语文、数学、外语3个科目成绩和高中学业水平考试3个科目成绩组成。不分文理科。

(2) 改革招生录取机制。探索基于统一高考和高中学业水平考试成绩、参考综合素质评价的多元录取机制。完善和规范自主招生。自主招生主要选拔具有学科特长和创新潜质的优秀学生。

(3) 开展改革试点。2014 年上海市和浙江省分别出台高考改革试点实施方案。从 2014 年秋季新入学的高中一年级学生开始实施。试点要为全国其他省(区、市)高考改革提供依据。

考试招生体制改革将使学有余力的中学生能够把更多的精力用于发展个人兴趣和特长。这就为开设大学先修课程提供了必要条件。

改革的具体措施如下。第一,语数外仍为必考科目,但数学考试不再区分文理科,外语考试可以社会化,一年多考。第二,现有的高中学业水平考试分散在各个年级进行。学生可以在政治、历史、地理、物理、化学、生物六门课程中任意选择三门参加考试,计入高考成绩。第三,试点普通高中综合素质评价,至 2020 年以后影响高校录取。

在新的政策下,高三学生的备考时间可以缩短,而数学试卷的区分度将会下降,特别是理科学生,很难将分数拉开。在这种情况下,CAP 课程就可以在自主招生的环节中发挥作用,为大学招生提供有效的参考。

最为重要的是,CAP 课程由学生自主选择考试科目,他们可以根据各自不同的兴趣和特长,去学习和钻研自己爱好的课程,充分发挥个人优势。逐步打破基础教育大一统的格局,实现因材施教。

三、 美国 AP 课程的起源和发展

美国是在 50 年代初实现大众教育的,比我们早半个世纪。与此同时,美国的中小学开始进行英才教育的探索,国会也通过了一系列有关英才教育的法案。

美国的 AP 课程于 1951 年由福特基金会启动。1955 年被美国大学理事会接管,次年首次举办 AP 考试,当时的考试课程只有 11 门。1958 年,美国大学理事会投入大量人力、财力进行师资培训。20 世纪六七十年代,理事会致力于将这一课程推广到低收入家庭,在公共电视台播放 AP 课程的教学片。随后的二三十年间,AP 课程不断得到补充,直到形成现在的 34 门考试科目。

按照美国大学理事会的年度报告,美国历年公立高中的毕业生约为 200 万。我们根据目前能够找到的资料,在下表中列出了六个年度的美国公立高中毕业生参加 AP 考试的人数、人次、参考人数与毕业生人数的百分比(大约),以及超过 3

分的人数。AP 试卷的成绩为 5 分制，达到 3 分即可被一般大学录取并记入大学学分。

年份	参考人数	参考人次	百分比(大约)	超过 3 分的人数
1995	493 263	767 881	25%	
1999	突破 100 万		50%	
2003	1 017 396	1 737 231	50%	
2012	954 070		50%	573 472
2013	1 003 430		50%	607 505

特别地，2015 年美国高中毕业生总数（包括公立和私立）为 3 261 756 人，其中有 1 924 436 人参加了 AP 考试，比例高达 59%。

美国的职业技术教育大都放在大学当中两年制的技术学院和社区学院，前者偏重于技术，后者的学生亦可转入普通大学。高中的职业技术学校非常之少，在全国高中占比很低，并且他们的毕业生仍有一半继续升学，只有一半参加工作。

而欧洲国家则从学生的少年时代开始就实行了分流培养。比如德国孩子在四年制小学毕业时，便有三类不同的中学可供选择：基础职业中学、实用专科中学，以及文理高中。第一类读到 9 年级，可以到企业接受就业培训或进入职业学校，第二类读到 10 年级，进入高等技术学校，第三类读到 12～13 年级，进入大学深造。中学的选择并非一次性的，学生可以在家长和老师的指导下，根据自己的成绩和爱好在三个不同的层次之间流动。法国学生在初中毕业时有 40%以上进入职业教育，瑞士的这一数字则高达 70%。百年职业技术教育的传统使得他们拥有精良的制造业和优质的服务业。“德国制造”享誉全球绝非浪得虚名。

第一次分流之后，第二次高中毕业到大学的分流就比较容易了。比如德国的文理高中开设大量相当于大学水平的选课，学有余力者甚至可以在老师的帮助下，直接到附近的大学修课，记入大学成绩。法国高中生在高一学习统一课程。到高二根据老师的建议开始分流到一般方向和技术方向，前者包括文学、经济和社会科学、科学三个系列；后者包括第三期科学与技术、工业科学与技术、实验室科学与技术、医药和社会科学四个系列。不同的系列有不同的课程大纲。

法国大学教育最著名的分流如下。他们的高三毕业生可以通过严格的考试进入预科,或不经考试进入大学。预科学制两年,设在优秀的中学,课程为大学一至三年级的水平。预科毕业生可以报考拿破仑时代创立的“大学校”。“大学校”目前共有83所,每年招收大约十一万学生。巴黎高等师范学校只有约900名学生,却拥有10位菲尔兹奖得主。落榜的预科毕业生则可以直接进入除“大学校”以外的任何一所学校的三四年级读书。

考虑到职业上的自然分流,在根据美国大学理事会年度报告制定的上述表格中,参加AP考试的人数与毕业生总人数的百分比,达到了准备进入四年制大学的高中毕业生的最高限度。可以这样说:参加AP课程考试已经成为这部分学生的普遍选择,大学一年级的课程下放中学也已经成为大中学校的常态。

事实上,根据2011年的统计,美国有85 530所传统公立高中(traditional public school),4 480所实验公立高中(public charter),以及26 230所私立高中(private school)。AP课程已经在美国15 000多所有资质的公立高中普遍开设,占全部公立高中的1/6。

目前美国的AP课程在全球的80多个国家设立。经过几十年的积累,在多种多样的课本中,自然而然地出现了几种选用最多的教材。

AP课程能够在美国,进而在全球普及的原因,首先归功于世界进入信息时代以后,科学技术的迅猛发展。社会需要越来越多的人掌握高新技术,不光是进行科学研究,而且是应用于各行各业。这就好比在公元10世纪左右,欧几里得几何还是一门极其高深的学问,只有极少数聪明人能够掌握。到了19世纪的工业时代,初中二年级学生都可以学习平面几何,20世纪初便在全世界普及了。那么到了现在的信息时代,牛顿和莱布尼茨(Leibniz)在三百多年前工业时代初期创立的微积分,高中生就能够理解了。

其次,美国的大学录取学生要参考AP课程的成绩。目前已有世界上40多个国家的近3 600所大学承认AP学分为其入学参考标准,并且可以计入大学学分。其中包括哈佛、耶鲁、牛津、剑桥、帝国理工等世界名牌大学。虽然学生的AP成绩达到3分和3分以上即可被多数大学接受,并折抵半年或一年的大学学分;但少数顶尖大学需要4分、5分才能接受,并折抵学分。

第三,选择AP课程也有对经济因素的考量。在美国,获取名校的1个学分大约需要 1 000 美元，而参加一门 AP 课程的考试只需要 92 美元。以每门课程 3 学分计，就可以节省近 3 000 美元。并且修满学分之后，还可以提前毕业。美国的社会结构呈橄榄形，中产阶级占大多数。但是即便对他们而言，供孩子上名校也是一笔不小的开支。如果有两三个孩子相隔不久进名校读书，经济压力就会很大。

美国的大学招生由各校自主进行。主要参考下述几项指标：学业评价测验(SAT 或 ACT，相当于中国的高考)成绩；AP 成绩；在校期间的平时成绩；教师推荐；参加公益活动；做义工等。仅就对学习能力的考察而言，AP 成绩明显变得越来越重要。

事实上，美国有很多教学质量非常高的私立学校和一些公立理科高中。这些学校并不使用通行的 AP 课本，而是直接用大学本科教材和自编讲义。他们除了大学一年级的基础课外，一般开设的选课达到大学二年级甚至三年级的水平。比如美国著名的公立杰佛逊科技高中，数学方面的选修课包括高等几何及离散数学、线性代数、近世代数、高等微积分、多元微积分、微分方程、复变函数、数值分析、理论概率(Theoretical Probability)等。

美国常春藤大学在招生中最看重的是这部分高中的本校考试成绩，普遍的诚信保证了成绩绝不会造假。这些高质量的中学才是美国 5%的英才教育的真正基础。

四、 我国部分中学对 CAP 课程的探索

CAP 专家委员会曾在 2015 年末和 2016 年初对北京、东北、西北地区分别进行过三次调研。后两个地区老师们的普遍反映：对于 CAP 课程与大学招生的关系不清楚，如果不能挂钩，便难以让学生学下去；教师认为教 CAP 课程费力不讨好，精力不足，课时不够，压力太大；现在的学生计算能力强，推理能力差，希望能够有配套习题、模拟试卷，并列出知识点。

在目前的招生体制下，老师们的顾虑都是有道理的，CAP 课程的推行确实面临着巨大的困难。

在我国的大城市，特别是南方的发达城市，很多顶尖中学对 CAP 课程已经开展了二十余年的探索。20 世纪 90 年代中期，为了解决在华投资的企业家以及外

国专家子弟的入学问题，上海中学、人大附中等若干所学校受教育部委托建立了国际部。

到了21世纪初，随着出国潮的到来，国际部开始招收中国学生，各个学校的国际部（或国际班）扩展迅猛。他们按照美国的AP课程，或者英国的A-level课程授课，学生直接报考国外大学。

仅就北京而言，北京四中的国际班分数线最高；人大附中国际部分别用A-level和AP授课；北京师范大学附属实验中学国际班在2014年有90位学生被美国排在前25名的大学录取，占国际班学生人数的50%。

国际部（班）的学费每年大约十万元，显然，这些顶尖中学的国际部（班），一般工薪阶层的子弟是读不起的，遑论农民或农民工的子女了。那么，怎样才能使我们的教育与国际接轨，让普通家庭的子女也受到较好的教育呢？北京、上海、广州、浙江、江苏等地的许多中学对此进行了艰难的探索。

比如华东师范大学第二附属中学、复旦大学附属中学、北京师范大学第二附属中学等校在十几年前就开始实行分层教学，编写校本教材，针对学生的不同情况因材施教。而得天独厚的北京大学附属中学则以管理模式的自由化，走班教学，研究报告式的作业著称；清华大学附属中学不但在本校推行大学先修课程，并且在全国奔走呼吁。

我们在这里谈谈北京市十一学校的具体做法，也许会对其他的中学有所借鉴。

作为北京市唯一一所综合教育改革实验学校，十一学校的体制改革近年来受到了各方的关注及认可，是一所非常有特色的中学。全校采取走班选课制度，构建了一套分层、分类、综合的课程体系，包括315门学科课程、34门综合实践课程及120个职业考察课程。通过选课，每个学生形成了自己的课表，到不同的学科教室上课。

十一学校共有数学教师80余名，每年级有20多个数学班，每班学生人数不超过24名，每位老师教两个班。20多个班级统一分成五个层次进行教学，称为数学1至5。其中数学5是水平最高的层次，共有教师11名，包括10位博士和1位硕士。他们取得最高学历的单位分别是：中国科学院（3名）；北京大学（3名）；清华大学（2名）；南开大学（1名）；北京师范大学（2名）。这个团队编写了从初一到高三的全部校本教材，补充了课标中不做要求的平面几何的证明、三角函数和复数的内容。甚至还编写了自己的CAP微积分教材。有些已经出版。

十一学校数学5共11位老师，前排：李艳、龚泽、曹磊、王继、潘国双；后排：屈楠、贾祥雪、张伟、张浩、唐浩哲、李启超

CAP课程利用傍晚授课，除了自己的老师以外，他们不断地邀请大学教授为学生开设更高一级的课程。北京师范大学王昆扬、郇中丹和王恺顺教授分别在那里讲过一年的数学分析、公理化平面几何和高等代数；北京大学的刘和平教授讲过一年的微积分。除平面几何外，使用的都是大学教材。他们还邀请国外一些知名大学的教授不定期地为学生举办讲座。

十一学校数学5的学生在CAP考试以及北大、清华的自主招生考试中都有不俗的成绩。在进入北大清华后的学习中亦表现良好。

十一学校的李希贵校长是一位眼光超前的改革家。负责数学5团队的潘国双老师，从北京师范大学数学系博士毕业后，曾在一所工科大学教过6年基础课。他在2009年被引进十一学校后，向校长提出可以试试微积分的教学，立即得到了学校的全力支持。随着后续力量的逐年引进，形成了一支强大的团队。

近年来，中学的师资力量与“文革”刚结束时青黄不接的状况相比，发生了巨大的变化。大量的大学生、硕士生、博士生，甚至一些海外留学生进入教师队伍，为我们的教育事业补充了新鲜血液。他们是我国试行CAP课程的基本力量。

我们在这里分析一下由CAP专家委员会命题的第一次微积分（第一次只考了微分，第二次加入积分，及格率较低）、第二次的解析几何与线性代数（第一次考试没有解析几何）、概率统计考试的成绩分布和优秀考生的所属学校。

微积分（2015年4月）

参考人数	862			卷面满分		100	
最高分	99	平均分	65.47	及格人数	574	及格率	66.59%

排名前10%的80名学生得分从99至87分，其中北京市十一学校26名；西北工业大学附属中学8名；辽宁省实验中学6名；华中师范大学第一附属中学（下称：华中师大一附中）、西安高新第一中学、上海交通大学附属中学（下称：上海交大附中）、泉州第五中学、石家庄第二中学各4名；北京市101中学3名；东北育才中学、山西大学附属中学、广西柳州高级中学、成都七中嘉祥外国语学校、西北师范大学附属中学、河北衡水中学各2名；华东师范大学第二附属中学（下称：华东师大二附中）、清华大学附属中学、江苏省天一中学、人民大学附属中学、北京市第四中学各1名。

获得99至95高分的学生所在校依次为北京市十一学校、华东师大二附中、东北育才学校、华中师大一附中、西安高新第一中学、辽宁省实验中学、西北工业大学附属中学、上海交大附中。

解析几何与高等代数（2015年11月）

参考人数	113			卷面满分		100	
最高分	99	平均分	58.86	及格人数	60	及格率	53.10%

排名前10%的15名学生得分从99至84分，其中辽宁省实验中学6名；北京市十一学校3名；西安市铁一中、清华附中各2名；华东师大二附中、江苏省天一中学各1名。

获得99至86分的学生所在校依次为华东师大二附中、江苏省天一中学、北京市十一学校、辽宁省实验中学、清华附中。

概率统计(2015年11月)

<table>
<tr><td>参考人数</td><td colspan="3">34</td><td colspan="2">卷面满分</td><td colspan="2">100</td></tr>
<tr><td>最高分</td><td>100</td><td>平均分</td><td>79.65</td><td>及格人数</td><td>27</td><td>及格率</td><td>79.41%</td></tr>
</table>

排名前10%的3名学生得分为100分,其中北京市十一学校2名;辽宁省实验中学1名。

另一方面,一些大学如北大、清华也举办了若干次针对中学老师讲授高等数学的培训,以及直接面向中学生的高等数学暑期班。

如同清末民初西学东渐,结束一千四百年的科举体制极其不易。我们知道,现在改变历经五十余年、人们早就习以为常的高考制度也决非易事。我们也相信,随着政治体制改革的逐步推进,国家的教育体制一定会越来越理性化,自主招生、自主办学的空间会越来越大。从而CAP课程也会越来越大众化,最终成为大学自主招生的参考条件之一。

致谢

本文按照南开大学侯自新先生的建议对第二节的国家政策部分进行了大幅度的修正。文中的全部CAP资料由中国教育学会李杨映雪提供。感谢在美国研究机构从事科学计算的蒋迅提供网址以及清华大学经管学院张磊对美方数据的搜索。

4-8 给中学生讲数学分析和高等代数

2019年9月5日，作者应华东师范大学数学科学学院亚洲数学教育中心主任范良火教授邀请，在数学教育研讨班上作了一个报告。报告翔实地讲述了北京师范大学王昆扬教授和张英伯教授在青岛中学为9年级、10年级学生讲授数学分析与高等代数的情况。本文即为报告的文字版。

很高兴应范良火教授的邀请，再次来到华东师大参加会议。范老师让我作个关于数学教育方面的报告，但是在座的都是这方面的专家，我讲就无异于班门弄斧了。

“文革”结束恢复研究生招生时，王昆扬和我考上了北京师范大学数学系研究生，留校后在那里教了半辈子书。过去，退休前还有能力搞科研，可以在阶梯教室为120多名学生上大课。现在上了年纪，科研搞不动了，大课也上不动了，就只剩下讲点小课了，因此只能谈谈教小课的点滴体会。

前几年因为介绍国外的大学先修课程，与北京市十一学校交往较多，北师大王昆扬和北大刘和平教授还分别在那里讲过一年的数学分析。现在他们学校开设了数学分析和高等代数，由自己学校的老师上课，就介绍我们到青岛中学去了。青岛中学可以算是他们同一个系统的学校吧。因为那里的校长名义上也是十一的校长——著名教育家李希贵老师，执行校长原来是十一学校副校长秦建云，他去海南创建新校，现在换成安徽省马鞍山二中原校长汪正贵。

2018年10月，我参加过华东师大主办的第三届华人数学教育大会，并应邀作了一个关于英才教育的报告，其中提到过青岛中学。

青岛中学是私立学校，当年活动能力极强的秦建云校长与青岛市委和市教育局沟通，由政府出地出资建起了一座非常漂亮的校园，教学楼是德国式建筑，外表类似于青岛火车站。由于离市区很远，学生全部住校；老师每人一间办公室兼教室。

学校按照美国 K－12 的办学模式，附设幼儿园、小学（五年）、初中（三年）、高中（四年）。学校提供的课程很多，除了高考必考的语文、数学、英语三门主科，理工科的物理、化学、生物，以及文科的地理、历史、政治之外，还有体育、音乐、日语、动漫、机器人、平面设计等。

学校实行选课、走班制，没有一般学校中固定的班级。主课分层教学，比如数学分为三个层次，由三位老师分别授课，每人负责 20 人左右。语文分成三个班级，经常可以看到学生抱着很厚的小说在读，都是老师布置的，读完后分组讨论。

每个老师都很敬业。每个学科都有经验丰富的优秀教师担任教研组长，教师则从清华、北大、北师大、华东师大等名校招聘，基本上都是博士、硕士。

总体来说，学生属于上中等水平，比不上青岛最好的中学青岛二中，当然由于地区差异，也比不上北京、上海等城市的优质高中，但总体素质还是相当不错的。

我们是 2017 年暑假到青岛的，当时学校刚刚招生，最高年级是九年级，学生年龄 15 岁。我们开始上课时，报名的学生很多，他们有点好奇，把大学先修课程称为“大仙课”，可能觉得这个课太特殊，应该有点儿仙气吧。

实事求是说，我们的课程算不上成功，比起一些优质高中，比如华师大二附中、江苏省天一中学要差不少。他们有些学生能够在国家 CAP 考试中取得几乎满分的成绩，而我们学生的分数在北京大学的考试中只能算作中等。

2017 学年开始，由王昆扬讲“数学分析”。由于对中学生不了解，他第一节课讲了伯恩施坦定理，还证了集合的基数小于该集合的幂集的基数，一下子就把学生打蒙了，15 岁的孩子不能理解啥叫基数。

王昆扬有股韧劲，不厌其烦地、反反复复地为孩子们列举例子、解释概念，孩子们也就模模糊糊地接受了。他在北师大所用课本理论性很强，不适合低龄的孩子，于是逐步删减理论，着重计算应用，慢慢地引导他们理解极限思想，理解 $\varepsilon-\delta$ 语言。

2018 学年开始，由我讲授“高等代数”，包括“空间解析几何”。我也没有中学教学的经验，第一堂课讲线性方程组，觉得学生已经学过二元和三元一次方程组了，应该没有问题，上来就在黑板上写了 n 个未知数、m 个方程的字母系数线性方程组，学生立刻懵了。

幸亏高中学部主任王东刚是一位数学老师，他来听课，马上走到讲台前，建议我先举两个二元一次、三元一次方程组的例子，再引入 n 元 m 个方程的一般情况。因为初等数学偏重计算，孩子们对具体的数学对象比较熟悉，猛然用字母抽象出来会很不适应。

还有一位数学组的老师夏成林长期随堂听课，也经常在我们习惯性讲得过深时及时补充、解释。

我给孩子们讲了线性方程组与矩阵、行列式、向量空间、线性变换、欧氏空间、二次型，以及空间的直线和平面、曲线与曲面。线性代数部分用的是北京师范大学张英伯、王恺顺编写的课本"高等代数"，空间解析几何部分则照搬了北大冯荣权、清华杨晶和清华附中王殿军、周俊专门编写的大学先修(CAP)课本。

线性代数部分删掉了原来的"群环域的定义和例子"和"多项式环"两章，当然也没敢讲若尔当标准型的推导，北师大书中的空间分解以及北大书中的 λ 矩阵两种推导方式都没敢涉及，只笼统地说在复数域上的向量空间中，每一个线性变换的矩阵都可以相似于一个若尔当标准型。

在我开始上课时，"大仙班"里还剩 13 名学生，后来有几位准备赴美留学，被送到北京市十一学校国际部去了，还有几位由于各种原因中途退出了，最后只剩下三位"大仙课"的"铁杆"。

在学期中间，赴京的学生回青岛探亲，来到青岛中学探望老师，跟我们聊了很久。有一位名叫邵展鹏的男孩子，脑袋相当灵光，上课时经常接下茬儿，每次还都接得有些道理，考试成绩也非常优秀。

邵展鹏说他们在十一中学上美国老师教的高等数学课，但是讲得很浅，比我们讲得简单多了，基本可以不听，感觉数学非常轻松。

2018—2019 学年的期末考试，题目的水平比北师大的考试略低。三位"铁杆"都考得不错，其中一位男孩子张博文甚至得到了裸分 73 分的成绩，两位女孩子纪乃文和李逸然也都得到了 60 分。实际上这个成绩对于他们来说非常非常地不容易，我给他们每人加了 18 分，以资鼓励。

我们在北师大数学系讲授数学分析和高等代数时，这两门课是主课，周学时为数学分析 6—5—4 学时、高等代数为 4 学时，每门课都有三位辅导教师(分为三个班)，作业必须按时完成。

而这里的“大仙课”虽然也是每周 4 学时，但并非学生的主课。他们的主课是高考必考的语文数学和理化生，这几门课都有大量的作业。高考毕竟是升学的渠道，学生、老师、家长都十分重视。另外，两个女孩子分别选修了物理竞赛和化学竞赛课，也有大量的作业，而竞赛是可以在升学时加分的。因此他们基本上没有时间顾及“大仙课”的作业，毕竟升学不把大学先修课程的成绩作为参考。

怎么办呢？我们只好安排课上的时间让学生在课堂上做作业，讲作业，以求巩固学到的知识。

三个孩子十分努力，张博文准备赴美留学，他本人也比较潇洒，自己喜欢的科目好好学，不喜欢的放弃，他喜欢数学，花了功夫，下了力气，因此基本上学懂了。做题时经常一看就会，讲得也头头是道，但是涉及数字就会出错，男孩子普遍比较粗心。

纪乃文是个活力四射的小姑娘，结实得像个小铁蛋儿，有极强的记忆力和过人的计算能力，只是理解力欠缺一些。

李逸然端庄美丽，文静友善，有良好的家庭教养。她写过一篇关于矩阵的秩的小文章，在《数学通报》上发表了。

考试完毕后，各门课程都安排了“考试讲评”，“大仙课”排在最后一天的晚上。我给课程仅剩的三位“铁杆”分析完高等代数试卷，向他们道谢。

我说：“谢谢你们参加了‘大仙课’的学习，并一直坚持到最后。认识你们，为你们上课，给我们两个古稀老人带来了很大的快乐。”

三个孩子紧挨着坐在我们教室第一排的课桌后面看着我，说他们也很喜欢我们，喜欢我们讲课的风格，也喜欢我们的为人处事。我问孩子们：“‘大仙课’对高考没有帮助，又相当困难，你们为什么一直学下来了呢？”回答是：“因为愿意听你们讲课。”

我们聊得很开心，好像有很多话要说。直到一个多钟头之后，我一再催他们回宿舍整理行装，准备明早家长来接，他们才恋恋不舍地走出了教室。我和王昆扬把他们送出门外，依依不舍地看着他们的背影在走廊的拐角处消失。

是啊，教师在讲台上一站，你的学术底蕴、你的敬业精神、你的风度气质便在学生面前展露无遗，潜移默化地影响着学生。我们只会教书，从来没有做过也不会做思想工作，更不会训导学生应该如何行事，或许这些便是他们喜欢我们的原因。

尽管课程算不上成功，但两年的经验表明，大学先修课程在我国的中学完全可以推行，中国的优秀学生学习这种课没有本质的困难，甚至可以比外国孩子学得更好。

在一次聚餐会上，我跟北师大实验中学的王本中老师谈到青岛中学的学生学习“大仙课”的事情，他是全国十佳校长，任国务院参事室的参事。他说：“那是因为你们教得好。”我们在大学教基础课多年，确实有一定的教学经验，但是十一学校博士毕业的潘国双、张伟老师不是也教得很好吗。

西方国家的私立中学和公立理科高中推行大学先修课程已经有七八十年。事实上，世界进入了信息时代，人类知识的积累突飞猛进地增长，20 世纪初形成的课程体系已经远远不够，将大学的基础课程放到中学势在必行。

另一方面，人类的智力越来越发达，西方的经验证明，优质学生学习这些课程甚至更深层的课程都没有什么困难。还有一个重要的原因，就是逻辑推理能力的培养应该在 13～16 岁时进行。尽管平面几何已经做了这方面的铺垫，但未来的科研工作需要更强的逻辑能力，而大学基础课程恰恰满足了这一点。

西方科学技术的发展完全倚仗于这些精英学校培养的人才，略举一例。2018 年，德国 32 岁的数学家舒尔茨得到了菲尔兹奖，该奖的授予基于他在 24 岁时提交的博士论文，文中构筑了代数和几何之间桥梁的第一块砖。直到今天，能够读懂这篇论文的人寥寥无几，他们都是业内顶尖的数学家。

而我们的孩子 22 岁大学毕业，经过 3 年硕士阶段、3 年博士阶段的学习，毕业时已经 28 岁，这时再进入研究领域已经与西方拉开了档次。

在现行体制下，在一些私立学校，在理念比较超前的优质公立中学，讲授这些课程也并非完全没有可能。许多优质高中，像北京市十一学校和青岛中学的经验都证明了这一点。

令人遗憾的是，根据民族大学研究生李坤萍在北京的调查，除十一学校系统地讲授大学课程之外，人民大学附属中学有一个班开设高等数学，清华附中实验班特别优秀的学生去读先修课程,其他学校都没有这方面的尝试。

目前我们准备继续教 2019—2020 学年十年级和十一年级的“大仙课”。无论如何,只要有一个学生愿意学习大学先修课程,我们也会尽心尽力地讲下去。

就讲到这里,谢谢大家。

第五部分

随想与杂感

5-1 改版之际话通报*

《数学通报》改版了。

《数学通报》是1936年由中国数学会创办的，几经战乱周折，于1951年复刊，刊名为《中国数学杂志》。杂志的宗旨是刊登中国数学家和数学教师自己的文章，总编辑是为我国现代数学的发展奠定了基础的一代宗师华罗庚和我国著名的数学家、数学教育家傅种孙。杂志自第三期起，由傅种孙任总编辑，华罗庚任常务编委。1953年，《中国数学杂志》更名为《数学通报》，面向中学数学教师和热爱数学的中学生。华老和傅老在通报的任职不变。《数学通报》编辑委员会的阵容强大，很多人们耳熟能详的数学家名列其中。他们经常为青少年写一些深入浅出、生动活泼的文章介绍现代数学的各个领域。由于他们对数学执着的热爱，对自己所从事的研究工作深刻的理解，这些文章将艰深的数学问题用青少年能够读懂的语言娓娓道来，受到广大数学教师和中学生的喜爱。今天翻开来读仍感新鲜亲切，余味不尽。

《数学通报》刊登了大量中学教师的优秀教案、学习心得、教学体会。多年来，我国有一批精通业务、热爱学生的数学教师在遍及全国的中学里默默地耕耘着。他们勤恳敬业，认认真真地教书，清清白白地做人。在他们的言传身教之下，许多青少年立志投身科学技术事业，其中相当一部分走上了数学研究之路。正因为如此，我国才能够在改革开放之前，在与国际数学界几乎没有交流的艰苦条件下，仍然培养出自己的科学家、数学家，才能够在改革开放后留学海外的中国学子中涌现出一批国际知名的科学家、数学家。《数学通报》还刊登中学生的习作和中学生们投给数学解答栏目的题解，这些作品尽管略显幼稚，但激发了孩子们学习数学的兴趣，坚定了孩子们走向科学之路的信心。1996年在《数学通报》创刊60周年

* 原载:《数学通报》,2005年第1期,1-2。

的时候，一些现在已经成为数学家的当年的中学生深情地写道，我是读着《数学通报》长大的，《数学通报》引导我走上了数学研究之路。

改革开放之后，我国的教育事业得到了突飞猛进的发展。1999年高等院校的毛入学率(即进入高校的青年在全国同龄青年中的比例)为10%，2004年达到了19%。与此同时，各类面向中学的数学期刊和数学教育期刊如雨后春笋般生长起来。现在我国几乎所有省市都创办了自己的数学刊物，北京、上海等大城市的数学期刊更是不止一种。这些刊物有的紧跟形势，有的侧重教育理论，有的研究高考，有的面向学生，各有长处，各显其能。在这种市场经济、平等竞争的形势之下，《数学通报》如何生存，怎样既发扬传统，又适应形势，与兄弟刊物携手并进，成为我们面临的一个严峻的考验。这也是《数学通报》决定改版、增加版面、力求更好地服务于读者的原因。

改版后的《数学通报》，将继承和发扬华罗庚、傅种孙为我们留下的传统，坚持学术性，坚持面向中学教学、面向广大数学教师和热爱数学的中学生，继续邀请国内外数学家为青少年介绍现代数学研究成果，《数学通报》愿成为联系数学研究与中学数学教学的纽带和桥梁。

《数学通报》将继续刊登广大中学教师的教学心得、优秀教案。一本好的数学教材，需要对数学深刻的理解，需要在教学实践中千锤百炼，一堂好的数学课，需要教师对课程内容的融会贯通、对学生发自内心的热爱和作为一名教师的责任感，正如胡锦涛主席新年前探望两弹一星元勋朱光亚和数学家杨乐时所说，科学与教育都要求真、务实。《数学通报》愿成为广大中学数学教师切磋学问、交流教学经验的园地。

《数学通报》希望刊登热爱数学的中学生的习作或题解，不要害怕知识的积累尚未完成，只管大胆写出自己在学习过程中的点滴心得，一篇拙朴的小文或许能够引导一个孩子走上数学之路，《数学通报》愿成为热爱数学的中学生们攀登科学高峰的奠基石。

《数学通报》将继续关注中小学教育改革的讨论，尽管我国的教育事业自改革开放以来有了大幅度的提高，我们与世界其他国家相比仍然处于落后状态。目前美国高等教育的毛入学率超过了80%，日本和韩国均已超过50%，进入了高等教育的普及阶段。中等发达国家高等教育毛入学率的平均水平已达40%，不少发展中国家都超过了 20%，我们面临着普及中学教育的重任。诚然，一个孩子的天赋会表现在各个不同的方面，要求孩子们整齐划一地达到同一个数学水准是不现实的，也是不必要的。但 21 世纪是一个数字化的时代，孩子们应该具备一定的数学知识，另一方面我们不能丢掉中国几十年来中小学数学教育重视基础知识、基本训练的优良传统。因为我们必须培养出自己的科技人才。这样我们就必须因材施教，对不同的学校用不同的标准，同一个学校有不同的层次。数学大师陈省身有一个梦想，那就是希望中国能够在 21 世纪成为一个数学大国，这也是中华民族的梦想和希望，而这一希望的实现，寄托在今天的青少年身上，《数学通报》愿为这一希望的实现竭尽全力。

5-2 在《数学通报》创刊80周年庆典上的发言

左起：编辑郑亚利，主编张英伯，编辑李亚玲

各位老师，各位来宾：

非常荣幸应邀参加《数学通报》创刊80周年庆典。因为傅先生早逝，丁、刘二位先生年事已高，学院党总支书记唐仲伟教授让我代表通报的前任主编说几句话。

众所周知，《数学通报》的前身《数学杂志》是在1936年由中国数学会创办的。1951年划分为学术性的《数学学报》和普及性的《数学通报》两个部分。后一部分的主编是华罗庚、傅种孙，后者负责具体事务。傅仲孙先生长期担任北师大数学系主任，在50年代初期通过选拔有数学才华的青年教师留学苏联，到中科院数学所参加讨论班，为“文革”后数学系的崛起预留了相对强大的科研指导力量。同时傅先生本人曾经是(北)师大附中出色的数学教员，翻译过民国年间最先进的西方教材。在50年代，他选调了具有丰富的中小学教学经验或具有高度教育理论水平的教师，在系里建立了强大的初等数学教研室，成为引领全国中小学数学教育的带头羊。在那个阶段，《数学通报》的撰稿人名家荟萃，既有华老等一流数学家，也有全国为数不多、富有极高声望的中学特级教师。

从1959至1966年，以及“文革”后的1979至1998年，《数学通报》的主编是曾留苏专攻“数学教育”、温文尔雅的丁尔陞先生。在这个阶段，我国的大学毛入学率从不到1%缓慢上升，处于所谓“精英教育”阶段，直到1999年大学扩招。北师大初数组钟善基先生曾分别在小学、中学、大学任教，教学效果极佳，在中国教育界影响巨大，他一直参与中小学数学大纲的制订、审查。按照这一大纲编写的中小学教材经过多年的磨炼，科学性、可读性越来越强，在“文革”前的1964年达到了很高的水平，可惜1965年的修订版因“文革”乍起而胎死腹中。这一阶段的数学基础教育为国家培养了急需的理工科优秀人才，对于我国的科研、工业、国防事业的发展功不可没。《数学通报》在数学教育家丁尔陞先生和曹才翰先生的引领下，刊登了大量教材教法、数学教育研究等方面的文章，面向中学教师，致力于提高他们的数学水平、教学水平，开阔视野，活跃思想。

从1998至2002年，我国著名的代数学家刘绍学教授担任《数学通报》的主编。刘先生思维浪漫，才艺俱佳。时值中国新一轮课程改革启动，刘先生的兼容并蓄使得各方面的观点得以表达。

从2002至2012年，《数学通报》主编是张英伯教授。在改革开放的形势之下，西方的数学教育理念潮水般涌入了中国，鱼龙混杂，泥沙俱下。这一阶段，《数学通报》秉承老一辈的传统：强调根植数学，坚持独立思考，注重北师大的责任。当时张英伯兼任中国数学会基础教育委员会主任，曾于2005年初组织部分数学家、中学一线教师在委员会的扩大会议上讨论了义务教育课程标准，稍后数学家们在人大政协会议上递交了关于中小学课改的提案，促成了对课程标准的修订。

孔子对教育有过八个字的经典论述：“有教无类，因材施教。”前四个字谈了教育公平，后四个字说了教育规律。在学习西方理念，让所有的孩子都能够接受教育的同时，也要清醒地看到西方的课程标准实际上是最低标准，他们还有一套精英教育系统，培养各个领域的杰出人才。在2016年我国的大学毛入学率高达40%的情况下，特别要看到西方教育的全貌，回归常识，按照常理发展我们的数学教育。

我相信在现任主编保继光教授的主持下，《数学通报》一定会为我国的数学教育，包括数学英才教育做出更大的贡献。

谢谢大家。

5－3 《数学都知道》序言*

我们与《数学都知道》的第一作者蒋迅相识于改革开放之初。那时他是高中毕业直接考入北京师范大学的1978级学生，我们是1978年初入校的“文革”后首批研究生。王昆扬为1977及1978级本科生的课程“泛函分析”担任辅导教师。

蒋迅无疑是传统意义上的好学生，勤奋上进，刻苦认真。他的父母都是北师大数学系的教师，前者潜心教书，一丝不苟；后者热情开朗，乐于助人，在同事当中口碑甚好。在一个人的成长过程中，家庭的潜移默化即便不是决定性的，也是至关重要的一个因素。蒋迅选择学习数学，或许有这一因素。

本科毕业后，蒋迅报考了研究生，师从我国著名的函数逼近论专家孙永生教授。恰逢王昆扬在孙先生的指导下攻读博士学位，于是便有了共同的讨论班及外出参加学术会议的机会，切磋学问。在这以后，与当年诸多研究生一样，蒋迅选择了出国深造，得到孙先生的支持。他在马里兰大学数学系获得博士学位，留在美国工作。

由于计算机的蓬勃兴起，那个年代留在美国的中国学生大多数选择了计算机行业，数学博士概莫能外。由于良好的数学功底，他们具有明显的优势。蒋迅现在美国宇航局的一个研究机构从事科学计算，至今已有十五六年。

尽管已经改行，但蒋迅热爱数学的初衷终是未能改变。本套书第二册第十章“俄国天才数学家切比雪夫(Chebyshev)和切比雪夫多项式”介绍了函数逼近论的奠基人及其最著名的一项成果，可以看作蒋迅对纯数学的眷恋与敬意。孙永生先生的在天之灵如有感知，一定会高兴的。

蒋迅笔耕不辍，对祖国的数学普及工作倾注了极大的心血。他在科学网上开辟了一个数学博客“天空中的一个模式”，本书的标题“数学都知道”便取自他的博

---

* 原载：《数学都知道》(蒋迅、王淑红)，北京师范大学出版社，2016年12月，序言作者：张英伯，王昆扬。

客中广受欢迎的一个栏目。书中集结了他多年来发表在自己的博客，《数学文化》《科学》等报刊上的文章，以及一些新写的文章。

本套书的第二作者是我国数学史领域的一位后起之秀王淑红。她将到不惑之年，已经发表论文 30 余篇，主持过国家自然科学基金和省级基金项目，堪称前途无量。据她说，她受到蒋迅很大的影响，并在蒋迅的指导下，参与撰写了本套书的大部分章节和段落，与蒋迅共同完成了全书的写作。

这套书的内容涉猎广泛，部分文章用深入浅出的语言介绍高等和初等的数学概念，比如牛顿分形、爱因斯坦广义相对论、优化管理与线性规划、对数、π 与$\sqrt{2}$等。部分文章侧重数学与生活、艺术的关系，充满了趣味性，比如雪花、钟表、切蛋糕、音乐与绘画等。特别应该指出的是，由于长期生活在美国，蒋迅得以准确地向读者介绍那里发生的事情，比如奥巴马总统与 6 位为美国赢得奥数金牌的中学生一起测量白宫椭圆形总统办公室的焦距、美国的奥数与数学竞赛、美国的数学推广月等。在全书的最后，他介绍了华裔菲尔兹奖得主陶哲轩的博客、丁玖与汤涛合著的“数学之英文写作”，以及一位值得敬重的旅美数学家杨同海。

全书文笔平实、优美，参考文献翔实，是一套优秀的数学科普著作。

5-4 访日随感*

在日本参加国际代数表示论会议。左起：黄兆泳、佐腾雅九、韩阳、张英伯、丹尼尔·辛普森(Daniel Simpson)、章璞

我第一次接触日本人是80年代在德国攻读博士学位的时候。其间我们领域有一位德高望重的日本筑波大学教授塔奇卡瓦来德国访问，我邀请他和两位欧美教授共进晚餐。席间谈到中国文化，他很兴奋，说他们小时候上学都必须学汉字，还要写毛笔字，背古诗。说着说着就背了起来，头摇晃着，像唱歌一样带有韵律。虽然发音含混，但是依稀能够分辨出是李白的《静夜思》："床前明月光，疑是地上霜。举头望明月，低头思故乡。"当着欧美教授，我得意极了，中国的文化影响深远啊。他背完诗又写了一些中国字，还别说，写得真漂亮，一看就有毛笔字的功底。不料他突然话锋一转，向我提了一个问题。他说日本那么小，那么可怜，没有一点

* 原载：《中国数学会通讯》，2010年第4期；《数学文化》，2011年第3期，86-89。

资源，到中国去借一点资源，中国为什么要打我们呢？记得当时我的脑袋“轰”的一声懵过去了，还没等我回过神来进行反驳，他们告辞了。直到将他们送出大门，我都懵懵的。心想你们日本不就是经济比中国发达吗？数学比中国做得好吗？那也不能把侵略说成有理吧。又过了些日子，我和那位教授的学生山形邦夫一起到其他城市开会，他当时正在德国合作研究。我忍不住在乘火车时问他怎样看待日本侵略中国的问题。没想到他跟老师的观点相反，明确地说日本在第二次世界大战中就是侵略，应该向中国道歉。日本文部省在小学课本中歪曲二战事实，给下一代的思想造成混乱，是应该改正的。我告诉他他的导师在那天晚餐上的话，他说那一代的日本人已经被军国主义彻底洗脑了，很难转变过来，日本战后出生的一代就不会这样了。我终于长舒了一口气，心理平衡了一些。

20 世纪 90 年代以后，我曾多次去日本进行学术访问，有时去参加学术会议，有时去合作研究，开始对日本逐步有所了解。但对日本有一点深层次的了解是在一次会议之后。会议的组织者之一佐藤教授陪我们在东京观光。他问我们想去哪里，我说想去看看与明治维新有关的遗址。我在中学上历史课时，对明治维新印象很深，总是弄不明白为什么日本的明治维新成功了，我们的戊戌变法却失败了。忘记是什么原因，好像是其他几位教授都去过了，跟佐藤教授去明治神宫的只有我一个人，于是我们得以深谈了一次。

明治神宫是东京的五大神社之一，坐落在代代木地区。走进神宫，环绕着神殿的参天大树令人心旷神怡。我终于有机会面对面地问一位日本人，同为东方文化，为什么他们的明治维新能够成功。没想到他一开始就不同意我的说法，他说中国和日本虽然同处东方，但是文化和政治体制差别很大。我说我们有皇帝，你们不是也有天皇吗？他说是的，但是天皇家族在日本并没有实权。天皇只是在名义上统治了日本三千年，只是日本的一个象征或者说符号。自古以来，日本并没有真正统一，各地方的武士执掌实权，互相拼杀。我说像中国的春秋战国吗？他说有一点，但日本很小，每块地盘都不大，各地的武士必须启用有能力的人来协助他，否则很容易被别人消灭。而中国的皇权是实实在在的权力，两三百年轮换一次……。我突然意识到，他对中国历史的了解比我对日本历史的了解要深刻得多。我说你学过中国历史？知道春秋战国？还知道中国两三百年就有一次改朝换代？他说当然，中国历史对于日本学生是很重要的，因为日本从中国学习了文字、宗教和艺术。他告诉我明治维新的成功是历史的必然，在明治天皇开始维新之前，日本的各路武士被丰臣秀吉征服，首次实现了统一。后来德川家族打败了丰臣家族，掌握了日本的实权，史称幕府时代。那时候日本的很多有识之士已经看到了西方先进科学技术的强大，感到日本走向富强必须学习西方的民主和科学。于是很多有才华的年轻人致力于辅佐明治天皇，结束幕府的统治，实行君主立宪，让日本成为一个法治国家。我说那你认为我们的戊戌变法为什么失败呢？那个年代中国也有不少有识之士看到西方的民主和科学了，希望实行宪政了呀。他说他认为戊戌变法的失败也是必然的，因为中国有着持续了两千多年的绝对的皇权，控制到国家的每一个角落，改变起来很难。我虽然很不情愿，也不得不承认他说的有一定道理。

今年(2010年)暑假期间我再一次来到东京，是因为受中国数学会的委托在国际数学教育委员会担任执委，被派来参加东亚地区第五届数学教育大会，会址就在明治神宫旁边。大会开幕式之前的傍晚，组委会举行了一个小规模的招待会。走进小小的饭店，中国同事招呼我坐在他旁边，然后介绍我认识在座的各位日本教授。令我十分惊讶的是，晚宴总共三桌，每桌十人左右，有两桌的教授是搞数学教育的，而我们这一桌坐的竟然都是日本数学家，有搞数论的，有搞几何的，有搞代数几何的。其中几位看起来年纪大了，竟然有一位是日本数学会的前任理事长。我对面的一位看起来年轻些，英语好一些，他说他是小平邦彦的学生。可惜晚宴很短，跟日本老前辈交谈语言上比较困难，没有问清楚他们为什么来参加这个会议。

会议开始以后，我又遇到了小平邦彦的学生，他每天都按时出现在会场。他告诉我他也在日本数学会工作过，并被数学会派到国际数学教育委员会担任过执委。我一下子觉得遇到了知音，跟他聊了几次，仔细询问了日本数学界与数学教育界的关系。他说日本数学教育方面有三个主要的组织，现在组织会议的是人数最多的一个。他们每次开会都邀请数学家，有些数学家还是这个组织的成员。我问他在日本有没有发生类似于美国前一阶段发生的数学战争。他说有一些争论，但是不严重，数学家和数学教育家基本上能够坐下来一起讨论问题。我问他小平邦彦编写的高中课本在日本是否还有学校使用。他说前几年有些很好的学校在用，现在有的地方重新编写了。总之，日本的数学家非常关注数学教育，特别是一些知名的大数学家。

5-5 从颁奖典礼说起*

典礼后的合影。左起：参会的学生，肖杰，杨东，王元，万哲先，张英伯

2012年12月20日下午，第五届丘成桐中学数学奖在清华大学主楼举行了颁奖典礼。

这个奖项是丘成桐教授在美国西屋奖的启发下于5年前创办的，参赛者为中国大陆、香港、台湾的中学生，也有世界其他国家的华人学生，在网上自由报名；参赛的方式为在老师的指导下撰写论文。

论文提交后，由竞赛组委会组织相关研究方向的数学家进行评审。评审汇总后，由国内北部、东部和南部三个赛区的评审委员会各自确定15至20篇较优秀的文章对作者进行面试，从中各筛选五名进入全国总决赛。总决赛的评审委员会由国际知名数学家组成，围绕学生的文章提出一些概念性或前沿性的问题，从而决出金、银、铜奖和优胜奖。其中基础数学和应用数学的金奖各一名，奖金15万；银

---

* 原载：《数学与人文》，2016年第19辑，149-153。

奖各一名,奖金 10 万;铜奖各三名,奖金 6 万;优胜奖各五名,奖金 3 万。选不出来可以缺额,宁缺毋滥。

典礼由清华大学数学系主任肖杰主持。他风趣地说:“明天就是世界末日了,但是我们的末日不会到来,因为黎曼猜想还没有证明。”人们大笑。

典礼上几位数学家和企业家的讲话颇为有趣。杨乐院士在讲话中再次提到了英才教育问题,他说:“英才的培养需要有适当的环境,我们国家在这方面尚有很大的不足。我们的典礼在清华举行,舞台不大。但是在这个舞台上,走出了国际知名的数学家陈省身、华罗庚。今天有几位同学得到了奖励,但是并不代表他们将来一定能够成才,成才的道路是很长的,拿到博士学位后仍然需要坚持不懈地努力。中国科学院大学曾在一个报告中谈道,在加州大学伯克利分校,研究生每天的平均学习时间超过 12 小时,而我们的研究生不足 8 个小时。大师的成长可能有各种不同的途径,但共同的一点是,长期的勤奋和努力。我们的学生在小学和中学阶段被学业负担压得过重,到了大学和研究生阶段反而轻松了。我们应该把这种情况反转过来,才符合人才成长的规律。前几天我在香港参加了恒隆数学奖的颁奖仪式,感到他们的水平很好。中国大陆的人口是香港的近两百倍,数学获奖者的水平却大致相当。我们的教育确实有很多地方亟需改进和提高。”

丘成桐数学奖的资助者是企业家、泰康人寿保险有限公司的董事长陈东升先生。陈先生对学问、对数学情有独钟,他说:“我成长在 20 世纪 50 年代后期,社会主义计划经济时代。那个年代的学生有两种追求,一是成为科学家,二是成为雷锋、王杰式的英雄。改革开放以后,我没能上清华,可是考上了武大,也属于做学问出身。我在研究生毕业后到国务院发展中心工作,几年后丢掉官饭碗下海做企业。现在我们的社会很复杂,在大家追求金钱的时候需要有人呼唤思想的觉醒。刚才同学们在获奖感言中感谢老师、家人,却没有人提到资助这个奖项的企业家,是不是有些不成熟?”下面的听众会心地笑了。是啊,一位企业家选择不能轰轰烈烈、最默默无闻的数学来资助,想必不会对他的企业产生明星效应和广告效应。陈先生是一位见解独到的儒商。

典礼最后的演讲者是丘成桐先生,他说:

> “自从 1979 年我第一次到中国来,已经过去 33 年了。开始的几年国家没有钱,做事情很吃力,像杨乐、张广厚这样的数学家,做了很好的数学,家里却

很艰苦，我很感动。那个阶段我读了200多名19世纪以来的大数学家的传记，发现他们的家庭都还不错，不会因为小孩子上学、房子不够等事情产生烦恼。科学的发展需要充裕的经济支持，改革开放以后的经济情况令人鼓舞。

“在我的小孩子读高二时，我太太对他的成才问题十分紧张，说如果你不能进名校读书我就不资助你了。我鼓励小孩子，告诉他还是有前途的。我在哈佛20多年了，找到实验室的一位教授，以前我帮过他的儿子，他也想帮帮我的小孩子。就让小孩子去实验室打工，整理办公桌、书架，这样就和实验室的博士、教授们有了交往。三周后他也想自己动手做做试试。三个月后，他和一个博士生的实验做成功了，得到西屋奖，从此建立了信心。

“做学问是需要有氛围的。哈佛数学系的学生从早到晚都在聊学问，聊数学。最近几年，我太太在亚洲，我常常在办公室待到夜里12点，许多学生还在系里讨论问题。许多欧洲、亚洲的名教授都愿意到哈佛来，因为哈佛学术气氛很好。我也希望通过竞赛培养一种做学问的氛围，让学生建立起做学问的信心。在竞赛中得奖固然好，拿不到金牌银牌的学生也不要觉得自己不行。我在中学也参加过数学竞赛，但是从来没有得过奖，没奖也不表示失败。我在做研究中最好的文章失败次数最多，要失败几十次、几百次。如果一次完成了，文章就没有深度了。我们国家经济的发展允许我们在科技上有大的进步，今后的十几年我们会有大的改变，我希望把我的一生投入中国最美好的事业。”

在今年北方赛区获奖的五位学生中，有四位来自清华附中，包括基础数学的金奖得主。这四篇论文分别是：《论两个函数方程解析解的渐近性质》（金奖），《CG图和形独基本性质探究》（铜奖），《太阳时钟——计算时间的方法》，《扫雷游戏中数字和的最大值探究》。在北方赛区的面试中，这几个孩子表现出色，概念陈述清楚，回答问题准确。要知道，他们的文章都由中国科学院数学研究所、清华大学数学系和北京师范大学数学科学学院的相关专家仔细审查过，所提的问题都相当专业。

成绩的取得不是偶然的。为此，我找到清华附中的校长了解了一些情况。王殿军校长精明强干，一表人才，在颁奖典礼上西装革履，格外帅气。他去附中之前是清华大学数学系的教授，代数图论专家。他对基础教育有自己明确的看法，在清华附中施行了英才教育的大胆尝试。具体的做法是：初中入学时通过考试，挑选出两个拔尖的实验班，四个一般的实验班，还有八个普通班。在实验班里讲授严格、正宗、经典的平面几何，普通班则按照课标和现行课本的要求授课。除此之外，学校利用周末和课余时间开办兴趣班和特长班，讲选修课，全体学生自愿报名，通过考试即可参加，这种做法也为普通班的学生创造了一次提升的机会。高中也分成三个层次，第一层次达到国家要求；第二层次叫做拓展层次，在课程标准之外将知识体系整合，加深课程内容，不必跟着市里的统一步伐走，就好比在饭馆吃饭，为饭量大的顾客再加两道额外的菜；第三层次是拔尖型人才的培养，有专门的指导老师，并建立各类兴趣班。

就拿这次的金奖得主邵城阳来说，这个孩子原来最喜欢生物学，在研究生物问题时遇到了一系列代数方程，他很好奇，想搞清楚这些方程是否有解，怎样去解，就去问数学老师。王殿军告诉他这个问题在历史上已经解决了，可以去看看伽罗瓦理论。邵城阳把书找来，没有看懂。于是王校长花了四个周末的时间，为邵城阳和张益深两位同学讲伽罗瓦理论，终于把问题搞清楚了。邵城阳曾读过大学数学系的数学分析和高等代数教材，高等代数用的是俄国柯斯特利金（A. И. Кострикин）《代数学引论》的中译本，有相当的难度。参赛的题目是他自己找的，涉及微积分和复分析、微分方程。清华附中得天独厚的条件是可以得到大学专家老师的指点，清华大学数学系的一位老师给他介绍了该方向的一本书，仔细读过之后，他把问题做了出来。张益深在王殿军的指导下做了一个扫雷游戏中引发的组合问题，文章写得非常规范而清晰。最神奇的是获铜奖的小姑娘王芝菁，她竟然在初中时和老师一起创造了一种叫做形独的游戏，这种游戏竟然还得到了推广，于是她就成了不折不扣的原创者。而另一位获奖人薛宇皓花了两年时间，使用铅笔、尺子、文具盒等最原始的工具，搭建了一个太阳时钟，设计了一种计算时间的方法，并坚持不懈地天天验证。

应该指出的是，不仅清华附中，北京市的一些重点中学也都不同程度地开始了英才教育的尝试。比如北京市十一学校，以校长为首的领导班子下大力气组织老师编写校本教材，为学有余力的学生开辟一个天地，力度很大。我们北师大一位复分析方向的博士毕业生潘国双在那里任教，已经为高中生讲过一轮微积分。北京市十一学校在去年的竞赛中得到过一枚铜奖，今年得到了优胜奖，论文题目是《差分方程与微分方程间的关系及其解的性质的研究》，两次奖项都是在他指导下获得的。

今年春天在北师大实验中学为初二孩子们做的两次课外辅导给我留下了深刻的印象。初二数学实验班的任课老师王宁和苏海燕请我们去讲几次课，王宁是从清华大学本科、硕士毕业后，回到母校实验中学任教的。两位老师告诉我数学实验班的孩子从小学就开始参加竞赛，是层层挑选出来的，能力很强，现在希望他们能够在竞赛之外开阔视野。王宁谈到他在上课时没有局限于现行课本，而是参考80年代项武义先生编写的实验教材和原来的人教版教材，自己补充内容，几乎所有的定理都给出了严格的证明。他读过欧几里得的《原本》和希尔伯特的《几何基础》，问我能不能讲讲平面几何的几何公理体系。我说当然能，但初二孩子可以听懂吗？他说试试吧，有些大概能懂。于是我用六课时把希尔伯特的五组公理尽可能深入浅出地捋了一遍。孩子们真是聪明可爱，课堂上无比活跃。当然不是所有的人都能跟上，八十个孩子到了最后只剩下一半。孩子们告诉我，他们习惯于解题，不习惯听我这样讲公理的课。于是每讲一组公理，我就让他们自己用公理去证明一两个定理，诸如三角形全等的判定，竟然不止一个孩子在课堂上当场就能证出来，还在黑板前讲得头头是道。当我讲到顺序公理的时候，孩子们叽叽喳喳地抗议，一致认为“一条直线的任意三点中，至多有一点在其他两点之间”纯属废话，这不是显然的事实吗？我说世界上除了我们日常生活熟悉的欧几里得几何体系，还有其他的几何体系。比如在我们生活的地球表面，就画不出黑板上示意的那种直线。王宁为我准备了一个足球，我问孩子们，如果把足球的大圆定义为直线，在球大圆的任意三个点中，是不是每一个点都在其他两点之间。孩子们一齐惊叫起来，还真是这么回事儿。我趁机请他们自己判断，如果这样定义直线，希尔伯特的哪些公理仍然适用，哪些不再成立。

在我们这个拥有五千年历史的文明古国，在今天科学高度发达的信息时代，孩子们的智力水平是相当高的。不搞英才教育，许多有天分的孩子就埋没了，就太可惜了。

尽管我们在国家的层面上还没有英才教育的相关政策，但是中学的校长老师不乏有识之士，他们在尝试着去做一些实事，为优秀的学生、为国家未来的科技栋梁搭建一个平台，比如清华附中、北京市十一学校、北师大实验中学的校长老师。我们的许多数学家也在竭尽全力促成英才教育的实施，比如举办了五年的丘成桐中学数学奖。

5-6 元老一席谈*

2016年12月16日下午，我们五个人：首都师范大学的李克正、李庆忠、王永晖，北京师范大学的王昆扬、张英伯约好下午一点半在首师大东门集合，一起到丰台区某老年公寓探望元老。元老，是数学界对我国著名的解析数论专家、中国科学院院士王元先生的尊称。

路途并不算远，庆忠刚买了新车，理所当然地担任了司机。作为数论专业的同行，永晖和元老最熟，前些日子曾去探望，他的妻子几年前还在《数学文化》上发表过一篇对元老的采访。永晖指路，为双保险，他打开了手机导航。两点多钟，元老的电话打到永晖的手机上，问什么时候能到，回答是还有三五分钟。刚说完不一会儿，便发现我们在叉路口走反了，车子误入了一条小道，外面的大道正在修路，前进和后退皆十分困难。三点钟前后，元老连着来了两个电话，问我们到了哪里，老人家显然是着急了。我们更着急，左拐右拐，好不容易按照导航的指引找到公寓，都快三点半了。

元老已经等在公寓门口，微笑着与我们一一握手。他说先带我们参观一下，这是他访问了京城内外的多个老年公寓，经过反复权衡，亲自选定的地方。元老在当年6月份公寓刚开张时便搬进来了，到了现在的12月，所有的房间都已经住满。我们参观了饭厅、棋牌室、台球室、阅览室、养生盐屋、医务室等各种设施。元老常去的地方是阅览室，他在那里练字，元老习字已经很多年，可以称为数学界的书法家了。

---

* 原载：《数学文化》，2017年第1期，32-41。

然后我们随元老来到他的房间，里面有医用单人床、衣柜、床头柜、茶几、电视，大厅的服务员为我们搬来几把椅子，并斟上茶水，静静地退出去了。

王昆扬从书包里掏出欲送元老的补品，被元老婉拒了，他说自己吃的东西都要经过公寓医生的同意，不能随便补。永晖送来的一卷宣纸元老留下了。

元老坐在茶几边的轮椅上，待我们落座，元老便侃侃而谈，看来早就做了准备，胸有成竹。

元老：我现在年纪大了，不看数学文章了。平时经常看四种杂志，《数学文化》《数学与人文》《数学译林》和《中国数学会通讯》。你们的《数学文化》办得很好，里面有三个人的文章我认为是水平最高的，一个一个讲。第一个是卢昌海，他的文章水平非常高，我推荐过很多次。中央一台举行过一个颁奖典礼，卢昌海获奖也是我极力推荐的。因为他写的黎曼猜想①，从一个专业数论学家的角度来看，没有任何毛病。

春节期间，元老在家中审查本文的大字体打印稿（方运加摄）

英伯：他是学物理的。

---

① 卢昌海. 黎曼猜想漫谈[M]. 北京：清华大学出版社，2012.
王元. 黎曼猜想漫谈读后感[J]. 数学文化，2012(3)：93 - 95.
扶磊. 卢昌海《黎曼猜想漫谈》书评[J]. 数学文化，2013(2)：105 - 108.

元老：后来他们清华出版社把他所有的书都寄给我了，我都看了，很好的。还有一个欧阳顺湘也很好。

英伯：欧阳是我们学校毕业的。

元老：是你们学校的，我知道，他的履历在你们杂志上登过。他写的那个关于“谷歌涂鸦”①的文章也很有意思。就是“谷歌”将世界上的各种大事，包括理工方面的发现发明画成几幅画，加以解释。中国科学的最高成就，三个中国人，就是华罗庚、钱学森、陈景润的工作，在欧阳的文章中都提到了。另外林开亮，他最近（与郑豪合作）写了一篇中国的华林问题研究②，那也是水准很高，至少我作为一个解析数论学者是这么看的。

与元老合影，从左至右：王昆扬、张英伯、王元、李庆忠、王永晖、李克正（服务员摄）

庆忠：解析数论大专家。

---

① 欧阳顺湘. 谷歌数学涂鸦赏析（上）[J]. 数学文化，2013(1)：16 - 36.
欧阳顺湘. 谷歌数学涂鸦赏析（中）[J]. 数学文化，2013(2)：34 - 53.
欧阳顺湘. 谷歌数学涂鸦赏析（下）[J]. 数学文化，2013(3)：32 - 51.

② 林开亮，郑豪. 从费尔马多边形数猜想到华罗庚的渐近华林数猜想——纪念杨武之教授诞辰 120 周年[J]. 数学文化，2016 年(2)：61 - 83.

元老:没有看出什么毛病,这就很不错。还有就是他写过一个关于戴森的传记①。这是你们杂志水平最高的几个人吧。

英伯:林开亮是你的学生吗?庆忠。

庆忠:不是我的学生。

永晖:他跟方复全读的硕士,然后跟费少明读了博士。

元老:(科普文章)弄得不好有时会沾染上江湖的一种习气,但他们三个人跟这种习气没有关系。如果能够非常严谨地谈论学问那就更好。我是仔细看过你们杂志的,这里就有一本。

英伯:对,这是最近的一期。

庆忠:元老,这是林开亮参加翻译的一本书,就是这本(《数学家讲解小学数学》,伍鸿熙著,赵洁、林开亮译,在床头柜上)。

元老:哦,这本,这本还没看。

庆忠:这是我的一个博士生跟林开亮一起翻译的。他参加翻译了一部分,在后边。

元老:那我什么时候看一看,翻一翻。

庆忠:他花了不少功夫做这个事情。

元老:《数学文化》是数学所替我订的。

英伯:送到这儿?

元老:送到家里。

永晖:《参考消息》您收到了吗?

元老:《参考消息》我不看,我现在看不过来。

永晖:我上次通过快递给您订了一个月的《参考消息》。

元老:我有《环球时报》。

永晖:对,就是《环球时报》。

元老:你们学校的那个方……

庆忠:方运加。

元老:他给我送。他那里有一份,看看就行了。(事后据方老师说,他大约

---

① 林开亮.戴森传奇[J].数学文化,2015(3):3-23.

每三四个礼拜去探望元老一次，同时给元老送去《环球时报》。元老每次都认真地按日期整理好，自己看完后，就放到阅览室供大家浏览。）另外就是书法，练书法。

庆忠：对了，书法很重要。

元老：人到老了，干这么一点事就可以。另外就是关于教育啊，我比较关心。你搞的这个英才教育，这个很重要。

庆忠、昆扬：是啊，英才教育很重要。

元老：至于这个学生是待在中国还是待在美国，我认为不重要。为什么？他是一个人才，待在美国对中国也会有利。比方说我们数学研究所，现在张寿武、张益唐，每年都回来，对我们的贡献比国内的一个普通教授要大很多。

他们是世界一流的数学家。现在张寿武接替了怀尔斯的位置。怀尔斯不是证明了费马大定理嘛，证完之后他就回了英国了。这个位置空下来，找代替他的人，在全世界找，最后是张寿武去了。

英伯：哎呀，真了不起，了不起。

元老：他是我的硕士生，我认为他很好。张益唐，我是他的论文答辩会主席，我觉得他脑子很清楚，也通过硕士了。

英伯：是在潘承彪老师那时候吧？

元老：后来他和他的夫人来过这里。所以这个英才的话，先要认识到他是个英才才行，要能被看到。我现在和中小学有一点联系，一点点，就在北京市。方运加最近几年跟我有一些关系，他打电话跟我说，他和你也有些合作。

英伯：是的。

元老：那就很好。我们两个认识很早，就是在那个数学奥林匹克认识的。后来他去主持一个会，他想来想去就把我们找去了。我们这么十几二十年，没有太多的联系，他找去我就听了一听，那个主持会的人讲话还是老一套，让这些中学老师按部就班，按照他的这个模式怎么、怎么搞，就那么搞。我后来有一个发言，跟他是……

庆忠、昆扬：唱反调，嘿嘿……

元老：本来主持会议的教育局的人有点害怕，你这么著名的数学家，你讲东西我们听不懂啊。实际上后来我讲完了他们都听懂了。跟他们讲中国办了这么多孔子学院，孔子的教育思想是什么？不知道在座的清楚不清楚。用我的体会，孔子的教育思想不外乎是两条：一条是……

英伯：有教无类。

元老：是这个“有教无类”，你只要愿意学习我就可以教。第二条就是“因材施教”。

庆忠、英伯：对，对！

元老：孔子他是不是英才教育？他有3千弟子，只有72贤人，这72人就是英才。3千个弟子他不可能都认识，由这72贤才去教那3千个人。72人占百分之几？2.4%，这就叫做英才教育。讲完了我就算，反正跟他们的那个主题不太一致。我当然很客气，不会批评什么，但是不一致。所以你搞英才教育我也知道，你发表的文章在这个上面（拍了拍茶几上的《数学文化》）和《数学通报》上的我都看了。

英伯：谢谢元老。

元老：但是现在的中小学有一个很大的问题：不知道谁是英才谁不是英才？

英伯：对对对，根本就没有区分。

元老：实际上他是一个什么材料，我跟他谈5分钟话就可以知道。

庆忠、英伯：没错，没错，肯定能知道。

元老：我现在不是没什么事吗，很多人都来找，小孩你是不是给教一教。我跟他们讲，小孩主要靠自学，靠他的内部因素，孔子讲过，你与其用功学，还不如好之者。你用功（知之）不如好之，好之就是有兴趣。好之者不如乐之者，乐之就是我学习的时候是很快乐的。这是真的，有许多小孩我一看哪，无论找谁，就是找我也没用，你找华罗庚来也不行的，因为他没有内部的动力。这个我无论如何都坚持。我待在这儿时间多得很，这些职工的小孩叫我指导一下，我当然可以指导，但是没用的，因为你没有内部动力。

克正：元老我跟你说啊，我为什么要跟你讲这个常州怀德苑小学，他那个学校一心一意就是培养孩子对数学的兴趣。他就做这一件事儿，而且他这个学校就单打一地发展数学。他就是个数学小学，遍地都是数学，而且孩子都很喜欢数学。这次我们到那儿，那些孩子都活泼得不得了，而且数学好了，就什么都好了。他的语文是全市最强的，但是他不抓语文。还是把数学搞好了就行了。

元老:你们学校还有人到中学里去教他们高等数学,这也是对的,

英伯:啊,他(指王昆扬)去过。

元老:为什么呢?现在优秀的学生,他们的能量是很大的,你为什么不让他快点走,非要让他慢一点走呢?这是没道理的事。

昆扬:是,是,(学生)潜力很大的。

元老:所以我觉得你们搞英才教育要到各个学校去选一选,有潜力的学生,现在有好的中学,就应该让这些人进去,不能够像现在这样子,你考 5 分,就是好学生。

他考 5 分,他可能没有任何动力。

庆忠、英伯:对,对。

元老:你没有动力怎么能有兴趣呢?看××附中,那么大的名气,我问你从开办到现在,你培养的最好的人才在哪里?有多好?

英伯:理工科人才哈?

元老:有很多得 5 分的都不行了。有一个,我跑到他们学校去看,照片都挂起来,这是莫名其妙,不过就是奥数得了一个金牌嘛。

庆忠、永晖:他们经常有很多金牌,得金牌和做数学不完全是一回事儿。

元老:不是一回事儿,你们要找的就是有动力的。

英伯:有动力的,半截儿(还没成材),恨不能在小学就给掐尖儿了。

元老:你现在的这个地位很重要,就是你是数学家,又是教育家,又是女教师。这么多有利条件是很受数学界重视的。

昆扬:嘿嘿。我们明年还要在中国科协参加个项目叫《数学英才计划》,

英伯:小小科学家,元老肯定知道。克正兄也干过这事儿。

元老:数学还是很重要的。整个中学,数学都很重要。

英伯:好多科技人才最初是从数学上来的。

庆忠:其实英才啊,在很早的时候,比如说张老师看到一个很好的学生,他和所有人学的都是一样的。其实我觉得只有百分之十,或百分之十五,这部分学生能够学得不一样,学得好一点,深一点,就是说不要浪费时间。

元老:对呀,你说得对呀。

庆忠:当然对于(其他)人也要让大家觉得活得很好,过得很好对不对?有活

干，他有他的活干，每个人按能力嘛，对不对？现在不这么干嘛，我觉得这是核心问题。比如华老，他培养的肯定是吭哧吭哧做数学的人。

元老：这个英才教育还有一点你要注意，就是第一个你要认识他是英才，第二你要让他自己搞。

庆忠：对啊，你给他环境啊。

元老：现在有很多地方是搞得很失败的。为什么呢？就是把英才集中起来，给他们开这个课，那个课，这样全把他们害了。孔子讲的乐知者，他有兴趣他自己去做。（众笑）所以你们将来找到英才，最省劲，为什么？他自己去干就完了。所以英才最好对付。华老也没有教过陈景润，一句话都没有谈，华老跟他没有接触，都是自己干起来的。

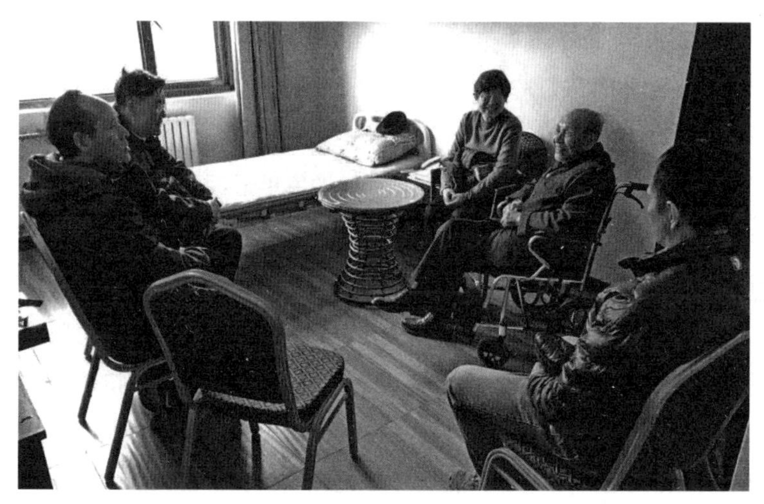

与元老聊天。左起：李庆忠、王昆扬、张英伯、王元、王永晖（李克正摄）

克正：元老您说的是两个方面，一是他最好对付，二是你不能管他。管死了什么都不让干那就完了。现在最大的问题就是你把他管死了。如果能给宽松环境，让你随便怎么发展，事情就好办了。

元老：所以我就不主张我的孙子跳班。我对他的要求，他自己都背得出来。第一条，安全最重要，也包括身体健康在内，这个最重要。第二条，为人处事第二个重要，他小时候有时喜欢跟人打打架之类，这都不行。第三才是学问，所以你现在进步得快一点，我们也不让你跳班。还是一步一步走，到一定的时候你就会快了。

克正：元老，最简单的办法就是把很多书放在这儿，谁愿意看什么就看什么。那好的孩子自然就会找好书看，然后他就懂了。最大的问题就怕没有好书，想看书没有，这就没办法了。好书放在那儿，谁爱看谁看。

英伯：好书比较少。民国时代有些课本挺好的。

克正：范氏大代数。元老，我现在有个主意，他们都觉得可行。我把老的教科书都重新印，解放前的，解放初期的，我全都给他重印。那时候的教科书现在看来还很棒。

元老：这话完全正确。

克正：他们现在把语文的书都重印了，反响非常地好。那是两年多前重印的，他们现在说，把数学也重印。

元老：你们刚才的意见完全正确。像什么范氏大代数啊，3S几何，都是好书。绝对是好书，我现在找不着。

克正：我已经把所有的书都挂在我们网站的库里了，那里面什么都有。

元老：范氏大代数啊，3S平面几何啊，是我读书的时候学的。

永晖：您要的话我帮您打印出来。

克正：这些书，国家图书馆都没有。我在哪里找到的呢？高教出版社地下有个库，他们从老的商务印书馆继承下来一些书，都放在那儿了。别的地方没有。

永晖：上次郇中丹老师在十一学校讲平面几何用的什么教材呀？

英伯：苏联的，他自己改编了，是哪本不记得了。我自己在实验中学的讲座是直接用的希尔伯特几何基础。

庆忠：时间不短了，我们该告辞了，让元老休息一下吧。

众人纷纷起身，元老坚持送大家出门，一直穿过走廊、大厅，走到公寓的玻璃大门内，才因室外温度太低不得不止步了。我们依次与元老握手告别。走到大门外面，大家不约而同地停步转身，注视着门内元老步履蹒跚的背影，直到消失在走廊的拐角。

这位睿智的老人，以他清晰而深刻的思维阐述了教育的常识常理，言谈话语之间，饱含着真挚而厚重的家国情怀。

英伯教授，

早已得知你非常关注英才教育，你的一些文章我也读过，那天略谈了一下，再将看法奉上：

那天谈到孔子的"有教无类"，即愿意学，只要交学费，就可上学，现在义务教育，免学费，所以比他强多了。

孔子很重视英才教育，他有所谓三千弟子，七十二圣贤，圣贤即英才，占2.4%（=72/3000）。

孔子又说："知之者不如好之者，好之者不如乐之者。"所谓"知"即对老师所教达到明白的程度，即现在的5分学生，这是最低要求，不如"好之者"，"好之者"即愿意对所学知识反复思考，而有更深了解与掌握，即现在的奥赛金牌。"乐之者"是将学习当成愉快的事，终身做到孜孜不倦，乐此不疲，华罗庚，陈景润是这样的人。

"乐之者"都是自学的，老师教的已不能满足了，自学最大的毛病是不踏实，若再加上自以为是，那就必败无疑了。但学而又踏实的"乐之者"，就是华，陈这样的人，是在历史上可以留下痕迹，这是我们要的英才。

以上即一孔之见，供参考，祝

安好！

王元

2016/12/23

王元院士写给英伯教授的一封信

英伯教授：

早已得知你非常关注英才教育，你的一些文章我也读过，那天略谈了一下，再将看法奉上：

那天谈到孔子的"有教无类"，即愿意学，只要交学费，就可上学。现在义务教育，免学费，所以比他强多了。

孔子很重视英才教育，他有所谓三千个弟子，七十二圣贤，圣贤即英才，占2.4%（=72/3000）。

孔子又说："知之者不如好之者，好之者不如乐之者。"所谓"知"，即对老师所教达到明白的程度，即现在的5分学生。这是最低要求，不如"好之者"，"好之者"

即愿意对所学知识反复思考，而有更深了解与掌握，即现在的奥赛金牌。“乐之者”是将学习当成愉快的事，能做到放不下，乐此不疲。华罗庚、陈景润是这样的人。

“乐之者”都是自学的，老师教的已不能满足了。自学最大的毛病是不踏实，若再加上自以为是，那就必败无疑了。自学而又踏实的“乐之者”，就是华、陈这样的人，可以在历史上留下痕迹，这是我们要的英才。

以上即一孔之见，供参考。祝

安好！

王元

2016年12月23日

参考文献

1. 任南衡，张友余. 中国数学会史料[M]. 南京：江苏教育出版社，1995.
2. 刘绍学. 走向代数表示论　刘绍学文集[M]. 北京：北京师范大学出版社，2005.
3. 傅种孙. 傅种孙数学教育文选[M]. 北京：人民教育出版社，2005.
4. 程民德. 中国现代数学家传第一卷[M]. 南京：江苏教育出版社，1994.
   程民德. 中国现代数学家传第四卷[M]. 南京：江苏教育出版社，2000.
5. 李仲来. 北京师范大学数学系史(1915—2002)[M]. 北京：北京师范大学出版社，2002.
6. 魏庚人. 中国中学数学教育史[M]. 北京：人民教育出版社，1987.
7. 袁向东，范先信，郑玉颖. 王梓坤访问记[J]. 数学的实践与认识，1990(4)：79-89.
8. 杨向群，吴荣，赵昊生，等. 序言[M]//王梓坤. 随机过程与今日数学　王梓坤文集. 北京：北京师范大学出版社，2005.
9. 李仲来. 北京师范大学数学学科创建百年纪念文集[M]. 北京：北京师范大学出版社，2015：294-308.
10. 李仲来. 代数与数理逻辑　王世强文集[M]. 北京：北京师范大学出版社，2005.
11. 李尚志. 数学家的文学故事——追忆导师曾肯成教授[M]//史济怀编著. 中国科学技术大学数学五十年. 合肥：中国科学技术大学出版社，2009：152-160.
12. 丁石孙. 哭曾肯成[J]. 数学文化，2012，3(1)：89-90.
13. 丁石孙口述. 有话可说——丁石孙访谈录[M]. 长沙：湖南教育出版社，2013.
14. 常庚哲. 奇才怪杰　良师益友——忆曾肯成先生[M]//史济怀编著. 中国科

学技术大学数学五十年. 合肥:中国科学技术大学出版社,2009:149-152.
15. 李尚志. 名师培养了我——比梦更美好之二[M]//史济怀编著. 合肥:中国科学技术大学数学五十年. 中国科技大学出版社,2009:192-198.
16. 单墫. 忆肖刚[M]//李潜主编. 学数学　第2卷. 合肥:中国科学技术大学出版社,2015:200-203.
17. 赵战生. 我们走过三十年[J]. 中国科学院数据与通信保护教育研究中心成立三十周年纪念专刊,2010:9-21.
18. 戴宗铎. 回忆曾老师[J]. 中国科学院数据与通信保护教育研究中心成立三十周年纪念专刊,2010:25.
19. 裴定一. 曾肯成老师永远活在我心中[J]. 中国科学院数据与通信保护教育研究中心成立三十周年纪念专刊,2010:24.
20. 张恭庆. 世界数学家大会和我们[J]. 数学进展,1999(6):556-562.
21. 李文林. IMU成员国代表大会投票表决ICM-2002举办国现场纪实[J]. 数学通报,1999(1):7,6.
22. 欧几里得. 几何原本[M]. 兰纪正,朱恩宽,译. 西安:陕西科学技术出版社,1990.
23. 希尔伯特. 几何基础(上册)[M]. 江泽涵,朱鼎勋,译. 北京:科学出版社,1987.
24. 魏庚人. 中国中学数学教育史[M]. 北京:人民教育出版社,1987.
25. 傅种孙. 傅种孙文集[M]. 北京:北京师范大学出版社,2005.
26. 项武义. 基础几何学[M]. 北京:人民教育出版社,2004.
27. Morley F. On the Metric Geometry of the Plane N-Line[J]. Transactions of the American Mathematical Society,1900,1(2):97-115.
28. Carver Walter B. The Failure of the Clifford Chain[J]. American Journal of Mathematics, 1920, 42(3):137-167.
29. 袁震东. 教育公平与英才教育——数学教育改革中的一个重大问题[J]. 数学教学,2003(7):2-1.
30. 李永智. 美国的英才教育与因材施教[J]. 基础教育参考,2004(4):15.
31. 易泓. 英才教育制度的国际比较[J]. 教育学术月刊,2008(6):16-18.

32. 原青林. 英国公学英才教育的主要特点探析[J]. 外国中小学教育,2006(12):12-18.
33. 关颖婧,袁军堂. 法国大学校的精英教育及其启示[J]. 江西教育,2006(5A):42-43.
34. 佚名. 韩国"精英教育"策略[J]. 教育情报参考,2005(2):64.
35. 赵晋平. 从理科高中看日本的精英教育[J]. 外国教育研究,2004(5):24-28.
36. Rémy Jost,张英伯,勾俊予,等. 中法数学教育座谈会实录[J]. 数学通报,2009,48(9):1-6.
37. 邓冠铁,高志强,译. 法国数学课程标准简介[J]. 数学通报,2009,48(1):12-16.
38. Wendelin Werner. 致法国总统萨科齐的公开信[J]. 数学文化,2012,3(4):38.
39. 张英伯. 以色列的数学英才项目[M]//丘成桐,杨乐,季理真主编;张英伯副主编. 数学与教育(数学与人文:第五辑). 北京:高等教育出版社,2011:123-126.
40. 卢昌海. 黎曼猜想漫谈[M]. 北京:清华大学出版社,2012.
41. 王元. 黎曼猜想漫谈读后感[J]. 数学文化,2012(3):93-95.
42. 扶磊. 卢昌海《黎曼猜想漫谈》书评[J]. 数学文化,2013(2):105-108.
43. 欧阳顺湘. 谷歌数学涂鸦赏析(上)[J]. 数学文化,2013(1):16-36.
欧阳顺湘. 谷歌数学涂鸦赏析(中)[J]. 数学文化,2013(2):34-53.
欧阳顺湘. 谷歌数学涂鸦赏析(下)[J]. 数学文化,2013(3):32-51.
44. 林开亮,郑豪. 从费尔马多边形数猜想到华罗庚的渐近华林数猜想——纪念杨武之教授诞辰 120 周年[J]. 数学文化,2016(2):61-83.
45. 林开亮. 戴森传奇[J]. 数学文化,2015(3):3-23.

附录

张英伯论著目录

数学论文

1 张英伯. 一类二秩无扭 abel 群的结构[J]. 科学通报，1982(21):1285－1288. Zhang Yingbo. Construction of a class of torsion-free Abelian Groups of rank 2 [J]. A Monthly Journal of Science，1983,28(7):869－873.

2 张英伯. 一类二秩无扭 Abel 群的结构[J]. 数学学报，1985,28(1):91－102.

3 Zhang Yingbo. The modules in any component of the AR-quiver of a wild hereditary Artin algebra are uniquely determined by their composition factors [J]. Arch. Math. ,1989(3):250－251.

4 Zhang Yingbo. Eigenvalues of coxeter transformations and the structure of regular componentsof an auslander-reiten quiver [J]. Communications in Algebra 1989,17(10):2347－2362.

5 Zhang Yinbo. The Modules in any component of the AR-quiver of a wild hereditary Artin algbra are uniquely determined by their composition factors [J]. Acta Mathematica Sinica,1990,6(2):97－99.

6 肖杰,郭晋云,张英伯. An 类自入射代数的不可分解模由其 Loewy 因子唯一确定[J]. 中国科学(A 辑),1989(7):673－682.
Xiao Jie，Guo Jinyun，Zhang Yinbo. Loewy factors of indecomposable modules over self-injective algebras of class An[J]. Science in China(A),1990，33(8)：897－908.

7 Zhang Yingbo. The Structure of stable components[J]. Canadian Journal of

Mathematics,1991,43(3):652 - 672.

8 Bautista R, Zhang Y B. A Characterization of finite-dimensional algebras of tame representation type [C]//Proceedings of the First China-Japan International Symposium on Ring Theory, Guilin, 1991. Okayama: Okayama University,1992:7 - 10.

9 Zhang Yinbo, Lin Yanan. Some Tame algebras with one parameters and their corresponding bocses [C]//Proceedings of the Second Japan-China International Symposium on Ring Theory, Guilin, Okayama University,1992: 99 - 101.

10 张英伯. 只有一个不可分解幺模的环[J]. 北京师范大学学报(自然科学版), 1993,29(1):35 - 37.

Zhang Yingbo. The ring having unique indecomposable unitary module[J]. Journal of Beijing Normal University(Natural Science), 1993,29(1):35 - 37.

11 林亚南, 张英伯. 对应于几个单参变量 Tame 型代数的 Bocses[J]. 北京师范大学学报(自然科学版), 1993,29(3):285 - 290.

Lin Yanan,Zhang Yingbo. Bocses corresponding to some tame algebras[J]. Journal of Beijing Normal University(Natural Science), 1993,29(3):285 - 290.

12 张英伯,肖杰. 代数表示论简介与综述[J]. 数学进展,1993,22(6):481 - 501.

13 张英伯,雷天刚, Bautista R. 一个 bocs 的表示范畴(Ⅰ)——象元和射元[J]. 北京师范大学学报(自然科学版),1995,31(3):313 - 316.

Zhang Yingbo, Lei Tiangang, R Bautista. The Representation Category of A Bocs(Ⅰ): The Objects and Morphisms[J]. Journal of Beijing Normal University(Natural Science),1995,31(3):313 - 316.

14 张英伯,雷天刚,Bautista R. 一个 Bocs 的表示范畴(Ⅱ)——几乎可裂序列[J]. 北京师范大学学报(自然科学版),1995,31(4):440 - 445.

Zhang Yingbo, Lei Tiangang, Raymundo Bautista. The Representation Category of A Bocs(Ⅱ): The Almost Split Sequences[J]. Journal of Beijing

Normal University(Natural Science),1995,31(4):440 - 445.

15 张英伯,李思泽,雷天刚,等.一个 Bocs 的表示范畴(Ⅲ)——若干类齐次几乎可裂序列[J].北京师范大学学报(自然科学版),1996,32(2):143 - 149.

Zhang Yingbo, Li Size, Lei Tiangang, et al. The Representation Category of A Bocs(Ⅲ): Several Classes of Homogeneous Almost Split Sequences[J]. Journal of Beijing Normal University(Natural Science), 1996, 32(2): 143 - 149.

16 张英伯,雷天刚,Bautista R.一个 Bocs 的表示范畴(Ⅳ)——$M(x)=J_1\oplus J_2\oplus J_3$的情形[J].北京师范大学学报(自然科学版),1996,32(3):289 - 295.

Zhang Yingbo, Lei Tiangang, Raymundo Bautista. The Representation Category of A Bocs(Ⅳ): The Case of $M(x)=J_1\oplus J_2\oplus J_3$[J]. Journal of Beijing Normal University(Natural Science),1996,32(3):289 - 295.

17 Zhang Yingbo. The Representation category of a wild bocs[C]//Proceedings of the Second Japan-China International Symposium on Ring Theory, Okayama,1995. Okayama:Okayama University,1996:179 - 181.

18 林亚南,张英伯.对应于 tame 遗传代数的 bocses(Ⅰ)[J].中国科学(A 辑),1996,26(2):97 - 103.

林亚南,张英伯.对应于 tame 遗传代数的 bocses(Ⅰ)[J].中国科学 A 辑(英文版),1996,39(5):483 - 490.

Lin Yanan, Zhang Yingbo. Bocses corresponding to the hereditary algebras of tame type(Ⅰ)[J]. Science in China(A), 1996,39(5):483 - 490.

19 张英伯,林亚南.对应于 tame 遗传代数的 bocses(Ⅱ)[J].中国科学(A 辑),1996,26(7):595 - 603.

张英伯,林亚南.对应于 tame 遗传代数的 bocses(Ⅱ)[J].中国科学 A 辑(英文版),1996,39(9):909 - 918.

Zhang Yingbo, Lin Yanan. Bocses corresponding to the hereditary algebras of tame type(Ⅱ)[J]. Science in China(A), 1996,39(9):909 - 918.

20 张英伯,雷天刚,Bautista R.一个具有强齐性条件的野型 Bocs[J].科学通报,1996,41(23):2119 - 2122.

21 Zhang Yingbo, Lei Tiangang, Raymundo Bautista. A wild bocs having strong homogeneous property[J]. Chinese Science Bulletin,1997,42(2):108 - 112.

22 雷天刚,张英伯. 关于一类特殊分块矩阵的一个定理[J]. 北京师范大学学报(自然科学版), 1998, 34(3):297 - 304.

Lei Tiangang, Zhang Yinbo. A theorem on a class of special partitioned matrices[J]. Journal of Beijing Normal University(Natural Science), 1998, 34 (3):297 - 304.

23 Assem I, Zhang Yingbo. Endomorphism algebras of exceptional sequences over path algebras of type $\overline{A}_n$. Colloquium Mathematicum,1998,77(2):271 - 292.

24 张英伯,雷天刚,Bautista R. A matrix description of a wild category[J]. 中国科学 A 辑(英文版),1998,41(5):461 - 475.

Zhang Yingbo, Lei Tiangang, Bautista R. A matrix description of a wild category[J]. Science in China(A), 1998, 41 (5):461 - 475.

25 Bautista R, Crawley-Boevey W, Lei Tiangang, Zhang Yingbo. On homogeneous exact categories[J]. Journal of Algebra, 2000,230(2):665 - 675.

26 徐运阁,张英伯. Bocs 的一些几何性质(Ⅰ)[J]. 北京师范大学学报(自然科学版),2000,36(3):319 - 324.

Xu Yunge, Zhang Yingbo. Some geometrical properties on Bocses (Ⅰ)[J]. Journal of Beijing Normal University(Natural Science),2000, 36(3):319 - 324.

27 徐运阁,张英伯. Bocs 的一些几何性质(Ⅱ)[J]. 北京师范大学学报(自然科学版),2000,36(5): 604 - 606.

Xu Yunge, Zhang Yingbo. Some geometrical properties on Bocses (Ⅱ)[J]. Journal of Beijing Normal University (Natural Science), 2000, 36 (5): 604 - 606.

28 徐运阁, 张英伯. 不可分解性与链环数[J]. 中国科学(A 辑), 2001,31(5): 385 - 391.

Xu Yunge, Zhang Yingbo. Indecomposability and the number of links[J]. Science in China(A), 2001, 44(12):1515 - 1522.

29 Zeng Xiangyong, Zhang Yingbo. A correspondence of almost split sequences between some categories[J]. Communications in Algebra, 2001,29(2):557 - 582.

30 Zhang Pu, Zhang Yingbo, Guo Jinyun. Minimal generators of Ringel-Hall algebras of Affine quivers[J]. Journal of Algebra, 2001,239(2):675 - 704.

31 Bautista R, Zhang Yingbo. Representations of a k-algebra over the rational functions over k[J]. Journal of Algebra, 2003,267(1):342 - 358.

32 Li Longcai, Zhang Yingbo. Representation theory of the system quiver[J]. Science in China (A), 2003,46(6):789 - 803.

33 徐运阁,张英伯. 可驯表示型与野表示型 bocs[J]. 中国科学(A 辑),2004,34(6):687 - 700.

ZhangYingbo, Xu Yunge. On tame and wild bocses[J]. Science in China (A), 2005, 48(4):456 - 468.

34 潘俊,张英伯. 一类 Domestic Bocses[J]. 北京师范大学学报,2006,42(5):467 - 472.

35 徐运阁,张英伯. Δ - tame 拟遗传代数[J]. 中国科学(A 辑),2006,36(11):1254 - 1266.

Xu Yunge, Zhang Yingbo. Δ-tame quasi-hereditary algebras[J]. Science in China (A), 2007, 50(2): 240 - 252.

36 Bautista R, Drozd A, Zeng X Y, Zhang Y B. On Hom-spaces of tame algebras[J]. Central European Journal of Mathematics, 2007, 5(2): 215 - 263.

37 张英伯,徐运阁. 统一化 tame 定理[J]. 中国科学(A 辑),2008,38(12):1372 - 1402.

Zhang Yingbo, Xu Yunge. Unified tame theorem [J]. Science in China (A), 2009, 52(9): 2036 - 2068.

38 张英伯,张雪颖,赵双美. 局部和两点 bocs 的表示型[J]. 中国科学(A 辑),2009,39(3):257 - 266.

Zhang Xueying, Zhang Yingbo, Zhao Shuangmei. The representation type of local and two vertices bocses [J]. Science in China (A), 2009, 52(5): 949 - 958.

39 Zhao Deke, Zhang Yingbo. Canonical forms of band modules [J]. Journal of Beijing Normal University (Natural Science), 2009,45(1):5 - 13.

40 张学颖,张英伯. 两类 domestic bocses[J]. 北京师范大学学报(自然科学版), 2009,45(1):22 - 25.

Zhang Xueying, Zhang Yingbo. Two classes of domestic bocses[J]. Journal of Beijing Normal University(Natural Science), 2009,45(1):22 - 25.

41 Zhang Yingbo. Professor Liu Shaoxue—his live and work[J]. Ring theory 2007: 15 - 18, World Sci. Publ. , Hackensack, NJ, 2009.

42 Liu Genqiang, Zhang Yingbo. Canonical Forms of Indecomposable Modules over K[x, y]/(xp, yq, xy)[J]. Algebra Collogium, 2011,18(3):373 - 384.

43 Zhang Yingbo, Xu Yunge. Algebras with homogeneous module category are tame[J/OL]. http://arxiv.org/abs/1407.7576.

44 张英伯. AR-箭图的构造和矩阵双模问题[J]. 中国科学(数学), 2018, 48(11):1651 - 1664.

译、著作

1 德洛兹德 Ю А,基里钦柯 B B. 有限维代数[M]. 刘绍学,张英伯,译. 北京:北京师范大学出版社, 1984.

2 张英伯主编. 人民教育出版社,课程教材研究所,中学数学课程教材研究开发中心编著. 普通高中课程标准实验教科书 数学 选修 3 - 4 对称与群(A 版)[M]. 北京:人民教育出版社, 2004.

3 柯斯特利金 A И. 代数学引论(第一卷) 基础代数(第 2 版)[M]. 张英伯,译. 北京:高等教育出版社, 2006.

4 张英伯,王恺顺编著;北京师范大学数学科学学院主编. 代数学基础(上册)[M]. 北京:北京师范大学出版社, 2012.

张英伯,王恺顺编著;北京师范大学数学科学学院主编. 代数学基础(下册)[M]. 北京:北京师范大学出版社, 2013.

5 张英伯. 线性代数　模论[M]//王元总主编. 数学大辞典. 北京:科学出版社,2010.

6 张英伯. 对称中的数学[M]. 北京:科学出版社, 2011.

7 张英伯. 天道维艰,我心毅然:记数学家、教育家、科普作家王梓坤[M]. 哈尔滨:哈尔滨工业大学出版社, 2017.

数学教育文章

1 张英伯. 世界数学家大会和新世纪的数学问题[J]. 数学通报, 2001(10):1-4.

2 张英伯. 图书馆和我们[M]//李仲来主编. 百年情节. 北京:北京师范大学出版社,2002.

3 张英伯. 改版之际话通报[J]. 数学通报, 2005(1):1-2.

4 张英伯. 数学家关心中小学数学教育[J]. 中国数学会通讯,2005(1):20-23.

5 张英伯. 编者的话[J]. 数学通报特刊,2005(3):1.

6 张英伯. 欧氏几何的公理体系和我国平面几何课本的历史演变[J]. 数学通报, 2006(1):4-9.

7 王昆扬, 张英伯. 您在我们的心中永生[J]. 数学通报, 2006(4):2-3.

8 张英伯. 与伍鸿熙教授座谈摘要[J]. 数学通报, 2006(7):1-3.

9 张英伯. 庆祝《数学通报》创刊 70 周年开幕词[J]. 数学通报, 2006(11):14-15.

10 张英伯. 傅种孙——中国现代数学教育的先驱[J]. 数学通报, 2008(1):8-11.

张英伯. 傅种孙——中国现代数学教育的先驱[J]. 数学教育学报, 2008(1):1-4.

11 张英伯, 叶彩娟. 五点共圆问题与 Clifford 链定理[J]. 数学通报, 2007(9):1-6.

张英伯, 叶彩娟. 五点共圆问题与 Clifford 链定理[J]. 数学教学, 2007(9):封 2,1-5.

12 张英伯. 中国的数学课程标准——在第四届世界华人数学家大会中学数学教育论坛上的发言[J]. 数学通报, 2008(1):2.

13 张英伯. 谈谈英才教育[J]. 中国数学会通讯,2009(1):1-10.

14 李建华,张英伯. 英才教育之忧[J]. 数学通报,2009(1):1-6.

15 张英伯. 发达国家数学英才教育的启示[J]. 中学数学月刊, 2010(2):1-2, 13.

张英伯. 发达国家数学英才教育的启示[J]. 数学文化, 2010(1):60-64.

16 张英伯. 半个世纪前的数学竞赛[M]//丘成桐,杨乐,季理真主编. 数学与人文 第一辑. 北京:高等教育出版社, 2010:175-180.

17 张英伯. 访日随感[J]. 数学文化, 2011(3):92-95.

18 张英伯. 以色列的数学英才项目[M]//丘成桐,杨乐,季理真主编. 数学与人文 第五辑. 北京:高等教育出版社, 2011:123-126.

19 张英伯. 卓有成效的民办英才教育:以色列访问纪实[J]. 数学通报, 2012(11):5-10.

20 张英伯, 文志英. 法兰西英才教育掠影[J]. 数学通报, 2013(1):1-15.

张英伯, 文志英. 法兰西英才教育掠影[J]. 数学文化, 2012(4):41-52.

21 张英伯. 美国英才教育对中国的启示[M]//戴耘,蔡金法主编. 英才教育在美国. 杭州:浙江教育出版社, 2013:203-207.

22 张英伯,刘建亚. 渊沉而静,流深而远——纪念中国解析数论先驱闵嗣鹤先生(上)[J]. 数学文化,2013(4):3-15.

张英伯,刘建亚. 渊沉而静,流深而远——纪念中国解析数论先驱闵嗣鹤先生(下)[J]. 数学文化,2014(1):3-21.

23 张英伯. 天道维艰,我心毅然——记数学家王梓坤[J]. 数学文化,2015(2):3-51.

24 张英伯. 我们1978级研究生[M]//李仲来主编. 北京师范大学数学学科创建百年纪念文集. 北京:北京师范大学出版社, 2015:169-172.

25 张英伯. Claus 和我们[M]//丘成桐,刘克峰,杨乐,季理真主编. 数学与人文 第二十辑. 北京:高等教育出版社, 2016:99-115.

26 张英伯. 从颁奖典礼说起[M]//丘成桐,刘克峰,杨乐,季理真主编. 数学与人文 第二十辑. 北京:高等教育出版社, 2016:149-153.

27 张英伯.《中国大学先修课程》初探[J]. 数学文化,2016(3):29-37.

28 张英伯. 序言[M]//蒋迅，王淑红著. 数学都知道. 北京：北京师范大学出版社，2016.

29 张英伯，女校名师，远去的女附中，北京师范大学附属实验中学，2016 年。（待出版）

30 张英伯. 元老一席谈[J]. 数学文化，2017(1)，32 - 41.

31 赵德科，张英伯. 从正三角形的旋转与反射谈起[J]. 数学通报，2018(5)：12 - 15.

32 张英伯，罗里波，别荣芳. 厚仁为性，元理为心——纪念中国数理逻辑先驱王世强先生(上)[J]. 2018(3)：3 - 23.

张英伯，罗里波，别荣芳. 厚仁为性，元理为心——纪念中国数理逻辑先驱王世强先生(下)[J]. 2018(4)：3 - 28.

33 张英伯，李尚志，翟起滨. 数奇何叹，赤心天然——记数学家、密码学家曾肯成[J]. 2019(2)，3 - 26.

34 张英伯. 青岛中学的大学先修课程[J]. 数学文化，2021(1)：108 - 112.

外国人名译名对照表

A

阿达马　Hadamard
阿贝尔　Abel
阿拉德　Z. Arad
阿提亚　M. Atiyah
埃尔米特　Hermite
埃里・嘉当　Élie Cartan
艾宾豪斯　H. D. Ebbinghaus
艾森哈特　L. Eisenhart
爱因斯坦　A. Einstein
安尼科特　R. Anicotte
奥多姆　W. Odom
奥斯兰德　M. Auslander

B

巴德・霍内夫　Bad Honnef
巴甫洛夫　И. П. Павлов
巴拿赫　Banach
巴特勒　Butler
拜尔　R. Baer
贝祖　Bézout
毕达哥拉斯　Pythagoras
波波夫　A. C. Попов
波莱尔　Borel
波利亚　G. Polya
玻尔　N. Bohr
伯恩斯坦　Bernstein
伯克霍夫　Birkhoff
伯努利　Bernoulli
伯奇　Birch
布伦纳　Brenner
布西　M. B. Bussi

C

策梅洛　Zermelo

D

达布　Darboux
戴德金　Dedekind
戴尔　Dyer
丹尼尔・辛普森　Daniel Simpson
道本　J. Dauben
德高特　J. Dégôt
德拉布　V. Dlab
德罗兹德　Drozd
邓肯　E. Дынкин; Dynkin
狄利克雷　P. G. L. Dirichlet
迪多涅　J. Dieudonne
迪克斯米尔　J. Dixmier
杜布　J. Doob
杜布鲁申　P. Добрушин
杜兰　P. Turan

F

范・奥斯泰恩　F. Van Oystaeyen
范德瓦尔登　Van der Waerden
范因　H. Fine
菲赫金哥尔茨　Г. М. Фихтенгольц
斐波那契　Fibonacci
费勒　W. Feller
冯・诺伊曼　J. von Neumann
冯・布劳恩　W. von Braun
弗兰克　A. Franck
傅里叶　Fourier

G

伽罗瓦　Galois
盖尔范德　И. Гельфанд; Gelfand
高斯　Gauss
戈尔迪　Goldie
哥德尔　K. Godel
哥特兰　E. Götland
格罗布纳　Groebner
格罗滕迪克　A. Grothendieck
格涅坚科　Б. Гнеденко
古尔萨特　E. Goursat
古列维奇　Г. Б. Гуревич

H

哈代　G. H. Hardy
哈尔莫斯　P. Halmos
哈莫克　Hammock
哈佩尔　D. Happel
豪　R. Howe
亨利・奥古斯特・罗兰　Henry Augustus Rowland
亨利・嘉当　Henry Cartan
华莱士　Wallace
怀尔斯　A. Wiles
怀特海　Whitehead

Q

齐格尔　C. L. Siegel
切比雪夫　П. Л. Чебышёв；Chebyshev
琼森　B. Jónsson
丘奇　A. Church

R

任义　A. Renyi
若尔当　Jordan

S

萨纳克　P. Sarnak
塞尔伯格　A. Selberg
塞维诺克　Sevenoak
沙法列维奇　И. Шафаревич
舍恩菲尔德　A. H. Schoenfeld
圣巴巴拉　Santa Barbara
舒尔茨　Schultz
斯捷契金　Stechkin
斯凯勒　Schuyler
斯克朗斯基　Skowronski
斯托克斯　Stokes
斯温纳顿　Swinnerton
索伯列夫　С. Соболев

T

塔尔斯基　A. Tarski
塔梅　Tame
泰勒　Taylor
陶哲轩　Terence（Chi-Shen）Tao
梯其马希　E. C. Titchmarsh
托姆　Thom

W

外尔　H. Weyl
威兰特　Wielandt
威廉姆·金顿·克利福德　William Kingdom Clifford
韦伯伦　O. Veblen
韦德伯恩　Wedderburn
魏尔斯特拉斯　Weierstrass
温德林·维尔纳　Wendelin Werner
沃尔希克　R. Volsik

X

希尔伯特　Hilbert
希洛夫　Г. Шилов
希思-布朗　D. R. Heath-Brown
欣谢尔伍德　C. N. Hinshelwood

Y

尤什凯维奇　A. Юшкевич

Z

张晨钟　C. C. Chang
佐里奇　Zorich
佐腾雅九　Masahisa sato